SIEMENS

数控 PLC 从入门到精通

龚仲华 编著

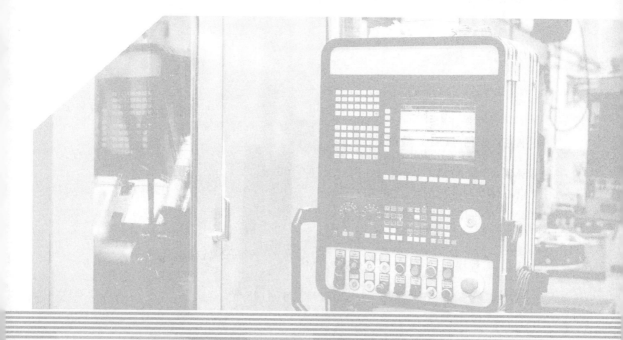

化学工业出版社
·北京·

内 容 简 介

《SIEMENS 数控 PLC 从入门到精通》在简要介绍数控系统组成与结构、现代数控机床主要产品及 PLC 一般原理与应用知识的基础上，对 SIEMENS 数控系统集成 PLC 硬件、电气连接要求等知识进行了完整阐述；对 PLC 程序结构、程序指令、编程格式进行了系统介绍；对 CNC 功能与 PLC 信号进行了详细说明；对数控机床实际控制所涉及的 CNC 基本控制、自动运行控制、自动换刀控制等 PLC 程序的设计要求和方法进行了详尽分析，并提供了完整实用的设计示例；对 PLC 工具软件的使用及 PLC 程序的编辑、调试与监控方法进行了全面说明。

本书面向工程应用，技术先进、知识实用、选材典型，内容全面、由浅入深、循序渐进，可供数控机床设计、使用、维修人员和高等学校师生参考。

图书在版编目（CIP）数据

SIEMENS 数控 PLC 从入门到精通/龚仲华编著.
—北京：化学工业出版社，2021.8
ISBN 978-7-122-39272-5

Ⅰ．①S… Ⅱ．①龚… Ⅲ．①数控机床-程序设计
②PLC 技术-程序设计 Ⅳ．①TG659②TM571.61

中国版本图书馆 CIP 数据核字（2021）第 104148 号

责任编辑：张兴辉 毛振威　　　　　　　　　文字编辑：王 硕 陈小滔
责任校对：刘 颖　　　　　　　　　　　　　装帧设计：李子姮

出版发行：化学工业出版社(北京市东城区青年湖南街 13 号 邮政编码 100011)
印　　装：三河市延风印装有限公司
787mm×1092mm　1/16　印张 25　字数 629 千字　2022 年 1 月北京第 1 版第 1 次印刷

购书咨询：010-64518888　　　　　　　　　　售后服务：010-64518899
网　　址：http://www.cip.com.cn
凡购买本书，如有缺损质量问题，本社销售中心负责调换。

定　　价：128.00 元　　　　　　　　　　　　　　　　　版权所有　违者必究

数控机床是一种综合应用了计算机控制、精密测量、精密机械、气动、液压等技术的典型机电一体化产品，是现代制造技术的基础。当前，数控机床已成为企业的主要加工设备，在机械加工各领域得到了极为广泛的应用。

本书涵盖了数控机床 PLC 入门到 SIEMENS 数控系统集成 PLC 应用的主要知识与技术。

第 1、2 章为数控机床 PLC 入门知识。第 1 章简要介绍了数控技术与数控系统的基本概念，对现代数控机床常用产品及特点、SIEMENS 数控系统概况等进行了具体说明；第 2 章简要介绍了 PLC 的组成与原理、PLC 电路设计、PLC 程序设计的基础知识。

第 3 章为 SIEMENS 数控系统集成 PLC 硬件设计知识，对数控系统组成与连接进行了具体说明，对机床操作面板（MCP）、手持单元（HHU）、高速 DI/DO 信号、PP 72/48 模块等PLC I/O 部件的电气连接要求等电路设计知识进行了完整阐述。

第 4、5 章为 SIEMENS 数控系统集成 PLC 软件设计知识。第 4 章对 PLC 程序结构与指令格式、编程元件、功能指令进行了系统介绍；第 5 章对数控系统常用操作部件信号、CNC特殊功能、CNC/PLC 接口信号进行了全面说明。

第 6～8 章为 SIEMENS 数控系统集成 PLC 程序设计及示例。本部分对数控系统启动程序、操作面板控制程序、自动运行控制程序、自动换刀程序的设计方法进行了详尽说明，并提供了完整实用的 PLC 程序设计示例。

第 9 章为 SIEMENS 数控系统集成 PLC 操作，对 PLC 工具软件的使用及 PLC 程序的编辑、调试与监控进行了全面说明。

本书编写时参阅了 SIEMENS 公司技术资料，并得到了 SIEMENS 技术人员的大力支持与帮助，在此表示衷心的感谢！

由于笔者水平有限，书中难免存在疏漏，殷切期望广大读者批评指正，以便进一步提高本书的质量。

编著者

目录

第1章 数控技术基础

01

1.1 数控技术与数控系统

1.1.1 数控技术概述

（1）数控技术与机床

数控（numerical control，NC）是利用数字化信息对机械运动及加工过程进行控制的一种方法。数控技术的发展和电子技术的发展保持同步，至今已经历了从电子管、晶体管、集成电路、计算机到微处理机的演变。由于现代数控都采用计算机控制，因此，又称计算机数控（computerized numerical control，CNC）。

数字化信息控制必须有相应的硬件和软件，这些硬件和软件的整体称为数控系统（numerical control system）。数控系统包括了计算机数控装置（computerized numerical controller，CNC）、集成式可编程逻辑控制器（PLC 或 PMC）、伺服驱动、主轴驱动等，其中，数控装置是数控系统的核心部件。

由于数控技术、数控系统、数控装置的英文缩写均为 CNC 或 NC，因此，在不同的使用场合，CNC 或 NC 一词具有三种不同含义，即：在广义上，代表一种控制方法和技术；在狭义上，代表一种控制系统的实体；有时，还可特指一种具体的控制装置（数控装置）。

数控技术的诞生源自机床，其目的是解决金属切削机床的轮廓加工——刀具轨迹的自动控制问题。这一设想最初由美国 Parsons 公司在 20 世纪 40 年代末提出。1952 年，Parsons 公司和美国麻省理工学院（Massachusetts Institute of Technology）联合，在一台 Cincinnati Hydrotel 立式铣床上安装了一套试验性的数控系统，并成功地实现了三轴联动加工，这是人们所公认的第一台数控机床。1954 年，美国 Bendix 公司在 Parsons 专利的基础上，研制出了第一台工业用数控机床，随后，数控机床取得了快速发展和普及。

机床是对金属或其他材料的坯料、工件进行加工，使之获得所要求的几何形状、尺寸精度和表面质量的机器，是机械制造业的主要加工设备。由于加工方法、零件材料的不同，机床可分为金属切削机床、特种加工机床（激光加工、电加工等）、金属成形机床、木材加工机床、塑料成型机床等多种类型，其中，以金属切削机床最为常用，工业企业常见的车床、铣床、钻床、镗床、磨床等都属于金属切削机床。

机床用来制造机器零件，它是制造机器的机器，故又称为工作母机。没有机床就不能制造机器，没有机器就不能生产工业产品，就谈不上发展经济，因此，机床是国民经济基础的基础。没有好的机床就制造不出好的机器，就生产不出好的产品，所以，机床的水平是衡量一个国家制造业水平、现代化程度和综合实力的重要标志。

（2）数控技术的产生

数控技术最初是为解决金属切削机床自动控制问题所研发的。在金属切削机床上，为了

1

能够完成零件的加工，机床一般需要进行以下三方面的控制。

① 动作顺序控制。机床对零件的加工一般需要有多个加工动作，加工动作的顺序有规定的要求，称为工序，复杂零件的加工可能需要几十道工序才能完成。因此，机床的加工过程需要根据工序的要求，按规定的顺序进行。

以图 1.1.1（a）所示最简单的攻丝机为例，为完成攻螺纹动作，它需要进行图 1.1.1（b）所示的"丝锥向下、接近工件→丝锥正转向下、加工螺纹→丝锥反转退出→丝锥离开工件" 4 步加工。

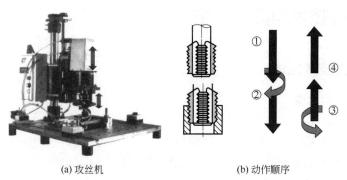

(a) 攻丝机　　　　　　　　　　　　　　(b) 动作顺序

图 1.1.1　动作的顺序控制

动作的顺序控制只需要根据加工顺序表，按要求依次通断接触器、电磁阀等执行元件便可完成，这样的控制属于开关量控制，即使利用传统的继电-接触器控制系统也能实现，而可编程逻辑控制器（PLC）的出现，更是使之变得十分容易。

② 切削速度控制。金属切削机床使用刀具加工零件，为了提高加工效率和表面加工质量，需要根据刀具和零件的材料、直径及表面质量的要求，来调整刀具与工件的相对运动速度（切削速度），即改变刀具或零件的转速。

改变切削速度属于传动控制，它既可通过齿轮变速箱、传动带等机械传动实现，也可利用电气传动直接改变电动机转速实现，早期的直流调速和现今的交流调速都可以用于机床的切削速度控制。

图 1.1.2　运动轨迹的控制

③ 运动轨迹控制。为了将零件加工成规定的形状（轮廓），必须控制刀具与工件的相对运动轨迹（简称刀具轨迹）。例如，对于图 1.1.2 所示的叶轮加工，在加工时必须同时对刀具的上下（Z 轴）、叶轮的回转（C 轴）和摆动（A 轴）进行同步控制，才能得到正确的轮廓。

刀具轨迹控制不仅需要控制刀具的位置和运动速度，而且需要进行多个运动的合成控制（称为多轴联动）才能实现，这样的控制只有通过数字技术（数控）才能实现。因此，机床采用数控的根本目的是解决运动轨迹控制的问题，使之能加工出所需的轮廓。

1.1.2　数字控制原理

（1）轨迹控制原理

数控机床的刀具轨迹控制，实质上是应用了数学上的微分原理，例如，对于图 1.1.3 所示 XY 平面的任意曲线运动，其控制原理如下。

① 微分处理。CNC 根据运动轨迹的要求，首先将曲线微分为 X、Y 方向的等量微小运动 ΔX、ΔY，这一微小运动量称为 CNC 的插补单位。

② 插补运算。CNC 通过运算处理，以最接近理论轨迹的 ΔX、ΔY 独立运动（或同时运动）折线，来拟合理论轨迹。

这种根据理论轨迹（数学函数），通过微分运算确定中间点的方法，在数控上称为"插补运算"。插补运算的方法很多，但是，以目前的计算机处理速度和精度，任何一种插补方法都足以满足机械加工的需要，故无需对此进行深究。

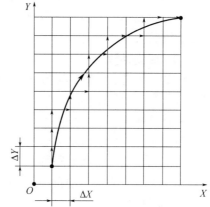

图 1.1.3　轨迹控制原理

③ 脉冲分配。CNC 完成插补运算后，按拟合线的要求，向需要运动的坐标轴发出运动指令（脉冲）；这一指令脉冲经伺服驱动器放大后，转换为伺服电机的微小转角，然后利用滚珠丝杠等传动部件，转换为 X、Y 轴的微量直线运动。

由此，便可得到以下结论。

① 能够参与插补运算的坐标轴数量，决定了数控系统拟合轨迹的能力，理论上说，2 轴插补可拟合任意平面曲线，3 轴插补可拟合任意空间曲线；如果能够进行 5 轴插补运算，则可在拟合任意空间曲线的同时，控制任意点的法线方向等。

② 只要数控系统的脉冲当量（插补单位，如 ΔX、ΔY 等）足够小，微量运动折线就可以等效代替理论轨迹，使得刀具实际运动轨迹具有足够的精度。

③ 只要改变各坐标轴的指令脉冲分配方式（次序、数量），便可改变拟合线的形状，从而获得任意的刀具运动轨迹。

④ 只要改变指令脉冲的输出频率，即可改变坐标轴（刀具）的运动速度。

因此，理论上说，只要机床结构允许，数控机床便能加工任意形状的零件，并保证零件有足够的加工精度。

一般而言，数控设备对脉冲频率的要求并不十分高，因此，控制轴数、联动轴数、脉冲当量是衡量数控设备性能指标的关键参数。

（2）轴与轨迹控制数

在数控系统上，能够进行插补控制的轴称为进给轴或 NC 轴，显然，NC 轴越多，能够通过数控装置控制的运动也就越多，系统的控制能力也就越强。进一步说，如果计算机的运算速度足够高，同一数控装置还可以同时进行多条轨迹的插补运算，这样的系统就具备了多轨迹控制能力。

数控系统的多轨迹控制功能在不同公司生产的数控系统上有不同的表述方法。例如，FANUC 公司称其为"多路径控制（multi-path control）"，SIEMENS 公司则称其为"多加工通道控制（multi-machining channel control）"等。

多轨迹控制本质上是利用现代计算机的高速处理功能，同时运行多个加工程序，同时进行多种轨迹的插补运算，使得一台数控装置具备了同时控制多种轨迹的能力，从而真正实现了早期数控系统曾经尝试的计算机群控（DNC）功能，使得多主轴同时加工、复合加工乃至 FMC（柔性加工单元）、FMS（柔性制造系统）等现代化数控机床的控制技术成为现实。

随着微处理器运算速度的极大提高，当代先进的数控系统都具有多轴、多轨迹控制功能。例如，FANUC 公司生产的最新一代 FANUC 30i MODEL B 系统，最大可用于 96 轴、15 路径（轨迹）控制；SIEMENS 公司最新一代 SIEMENS 840Dsl 数控系统，最大可用于 93 轴、30 加工通道（轨迹）控制。

（3）联动轴数

在数控系统上，能参与插补运算的最大坐标轴数称为同时控制轴数，简称联动轴数。联动轴数曾经是衡量 CNC 性能水平的重要技术指标之一，联动轴数越多，数控系统的轨迹控制能力就越强。

数控系统的联动轴数与控制对象的要求有关。理论上说，对于平面曲线运动只需要 2 轴联动，空间曲线只需要 3 轴联动；对于空间曲线及法线的控制，则需要 5 轴联动；如果能同时控制 X、Y、Z 直线运动及绕 X、Y、Z 的回转运动（A、B、C 轴），便可实现三维空间的任意运动轨迹控制。

需要注意的是，计算机技术发展到今天，就数控装置而言，无论是其处理速度还是运算精度，处理多轴插补运算已不存在任何问题，因此，数控装置具有多少轴联动功能，实际上已不那么重要。作为数控系统，最重要的问题是怎样保证坐标轴能完全按照数控装置的指令脉冲运动，确保实际运动轨迹与理论轨迹一致。因此，国外先进的数控系统都需要将伺服驱动和数控装置作为一个整体进行设计，并通过数控装置进行坐标轴的闭环位置控制，来确保坐标轴实际运动和指令脉冲一致，在这一点上，目前国产数控的技术水平还达不到，在使用时需要引起注意。

（4）脉冲当量

数控装置单位指令脉冲所对应的坐标轴实际位移，称为最小移动单位或脉冲当量，高精度数控系统的脉冲当量通常就是数控装置的插补单位。

脉冲当量是数控设备理论上能够达到的最高位置控制精度，它与数控系统性能有关。使用步进电机驱动的经济型数控，由于步进电机步距角的限制，其脉冲当量通常只能达到 0.01mm 左右；国产普及型数控的脉冲当量一般可达到 0.001mm；进口全功能数控的脉冲当量一般可达到 0.0001mm，甚至更小，例如，用于集成电路生产的光刻机（数控激光加工机床），其脉冲当量已经可达纳米（0.000001mm）级。

数控设备的实际运动精度和位置测量装置密切相关。采用电机内置编码器作为位置检测元件时，可保证电机转角的准确；采用光栅或编码器直接检测直线距离或回转角度时，可以保证直线轴或回转轴的实际位置准确。

国产经济型数控的步进电机为开环控制，无位置检测装置，故存在失步现象。国产普及型数控的伺服电机内置编码器一般为 2500P/r（脉冲/转），通过 4 倍频线路，对于滚珠丝杠导程为 10mm 的直线运动系统，如果伺服电机和滚珠丝杠为 1∶1 连接，其位置检测精度可达到 1μm。进口全功能 CNC 的电机内置编码器光栅的分辨率已可达 2^{28}P/r 左右，同样对于滚珠丝杠导程为 10mm 的传动系统，如果伺服电机和滚珠丝杠为 1∶1 连接，其位置检测精度可以达到 0.04μm。

1.1.3 数控系统组成

数控系统的基本组成如图 1.1.4 所示。数控系统是以运动轨迹作为主要控制对象的自动控制系统，其控制指令需要以程序的形式输入，因此，数控系统的基本组成需要有数据输入/

显示装置、计算机控制装置（数控装置）、脉冲放大装置（伺服驱动器及电机）等硬件和配套的软件。

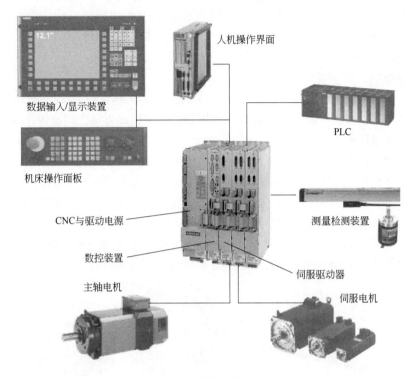

图 1.1.4 数控系统的组成

（1）数据输入/显示装置

数据输入/显示装置用于加工程序、控制参数等数据的输入，以及程序、位置、工作状态等数据的显示。CNC 键盘和显示器是任何数控系统都必备的基本数据输入/显示装置。

CNC 键盘用于数据的手动输入，故又称手动数据输入单元（manual data input unit，简称MDI 单元）；现代数控系统的显示器基本上都使用液晶显示器（liquid crystal display，LCD）。数控系统的键盘和显示器通常制成一体，这样的数据输入/显示装置简称 MDI/LCD 单元。

作为数据输入/显示扩展设备，早期的数控系统曾经采用光电阅读机、磁带机、软盘驱动器和 CRT 显示器等外部设备，这些设备目前已经被淘汰，个人计算机（PC 机）、存储卡、U盘等是目前最常用的数控系统数据输入/显示扩展设备。

（2）数控装置

数控装置是数控系统的核心部件，它包括输入/输出接口、控制器、运算器和存储器等。数控装置的作用是将外部输入的控制命令转换为指令脉冲或其他辅助控制信号，以便通过伺服驱动装置或电磁元件，控制坐标轴或辅助装置运动。

坐标轴的运动速度、方向和位移直接决定了运动轨迹，它是数控装置的核心功能。坐标轴的运动控制信号（指令脉冲）通过数控装置的插补运算生成，指令脉冲经伺服驱动装置的放大后，驱动坐标轴运动。衡量数控装置的性能和水平，必须从其实际位置控制能力上区分。

国产普及型数控目前只具备产生位置指令脉冲的功能，输出的脉冲需要通过通用型伺服驱动器进行放大、转换成电机转角，数控装置并不能对坐标轴的实际位置进行实时监控和闭环控制，也不能根据实际轨迹调整各插补轴的指令脉冲输出，因此，其实际位置、轨迹控制精度通常较低。

进口全功能数控不仅能够产生位置指令脉冲，而且坐标轴的闭环位置控制也通过数控装置实现，因此，数控装置不但可以对坐标轴的实际位置进行实时监控和闭环控制，而且可以根据实际轨迹调整各插补轴的指令脉冲输出，以获得高精度的运动轨迹。进口控制装置结构复杂、价格高，但其技术先进，位置、轨迹控制精度均大大优于国产普及型数控。

（3）伺服驱动

伺服驱动装置由伺服驱动器（servo drive，亦称放大器）和伺服电机（servo motor）等部件组成。按日本 JIS 标准，伺服（servo）是"以物体的位置、方向、状态等作为控制量，追踪目标值的任意变化的控制机构"。

伺服驱动装置不仅可和数控装置配套使用，还可构成独立的位置随动系统，故又称伺服系统。早期数控系统的伺服驱动装置采用步进电机或电液脉冲马达等驱动装置，到了 20 世纪 70 年代中期，FANUC 公司率先开始使用直流伺服电机驱动装置；自 20 世纪 80 年代中期起，交流伺服电机驱动已全面替代直流伺服驱动，而成为数控系统的主流。在现代高速加工机床上，已开始逐步使用图 1.1.5 所示的直线电机（linear motor）、内置力矩电机（built-in torque motor）或直接驱动电机（direct drive motor）等新颖无机械传动部件的直线、回转轴直接驱动装置。

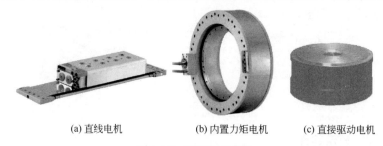

(a) 直线电机   (b) 内置力矩电机   (c) 直接驱动电机

图 1.1.5 新颖驱动电机

伺服驱动系统的结构与数控装置的性能密切相关，因此，它是区分经济型、普及型与全功能型数控的标准。经济型 CNC 使用的是步进驱动；目前的国产普及型 CNC 由于数控装置不能进行闭环位置控制，故需要使用具有位置控制功能的通用型伺服驱动；进口全功能型 CNC 本身具有闭环位置控制功能，故使用的是无位置控制功能的专用型伺服驱动。

（4）PLC

PLC 是可编程逻辑控制器（programmable logic controller）的英文简称，数控系统的 PLC 通常与数控装置集成一体，这样的 PLC 专门用于机床控制，故又称可编程机床控制器（programmable machine controller，简称 PMC）。根据不同公司的习惯，数控系统的集成 PLC 在 FANUC 数控系统上称为 PMC，而在 SIEMENS 等其他数控系统上仍然称为 PLC。

数控系统的 PLC 用于数控设备中除坐标轴（运动轨迹）外的其他辅助功能控制，例如，数控机床主轴、刀具自动交换、冷却、润滑及工件松/夹等。在简单的国产普及型数控系统上，辅助控制命令经过数控装置的编译后，也可用开关量输出信号的形式直接输出，由强电控制电路或外部 PLC 进行处理；在进口全功能型数控系统上，PMC（PLC）一般作为数控装置的基本组件，直接与数控装置集成一体，或者通过网络连接使两者成为统一整体。

（5）其他

随着数控技术的发展和机床控制要求的提高，数控系统的功能在日益增强。例如，在金属切削机床上，为了控制刀具的切削速度，主轴是其必需部件；特别是随着车铣复合等先进数控机床的出现，主轴不仅需要进行速度控制，而且需要参与坐标轴的插补运算（Cs轴控制），因此，在全功能数控系统上，主轴驱动装置也是数控系统的基本组件之一。

此外，在位置全闭环控制的数控机床上，用于直接位置测量的光栅、编码器等也是数控系统的基本部件。为了方便用户使用，系统生产厂家标准化设计的机床操作面板等附件，也是数控系统常用的配套部件；在先进的数控系统上，还可以直接选配集成个人计算机的人机界面（man-machine communication，MMC），进行文件的管理和数据预处理，数控系统的功能更强，性能更完善。

1.1.4　数控系统分类

我国目前使用的数控系统一般可按系统性能分为国产普及型和进口全功能型两类。数控系统的主要应用对象——数控机床是一种加工设备，既快又好地完成加工，是人们对它的最大期望。因此，机床实际能够达到的轮廓加工精度和效率，是衡量其性能水平最重要的技术指标，而数控装置的控制轴数、联动轴数等虽代表了数控装置的插补运算能力，但它们并不代表机床实际能达到的轮廓加工精度和效率。

数控系统所使用的伺服驱动器的结构和性能，是决定机床轮廓加工精度的关键，也是区分普及型和全功能型数控系统的依据。

（1）普及型数控系统

国产普及型数控系统的一般组成如图1.1.6所示，它通常由CNC/MDI/LCD集成单元（简称CNC单元）、通用型伺服驱动器、主轴驱动器（一般为变频器）、机床操作面板和I/O设备等硬件组成，数控系统对其配套的驱动器、变频器的厂家和型号无要求。

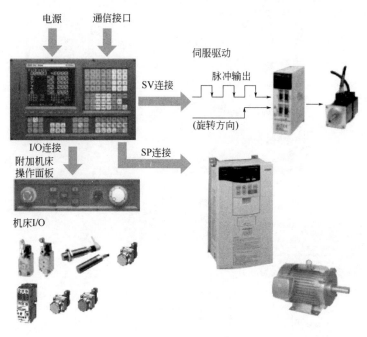

图1.1.6　普及型数控系统的组成

普及型数控系统的数控装置只能输出指令脉冲，不具备闭环位置控制功能，因此，它只能配套本身具备闭环位置控制功能的通用型交流伺服驱动器，这是它和全功能型数控系统的最大区别。由于伺服电机的位置测量信号不能反馈到数控装置上，故数控装置不能对坐标轴的实际位置、速度进行实时监控和调整，从这一意义上说，对数控装置而言，其位置控制仍然是开环的，只是它的最小转角不受步距角限制，也不存在步进电机的失步现象。

国产普及型数控系统所使用的通用型伺服驱动器是一种利用指令脉冲控制伺服电机位置和速度的通用控制器，它对上级位置控制器（指令脉冲的提供者）同样无要求，因此，也可用于 PLC 的轴控制。此外，为了进行驱动器的设定与调试，通用型伺服驱动器必须有数据输入/显示的操作面板。

由于普及型数控系统的数控装置不具备闭环速度、位置控制功能，这样的数控装置实际上只是一个具有插补运算功能的指令脉冲发生器，实际坐标轴的运动都需要由各自的驱动器进行独立控制，因此，运动轨迹的精确控制只存在理论上的可能。

大多数国产普及型数控装置无集成 PLC，它们只能输出最常用的少量辅助功能（M 代码）信号，如主轴正转（M03）、反转（M04）、停止（M05），冷却启动（M08）、停止（M09），刀架正转（TL+）、反转（TL-）等，用户不能通过 PLC 程序对坐标轴、主轴及刀架进行其他控制。

综上所述，尽管国产普及型数控系统的价格低、可靠性较高，部分产品也开发了多轴插补运算功能，但其位置控制的方式决定了这样的系统不能用于高精度定位和轮廓加工，故不能用于高速高精度数控机床。

（2）全功能型数控系统

全功能型数控系统的一般组成如图 1.1.7 所示。

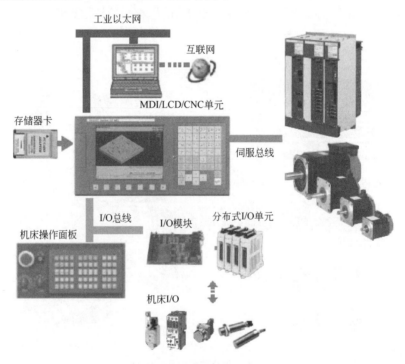

图 1.1.7　全功能型数控系统的组成

全功能型数控系统的闭环位置控制必须由数控装置实现，闭环速度控制在不同系统上有所不同，早期系统通常由伺服驱动器实现，当前的系统多数由数控装置控制。全功能型数控系统的各组成部件均需要在 CNC 的统一控制下运行，其功能强大、结构复杂、部件间的联系紧密，伺服驱动器、主轴驱动器、PMC 等通常都不能独立使用。

当前的全功能型数控系统一般都采用网络控制技术。在 FANUC 数控系统上，数控装置与驱动器之间使用光缆连接的高速 FANUC 串行伺服总线（FANUC serial servo bus，FSSB）网络控制，集成 PMC 与 I/O 单元之间采用了 I/O-Link 现场总线网络控制，数控系统连接简单、扩展性好、可靠性高。

全功能型数控系统的闭环位置控制通过数控装置实现，伺服驱动器与数控装置密不可分，驱动器参数设定、状态监控、调试与优化等均需要通过数控装置的 MDI/LCD 单元进行，驱动器无操作面板，也不能独立使用。

全功能型数控装置不但能实时监控运动轴的位置、速度及误差等参数，而且可将所有坐标轴的运动作为整体进行统一控制，确保轨迹的准确无误，这是一种真正意义上的闭环轨迹控制系统。在先进的数控系统上，还可通过"插补前加减速""AI 先行控制（advanced preview control）"等前瞻控制功能，进一步提高轮廓加工精度。这也是进口全功能型数控机床的定位精度、轮廓加工精度远远高于国产普及型数控机床的原因所在。

全功能型数控系统的 PLC 有集成 PLC（PMC）和外置 PLC 两种，前者多用于 5 轴以下的紧凑型系统，后者多用于大型、复杂系统。

在使用集成 PLC 的数控系统上，PLC 与数控装置通常共用电源和 CPU。用户可根据实际控制需要，通过选择所需的 I/O 单元或 I/O 模块，构成相对简单的 PLC 系统，数控装置和 I/O 单元（模块）间可通过网络总线连接。集成 PLC 配套的 I/O 单元（模块）结构紧凑、I/O 点多，但模块种类少，I/O 连接要求固定，点数有一定的限制，通常也不能选配特殊功能模块；此外，由数控系统生产厂家标准设计的机床操作面板等部件，一般集成 PLC 总线接口，可直接作为 PLC 的 I/O 单元使用，无需另行选配 I/O 单元。集成 PLC 的软件功能相对简单、实用，PLC 一般设计有专门针对数控机床的回转分度、自动换刀等特殊功能指令。集成 PLC 的程序编辑、调试与状态监控，可直接通过数控装置的 MDI/LCD 单元进行。

大型、复杂全功能型数控系统的功能强大、I/O 点数众多，因此，通常需要使用外置式大中型 PLC。外置 PLC 具有独立的 CPU 和电源、I/O 模块，其结构与模块化结构的大中型通用 PLC 相同，因此，在 SIEMENS、AB 等既生产 CNC 又生产 PLC 的公司，通常直接使用带 CNC 网络总线通信接口的大中型通用 PLC，这样的数控系统，可使用通用 PLC 的全部模块，其规格、种类齐全，如果需要，还可选配模拟量控制、轴控制等特殊功能模块。外置 PLC 的软件功能强大、指令丰富，PLC 程序的设计方法与通用型 PLC 完全相同，但是其 PLC 程序的编辑、调试与状态监控，同样可通过数控装置的 MDI/LCD 单元进行。

1.2　现代数控机床

1.2.1　常用产品及特点

数控机床是数控系统的主要控制对象，数控系统的功能选择、PMC 程序设计等都必须根据数控机床的控制要求进行，了解数控机床是掌握数控 PMC 技术的基础。

（1）常用数控机床

数控机床是一个广义上的概念，凡是采用数控技术的机床都称为数控机床（NC 机床或

CNC 机床），数控机床不仅包括车、铣、钻、磨等金属切削机床，而且包括激光加工、电加工、成型加工等所有机床类产品。

机床控制是数控技术应用最早、最广泛的领域，数控机床的水平代表了当前数控技术的性能、水平和发展方向。数控机床是一种综合应用了计算机技术、自动控制技术、精密测量技术和机床设计等先进技术的典型机电一体化产品，它是现代制造技术的基础，也是衡量一个国家制造技术水平和国家综合实力的重要标志。

在工业企业中，车削、镗铣类金属切削机床的用量最大，因此，它们是数控技术应用最广泛的领域和现代数控机床的标志性产品，数控系统功能通常也按车削加工（turning）、铣削加工（milling）分为 T、M 两大类产品。

车削类机床如图 1.2.1（a）所示。车削以工件旋转作为切削主运动，最适合轴类、盘类零件的加工，与此类似的还有内外圆磨削类机床等。根据机床的结构和功能，现代车削类数控机床一般有数控车床、车削中心、车铣复合加工中心、车削 FMC 等类型。用于车削类机床控制的 T 类数控系统至少需要有轴向（Z）和径向（X）两个 NC 轴及主轴的控制功能。

镗铣类机床如图 1.2.1（b）所示。镗铣（包括钻、攻螺纹等）通过刀具旋转和空间运动实现切削，可用于法兰、箱体等各种形状零件的加工，与此类似的机床有齿轮加工类、工具磨削类机床等。根据机床的结构和功能，现代镗铣类数控机床一般有数控铣床、数控镗铣床、加工中心、铣车复合加工中心、FMC 等类型。用于镗铣类机床控制的 M 类数控系统，至少需要有 X/Y/Z 三个基本坐标轴的控制功能。

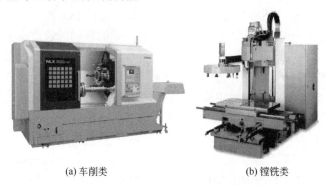

（a）车削类   （b）镗铣类

图 1.2.1　常用数控机床

随着制造技术的进步，高精度、高效的五轴加工、复合加工机床及 FMC 等先进数控设备日益普及，数控系统也在不断向高性能、高速化、复合化、网络化方向发展。例如，在车削类数控系统上，研发、补充了车铣复合加工机床所需要的多坐标轴、多主轴控制及主轴插补（Cs 轴控制）等功能；在铣削类数控系统上，则研发、补充了五轴加工、车铣复合加工所需要的五轴联动、多主轴控制、车削主轴控制功能等功能，数控系统的性能正在日益提高和完善，T 系列和 M 系列产品的功能也在逐步融合。

（2）数控机床的特点

数控机床与普通机床比较，具有以下基本特点。

① 精度高。机床采用数控后，由于以下原因，机床定位精度和加工精度一般都要高于传统的普通机床。

第一，脉冲当量小。数控装置输出的指令脉冲当量是机床的最小位移量，这一值越小，机床可达到的定位精度也就越高。数控机床的脉冲当量一般都在 0.001mm 及以下，这样的微量运动，在手动操作或液压、气动控制的普通机床上，通常很难把握和达到，因此，在同等条件下采用数控后，机床能实现比手动操作更精密的定位和加工。

第二，误差自动补偿。数控系统具有间隙、螺距误差自动补偿功能，机床机械传动系统的反向间隙、滚珠丝杠的螺距加工误差等固定误差，均可通过数控装置对指令脉冲数量的修整进行自动补偿。例如，若坐标轴在反向运动时，机械传动系统存在 0.02mm 的间隙，对于脉冲当量为 0.001mm 的数控装置，可在坐标轴改变运动方向时，自动增加 20 个指令脉冲，补偿传动系统反向间隙产生的误差等。因此，理论上说，只要是固定误差，数控机床都可以自动补偿和消除。

第三，结构刚度好。数控机床的进给系统普遍采用滚珠丝杠、直线导轨等高效、低摩擦传动部件，机械传动系统结构简单、传动链短、传动间隙小、部件刚度好，因此，从结构上说，机床本身就比普通机床具有更高的刚度、精度和稳定性。

第四，操作误差小。数控机床可通过一次装夹，完成多工序的加工，与普通机床操作比较，可以减少由于零件的装夹所产生的人为误差，零件加工的尺寸一致性好、加工质量稳定、产品合格率高。

② 柔性强。机床采用数控后，只需改变加工程序，就能进行不同零件的加工，因此，可灵活适应不同的加工需要，为多品种小批量零件加工、新产品试制提供极大的便利。此外，数控机床还可实现任意曲线、曲面的加工，完成普通机床无法完成的复杂零件加工，适用面更广，柔性更强。

③ 生产效率高。数控机床的加工效率主要体现在以下几个方面。

第一，结构刚度好，加工参数可变。数控机床本身的结构刚度通常要好于同规格的普通机床，其切削用量可比普通机床更高；另外，由于数控机床的切削速度、进给量等加工参数可任意调整，因此每一工序的加工都可选择最合适的切削用量，从而提高加工效率和零件加工质量。

第二，高速性能好。数控机床的移动速度、主轴转速均大大高于手动操作或液压、气动控制的普通机床，数控机床的快速移动通常都可达到 15m/min 以上，高速加工机床甚至可超过 100m/min，加工定位的时间非常短，辅助运动时间比普通机床要小得多；此外，数控机床的主轴最高转速通常都在同类普通机床的 2 倍以上，高速加工机床甚至可达数万转每分钟，因此，可使用高速加工工艺和刀具，进行高效加工。

第三，加工辅助时间短。数控机床的多工序加工可一次装夹完成，更换同类零件时无需对机床进行任何调整。此外，数控机床可通过程序进行快速、精确定位，无需进行划线、预冲中心孔等辅助操作，所加工零件也具有一致的尺寸、稳定的质量，无需一一检测，因此，可大大节省加工前后的辅助时间。

④ 有利于现代化管理。数控机床是一种自动化加工设备，可联网、可无人化运行，零件的加工时间、加工费用可准确预计，因此，它可以方便地纳入工厂自动化、信息化管理网，为制造业的自动化、信息化管理提供便利。

1.2.2　车削加工数控机床

车削加工机床是工业企业最常用的设备，它具有适用面广、结构简单、操作方便、维修容易等特点，可用于轴类、盘类等回转体零件的外圆、端面、中心孔、螺纹等的车削加工。从结构布局上，工业企业常用的数控车削加工机床有卧式数控车床、立式数控车床两大类，卧式数控车床的用量最大。

卧式数控车床的主轴轴线为水平布置，它是所有数控机床中结构最简单、产量最大、使用最广泛的机床。根据机床性能和水平，目前企业使用的车削类数控机床可分为普及型、全功能数控车床及车削中心、车铣复合加工中心、车削 FMC 等高效、自动化车削加工机床。

（1）普及型数控车床

国产普及型数控车床是在普通车床基础上演变成的简易数控产品，其主要部件结构、外形、主要技术参数与普通车床相似。

中小规格卧式普及型数控车床如图 1.2.2 所示，这种机床只是根据数控的要求，对普通车床的相关部件做了局部改进，机床的床身、主轴箱、尾座、拖板等大件及液压、冷却、照明、润滑等辅助装置与普通车床并无太大的区别。

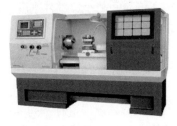 

(a) 外形   (b) 刀架

图 1.2.2 　普及型数控车床

普及型数控车床的主电机一般采用变频调速，由于变频器调速的低频输出转矩很小，故仍需要通过机械齿轮变速提高主轴低速转矩，但其变速挡可以少于普通车床，主轴箱的结构也相对较简单。机床一般用图 1.2.2（b）所示的电动刀架代替普通车床的手动刀架，以增加自动换刀功能，提高自动化程度。

普及型数控车床的结构简单、价格低廉、维修容易，可用于简单零件的自动加工，但由于数控系统大多采用国产系统，功能简单，数控装置还不具备闭环位置控制功能，因此，加工精度特别是轮廓加工精度、效率都与全功能型数控车床存在很大的差距，此类机床不能用于高速、高精度加工。

（2）全功能数控车床

全功能数控车床是真正意义上的数控车床，它需要配套进口全功能数控系统，具备闭环位置控制功能，可用于高精度轮廓加工。中小规格卧式全功能数控车床如图 1.2.3 所示。

(a) 外形   (b) 刀架

图 1.2.3 　全功能数控车床

全功能数控车床的结构和布局一般都按数控机床的要求进行设计，机床多采用斜床身布局，自动刀架布置于床身的后侧，主轴箱固定安装在床身上。

全功能数控车床的主轴驱动需要采用数控生产厂家配套的交流主轴驱动装置，主轴的调速范围宽、低速输出转矩大、最高转速高，此外，还具备主轴定向、定位等简单位置控制功能；在高速、高精度数控车床上，还经常使用高速主轴单元、电主轴等先进功能部件，主轴的转速和精度等指标远远高于普及型数控车床。

全功能数控车床一般采用图 1.2.3（b）所示的液压刀架自动换刀，液压刀架的结构刚度、刀具容量、回转精度、换刀速度也大大高于电动刀架。

全功能数控车床具有数控机床高速、高效、高精度的基本技术特点，其辅助装置比普及型数控车床更先进、更完善，其卡盘、尾座通常都需要采用液压自动控制，此外，机床还需要配备高压、大容量自动冷却系统以及自动润滑、自动排屑等辅助系统，因此，通常需要有全封闭的安全防护罩。

（3）车削中心

车削中心（turning center）是在全功能数控车床的基础上发展起来的，可用于回转体零件表面铣削和孔加工的车削类数控机床。车削中心是最早出现的车铣复合加工机床，产品以卧式为常见。

车削中心的典型产品如图 1.2.4 所示，其外形与全功能数控车床类似，但内部结构与性能与全功能数控车床有较大的区别。主轴具有 Cs 轴控制功能，刀架上可安装用于钻、镗、铣加工用的动力刀具（live tool），刀具可以进行垂直方向的 Y 轴运动是车削中心和全功能数控车床的主要区别。

(a) 外形　　　　　　　　　　　(b) 刀架

图 1.2.4　车削中心

① Cs 轴控制。Cs 轴控制又称主轴插补或 C 轴插补，由于数控机床的主轴的轴线方向规定为 Z 轴，绕 Z 轴回转的运动轴规定为 C 轴，因此，这一功能被称为 Cs 轮廓控制（Cs contouring control），简称 Cs 轴控制。

车削加工机床采用的是主轴驱动工件旋转、刀具移动进给的切削加工方法，而钻、镗、铣加工则是采用主轴驱动刀具旋转、工件或刀具移动进给运动的切削加工方法，两者的工艺特征完全不同。因此，车削中心的主轴不但需要驱动工件旋转，进行车削加工，而且必须能够在任意位置定位夹紧，以便进行钻、镗、铣加工；此外，还需要与 X、Y、Z 坐标轴一样，参与插补运算，实现进给运动，完成圆柱面轮廓加工。

② 动力刀具。动力刀具（live tool）是可旋转的特殊车削刀具。普通数控车床的车削加工通过图 1.2.5（a）所示的工件旋转实现，安装在刀架上的刀具不能（不需要）旋转。车削中心需要进行回转体侧面、端面的孔、轮廓加工，刀架需要安装图 1.2.5（b）所示的能进行钻、镗、铣等加工的动力刀具，并通过副主轴（第二主轴）驱动刀具旋转。

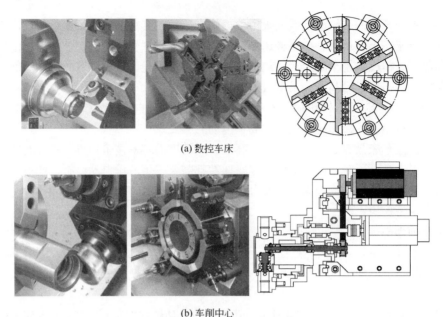

(a) 数控车床

(b) 车削中心

图 1.2.5 数控车床与车削中心加工比较

③ Y 轴运动。回转体的内外圆、端面车削加工，只需要有轴向（Z 轴）和径向（X 轴）进给运动，但其侧面、端面的孔加工和铣削加工，除了需要轴向和径向进给外，还需要有垂直刀具轴线的运动才能实现，因此，车削中心至少需要有 X、Y、Z 三个进给轴。

车削中心的刀架外形和全功能数控车床的刀架类似，但内部结构和控制要求有很大的差别。数控车床的刀架只有回转分度和定位功能，车削中心的刀架不但需要有回转分度和定位功能，而且需要安装动力刀具主传动系统，其结构较为复杂。

（4）车铣复合加工中心

车铣复合加工中心是在车削类数控机床的基础上拓展镗铣加工功能的复合加工机床，具有车床床身、车削主轴及镗铣加工副主轴，以车削加工为主体、镗铣加工为补充，可用于车削和镗铣加工，故称为车铣复合加工中心。

中小型车铣复合加工中心如图 1.2.6（a）所示。机床下部为卧式数控车床的斜床身和车削主轴，车削主轴同样具有 Cs 轴控制功能，配备尾架、顶尖等完整的车削加工附件。机床上部的副主轴和自动换刀装置则采用图 1.2.6（b）所示的镗铣加工机床结构（详见后述），车削刀具和镗铣刀具采用统一的刀柄，刀具交换使用机械手换刀装置。

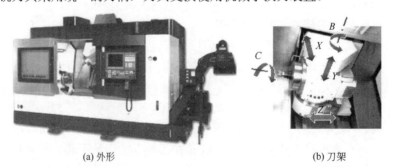

(a) 外形

(b) 刀架

图 1.2.6 车铣复合加工中心

车铣复合加工中心和车削中心的最大区别在副主轴和自动换刀装置上。

车削中心与全功能数控车床一样采用转塔刀架，刀具交换通过转塔的回转分度实现，动力刀具及传动系统均安装在转塔内部。这种结构的刀具交换动作简单、换刀速度快，并且可直接使用传统的车削刀具，刀具刚度好、车削能力强；但是，对于镗铣类加工，机床存在 Y 轴行程小、铣削能力弱，以及副主轴传动系统的结构复杂、传动链长、主轴转速低和刚度差等一系列不足，因此，机床的镗铣加工能力较弱。

车铣复合加工中心的副主轴一般采用镗铣加工机床的电机直连或电主轴驱动，副主轴结构简单、刚度好、转速可高达上万转甚至数万转每分钟，并可安装标准镗铣加工刀具，机床的镗铣加工能力大幅度提高。

车铣复合加工中心的副主轴可进行 225° 左右的大范围摆动（B 轴），以调整刀具方向、进行车削或倾斜面镗铣加工。例如，当机床用于内外圆或端面车削加工时，主轴换上车刀后定位锁紧，然后使 B 轴在 0° 或 90° 方向定位、夹紧，这样便可通过 X、Z 轴运动及车削主轴（主主轴）上的工件旋转，进行回转体的内外圆或端面车削加工。当机床用于回转体侧面或端面镗铣加工时，车削主轴（主主轴）切换到 Cs 轴控制方式，成为一个数控回转轴，此时，便可通过副主轴上的镗铣刀具，对安装在车削主轴上的工件进行钻、镗、铣等加工，由于机床具有 X、Y、Z、B、C 共 5 个坐标轴，故也可用于五轴加工。

以上的车铣复合加工中心较好地解决了车削中心铣削能力不足的问题，且可用于五轴加工，但自动换刀装置结构较复杂，倾斜床身对 Y 轴行程也有一定的限制，为此，大型车铣复合加工中心有时直接采用立柱移动式镗铣机床结构（见后述），这种机床和带 A 轴转台、主轴箱摆动的立式五轴加工中心非常类似，只是 A 轴采用的是车削主轴结构并具有尾架、顶尖等部件而已，这样的车铣复合加工机床完全具备了数控车床的车削加工和镗铣机床的镗铣加工性能。

1.2.3 镗铣加工数控机床

镗铣加工数控机床的种类较多，从机床的结构布局上，可分为立式、卧式和龙门式三大类。龙门式镗铣加工机床属于大型设备，其使用相对较少；立式和卧式镗铣加工机床是常用设备。根据机床性能和水平，目前市场上使用的镗铣类数控机床可分为数控镗铣床、加工中心、铣车复合加工中心、FMC 等，产品的主要特点如下。

（1）数控镗铣床

主轴轴线垂直布置的机床称为立式机床。根据通常的习惯，图 1.2.7（a）所示的从传统升降台铣床基础上发展起来的数控镗铣加工机床称为数控铣床，图 1.2.7（b）所示的从传统床身铣床基础上发展起来的数控镗铣加工机床称为数控镗铣床。

数控铣床和数控镗铣床的性能并无本质的区别，相对而言，数控镗铣床的孔加工能力较强，主轴的转速和精度较高，故更适合于高速、高精度加工，但其铣削加工能力一般低于同规格的数控铣床。

主轴轴线水平布置的机床称为卧式机床。卧式数控镗铣床是从普通卧式镗床基础上发展起来的数控机床，常见的外形如图 1.2.8 所示。

卧式数控镗铣床以镗孔加工为主要特征，主要用来加工箱体类零件侧面的孔或孔系。卧式机床的布局合理、工作台面敞开、工件装卸方便、工作行程大，故适合于箱体、机架等大型或结构复杂零件的孔加工。卧式数控镗铣床通常配备有回转工作台（B 轴），可完成工件的所有侧面加工,因此,相对于立式镗铣床而言,其适用范围更广,机床的价格也相对较高。

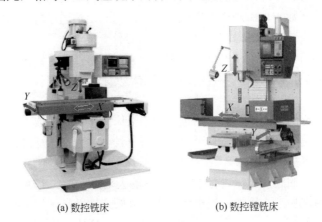

(a) 数控铣床　　　　　(b) 数控镗铣床

图 1.2.7　立式数控镗铣机床

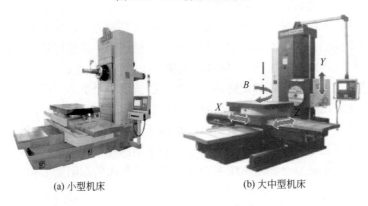

(a) 小型机床　　　　　(b) 大中型机床

图 1.2.8　卧式数控镗铣机床

龙门式数控机床一般用于大型零件的镗铣加工,它由两侧立柱和顶梁组成龙门,主轴箱安装于龙门的顶梁或横梁上,其典型结构如图 1.2.9 所示。

图 1.2.9　龙门式数控镗铣床

龙门式数控机床的顶梁由两侧立柱对称支撑,滑座可在顶梁上左右移动(Y轴),其 Y 轴行程大、工作台完全敞开,可以解决立式机床的主轴悬伸和工件装卸问题。同时,由于 Y 轴位于顶梁(或横梁)上,也不需要考虑切屑、冷却水的防护等问题,工作可靠性高。龙门式机床的 Z 轴行程可通过改变顶梁高度调整;在横梁移动的机床上,还可通过横梁的升降扩大 Z 轴行程,提高主轴刚度,它还可以解决卧式机床所存在的主轴或刀具的前端下垂问题,其 Z 轴行程大,加工精度容易保证。

龙门镗铣床的 X 轴运动可通过工作台或龙门的移动实现,其最大行程可以达到数十米;Y 轴行程决定于横梁的长度和刚度,最大可达 10m 以上;Z 轴运动可通过横梁升降和主轴移动实现,一般可达数米;机床的加工范围远远大于立式机床和卧式机床,可用于大型、特大型零件的加工。

（2）加工中心

镗铣加工机床采用数控后，不仅实现了轮廓加工的功能，而且可通过改变加工程序来改变零件的加工工艺与工序，增加了机床的柔性。但数控镗铣床不具备自动换刀功能，因此，其加工效率相对较低。

带有自动刀具交换装置（automatic tool changer，简称 ATC）的镗铣加工机床称为加工中心（machining center）。加工中心通过刀具的自动交换，可一次装夹完成多工序的加工，实现了工序的集中和工艺的复合，从而缩短了辅助加工时间，提高了机床的效率，减少了零件安装、定位次数，提高了加工精度，是目前产量最大、使用最广的数控机床之一。其种类繁多、结构各异，图 1.2.10 所示的立式、卧式和龙门式加工中心属于常见的典型结构。

(a) 立式

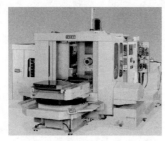
(b) 卧式(双工作台)

(c) 龙门式

图 1.2.10　加工中心

为了提高加工效率、缩短辅助时间，卧式加工中心经常采用图 1.2.10（b）所示的双工作台交换装置。这种机床虽然也具备工件自动交换功能，但双工作台交换的主要作用是方便工件装卸，并使得加工和工件装卸能够同步进行，以提高效率、缩短辅助加工时间，机床并不具备完整的工件输送和交换功能，故不能称为 FMC。

（3）五轴加工中心

五轴加工中心是具有图 1.2.11 所示 3 个直线运动轴（X、Y、Z 轴）和任意 2 个回转或摆动轴（A、B 或 C 轴）的多轴数控机床。这样的机床可始终保持刀具轴线和加工面的垂直，一次性完成诸如叶轮等复杂空间曲线、曲面的高速、高精度加工，五轴加工中心是代表当前数控机床性能水平的典型产品之一。

立式镗铣加工机床的主轴位于工作台上方，主轴周边的空间大，通常无机械部件干涉，因此，五轴加工中心多为立式布局。

立式加工中心的五轴加工可通过多种方式实现，工件回转式、主轴摆动式和混合回转式是五轴加工中心的基本结构。

① 工件回转式。工件回转式是通过工件回转改变加工面方向，使刀具轴线和加工面保持垂直的五轴加工方式，工件回转有图 1.2.12 所示的两种实现方式。

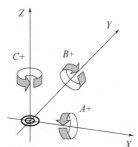

图 1.2.11　机床坐标轴

图 1.2.12（a）是在三轴立式加工中心的水平工作台上安装双轴数控回转工作台，实现五轴加工的结构形式。双轴回转工作台目前已有专业生产厂家进行标准化生产，转台一般为 C 轴回转、A 轴摆动的结构，A 轴摆动范围通常为 120°～180°。

利用双轴转台的五轴加工实现容易、使用灵活、工作台回转速度快、定位精度高，而且不受机床结构形式的限制，也无需改变原机床结构，故适合标准化、模块化生产。但是，其

C 轴回转半径通常较小，转台结构层次多、刚度较差，此外，转台的安装也将影响 Z 轴行程和工件装卸高度。因此，其较适合用于小型叶轮、端盖、泵体等零件的五轴加工，而不适用于叶片、机架等长构件的加工。

(a) 双轴转台回转

(b) 工作台直接回转

图 1.2.12　工件回转五轴加工中心

图 1.2.12（b）所示为工作台直接回转式结构，这种数控机床专门为五轴加工设计，工作台本身可进行 C 轴回转、B 轴摆动运动，B 轴的摆动范围通常在 120° 左右。

工作台直接回转的五轴加工机床的 C 轴回转半径大、结构刚度好、定位精度高、回转速度快，可用于大规格叶轮、端盖及箱体类零件的五轴加工；但是，其 X 向行程较小，故同样不适合用于叶片、机架等长构件的加工。

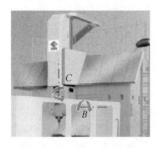

② 主轴摆动式。主轴摆动式是通过主轴的回转与摆动改变刀具方向，使刀具轴线和加工面保持垂直的五轴加工方式。主轴摆动式五轴加工可通过安装图 1.2.13 所示的双轴回转头来实现，双轴回转头一般为 C 轴回转、B 轴摆动结构，B 轴摆动范围为 180° 左右。

主轴摆动式五轴加工中心机床的结构简单、实现方便、机床加工范围大，并可用于任何立式数控镗铣机床，但是，双轴回转头的主轴传动系统设计较为复杂，因此，大多数情况下都采用电主轴直接驱动主轴，这样的机床主轴转速高，但输出转矩小、主

图 1.2.13　主轴摆动五轴加工

轴刚度差，通常只能用于轻合金零件的高速加工。

③ 混合回转式。混合回转式是通过图 1.2.14 所示的主轴摆动和工件回转来调整刀具方

向，使刀具轴线和加工面保持垂直的五轴加工方式，主轴箱整体可进行 B 轴摆动，工件可进行 A 轴回转，B 轴摆动范围可超过 180°。

图 1.2.14　混合回转五轴加工中心

混合回转的五轴加工中心综合了工件回转、主轴摆动的优点，解决了主轴摆动式机床主轴刚度差、输出转矩小以及工件回转式机床加工范围小的缺点。此种机床结构刚度好、加工范围大、工作台承载能力强，故可以用于大型箱体、模具、叶片、机架等长构件的五轴加工，但是，其主轴箱摆动速度、精度低于工件回转、主轴摆动式机床，因此，通常用于大型零件的五轴加工。

（4）铣车复合加工中心

铣车复合加工中心是在镗铣类数控机床的基础上拓展车削加工功能的复合加工机床，机床具有镗铣床床身、镗铣主轴及车削加工副主轴，以镗铣加工为主体、车削加工为补充，可用于镗铣和车削加工，故称为铣车复合加工中心。

铣车复合加工中心采用立式或龙门式结构，机床的车削副主轴布置一般有如图 1.2.15 所示的 2 种。

图 1.2.15（a）所示的是以 A 轴为车削副主轴的铣车复合加工中心，机床的基本结构与混合回转式五轴加工机床相同，但是，其工件回转轴 A 通常采用高转速、大转矩内置力矩电机（built-in torque motor）或直驱电机（direct drive motor）直接驱动，可作为车削加工副主轴使用。由于机床较适合用于细长轴类零件（棒料）的铣车复合加工，故又称棒料加工中心。棒料加工中心通常还带平行 X 轴的辅助运动轴 U（第 6 轴），通过 U 轴来实现车床尾架、夹持器等车削加工辅助部件运动。

 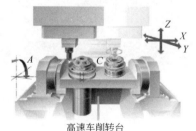

(a) A 轴　　　　　(b) C 轴

图 1.2.15　铣车复合加工的车削副主轴

棒料加工中心用于镗铣类加工时，A 轴切换为伺服控制模式，成为图 1.2.16（a）所示的工件回转和切削进给数控回转轴，U 轴可安装顶尖或夹具，机床成了一台混合回转式五轴加工机床，可进行轴类零件的五轴加工。

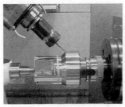
(a) 五轴铣削

(b) 外圆、端面车削

(c) 端面、侧面镗铣

图 1.2.16　棒料铣车复合加工

　　棒料加工中心用于车削加工时，A 轴切换为速度控制模式，成为车削副主轴，U 轴可安装尾架、夹持器，主轴安装车刀夹紧后，便可像卧式数控车床那样，对 A 轴上的轴类零件进行图 1.2.16（b）所示的外圆、端面车削加工；同时，还可以通过 B 轴摆动，对工件进行图 1.2.16（c）所示的端面、侧面镗铣加工。

　　图 1.2.15（b）所示的是以 C 轴为车削副主轴的铣车复合加工中心，机床的基本结构与工件回转式五轴加工机床相同，但是，其工件回转轴 C 通常采用高转速、大转矩内置力矩电机或直驱电机直接驱动，可作为车削加工副主轴使用。此类机床通常用于法兰、端盖等盘类零件的铣车复合加工。

　　机床用于镗铣类加工时，C 轴切换为伺服控制模式，成为工件回转和切削进给的数控回转轴，机床就成了一台工件回转式五轴加工机床，可进行端盖、法兰等盘类零件的五轴镗铣加工。

　　机床用于车削加工时，C 轴切换为速度控制模式，成为车削副主轴。此时，如果 A 轴在 90° 位置定位并夹紧，C 轴便具有卧式数控车床主轴功能，机床可对图 1.2.17（a）所示的端盖、法兰等盘类零件进行外圆、端面车削加工；如果 A 轴在 0° 位置定位并夹紧，C 轴便具有立式数控车床主轴功能，进行图 1.2.17（b）所示的外圆、端面车削加工；同时，还可以通过 A 轴摆动，对工件进行图 1.2.17（c）所示的端面、侧面镗铣加工。

(a) 卧式车削

(b) 立式车削

(c) 侧面加工

图 1.2.17　盘类零件铣车复合加工

1.2.4　FMC、FMS 和 CIMS

（1）FMC

　　FMC 是柔性加工单元（flexible manufacturing cell）的简称。FMC 通常是由一台具备自动换刀功能的数控机床和工件自动输送、交换装置组成的自动化加工单元。FMC 不仅可利用数控机床的自动换刀实现工序集中和复合，而且还可通过工件的自动交换，使得无人化加工成为可能，从而进一步提高了数控设备的利用率。FMC 既可以作为柔性制造系统的核心设备，也可作为自动化加工设备独立使用，其技术先进、结构复杂、自动化程度高、价格高，因此，多用于大型现代化制造企业。

具备自动换刀功能的数控机床是 FMC 的核心，这种数控机床可以为车削类的全功能数控车床或车削中心、车铣复合加工中心，也可以是镗铣类的加工中心或五轴加工中心、铣车复合加工中心。以数控车削机床为主体的 FMC 一般称为车削 FMC，以数控镗铣机床为主体的 FMC 则直接称为 FMC。

车削 FMC 如图 1.2.18 所示，它是在全功能数控车床、车削中心或车铣复合加工中心的基础上，通过增加工件自动输送和交换装置所构成的自动化加工单元。车削 FMC 的最大特点是可通过工件自动输送和交换装置，自动更换工件，实现长时间无人化加工，从而进一步提高设备使用率和自动化程度。

以卧式加工中心为主体的 FMC 如图 1.2.19 所示，这是一种通过工作台（托盘）自动交换（automatic pallet changer，简称 APC）实现工件自动输送、交换的 FMC，它可将机床的工作台面连同安装的工件进行整体自动更换，以达到工件自动交换的目的。

图 1.2.18　车削 FMC　　　　　　　　　　图 1.2.19　卧式 FMC

（2）FMS 和 CIMS

数控车床、车削中心、车铣复合加工中心、车削 FMC 以及数控镗铣床、加工中心、五轴加工中心、铣车复合加工中心、FMC 都是可独立使用的完整数控加工设备。如果在这些数控加工设备的基础上，增加刀具中心、工件中心、检测设备、工业机器人、刀具及工件输送线等辅助设备，使多台独立的数控加工设备变成一个统一的整体，再通过中央控制计算机进行集中、统一控制和管理，便可组成一个具有多种工件自动装卸、自动加工、自动检测乃至于自动装配功能的完全自动化的加工制造系统，这样的加工制造系统同样具有适应产品变化的柔性，故称为柔性制造系统（flexible manufacturing system，FMS）。

FMS 的规模有大有小，中小规模的 FMS 一般由图 1.2.20 所示的若干台数控加工设备及测量机、工业机器人、刀具及工件输送线、中央控制计算机等设备组成，这样的 FMS 具有长时间无人化、自动加工和在线测量检验功能，这是一种用于制造业零部件加工的 FMS。

大型 FMS 如图 1.2.21 所示，这样的 FMS 具有车间制造过程全面自动化的功能，故又称自动化车间或自动化工厂（FA）。大型 FMS 是一种高度自动化的先进制造系统，目前仅在制造业高度发达的美国、德国、日本等少数国家有部分应用。

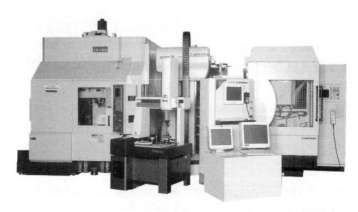

图 1.2.20　中小规模 FMS

图 1.2.21　大型 FMS

随着科学技术的发展，为了适应市场多变的需求，现代企业不仅需要实现产品制造过程的自动化，而且还希望能够实现从市场预测、生产决策、产品设计、产品制造直到产品销售的全过程自动化。如果将这些要求进行综合，并组成为一个直接面向市场的全方位、多功能完整系统，则将这样的系统称为计算机集成制造系统（computer integrated manufacturing system，CIMS）。CIMS 将一个工厂的全部生产、经营活动进行了有机集成，实现了高效益、高柔性的智能化生产，它是目前制造技术发展的方向。

1.3　SIEMENS 数控系统概况

1.3.1　SIEMENS 数控技术发展简史

SIEMENS 公司是全球著名的企业、欧洲最大的电器电子公司、世界第四大家用电器制造商和全球十大电子公司之一。在工业控制技术方面，SIEMENS 不仅在低压电器、PLC、驱动技术等方面领先世界，而且也是世界著名的 CNC 生产厂家之一，其产品规格齐全、功能丰富，市场占有率仅次于 FANUC 公司。

SIEMENS 公司为大型企业集团，工业自动化产品众多，由于不同类别产品的研发、生产由不同部门承担，因此，对产品通常进行分类命名。例如，工业自动系统隶属于自动化系统，在常用的工业自动系统中，数控系统的名称为"SINUMERIK"；PLC 属于工业自动化系统，产品名称为"SIMATIC"；伺服驱动属于运动控制系统，产品名称为"SINAMICS"；伺服/主轴驱动电机属于控制电机，产品名称为"SIMOTICS"；等等。因此，人们常说的西门子 840D 数控系统实际上包括 SINUMERIK 840D 数控装置、SINAMICS S120 驱动器、SIMOTICS 1FK 伺服电机及 1PH 主轴电机、SIMATIC S7-300 等组成部件。

SIEMENS 公司的数控系统产品发展简况如下。

（1）第一代

第一代数控系统以电子电路控制、步进电机或电液脉冲马达驱动为标志。第一代数控系统的数控装置、驱动器采用的是电子管、晶体管等分立元件与小规模集成电路，伺服驱动系统为开环位置控制。

SIEMENS 公司的第一代数控系统属于实验型产品，市场应用较少。

（2）第二代

第二代数控系统以微处理器控制、直流伺服驱动为标志。第二代数控系统的数控装置采用了 8 位微处理器、中规模集成电路、晶闸管等第一代微电子及电力电子器件，伺服驱动系统为直流伺服电机驱动、闭环位置控制。

SIEMENS 公司第二代数控系统的商品化生产大致起始于 20 世纪 70 年代中期。

1974 年，由于 FANUC 公司在开发低噪声、大扭矩电液脉冲马达时遇到困难，便作出了以闭环直流伺服代替开环电液脉冲马达驱动这一推动数控技术全面进步的历史性决策。FANUC 在引进美国 GETTYS 公司直流伺服电机制造技术的同时，在 1975 年与 SIEMENS 公司签订了 10 年的数控系统产品合作协议，开始了合作研发数控系统的工作。

SIEMENS 公司第二代数控系统的产品情况大致如下。

1975—1985 年：主要产品有与 FANUC 合作开发的 SINUMERIK 6，以及自主研发的 PRIMOS、SINUMERIK 8、SINUMERIK 3 等。

SINUMERIK 6 的 CNC（数控装置）与 FANUC SYSTEM 6（FS 6）相同，系统可实现 5 轴控制/4 轴联动，但是，PLC 采用的是 SIEMENS 公司自己生产的通用型、模块式 SIMATIC S5-130W，PLC 为外置式独立安装；主轴驱动器、主轴电机采用的是 SIEMENS 公司的 SIMODRIVE（SINAMICS 的前身）6RA26 系列直流主轴驱动；伺服驱动采用的是 FANUC 直流伺服驱动器，但伺服电机为 SIEMENS 公司的 1HU3 系列直流伺服电机。与 FANUC 公司的 FS 6 系统相比，SINUMERIK 6 的 PLC 功能更强、配置更灵活，主轴驱动系统、伺服电机的性能也优于 FS 6。

PRIMOS 基本上属于 SIEMENS 公司的第一代紧凑型数控系统产品。系统可实现 3 轴控制/3 轴联动；数控系统配套采用 SIEMENS 公司通用型、模块式 SIMATIC S5-110U 等 PLC，PLC 为外置式独立安装；主轴、伺服驱动系统均为 SIMODRIVE 6RA26 系列产品。PRIMOS 数控系统可采用光栅全闭环位置控制，其位置控制精度高于一般的数控系统。

SINUMERIK 8 是 SIEMENS 高性能数控系统的早期产品，系统可实现 12 轴控制/4 轴联动。数控系统配套采用 SIEMENS 公司通用型模块式 SIMATIC S5-150 等 PLC，外置独立安装；主轴、伺服驱动系统均为 SIMODRIVE 6RA26 系列产品。SINUMERIK 8 系统功能强大，产品性能居当时世界数控系统的领先水平，产品多用于 20 世纪 80 年代初期的大型复杂数控机床控制。

SINUMERIK 3 是 SIEMENS 第二代高性能数控系统的代表性产品，系统可实现（16 进给+4 主轴）控制/4 轴联动。PLC 同样采用 SIEMENS 公司通用型、模块式 SIMATIC S5-130W，主轴、伺服驱动系统均为 SIMODRIVE 6RA26 系列产品。SINUMERIK 3 的功能强，可靠性高，深受当时的欧洲用户欢迎，一度成欧洲最畅销的 CNC。

（3）第三代

第三代数控系统以交流伺服驱动、微电子产品普及、高速高精度加工为标志。第三代数控系统开启了交流伺服全面代替直流伺服的革命，数控装置普遍采用了 16 位、32 位微处理器及大规模集成电路、IGBT、IPM 等新一代微电子及电力电子器件，数控系统的轨迹控制精度、进给速度、主轴转速大幅度提高，并逐步以网络总线通信代替了传统的信号连接电缆。

SIEMENS 公司第三代数控系统的产品情况大致如下。

1985—1995 年：SIEMENS 数控系统主要产品有早期的紧凑型 SINUMERIK 810/820、高性能型 SINUMERIK 850/880 等。

SINUMERIK 810/820 性能类似，系统可实现 5 轴控制/4 轴联动。810/820 系统采用了 CNC 集成 PLC；伺服、主轴驱动系统采用 SIMODRIVE 6SC610/650 及 611A/D 等交流驱动系统。SINUMERIK 810/820 系统的性价比高、可靠性好，在当时的国际、国内中小规格数控机床上有较多的应用。

SINUMERIK 850/880 为 SIEMENS 第三代高性能数控系统的早期产品，系统已经具备 6 通道、（24 进给+6 主轴）控制/16 轴联动等多轨迹控制功能。850/880 系统的 PLC 同样采用 SIEMENS 公司通用型、模块式 SIMATIC S5-150 等产品，外置式独立安装；主轴、伺服驱动采用 SIMODRIVE 6SC610/650、611A/D/U 等交流驱动系统；产品多用于 20 世纪 80 年代中、后期的大型、复杂数控机床控制。

（4）第四代

第四代数控系统以多轨迹（多通道）控制、五轴联动与复合加工、直接驱动等最新技术应用和利用 IT 的远程控制、诊断与维修功能为标志，它是适应现代数控机床技术发展需求的新一代数控系统。

SIEMENS 公司第四代数控系统的产品情况大致如下。

1990—1995 年：研发了第四代高性能数控系统 SINUMERIK 840C 及紧凑型的 SINUMERIK 805 等产品；其中，805 系统是用于 4 轴控制/3 轴联动的低价位产品，实际市场销量较小。

SINUMERIK 840C 系统采用了 PROFIBUS 总线控制，可实现 6 通道、30 轴+6 主轴控制/8 轴联动，系统可用于 5 轴加工数控机床。840C 系统的 PLC 采用 SIEMENS 公司通用型、模块式 SIMATIC S7-300 系列，外置式独立安装；伺服、主轴驱动系统采用 SIMODRIVE 611A/D/U 等交流驱动系统；产品多用于 20 世纪 90 年代的大型、复杂数控机床控制。

1995—2010 年：主要产品有 SINUMERIK 802S/C、802D/810D、840D 等。

SINUMERIK 802S/C 为 SIEMENS 合资公司针对中国市场研发的经济型产品，后期有 802Se/Ce、802S base line/C base line 等改进型号。其中，802S 采用 STEPDRIVE 步进电机驱动系统，主要用于 3 轴以下的国产经济型数控机床的控制；802C 采用 SIMODRIVE base line 等低价位交流伺服驱动系统，系统产品主要用于 3 轴以下国产简单车削及镗铣加工数控机床的控制。

SINUMERIK 802D/810D、840D 为 SIEMENS 公司标准数控系统产品，后期有 802D solution line、810D/810D power line、840Di/840D power line/840Di solution line 等改进型号，

不同时期产品的主轴、伺服驱动系统有 SIMODRIVE 611D、SIMODRIVE 611U、SINAMICS S120 等。

SINUMERIK 802D 为紧凑型数控系统的低价位产品，升级版的 802D solution line（简称 802Dsl）最大可实现 5 轴（伺服+主轴）控制、4 轴联动。802D 采用 CNC 集成式 PLC；系统多用于中小规格低价位全功能数控机床控制。

SINUMERIK 810D 为紧凑型数控系统的标准产品，系统可实现 6 轴控制/4 轴联动。810D 系统的 PLC 采用 SIEMENS 公司通用型、模块式 SIMATIC S7-300 系列，外置式独立安装；系统多用于中小规格标准全功能数控机床控制。

SINUMERIK 840D 为高性能数控系统产品，系统可实现 10 通道、最大 31 轴控制/12 轴联动，系统可用于 5 轴加工机床控制。早期的 840D 系统 PLC 采用 SIEMENS 公司通用型、模块式 SIMATIC S7-300 系列，外置式独立安装。

2010 至今：生产销售的数控系统主要有 SINUMERIK 808D、828D、840D solution line（简称 840Dsl）3 大系列。

1.3.2　SINUMERIK 828D 系统

SINUMERIK 828D 数控系统是 SIEMENS 公司近年开发的用来替代 810D 的紧凑型数控系统产品，828D 系统的基本组成如图 1.3.1 所示。

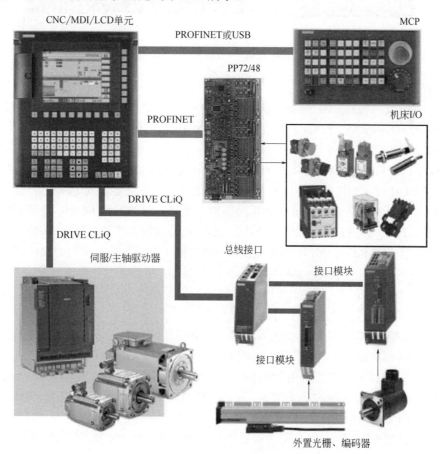

图 1.3.1　SINUMERIK 828D 系统组成

828D 系统最大可控制 2 通道、10 轴（8 轴伺服+2 主轴或 10 轴伺服），联动轴数为 4 轴，可用于除五轴加工机床以外的复杂数控机床控制。

828D 系统坐标轴的闭环位置、速度控制通过 CNC 实现，驱动器和 CNC 需要连接 DRIVE CLiQ 伺服总线。如需要，CNC 基本单元还可通过 DRIVE-CLiQ 总线扩展接口连接第 6～8 轴驱动器、分离型检测器件接口模块。用于位置全闭环控制的光栅尺、编码器等检测器件，可与分离型检测器件接口模块连接。有关 828D 系统的硬件配置与连接要求详见第 3 章。

828D 系统采用 CNC/LCD/MDI 集成结构，基本单元有图 1.3.2 所示的垂直布置、水平布置两种形式，分为车削类机床控制用的 T 型（828D T）和镗铣类机床控制用的 M 型（828D M）两大类产品。

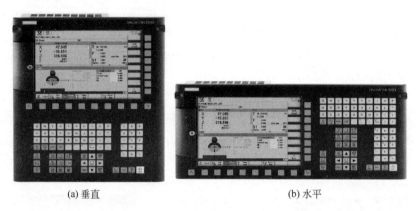

(a) 垂直   (b) 水平

图 1.3.2　SINUMERIK 828D 基本单元

（1）产品规格

828D 系统按中央处理器（panel processing unit，简称 PPU）性能，分为 828D 基本型（BASIC）、828D 标准型、828D 高性能型（ADVANCED）及触摸屏型等规格，CNC 集成有 S7-200 PLC 功能。

828D 系统的 CNC 标准配置均为 3 轴控制/3 轴联动（828D T 车削控制系统）或 4 轴控制/4 轴联动（828D M 镗铣加工控制系统）；集成 PLC 的梯形图程序容量为 24000 步，标志寄存器（内部继电器）为 512 字节、4096 点，定时器为 128 个，计数器为 64 个。但是，CNC 的最大控制轴数、PLC 可连接的 DI/DO 点及其他 CNC 功能有较大差别，简要说明如下。

① 基本型（BASIC）。828D 基本型采用 PPU240（垂直布置）或 PPU241（水平布置）处理器，早期的 828D 基本型为 8.4 英寸[1]彩色液晶显示，最新产品已升级为 10.4 英寸彩色液晶显示。系统最大可控制 1 通道、5 轴（4 轴伺服+主轴或 5 轴伺服），联动轴数为 4 轴；系统可用于普通全功能数控机床的控制。

828D 基本型 CNC 集成 PLC 最大可连接 3 个 PP 72/48D PN 紧凑型 I/O 模块、最大 DI/DO 点数为 216/144 点；如需要，系统还可选配 6 通道模拟量输入/输出模块。

② 标准型。828D 标准型采用 PPU260（垂直布置）或 PPU261（水平布置）处理器、10.4 英寸彩色显示，系统最大可控制 1 通道、6 轴（5 轴伺服+主轴或 6 轴伺服），联动轴数为 4 轴，系统可用于标准全功能数控机床控制。

828D 标准型 CNC 集成 PLC 最大可连接 4 个 PP 72/48D PN 紧凑型 I/O 模块，最大 I/O

---

❶ 英寸（in），英美制长度单位，1in=0.0254m。

点数为 288/192 点；系统可根据需要选配 2 个 PLC 控制辅助伺服轴。

③ 高性能型（ADVANCED）。828D 高性能型采用 PPU280（垂直布置）或 PPU281（水平布置）处理器、10.4 英寸彩色显示。828D M 最大可控制 1 通道、8 轴（7 轴伺服+主轴或 8 轴伺服），联动轴数为 4 轴；828D T 最大可控制 2 通道、10 轴（8 轴伺服+2 主轴或 10 轴伺服），联动轴数为 4 轴，产品可用于除五轴加工机床以外的复杂数控机床控制。

828D 高性能 CNC 集成 PLC 最大可连接 5 个 PP 72/48D PN 紧凑型 I/O 模块，最大 I/O 点数为 360/240 点；系统可根据需要选配 2 个 PLC 控制辅助伺服轴。

④ 触摸屏型。828D 触摸屏型系统是 SIEMENS 的新产品，基本单元外观如图 1.3.3 所示。

828D 触摸屏型系统采用垂直布置 PPU290 处理器、15.6 英寸触摸屏显示。828D M 最大可控制 1 通道、8 轴（7 轴伺服+主轴或 8 轴伺服），联动轴数为 4 轴；828D T 最大可控制 2 通道、10 轴（8 轴伺服+2 主轴或 10 轴伺服），联动轴数为 4 轴，可用于除五轴加工机床以外的复杂数控机床控制。

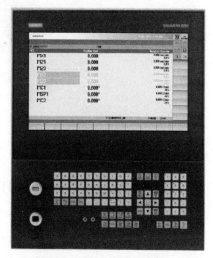

图 1.3.3　828D 触摸屏型系统

828D 触摸屏型系统 CNC 集成 PLC 最大可连接 5 个 PP 72/48D PN 紧凑型 I/O 模块，最大 I/O 点数为 360/240 点；系统可根据需要选配 2 个 PLC 控制辅助伺服轴。

（2）配套部件

828D 系统可根据需要选配图 1.3.4 所示的 SIEMENS 标准机床操作面板（machine control panel，简称 MCP）、手持单元（hand held unit，简称 HHU）等标准操作部件。

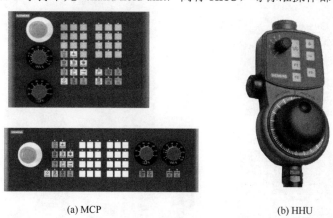

(a) MCP　　　　　　　　　　　　(b) HHU

图 1.3.4　828D 系统操作部件

MCP 面板集成有 PROFINET 总线接口或 USB 接口，可直接与 CNC 连接；采用 PROFINET 总线连接的 MCP 面板还可直接连接手持单元 HHU。

828D 系统具有 CNC 闭环位置控制功能，进给轴必须采用 SIEMENS 专用伺服驱动，主轴可根据需要选配 CNC 闭环控制的主轴驱动模块或模拟量输出控制的其他驱动装置。

828D 系统配套的驱动器有图 1.3.5 所示的电源/伺服驱动/主轴驱动模块集成一体的紧凑

型驱动器 SINAMICS S120 Combi，以及电源/伺服驱动/主轴驱动模块分离的标准模块式（西门子说明书有时称其为 Booksize 书本型驱动）驱动器 SINAMICS S120 CLiQ 两类；驱动电机可选配 SIMOTICS 1FK7/1PH8 系列伺服/主轴电机。

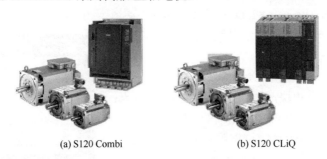

(a) S120 Combi   (b) S120 CLiQ

图 1.3.5   828D 系统驱动器

1.3.3   SINUMERIK 808D/840Dsl 系统

（1）SINUMERIK 808D

SINUMERIK 808D（简称 808D）是 SIEMENS 公司针对中国市场研发的普及型数控系统产品。808D 与国产普及型数控一样，只能输出位置指令脉冲，但不具备 CNC 闭环位置、速度控制功能，因此，同样只能用于轮廓加工精度要求不高的普及型数控机床控制。

808D 系统的一般组成如图 1.3.6 所示，系统由 CNC/LCD/MDI 基本单元、MCP 面板、通用型伺服器及伺服电机、通用型主轴变频器与感应电机等部件构成。

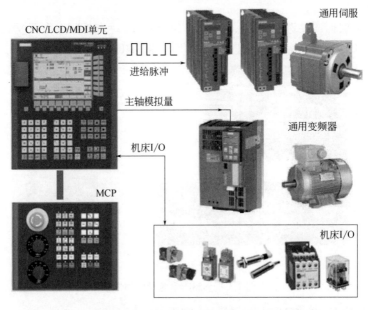

图 1.3.6   808D 系统组成

808D 系统的坐标轴指令输出位置指令脉冲，坐标轴的闭环位置、速度控制需要通过通用型伺服驱动器实现，系统和伺服驱动器只需要进行位置指令脉冲的连接。808D 系统具有主轴转速模拟量输出功能，系统和主轴驱动器只需要连接主轴速度模拟量；系统带有主轴编码器接口，安装主轴编码器后可用于主轴转速控制和螺纹车削、攻螺纹加工。

808D 系统有车削用的 T 型、镗铣加工用的 M 型 2 个系列产品，系统最大可控制 5 轴/3 轴联动，CNC 采用 SINUMERIK Operate BASIC 用户界面，并集成有 startGUIDE 在线调试软件，数控系统的操作、程序编辑、调试较容易。

808D 系统的 CNC 集成有 SIMATIC S7-200 PLC 功能及 I/O 模块，基本单元可连接 72/48 点 DI/DO 信号，PLC 梯形图程序的容量为 4000 步，并可使用 2048 点内部继电器、64 个定时器、32 个计数器等编程元件，系统的 PLC 功能比国产普及型数控系统更强。

808D 系统的基本单元为 CNC/LCD/MDI 集成结构，并有图 1.3.7 所示的水平布置、垂直布置 2 种形式，显示器为 7.5 或 8.4 英寸彩色。

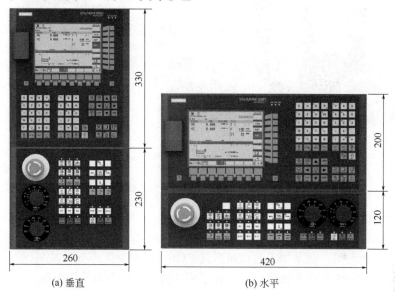

(a) 垂直　　　　　　　　　　　　(b) 水平

图 1.3.7　808D 基本单元与 MCP

为了便于系统连接、调试，减少 DI/DO 连接信号，808D 系统一般需要选配总线连接的 SIEMENS 标准机床操作面板（machine control panel，简称 MCP）。标准机床操作面板的按键、开关输入及指示灯输出信号可直接通过 CNC 的 USB 接口连接，不需要占用机床 I/O 点。机床的其他 I/O 信号需要通过基本单元集成 I/O 模块连接，系统最大可连接 72/48 点 DI/DO 信号。

垂直布置的 808D 基本单元外形尺寸为 260mm×330mm，因此，通常选配图 1.3.7（a）所示的 260mm×230 mm 机床操作面板 MCP260，组成 260mm×560mm 的垂直布置操作单元；水平布置的 808D 基本单元外形为 420mm×200mm，因此，通常选配图 1.3.7（b）所示的 420mm×120mm 标准机床操作面板 MCP420，组成 420mm×320mm 的水平布置操作单元。

从硬件一致性、部件采购、系统维修的角度考虑，808D 系统的伺服驱动可选配图 1.3.8（a）所示的 SIEMENS 公司生产的 SINAMICS V60/V70 系列位置脉冲输入控制的通用交流伺服器与配套的 SIMOTICS 1FL5/1FL6 伺服电机；主轴驱动可以选配模拟量输入控制的 SINAMICS G120/130 等系列的通用变频器与通用感应电机。

但是，位置指令脉冲和主轴模拟量输出的普及型数控系统对所使用的伺服驱动、主轴驱动实际上并无其他要求，因此，808D 系统也可像国产普及型数控一样，采用其他公司生产的通用伺服驱动器及电机，例如，图 1.3.8（b）所示的安川Σ7 系列伺服驱动、图 1.3.8（c）所示的三菱 FR 700 系列变频器等机电一体化设备常用的通用伺服驱动、变频器产品。

(a) SIEMENS通用伺服与变频器

(b) 安川∑7　　　　　　　　　(c) 三菱FR700

图 1.3.8　808D 伺服主轴驱动

（2）SINUMERIK 840Dsl

SINUMERIK 840D 是在 840C 的基础上发展起来的高性能数控系统，具有多通道、五轴加工功能，可用于大型、复杂加工数控机床及 FMC（柔性加工单元）控制。

840D 系统在 1995 年进入市场后，进行了多次改进、完善和升级，因此，在不同时期有 840DE/840D、840DiE/840Di、840DE powerline/840D powerline、840DiE solution line/840Di solution line、840DE solution line 等多种产品，其中，840D solution line（简称 840Dsl）为近年生产销售的 840D 新产品。

840Dsl 系统采用 CNC 单元（numerical control unit，简称 NCU）和 MDI/LCD 分离型结构。NCU 需要和 SINAMICS S120 驱动器一起安装。MDI/LCD 可选配 10.4、12.1、14、15、19 英寸彩色 TFT 显示，并有图 1.3.9 所示的垂直布置、水平布置 2 种基本结构形式。CNC 最多控制 30 通道、91 轴（进给+主轴），20 轴联动。

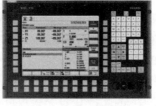

(a) 垂直　　　　　　　　　(b) 水平

图 1.3.9　840Dsl MDI/LCD 单元

840Dsl 系统集成有 S7-300 PLC 功能，梯形图程序的最大容量可达 512000 步，PLC 最大可连接 125 个 PP 72/48 模块、9000/6000 点 DI/DO，标志寄存器（内部继电器）最大可达 8192 字节、65536 点，定时器、计数器最大可达均为 2048 个。

840Dsl 系统的机床操作部件如图 1.3.10 所示，系统不但可选配 SIEMENS 标准机床操作面板、手持式操作单元，而且还可选配带 7.5 英寸触摸屏的 SIEMENS 示教器 HT8。

MCP 面板集成有 PROFINET 总线接口或 USB 接口，可直接与 CNC 连接；采用 PROFINET 总线连接的 MCP 面板可直接连接手持单元 HHU；HT8 示教器集成有 PROFINET 总线接口可直接与 CNC 连接。

840Dsl 系统不但可选配 SINAMICS S120 Combi 系列紧凑型驱动器或 SINAMICS S120 CLiQ 系列模块式驱动器、SIMOTICS 1FK7/1PH8 系列伺服/主轴电机等常规驱动部件，还可选配图 1.3.11 所示的 SIMOTICS 1FT6/1FT7 系列高性能伺服电机、SIMOTICS 1PH7/1PH4/1PH8 系列高速主轴电机，以满足高速、高精度数控机床需求。

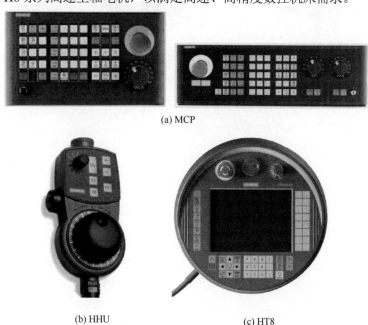

(a) MCP

(b) HHU　　　(c) HT8

图 1.3.10　840Dsl 系统操作部件

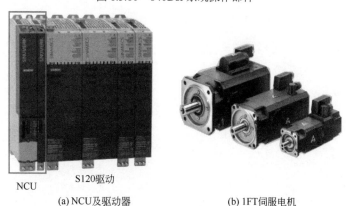

NCU　　S120驱动

(a) NCU及驱动器　　　(b) 1FT伺服电机

图 1.3.11　840Dsl 驱动

此外，840Dsl 系统还可选配图 1.3.12 所示的 SIEMENS 新颖 SIMOTICS 1PH2/1FE1/1FE2 系列高速电主轴（Motor spindle）、SIMOTICS 1FN3/6 系列直线电机、SIMOTICS 1FW6 系列转台直接驱动内置式力矩电机等直接驱动部件，以取消滚珠丝杠、蜗轮蜗杆等机械传动部件，实现数控设备的"零"传动，满足现代高速、高精度、五轴加工机床的控制需求。

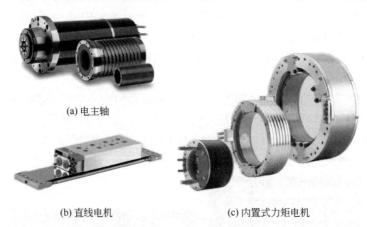

(a) 电主轴

(b) 直线电机　　　　　　　　(c) 内置式力矩电机

图 1.3.12　SIEMENS 直接驱动电机

第2章　PLC原理与应用

02

2.1　PLC组成与原理

2.1.1　PLC特点与功能

PLC是通用型可编程逻辑控制器（programmable logic controller）的简称，PMC是FANUC数控系统集成可编程机床控制器（programmable machine controller）的简称，两者除了结构稍有不同外，在原理、组成、功能、程序设计等方面并无区别。可以认为，PMC只是一种专门用于数控机床控制的PLC，它同样属于PLC的范畴。

为了全面介绍可编程逻辑控制器的基本使用方法与要求，本章将对PLC的工作原理、结构组成、功能用途、电路设计、编程语言等基本知识进行简要说明，为此，在本章中将统一使用PLC通用代号（地址）I、Q、M及常用的触点、线圈符号来表示PLC的开关量输入信号、开关量输出信号、内部继电器等常用编程元件。

（1）PLC的产生与发展

PLC是随着科学技术的进步与生产方式的转变，为适应多品种、小批量生产的需要而产生、发展起来的一种新型工业控制装置。PLC自1969年问世以来，虽然只经过了50多年时间，但由于其通用性好、可靠性高、使用简单，因而在工业自动化的各领域得到了广泛的应用。曾经有人将PLC技术、CNC（数控）技术、IR（工业机器人）技术称为现代工业自动化技术的支柱技术。

PLC最初是为了解决传统的继电器接点控制系统存在的体积大、可靠性低、灵活性差、功能弱等问题，而开发的一种自动控制装置。这一设想最早由美国最大的汽车制造商——通用汽车公司（GM公司）于1968年提出，1969年由美国数字设备公司（DEC公司）率先研制出样机并获成功；接着，由美国GOULD公司在当年将其商品化并推向市场；1971年，通过引进美国技术，日本研制出了第一台PLC；1973年，德国SIEMENS公司也研制出了欧洲第一台PLC；1974年，法国也研制出了PLC。从此，PLC得到了快速发展，并被广泛用于各种工业控制的场合。

PLC的发展大致经历了以下5个阶段。

① 1970—1979年：标准化、实用化阶段。在这一阶段，各种类型的顺序控制器不断出现（如逻辑电路型、1位机型、通用计算机型、单板机型等），但被迅速淘汰，最终以微处理器为核心的现有PLC结构形式取得了市场认可，并得以迅速推广；PLC的原理、结构、软件、硬件趋向统一与成熟；其应用也开始向机床、生产线等领域拓展。

在该阶段，先进的数控系统已经逐步使用PLC作为系统辅助控制装置，例如，1979—1982年SIEMENS公司和FANUC公司联合开发的FANUC-SIEMENSSYSTEM6（FS6）数控系统上，已配套有外置式SIMATICS5-130WB中型通用型PLC。

② 1980—1989 年：普及化、系列化阶段。在这一阶段，PLC 的生产规模日益扩大，价格不断下降，应用被迅速普及。各 PLC 生产厂家的产品开始形成系列，相继出现了固定型、可扩展型、模块化这 3 种延续至今的基本结构，其应用范围开始遍及顺序控制的全部领域。

在该阶段，数控系统已经全面采用集成 PMC 或通用型 PLC，作为数控系统的辅助控制装置，大大增强了数控系统的功能。例如，FANUC 公司的 FS10/11/12 数控系统的集成 PMC 采用了光缆连接的分布式 I/O 单元，SIEMENS 公司的 SINUMERIK 850/880 数控系统采用了外置式 SIMATIC S5-150 大型通用 PLC 等。

③ 1990—1999 年：高性能、小型化阶段。在这一阶段，随着微电子技术的进步，CPU 的运算速度大幅度上升，位数不断增加，用于各种特殊控制的功能模块被不断开发，PLC 的功能日益增强，应用范围由最初的顺序控制向现场控制领域延伸，现场总线、触摸屏等技术在 PLC 上开始应用。同时，PLC 的体积大幅度缩小，出现了各种小型化、微型化 PLC。

在该阶段，先进数控系统的集成 PMC 或外置式 PLC 已开始使用现场总线控制技术。例如，FANUC 公司的高性能 FS15 系列数控系统的集成 PMC 采用了 I/O-Link 总线；SIEMENS 公司的高性能 SINUMERIK 840C 数控系统采用了 PROFIBUS 总线连接的外置式 SI-MATIC S7-300 大型通用 PLC 等。

④ 2000—2009 年：网络化、集成化阶段。在这一阶段，为了适应工厂自动化的需要，一方面，PLC 的功能得到不断开发与完善，在大幅度提高 PLC 的 CPU 运算速度、位数的同时，开发了大量适用于过程控制、运动控制的特殊功能与模块，其应用范围开始遍及工业自动化的全部领域；另一方面，为了适应网络技术的发展，PLC 的通信功能得到迅速完善，PLC 不仅可通过现场总线连接本身的 I/O 装置，且可与变频器、伺服驱动器、温度控制器等自动控制装置连接，构成完整的设备控制网络，此外，还可进行 PLC 与 PLC、CNC、DCS（distributed control system，集散控制系统，见后述）等各类自动化控制器之间的互联，集成为大型工厂自动化网络控制系统。

在该阶段，几乎所有数控系统的集成 PMC 或外置式 PLC 都使用网络总线连接技术。例如，FANUC 公司的简约型 FS 0i 系列数控系统、SIEMENS 公司的简约型 SINUMERIK 802D 数控系统的集成 PMC 也都采用了 I/O-Link、PROFIBUS 总线连接等。

⑤ 2010 年至今：智能化、远程化阶段。在这一阶段，为了适应互联网技术（IT）的发展与智能化控制的需要，条形码、二维码识别与视频监控技术，以及利用互联网的远程诊断与维修服务技术等智能化、远程化技术，已经在 PLC 上大量应用，PLC 已深入到现在社会的工业生产、人们生活的各个领域。

在该阶段，数控系统的集成 PMC 或外置式 PLC 主要以五轴与复合加工、FMC 等现代数控设备控制为主要发展方向，增加了多路径控制、多程序同步运行、冗余控制等功能。例如，FANUC 公司的高性能 FS30i 系列数控系统最大可控制 5 路径、进行 5 个程序的同步运行，以满足复合加工中心、FMC 的数控机床及工业机器人、机械手、输送线等各种辅助控制设备的控制要求，构成完整的自动化加工单元。

（2）PLC 的特点

虽然 PLC 的生产厂家众多，产品功能相差较大，但与其他类型的工业控制装置相比，PLC 都具有如下共同的特点。

① 可靠性高。作为一种通用的工业控制器，PLC 必须能够在各种不同的工业环境中正常工作。对工作环境的要求低，抗干扰能力强，平均无故障工作时间（MTBF）长是 PLC 在

各行业得到广泛应用的重要原因之一。PLC 的可靠性与生产制造过程的质量控制及硬件、软件设计密切相关。

首先，国外 PLC 的主要生产厂家通常都是大型、著名企业，其技术力量雄厚、生产设备先进、工艺要求严格，企业的质量控制与保证体系健全，可保证 PLC 的生产制造质量。其次，在硬件上，PLC 的输入/输出接口电路基本都采用光耦器件，PLC 的内部电路与外部电路完全隔离，可有效防止线路干扰对 PLC 的影响，大幅度提高了工作可靠性。再者，在软件设计上，PLC 采用了独特的循环扫描工作方式，大大提高了程序执行的可靠性；加上其用户程序与操作系统相对独立，用户程序不能影响操作系统运行，而且操作系统还可预先对用户程序进行语法等编程错误的自动检测，故一般不会出现计算机常见的死机等故障。

② 通用性好。在硬件上，绝大多数 PLC 都采用了可扩展型或模块化的结构，其 I/O 信号数量和形式、动作控制要求等都可根据实际控制要求选择与确定，此外，还有大量用于不同的控制要求的特殊功能模块可供选择，其使用灵活多变，程序调整与修改、状态监控与维修均非常方便。在软件方面，PLC 采用了独特的面向广大工程设计人员的梯形图、指令表、逻辑功能图、顺序功能图等形象、直观的编程语言，适合各类技术人员使用，对使用者的要求比其他工业计算机控制装置更低。

（3）PLC、工业 PC 与 DCS

PLC、工业 PC、DCS 都是用于工业自动化设备控制的控制装置，其结构、功能相似，用途相近，在某些场合容易混淆，现将三者的主要区别简介如下。

① PLC 与工业 PC。工业个人计算机（industrial personal computer，简称工业 PC）是以个人计算机、STD 总线（standard data bus）为基础的工业现场控制设备，它具有标准化的总线结构（STD 总线），不同机型间的兼容性好，与外部设备的通信容易，其兼容性、通信性能优于 PLC。此外，工业 PC 可像个人计算机那样，安装形式多样、功能丰富的各类应用软件，因此，对于算法复杂、实时性强的控制，其实现比 PLC 方便。

工业 PC 的硬件组成与个人计算机类似，它不像 PLC 那样有大量的适应各种控制要求的功能模块可供选择，因此，用于工业控制场合时，其可靠性、通用性一般不及 PLC。此外，工业 PC 对软件设计（编程）人员的要求较高，其编程语言不像 PLC 梯形图、指令表、逻辑功能图、顺序功能图那样通俗易懂，其程序设计（编程）没有 PLC 方便。

② PLC 与 DCS。集散控制系统（distributed control system，DCS）产生于 20 世纪 70 年代，这是一种在传统生产过程仪表控制的基础上发展起来的用于石化、电力、冶金等行业的仪表控制系统。DCS 采用的是分散控制、集中显示、分级递阶管理的设计思想，功能侧重于模拟量控制、PID 调节、仪表显示等方面，其模拟量运算、分析、处理、调节性能要优于 PLC。

PLC 是在传统的继电-接触器控制系统的基础上发展起来的用于机电设备控制的开关量控制装置。PLC 采用的输入采样、程序执行、输出刷新的循环扫描（scan cycle）设计思想，功能侧重于开关量处理、顺序控制等方面，其逻辑运算、分析、处理性能优于 DCS。

然而，随着科学技术的进步、工业自动化控制要求的日益提高，工业 PC、DCS 的性能也在不断完善，逻辑顺序处理能力不断增强，而 PLC 也在不断推出各种模拟量控制、PID 调节等特殊功能模块，3 类控制器的功能已日趋融合。

（4）PLC 的功能

PLC 的主要功能通常包括图 2.1.1 所示的基本功能、特殊功能和通信功能 3 类，简要说明如下。

① 基本功能。PLC 的基本功能就是逻辑运算与处理。从本质上说，PLC 的逻辑运算与处理是一种以二进制位（bit）运算为基础，对可用二进制位状态（0 或 1）表示的按钮、行

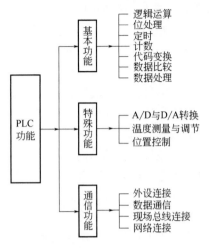

程开关、接触器触点等开关量信号进行逻辑运算处理，并控制指示灯、电磁阀、接触器线圈等开关执行元件通、断控制的功能，因此，研发 PLC 的最初目的是用其来替代传统的继电器-接触器控制系统。

在早期 PLC 上，顺序控制所需要的基本定时、计数功能都需要选配专门的定时模块、计数模块才能实现，但是，目前对于常规的定时、计数已可直接通过 PLC 的基本功能指令实现。此外，用于多位逻辑运算处理的代码转换、数据比较、数据运算功能，以及实数的算术、函数运算等功能，也都可利用 PLC 的基本功能指令直接编程。

② 特殊功能。在 PLC 上，除基本功能以外的其他控制功能均称为特殊功能，例如，用于温度、流量、压力、速度、位置调节与控制的模拟量/数字量转换（A/D 转换）、

图 2.1.1　PLC 功能

数字量/模拟量转换（D/A 转换）、PID 调节等。特殊控制功能通常需要选配 PLC 的 A/D 转换、D/A 转换、速度控制、位置控制等特殊功能模块，通过 PID 调节等通用功能指令或特殊功能程序块才能实现。

③ 通信功能。随着 IT 的发展，网络与通信在工业控制中已显得越来越重要，网络化、远程化已成为当代 PLC 的发展方向。

早期的 PLC 通信，一般只局限于 PLC 与编程器、编程计算机、打印机、显示器等常规输入/输出设备的简单通信。使用了现场总线后，PLC 不但可通过 PROFIBUS、CC-Link、I/O-Link、AS-i 等网络连接更多的 I/O 设备，而且还可进行 PLC 与 PLC、PLC 与其他工业控制设备、PLC 与上级计算机间的"点到点"通信（point to point，简称 PtP 通信）或进行多台工业控制设备的 MPI（multi point interface，多点接口）通信，此外，还可通过工业以太网（Industrial Ethernet）建立工厂自动化系统，并通过 Internet（互联网）、WAN（wide area network，广域网）、PDN（public data network，公用数据网）、ISDN（integrated services digital network，综合数据服务网）等多种网络的连接，进行 TCP/IP、OPC 等 IT 通信，实现 PLC 的远程控制及远程诊断、维修服务。

2.1.2　PLC 组成与结构

（1）PLC 组成

完整的 PLC 系统由控制对象、执行元件、检测元件、PLC、编程/操作设备等组成。通用 PLC 系统的组成如图 2.1.2 所示，图中的电源、CPU、输入/输出模块为 PLC 的基本组件，故又称为 PLC 主机（简称 PLC）；由 PLC 输出控制的执行元件、与 PLC 输入连接的检测元件以及编程/操作设备，称为 PLC 的外设。

虽然 PLC 的种类繁多、性能各异，但它们都具有图 2.1.3 所示的基本硬件。

① 电源。电源用来产生 PLC 内部电子器件、集成电路工作的直流电压，小型 PLC 的电源还可供外部作为 PLC 的 DC 输入驱动电源使用；但由 PLC 输出控制的负载驱动电源一般需要外部提供。

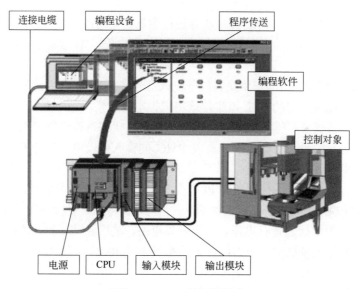

图 2.1.2　PLC 系统的组成

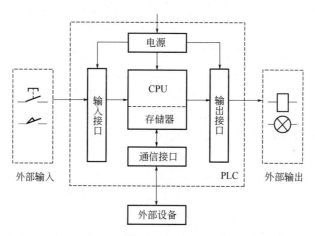

图 2.1.3　PLC 的硬件组成框图

② CPU。CPU 是决定 PLC 性能的关键部件，其型号众多，性能差距很大。现代 PLC 的 CPU 一般为 32 位以上处理器，大中型 PLC 还常采用双 CPU、多 CPU 的结构。

③ 存储器。PLC 的存储器分为系统存储器、用户程序存储器、数据存储器 3 类。

系统存储器用于 PLC 系统程序的存储，一般采用 ROM、EPROM 等只读存储器件，系统程序主要包括管理程序、命令解释程序、中断控制程序等，它由 PLC 生产厂家编制并安装，用户不能对此进行更改。

用户程序存储器（简称用户存储器）用来保存 PLC 用户程序，其存储容量经常用"步（step）"作为单位，1 步是指 1 条 PLC 基本逻辑运算指令所占的存储器字节数，如输入、输出、逻辑"与"、逻辑"或"等。PLC 的 1 步所占的存储器字节数在不同 PLC 上有所不同，有的 PLC 在 4 字节左右，有的 PLC 可能需要 10 字节以上。用户存储器通常使用电池保持型 RAM、EPROM、EEPROM、FlashROM 等非易失存储器件。

数据存储器用来存储 PLC 程序执行的中间信息，相当于计算机的内存。执行 PLC 程序所需要的输入/输出映像、内部继电器、定时器、计数器、数据寄存器的状态均存储于数据存储器中。数据存储器的状态在 PLC 程序执行过程中需要动态改变，故多采用 RAM 器件，存储内容一般在关机时自动清除，但部分内部继电器、定时器、计数器、数据寄存器的状态可用电池保持。

④ 输入接口。输入接口的作用是将外部输入信号转换为 PLC 内部信号，它可将外部开关信号转换成内部控制所需的 TTL 电平，或将模拟电压转换成数字量（A/D 转换）。PLC 的输入接口一般由连接器件、输入电路、光电隔离电路、状态寄存电路等组成，电路的形式在不同的输入模块上有所不同，数控系统集成 PMC 的输入接口电路以开关量输入为主，规格相对统一，有关内容详见本章后述。

⑤ 输出接口。输出接口的作用是将 PLC 内部信号转换为外部负载控制信号，它可将 CPU 的逻辑运算结果转换成控制外部执行元件的开关信号，或将数字量转换为模拟量（D/A 转换）。PLC 的输出接口一般由状态寄存电路、光电隔离电路、输出驱动电路、连接器件等组成，电路的形式在不同的输出模块上有所不同，数控系统集成 PMC 的输入接口电路以开关量输出为主，规格相对统一，有关内容详见本章后述。

⑥ 通信接口。通信接口的作用是实现 PLC 与外设间的数据交换。利用通信接口，PLC 不但可与编程器、人机界面、显示器等连接，而且也可与远程 I/O 单元、上级计算机、其他 PLC 或工业自动化控制装置等连接，构成 PLC 网络控制系统或工厂自动化系统。

PLC 的通信接口一般为 USB、RS232、RS422/485 等标准串行接口。USB、RS232 接口常用于 PLC 与编程器、编程计算机、人机界面的通信，其传输距离一般在 15m 以内，传输速率在 20Kbit/s 以下，故不能用于高速、远距离通信。RS422/485 接口常用于 PLC 与其他 PLC、变频器、伺服驱动器等控制装置的全双工/半双工通信，其传输距离最大可达 1200m 左右，传输速率为 10Mbit/s 左右，适合于远距离通信。

（2）PLC 结构

通用型 PLC 的基本硬件结构大致可分为固定型、可扩展型、模块式、集成式、分布式 5 种。

① 固定型 PLC。固定型 PLC 亦称微型 PLC，其结构如图 2.1.4 所示。固定型 PLC 采用整体结构，PLC 的处理器、存储器、电源、输入/输出接口、通信接口等都安装于基本单元上，无扩展模块接口，I/O 点数不能改变。作为功能的扩展，部分固定式 PLC 有时可安装少量的通信接口、显示单元、模拟量输入等内置式功能模块，以增加部分功能。

固定型 PLC 的结构紧凑、安装简单，适用于 I/O 点数较少（10～30 点）的机电一体化设备或仪器的控制，或作为普及型 CNC 的外置 PLC 使用。

② 可扩展型 PLC。可扩展型 PLC 如图 2.1.5 所示。可扩展型 PLC 由整体结构、I/O 点数固定的基本单元和可选配的 I/O 扩展模块构成。PLC 的处理器、存储器、电源及固定数量的输入/输出接口、通信接口等安装于基本单元上。基本单元上的扩展接口可连接 I/O 扩展模块或功能模块，进行 I/O 点数或功能的扩展。可扩展型 PLC 与模块化 PLC 的主要区别在于 PLC 的基本单元本身带有固定的 I/O 点，基本单元可独立使用，扩展模块不需要基板或基架。

可扩展型 PLC 是小型 PLC 的常用结构，它同样具有结构紧凑、安装简单的特点，其最大 I/O 点数可达 256 点以上，功能模块的规格与品种也较多。可扩展型 PLC 的基本单元可以像固定式 PLC 一样独立使用，且其 I/O 点数更多，而且还可根据需要选配扩展模块，增加 I/O 点与功能，故可灵活适应控制要求的变化，因此，在中小型机电一体化设备中的应用非常广泛。

③ 模块式 PLC。模块式 PLC 如图 2.1.6 所示。模块式 PLC 通常由电源模块、中央处理

器模块、输入/输出模块、通信模块、特殊功能模块构成，各类模块统一安装在带连接总线的基板或基架上。

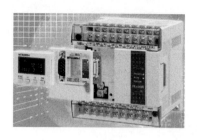

图 2.1.4　固定型 PLC

图 2.1.5　可扩展型 PLC

模块式 PLC 的 I/O 点可达数千点，可选配的 I/O 模块规格、功能模块种类较多，指令丰富、功能强大。模块式 PLC 不但可用于开关量逻辑控制，而且还可用于速度、位置控制，温度、压力、流量的测量与调节，也能够通过各类网络通信模块，构成大型 PLC 网络控制系统，它是大中型 PLC 的常见结构。

模块式 PLC 的功能强大、配置灵活，通常用于大型复杂机电一体化设备、自动生产线等控制场合。

部分高性能数控系统（如 SINUMERIK 840 系列）有时直接使用模块式 PLC 作为辅助控制装置，此类 PLC 需要选配 CNC 与 PLC 通信的专用总线接口模块，进行

图 2.1.6　模块式 PLC

CNC 与 PLC 间的数据通信。这种数控系统可使用模块式 PLC 的所有模块，具备模块式 PLC 的全部功能，其辅助控制功能比集成式 PLC 更强。

④ 集成式 PLC。集成式 PLC 是全功能数控系统常用的辅助控制装置，用于数控机床刀具、工作台自动交换，冷却、主轴启停，夹具松/夹等辅助机能的控制。

集成式 PLC 与 CNC 集成一体，PLC 的电源和 CPU 通常与 CNC 共用，并可直接通过 CNC 操作面板，进行程序编辑、调试与状态监控。

集成式 PLC 以开关量控制为主，I/O 连接一般通过专门的 I/O 单元或 I/O 模块进行，I/O 单元（模块）可连接的 I/O 点数较多，但种类较少、输入/输出规格统一，通常也无其他特殊功能模块。

集成式 PLC 一般设计有专门针对数控机床刀架、刀库、分度工作台控制用的功能指令，程序需要处理大量 CNC 与 PLC 的内部连接信号。

⑤ 分布式 PLC。分布式 PLC 如图 2.1.7 所示，所组成的 PLC 控制系统结构类似 DCS（集散控制系统）。分布式 PLC 一般由 1 个 "主站"（master）和若干个 "从站"（slave）组成，从站可分散安装于不同的控制现场，主站与从站之间利用现场总线进行远距离连接。

分布式 PLC 的主站一般为大中型模块化 PLC，从站可以是分布式 I/O 模块、分布式功能模块（远程 I/O 站）或其他 PLC、CNC、伺服驱动器、变频器等自动化控制装置（远程设备站），从而构成大型复杂机电一体化设备、自动生产线控制系统，或构成以 PLC 为核心的工业现场控制或集散控制系统。

（3）PLC 分类

PLC 的产品分类方法较多，按 PLC 的硬件结构，可分为上述的固定型、可扩展型、模块

式、集成式、分布式 5 类，按 PLC 的规模，则可分为小型、中型和大型 3 类。PLC 的规模一般以 PLC 可连接的最大 I/O 点数和最大用户程序存储器容量衡量，I/O 点数越多、存储器容量越大，能够组成的系统就越大。

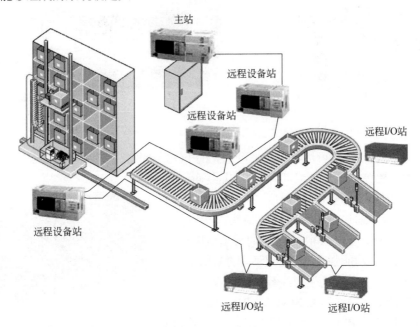

图 2.1.7　分布式 PLC 的组成示意图

　① 小型 PLC。根据通常习惯，最大 I/O 点数在 256 点以下的 PLC 称为小型 PLC（或微型 PLC）。小型 PLC 一般采用固定型或可扩展型结构，用户程序存储器的容量通常在 8000 步以内，PLC 的内部继电器、定时器、计数器、数据寄存器的数量相对较少，应用指令、功能模块的数量也有一定的限制。

　小型 PLC 的体积小、价格低，适用于简单机电一体化设备或自动化仪器仪表的控制，它是 PLC 中产量最大的品种。

　② 中型 PLC。最大 I/O 点数为 256～1024 点的 PLC 称为中型 PLC。中型 PLC 一般采用模块式结构，用户程序存储器的容量通常在 16000 步以上，内部继电器、定时器、计数器、数据寄存器的数量较多，应用指令、功能模块的数量很多，通信能力较强。

　中型 PLC 的配置灵活、功能强，它既可用于中等复杂程度的机电一体化设备控制，也可用于小型生产线与过程控制的压力、流量、温度、速度、位置等控制。

　③ 大型 PLC。最大 I/O 点数在 1024 点以上的 PLC 称为大型 PLC。大型 PLC 均采用模块式结构，用户程序存储器的容量通常在 32000 步以上，PLC 的内部继电器、定时器、计数器、数据寄存器的数量众多，应用指令、功能模块丰富，网络功能强大，可构建大型 PLC 网络控制系统或车间自动化控制系统。

　大型 PLC 还具有多 CPU、多路径、多程序同步运行、冗余控制等功能，可用于高速、高可靠性复杂控制场合。

2.1.3　PLC 工作原理

　PLC 本质上也是一种计算机工业控制装置，但其工作过程、工作原理、编程方法等与其他计算机控制装置有较大区别。

（1）工作过程

PLC 的用户程序执行过程分图 2.1.8 所示的输入采样、程序处理、通信处理、CPU 诊断、输出刷新 5 步无限重复进行，这种执行方式称为循环扫描（scan cycle）。

① 输入采样。输入采样又称输入读取（read the inputs），在这一阶段，CPU 将一次性读入全部输入信号的状态，并将其保存到输入寄存器中。PLC 的输入采样与输入端是否连接有实际信号无关，没有使用的输入端，其读入的状态为 0。

这样的处理方式称为输入集中批处理，输入寄存器的状态称作"输入映像"。PLC 在处理用户程序时，输入映像将替代实际输入信号在程序中使用。由于输入映像的状态可一直保持到下次输入采样，因此，即使在程序

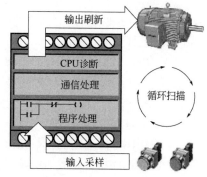

图 2.1.8　PLC 的循环扫描

处理阶段实际输入信号的状态发生变化，仍保证程序处理用的输入信号具有唯一的状态，从而使得程序执行具有唯一的结果。但是，由于输入采样需要一定的间隔时间（PLC 循环时间），故不能检测状态保持时间小于 PLC 循环时间的脉冲信号，因此，对于高速计数、中断处理等实时性要求很高的输入控制，需要使用特殊的输入点或选配专门的高速输入功能模块。

② 程序处理。PLC 的程序处理（execute the program）在输入采样完成后进行。PLC 处理用户程序时，将根据输入映像及输出映像的状态，对不同的输出（线圈）按从上到下、自左向右的次序，进行所要求的逻辑运算处理，处理完成后，将处理结果保存到相应的结果寄存器中（称为输出映像）。结果寄存器的状态可立即用于随后的程序，如果随后的程序中使用了相同的结果寄存器（重复线圈），后来的执行结果可覆盖前面的执行结果。

例如，图 2.1.9 所示为输入信号 I0.1 由状态 0 变为 1 后，PLC 进行首次和第 2 次程序处理时的结果寄存器（输出）状态变化过程。

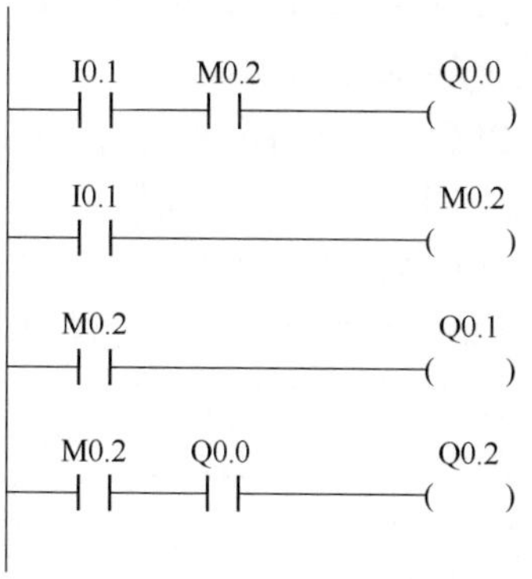

ladder	第1个PLC循环	第2个PLC循环
I0.1 M0.2 ——Q0.0	Q0.0=0 (I0.1=1,M0.2=0)	Q0.0=1 (I0.1=1,M0.2=1)
I0.1 ——M0.2	M0.2=1 (I0.1=1)	M0.2=1
M0.2 ——Q0.1	Q0.1=1 (M0.2=1)	Q0.1=1
M0.2 Q0.0 ——Q0.2	Q0.2=0 (M0.2=1,Q0.0=0)	Q0.2=1 (M0.2=1,Q0.0=1)

图 2.1.9　PLC 程序处理过程

在 I0.1 由 0 变为 1 的首次执行循环中，处理指令第 1 行时，由于 M0.2 的状态仍为上次循环的执行结果 0，故 Q0.0 的结果为 0。当 PLC 处理到指令第 2 行时，由于本次输入采样的 I0.1 状态为 1，M0.2 的结果将为 1，这一结果将立即用于随后的指令第 3 行，使 Q0.1 的结果为 1；但是，它不能改变已经处理完成的第 1 行指令的 Q0.0 结果，故处理指令第 4 行后，Q0.2

的结果为 0。因此，首次循环处理后的输出状态为：Q0.0=0，Q0.1=1，Q0.2=0。

当 PLC 执行第 2 次循环时，M0.2 将使用首次循环的执行结果 1，故处理完成后的输出状态为：Q0.0=1，Q0.1=1，Q0.2=1。

③ 通信处理。通信处理（process any communications requests）仅在 PLC 执行通信指令或进行网络连接时进行，在此阶段，CPU 将进行通信请求检查，决定 PLC 是否需要与外设、网络总线进行数据传输。

④ CPU 诊断。CPU 诊断（perform the CPU diagnostics）是 CPU 对 PLC 硬件、通信连接、存储器状态、用户程序循环时间等进行的综合检查，如发现异常，PLC 将根据不同的情况，进行停止程序运行、发出报警、生成出错标志等处理。利用程序循环时间监控功能，还可有效防止程序陷入"死循环"。

⑤ 输出刷新。输出刷新（write to the outputs）是 PLC 的输出集中批处理过程，在该阶段，CPU 将程序执行完成后的结果寄存器最终状态（输出映像）一次性输出到外部，控制实际执行元件动作。因此，尽管在用户程序的执行过程中，结果寄存器的状态可能会因为重复线圈编程等原因改变，但 PLC 用于外部执行元件控制的输出状态总是为唯一的状态。同样，由于输出刷新需要一定的间隔时间（PLC 循环时间），故输出信号的状态保持时间不能小于 PLC 循环时间，因此，对于高频脉冲输出、高速控制也需要使用特殊输出点或选配专门的高速输出功能模块。

PLC 完整地执行一次以上处理的时间，称为 PLC 循环时间或扫描周期。PLC 循环时间与 CPU 速度、用户程序容量等因素有关。循环时间越短，PLC 的输入采样、输出刷新间隔就越小，输入映像越接近实际输入信号状态，控制也就越准确、及时，因此，PLC 循环时间是 PLC 的重要技术参数。

（2）等效电路

以上过程中的通信处理、CPU 诊断实际上为 PLC 的内部处理，它与用户程序的执行无直接关联，因此，单纯从 PLC 的用户程序执行角度理解，也可认为 PLC 需要进行图 2.1.10 所示的输入采样、程序执行、输出刷新 3 个基本步骤，其工作过程可简要理解如下。

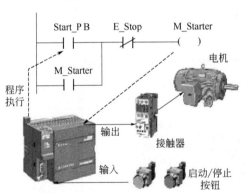

图 2.1.10　PLC 程序的工作过程

① PLC 一次性将全部输入信号读入到输入缓冲寄存器，生成"输入映像"。

② PLC 依据本循环所读入的输入映像及当前时刻的结果寄存器状态，进行逻辑处理，并立即将结果写入指定的结果寄存器中。

③ 程序执行完成后，PLC 一次性将全部输出映像输出到外部。

因此，PLC 用于开关量逻辑运算处理时，其工作原理可用图 2.1.11 所示的继电器电路进行等效描述。

其中，PLC 的实际输入接口电路及输入采样处理可用"输入电路"等效代替；用户程序处理可用"继电器电路"等效代替；PLC 的实际输出接口及输出刷新处理可用"输出电路"等效代替。需要说明的是，等效电路仅是为了更好地理解 PLC 工作原理而虚拟的电路，它并不是 PLC 的实际电路，例如，图中的输入 I0.1～I0.7 实际并不存在继电器等。

利用等效电路理解 PLC 工作原理的基本方法如下。

① 输入电路。输入电路相当于 PLC 的输入接口电路与输入映像，输入继电器与输入信号一一对应，其状态代表 PLC 的输入映像；实际输入信号 ON 时，输入继电器接通。由于输入映像实际上只是 PLC 的输入寄存器（存储器）状态，它在 PLC 程序中的使用次数不受限制，因此，应认为等效电路中的输入继电器具有无限多的常开/常闭触点。此外，由于绝大多数 PLC 不允许用户程序对输入寄存器进行赋值，故应认为等效输入继电器只能由输入信号控制通断，而不能通过等效的继电器电路控制，因此，等效的继电器电路只能使用输入继电器的触点。

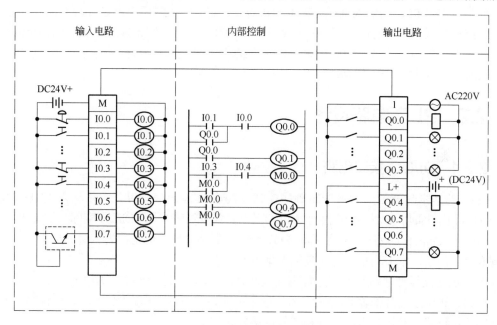

图 2.1.11　PLC 等效电路图

② 输出电路。输出电路相当于 PLC 的输出映像与输出接口电路，输出继电器相当于输出映像，输出映像为"1"时，输出继电器接通。同样，由于输出映像只是 PLC 的输出结果寄存器（存储器）状态，它不仅可输出，且可在程序中无限次使用，因此，应认为等效电路中的输出继电器对外只能输出一对常开触点，但在等效继电器电路中具有无限多的常开/常闭触点。

③ 继电器电路。等效继电器电路由 PLC 用户程序转化而来，PLC 程序中的定时器、计数器可用时间继电器、计数器等效，且其精度更高、范围更大。PLC 程序中的内部继电器应理解为不能用于外部实际信号控制，但在等效继电器电路中具有无限对常开/常闭触点的中间继电器。

简言之，PLC 的输入可视为由输入信号驱动、具有无限多触点的继电器；PLC 输出可视为只有一对触点输出，但具有无限多内部触点的继电器；PLC 的内部继电器可视为具有无限多内部触点，但不能控制输出的中间继电器；而 PLC 用户程序可视为继电器电路。

（3）主要特点

PLC 程序处理的基本特点如下。

① 可靠性高。由于 PLC 程序使用的是输入映像状态，输入信号在程序中具有唯一的状态，程序设计无需考虑程序执行过程中的输入信号变化，程序设计容易、可靠性高。

② 处理速度快。集中批处理可以一次性完成全部输入、输出的状态更新，无需在程序执行过程中对输入、输出信号进行单独采样，大幅度减少了采样时间，提高了 PLC 程序的处理速度。

③ 程序设计方便。输入、输出映像为寄存器的二进制状态，在程序中也可用字节、字、双字的形式成组处理，其程序更简单。

④ 利用输入映像在同一扫描循环中状态保存不变的特点，可方便地生成边沿信号；利用输出集中批处理的特点，在程序中可以对输出进行多次赋值（使用重复线圈），从而实现实际继电器线路不能实现的动作。

⑤ PLC 程序的执行只是单次 PLC 程序循环的无限重复，因此，程序一旦调试完成，便可保证长期稳定工作，软件随机出错的可能性极小。

但是，由于 PLC 的输入采样、输出刷新需要一定的间隔时间（PLC 循环时间），因此，它既不能检测状态保持时间小于 PLC 循环时间的脉冲信号，也不能输出状态保持时间小于 PLC 循环时间的脉冲信号。因此，对于高速计数、中断处理、高频脉冲输出，必须使用特殊的输入/输出点或选配专门的功能模块。

2.2 PLC 电路设计

2.2.1 DI/DO 接口电路

PLC 的基本功能是开关量逻辑顺序控制，其输入/输出信号以开关量输入/输出（简称 DI/DO）为主，因此，电路设计侧重于 DI/DO 连接。需要说明的是，DI/DO 实际上是英文 digital inputs/digital outputs 的缩写，其直译应为数字输入/数字输出，但是，为了避免与中文的"十进制数字"混淆，本书均使用开关量输入/输出的名称。

PLC 的电路设计非常简单，进行电气设计时，只需要根据 PLC 的 DI/DO 的连接方式及接口电路，正确连接外部输入/输出信号，便可保证系统正常工作。DC24V 输入/输出是 PLC 的标准连接方式，其接口电路原理和信号连接方式如下。

（1）DI 接口电路与连接

PLC 的 DI 接口电路原理如图 2.2.1 所示，DI 信号的标准输入电压为 DC24V。为了提高系统的可靠性和输入抗干扰能力，输入接口电路一般都采用光电耦合器件（optical coupler，简称光耦）进行电隔离与电压转换，并设计有 RC 滤波、状态指示、稳压等辅助电路，因此，输入信号通常有数毫秒（ms）的延时。

PLC 的 DI 接口电路所使用的光耦为电流驱动。一般而言，DI 的最大工作电流通常为 20mA 左右。当输入电流大于 3.5mA 时，光敏三极管便可饱和导通，PLC 的输入状态成为"1"；当输入电流小于 1.5mA 时，光敏三极管便能截止，PLC 的输入状态成为"0"。因此，为了保证接口电路的可靠工作，通常将 DI 信号 ON 时的输入电流设计为 1～5mA。

在图 2.2.1 所示的接口电路上，DI 信号既可从发光二极管的负极连接端 B 输入，也可从发光二极管的正极连接端 A 输入。

当 DI 信号从连接端 B 输入时，输入驱动电流将从 PLC 流向外部，然后在外部"汇总"后返回 PLC，形成电流回路，这样的连接方式称为"汇点输入"。

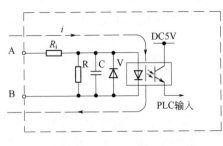

图 2.2.1　DI 接口电路原理

形象地说，输入驱动电流是从 PLC 输入点向外部"泄漏"，故又称"漏型输入（sink input）"。

当 DI 信号从连接端 A 输入时，所有 DI 信号的连接端 B 可并联为公共端，电流从输入端流入 PLC 后，通过公共端 B 返回外部电源。采用这种连接方式时，DI 信号需要带输入驱动电源，因此，称为"源输入（source input）"连接方式。

为了便于用户选择，PLC 的输入接口电路有时使用图 2.2.2 所示的双向光耦器件，这样的接口电路既可如图 2.2.2（a）所示，连接成汇点输入方式，也能按图 2.2.2（b）所示，连接成源输入，故称为"汇点/源输入"通用输入连接方式。

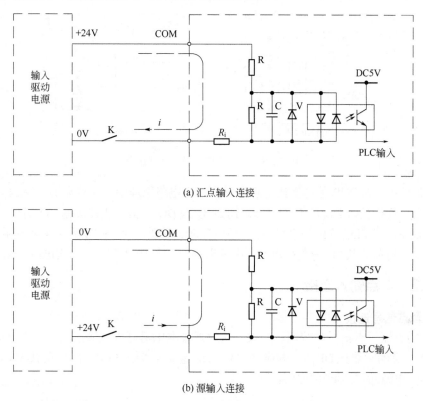

(a) 汇点输入连接

(b) 源输入连接

图 2.2.2　汇点/源通用输入连接

（2）DO 接口电路与连接

PLC 的 DO 输出形式主要有继电器触点输出、双向晶闸管输出、晶体管输出 3 类。

继电器触点输出既可连接直流负载，也能连接交流负载，且驱动能力较强，因此，在通用 PLC 上使用相当普遍。但是，由于继电器触点存在接触电阻和压降，因此，一般不能用于 DC12V/3mA 以下的小电流、低电压电子信号驱动。此外，继电器的体积较大、动作时间较长、使用寿命较短，因此，通常也不能用来驱动频繁通断的负载。

双向晶闸管输出也具有交、直流通用的优点，相对于继电器而言，其体积较小、动作时间较短、使用寿命较长，因此，多用于开关频率高的交流感性负载驱动。

继电器触点输出、双向晶闸管输出的连接方法与普通继电器触点并无区别，并且在数控系统集成 PMC 上的使用极少，本书不再对其进行详细介绍。

晶体管输出具有速度快、体积小、寿命长、成本低等诸多优点，但它只能用于直流负载驱动，且驱动能力较小，因此，被广泛用于电子信号驱动。数控系统集成 PMC 的 DO 输出一般都为集电极开路晶体管输出。

PLC 的晶体管输出有图 2.2.3 所示的 NPN 集电极开路型输出和 PNP 集电极开路型输出两种，图中的三极管在实际 PLC 上可能为 MOS 或其他器件。

图 2.2.3（a）为 NPN 晶体管集电极开路型输出接口电路原理图。连接端 L-为输出公共端，应与负载驱动电源的 L-（0V）端连接；Q 为 DO 输出负载连接端，Q 端与 PLC 的+24V 电源间呈隔离状态。当 PLC 输出为"1"时，晶体管饱和导通，DO 输出端 Q 与公共端 L-接通，负载驱动电流可从输出端 Q 流入 PLC，从公共端 L-返回驱动电源，形成电流回路。

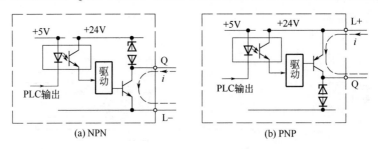

(a) NPN   (b) PNP

图 2.2.3 晶体管集电极开路型输出

图 2.2.3（b）为 PNP 晶体管集电极开路型输出电路原理图。连接端 L+（+24V）为输出公共端，应与负载驱动电源的 DC24V 端连接；Q 为 DO 输出负载连接端，Q 端与 PLC 的 0V 间呈隔离状态。当 PLC 输出为"1"时，晶体管饱和导通，DO 输出端 Q 与公共端 L+接通，负载驱动电流可从公共端 L+流入 PLC，由输出端 Q 返回驱动电源，形成电流回路。

2.2.2　汇点输入连接

（1）触点信号连接

PLC 的直流汇点输入与按钮、开关、接触器及继电器等机械触点的连接电路如图 2.2.4 所示，输入触点的一端与 DI 输入端连接，另一端汇总后连接到 PLC 的 0V 公共端 COM（L-），DI 输入驱动电源通常由 PLC 提供。

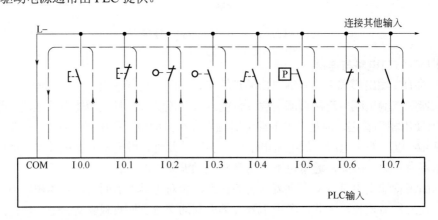

图 2.2.4 汇点输入连接

汇点输入的原理如图 2.2.5 所示，输入驱动电源一般由 PLC 提供，输入限流电阻通常为 3.3～4.7kΩ。由图可见，当输入触点 K2 闭合时，PLC 的 DC24V 与 0V（COM）间可通过光耦（发光二极管）、限流电阻、输入触点 K2、公共端 COM（0V）形成回路，光敏管饱和导通，PLC 输入状态为"1"。

汇点输入的优点是连接简单，且不需要外部提供输入驱动电源，因此，日本生产的各类控制装置大多采用汇点输入连接方式。其缺点是如果 PLC 的输入连接线出现对地短路故障，PLC 可能会有错误的"1"信号输入，从而导致程序执行错误，引起设备的误动作。

（2）无触点信号连接

接近开关、温控器、变频器等控制器件及装置的输出信号，通常为晶体管集电极开路输出的无触点信号，这些信号作为 PLC 输入连接时，需要根据信号的输出形式及 PLC 的输入连接方式，进行正确的连接。

① NPN 集电极开路信号。输出为 NPN 晶体管集电极开路驱动的无触点信号作为 PLC 输入时，可直接与采用汇点输入的 DI 连接端进行图 2.2.6 所示的连接。接近开关、温控开关等无源器件的电源也可由 PLC 提供。

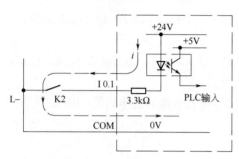 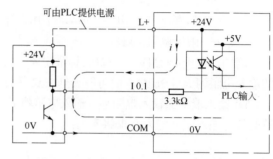

图 2.2.5 汇点输入原理　　　　　图 2.2.6 NPN 集电极开路信号的汇点输入

PLC 对输入装置的信号输出驱动能力要求为：

$$I_{out} \geqslant \frac{V_e - 0.7}{R_i}$$

式中　I_{out}——信号输出驱动能力，mA；

　　　V_e——输入电源电压，V；

　　　R_i——限流电阻，kΩ。

对于 DC24V 汇点输入标准电路，V_e=24V，R_i=3.3kΩ，可得到 PLC 对输入装置的信号输出驱动能力要求为 $I_{out} \geqslant 7$mA。

② PNP 集电极开路信号。PNP 集电极开路输出驱动的信号作为 PLC 输入信号时，不能与汇点输入 DI 连接端直接连接，它必须经过转换才能连接到汇点输入 DI 连接端。作为最简单方法的转换方法，可在 PLC 的 DI 连接端与 0V 公共线 COM 间，增加一个图 2.2.7 所示的输入电阻 R（俗称下拉电阻），为 DI 输入驱动电流提供回路。

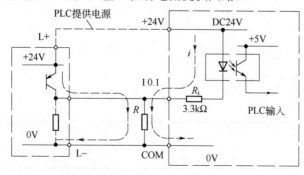

图 2.2.7 PNP 集电极开路信号的汇点输入

增加输入电阻后，PLC 的输入状态将与输入信号的状态相反。因为，当输入装置的输出信号 ON 时，其输出电压为+24V，DI 输入光耦的发光二极管不能产生驱动电流，因此，PLC 的输入状态为 "0"；但是，当输入装置的输出信号 OFF 时，DI 输入光耦的发光二极管可通过限流电阻、输入电阻、公共端 COM 形成回路，PLC 的输入状态为 "1"。

输入电阻 R 的阻值可根据 PLC 的输入驱动电流、限流电阻值计算确定，如取光耦发光二极管的导通压降为 0.7V，其计算式如下：

$$R = \frac{V_e - 0.7}{I_i} - R_i$$

式中　R——输入电阻，$k\Omega$；

V_e——输入电源电压，V；

I_i——DI 输入工作电流，mA，工作电流必须大于 DI 信号 ON 的最小输入电流；

R_i——限流电阻，$k\Omega$。

例如，对于 DC24V 汇点输入标准电路，V_e=24V，R_i=3.3$k\Omega$，如果取 I_i=5mA，计算得到的输入电阻为 R=1.36$k\Omega$，故可取 R=1.2$k\Omega$ 等标准阻值。

DI 输入端增加输入电阻后，输入电阻将成为信号输入装置的工作负载，因此，对输入装置的信号输出驱动能力要求将变为：

$$I_{out} \geq \frac{V_e}{R}$$

式中　I_{out}——信号输出驱动能力，mA；

V_e——输入电源电压，V；

R——输入电阻，$k\Omega$。

对于 DC24V 汇点输入标准电路，V_e=24V，R_i=3.3$k\Omega$，如果取输入电阻 R=1.2$k\Omega$，可得到输入装置的信号输出驱动能力要求为 $I_{out} \geq$20mA。

2.2.3　源输入连接

（1）触点信号连接

PLC 的源输入与按钮、开关、接触器及继电器等机械触点的连接电路如图 2.2.8 所示，输入触点的一端与 DI 输入端连接，另一端汇总后连接到输入电源+24V 公共端 L+。DI 输入驱动电源一般由外部提供，输入驱动电源的 0V 端 L-必须与 PLC 的 0V 端连接，以形成电流回路。

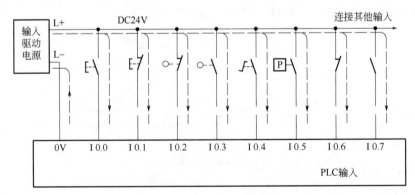

图 2.2.8　源输入连接

源输入的接口电路原理如图 2.2.9 所示，输入驱动电源一般由外部提供，输入限流电阻通常为 3.3～4.7kΩ。由图可见，当输入触点 K2 闭合时，输入驱动电源可通过输入触点 K2、限流电阻、光耦（发光二极管）、PLC 的 0V 端，形成电流回路，光敏三极管饱和导通，PLC 输入状态为"1"。

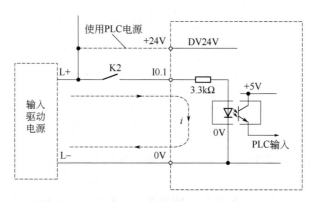

图 2.2.9　源输入接口电路原理

源输入是欧美国家常用的输入连接方式。采用源输入连接时，即使 DI 输入连接线出现对地短路或断开故障，都不会导致 PLC 出现错误的"1"信号输入，因此，其可靠性相对较高；但其输入驱动电源通常需要外部选配。

（2）无触点信号连接

① PNP 集电极开路信号。输出为 PNP 晶体管集电极开路驱动的无触点信号作为 PLC 输入时，可直接与采用源输入的 DI 连接端进行图 2.2.10 所示的连接。接近开关、温控开关等无源器件的电源也可由 PLC 提供。

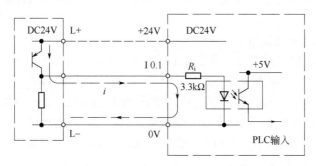

图 2.2.10　PNP 集电极开路信号的源输入

PLC 对输入装置的信号输出驱动能力要求与汇点输入相同，对于 DC24V 汇点输入标准电路，要求 $I_{out} \geqslant 7mA$。

② NPN 集电极开路信号。NPN 集电极开路输出驱动的信号作为 PLC 输入信号时，不能与源输入 DI 连接端直接连接，它必须经过转换才能连接到源输入 DI 连接端。作为最简单方法的转换方法，可在输入装置的信号输出端与 DC24V 电源线 L+间，增加一个图 2.2.11 所示的输出电阻 R（俗称上拉电阻），为 DI 输入驱动电流提供回路。

增加输出电阻后，PLC 的输入状态将与输入信号的状态相反。因为，当输入装置的输出信号 ON 时，其输出电压为 0V，DI 输入光耦的发光二极管不能产生驱动电流，因此，PLC 的输入状态为"0"；但是，当输入装置的输出信号 OFF 时，驱动电源可通过输出电阻、限流

电阻、DI 输入光耦的发光二极管、0V 端形成回路，PLC 的输入状态为"1"。

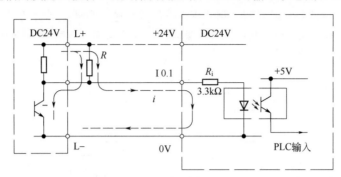

图 2.2.11　NPN 集电极开路信号的源输入

输出电阻 R 的阻值计算方法与汇点输入的输入电阻相同，对于 DC24V 汇点输入标准电路，输出电阻大致为 1.2kΩ。

同样，增加输出电阻后，输出电阻将成为输入装置的输出工作负载，因此，对输入装置的信号输出驱动能力要求也将相应提高，其计算方法与汇点输入相同，对于 DC24V 汇点输入标准电路，要求 $I_{out} \geqslant 20mA$。

2.2.4　DO 信号连接

晶体管输出具有速度快、体积小、寿命长、成本低等诸多优点，但它只能用于直流负载驱动，且驱动能力较小，因此，被广泛用于电子信号驱动。数控系统集成 PMC 的 DO 输出一般都为集电极开路晶体管输出。

晶体管输出的常用形式有 NPN 集电极开路输出和 PNP 集电极开路输出两种。其连接方法分别如下。

（1）NPN 集电极开路输出

NPN 集电极开路输出标准 DO 信号与线圈类感性负载的连接如图 2.2.12 所示。负载的一端与 DO 输出连接，另一端连接到公共连接线 L+（驱动电源 DC24V）上，DO 的 0V 公共端 COM 与驱动电源 0V 端 L-连接。为避免输出断开时的过电压，感性负载两端需并联续流二极管，为负载提供放电回路，避免输出晶体管断开时可能出现的过电压。

在图 2.2.12 所示的电路中，当 PLC 输出 ON 时，输出晶体管饱和导通，DO 输出端与 0V

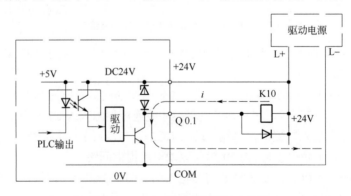

图 2.2.12　NPN 集电极开路输出连接

公共端 COM 接通，负载驱动电流可经负载，由 DO 连接端流入输出晶体管，再从公共端 COM 返回驱动电源，构成电流回路；当 PLC 输出 OFF 时，输出晶体管截止，DO 输出端呈"悬空"状态，负载无驱动电流。

　　NPN 集电极开路输出的标准 DO 信号作为其他控制装置输入信号时，如果其他控制装置的输入采用汇点输入连接方式，两者可直接连接，其连接方法与前述 PLC 汇点输入的无触点信号连接相同（参见图 2.2.6）；如果其他控制装置的输入采用源输入连接方式，则需要在 PLC 的 DO 输出端安装输出电阻（上拉电阻），其连接方法与前述 PLC 源输入的无触点信号连接相同（参见图 2.2.11）。

（2）PNP 集电极开路输出

　　PNP 集电极开路输出标准 DO 信号与线圈类感性负载的连接如图 2.2.13 所示。负载的一端与 DO 输出连接，另一端连接到公共连接线 L-（驱动电源 0V）上，PLC 的 0V 公共端 COM 与驱动电源 0V 端 L-连接。感性负载两端同样需要并联续流二极管，以避免输出晶体管断开时可能出现的过电压。

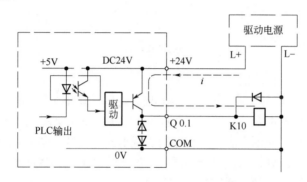

图 2.2.13　PNP 集电极开路输出连接

　　在图 2.2.13 所示的电路中，当 PLC 输出 ON 时，输出晶体管饱和导通，DO 输出端与 PLC 的 DC24V 公共端+24V 接通，负载驱动电源可由公共端+24V 流入，经输出晶体管，从 DO 输出端流出到负载，并从公共连接线 L-返回驱动电源，构成电流回路；当 PLC 的输出 OFF 时，输出晶体管截止，DO 输出端呈"悬空"状态，负载无驱动电流。

　　PNP 集电极开路输出的标准 DO 信号作为其他控制装置输入信号时，如果其他控制装置的输入端采用源输入连接方式，两者可以直接连接；其连接方法与前述 PLC 源输入的无触点信号连接相同（参见图 2.2.10）；如果其他控制装置的输入端采用汇点输入连接方式，则需要在其他控制装置的输入端安装输入电阻（下拉电阻），其连接方法与前述 PLC 汇点输入的无触点信号连接相同（参见图 2.2.7）。

2.3　PLC 程序设计

2.3.1　PLC 编程语言

　　PLC 常用的编程语言有梯形图、指令表、逻辑功能图、顺序功能图等，用于大型、复杂控制的 PLC 有时也可采用 BASIC、Pascal、C 等高级编程语言。数控系统所使用的 PLC 以开关量逻辑控制为主，大多采用梯形图编程。

（1）梯形图

梯形图（ladder diagram，简称 LAD）是一种沿用了继电器的触点、线圈、连线等图形符号的图形编程语言，在 PLC 中最为常用。梯形图语言不但编程容易，程序通俗易懂，而且可通过数控装置或编程器进行图 2.3.1 所示的动态监控，直观形象地反映触点、线圈、线路的通断情况。

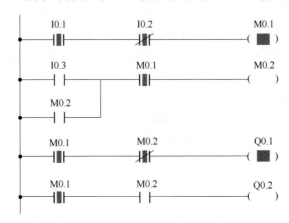

图 2.3.1　梯形图程序及动态监控

利用梯形图编程时，程序的主要特点如下。

① 程序清晰，阅读容易。采用梯形图编程时，逻辑运算指令的操作数可用触点、线圈等图形符号代替；逻辑运算指令"与""或""非"，可用触点的串联、并联连接及"常闭"触点表示；逻辑运算结果用"线圈"表示。程序的表现形式与传统的继电-接触器电路十分相似，阅读与理解非常容易。此外，即使对于不同厂家生产的 PLC，其程序也只有地址、符号表示方法上的区别，程序转换方便、通用性强。

例如，对于图 2.3.1 所示的梯形图程序，PLC 输入信号 I0.1、I0.2、I0.3 的状态分别用触点 I0.1、I0.2、I0.3 代表，常开触点表示直接以信号输入状态作为指令操作数，常闭触点表示输入信号需要进行逻辑"非"运算。PLC 输出信号 Q0.1、Q0.2 及内部继电器 M0.1、M0.2 的状态分别用线圈 Q0.1、Q0.2 及 M0.1、M0.2 代表，输出信号需要作为指令操作数时，同样用常开触点表示直接使用输出信号的状态，用常闭触点表示输出信号的逻辑"非"运算等。

② 功能实用，编程方便。梯形图程序不仅可用触点、线圈、连接线来表示普通逻辑运算指令，还可通过线圈置位/复位、边沿检测、多位逻辑处理、定时计数控制、重复线圈等简单指令，实现继电器控制电路难以实现的功能，并通过循环扫描功能避免线路竞争，其功能比继电器控制电路更强，编程更方便，可靠性更高。

③ 显示明了，监控直观。梯形图程序可通过数控装置或编程器的显示器，动态、实时监控程序的执行情况，并且可利用线条的粗细、不同色彩来表示线路的通断、区分编程元件，从而清晰地反映编程元件的状态及程序的执行情况，程序检查与维修十分方便。

但是，由于梯形图程序严格按照从上至下的顺序执行指令，因此，继电器控制电路的桥接支路、线圈后置触点等控制电路，无法通过梯形图程序实现。此外，PLC 程序只是一种软件处理功能，不满足机电设备紧急分断控制的强制执行条件，因此，也不能直接利用 PLC 程序来控制设备的紧急分断。

（2）指令表

指令表（statement list，简称 STL 或 LIST）是一种使用助记符、类似计算机汇编语言的 PLC

编程语言。指令表是应用最早、最基本的 PLC 编程语言。梯形图、逻辑功能图、顺序功能图实际上只是指令表的不同呈现形式，它们最终都需要编译成指令表程序，才能由 CPU 进行处理，因此，当其他编程语言程序出现无法修改的错误时，需要将其转换成指令表程序，才能进行编辑与修改。

指令表是所有 PLC 编程语言中功能最强的编程语言，它可用于任何 PLC 指令的编程，利用梯形图、逻辑功能图、顺序功能图无法实现的程序，同样可通过指令表进行编程。此外，指令表程序可通过简单的数码显示、操作键进行输入、编辑与显示，对编程器的要求低。因此，尽管指令表程序编程较复杂、显示与监控不够形象直观，但是，在 PLC 编程中，目前仍离不开指令表。

指令表程序的每条指令由"操作码"和"操作数"两部分组成，举例如下：

$$\underset{\text{操作码}}{LD}\qquad\underset{\text{操作数}}{I1.5}$$

指令中的操作码又称指令代码，它用来指定 CPU 需要执行的操作；操作数用来指定操作对象。通俗地说，操作码告诉 CPU 需要做什么，而操作数则告诉 CPU 由谁来做。操作码与操作数的表示方法，在不同的 PLC 上有所不同。

PLC 指令的操作码一般以英文助记符表示。例如，PLC 常用的状态读入操作通常用 LD、RD 等操作码（指令代码）表示；状态输出操作通常以"="、WRT、OUT 等操作码（指令代码）表示；逻辑"与""与非""或""或非"运算操作，则通常用 A、AN、O、ON 或 AND、AND.NOT、OR、OR.NOT 等操作码（指令代码）表示。

PLC 指令的操作数一般以"字母+编号"的形式表示，字母用来表示操作数类别，编号用来区分同类操作数。例如，PLC 的输入信号常用字母 I、X 表示，PLC 的输出信号常用字母 Q、Y 表示，PLC 的内部继电器信号常用字母 M、R 表示。PLC 的操作数实际上只是计算机的存储器状态，每一开关量信号占用一个二进制存储位（bit），因此，其编号通常以"字节.位"的形式表示，如 I0.5 代表第 1 字节（Byte0）第 6 位（bit5）输入信号，Q2.1 代表第 3 字节（Byte2）第 2 位（bit1）输出信号。

因此，图 2.3.1 所示的梯形图程序转换为指令表后，在 SIEMENS 等公司的 PLC 上的程序形式如图 2.3.2 所示，程序中的 Network1、2 为 SIEMENS 的 PLC 程序段标记，称为"网络"，在其他公司的 PLC 上可能不使用。

（3）逻辑功能图

逻辑功能图又称功能块图（function block diagram，简称 FBD）或控制系统框图（control system flowchart，简称 CSF），这是一种用逻辑门电路、触发器等数字电路功能图表示的图形编程语言，属于德国 DIN40700 标准编程语言。

采用逻辑功能图编程时，PLC 程序中的"与"、"或"、"非"、置/复位、数据比较等操作，可用数字电路的"与门""或门""非门""RS 触发器""数据比较器"等图形符号表示，程序形式如图 2.3.3 所示，程序与数字线路十分相似。

逻辑功能图同样具有直观、形象的特点，其图形简洁、功能清晰，程序结构紧凑、显示容易，特别便于从事数字电路设计的技术人员编程、阅读与理解。此外，逻辑功能图还可用触发器、计数器、比较器等数字电路符号，形象地表示梯形图及其他图形编程语言无法表示的 PLC 功能指令；在表示多触点串联等复杂逻辑运算时，同样的显示页面可显示比梯形图更多的指令。因此，在可以使用逻辑功能图编程语言的 PLC 上，采用逻辑功能图编程往往比梯形图更加简单、方便。

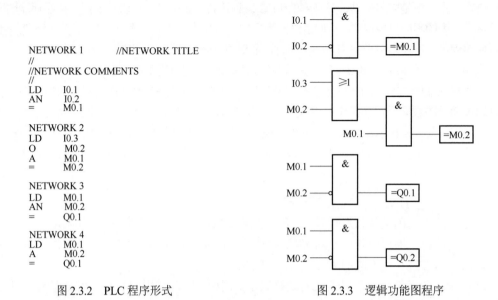

```
NETWORK 1          //NETWORK TITLE
//
//NETWORK COMMENTS
//
LD      I0.1
AN      I0.2
=       M0.1

NETWORK 2
LD      I0.3
O       M0.2
A       M0.1
=       M0.2

NETWORK 3
LD      M0.1
AN      M0.2
=       Q0.1

NETWORK 4
LD      M0.1
A       M0.2
=       Q0.1
```

图 2.3.2 PLC 程序形式   图 2.3.3 逻辑功能图程序

（4）顺序功能图

顺序功能图（sequential function chart，简称 SFC）是一种按工艺流程图进行编程的图形编程语言，比较适合非电气专业的技术人员使用。

顺序功能图的设计思想类似于子程序调用。设计者首先按控制要求将控制对象的动作划分为若干工步（简称步），并通过特殊的编程元件（称为状态元件或步进继电器），对每一步都赋予独立的标记。编制程序时，只需要明确每一步需要执行的动作及条件，并对相应的状态元件进行"置位"或"复位"，便可在程序中选择需要执行的动作。

SFC 编程总体是一种基于工艺流程的编程语言，但在不同公司生产的 PLC 上，其编程方法有所不同，例如，三菱等公司称其为"步进梯形图"，其程序形式如图 2.3.4 所示。

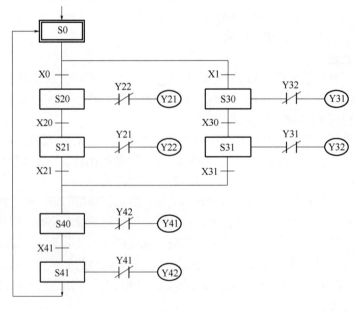

图 2.3.4 SFC 程序示例

采用 SFC 编程时，程序设计者只需要确定输出元件和动作条件，然后利用分支控制指令进行工步的组织与管理，便可完成程序设计，而无需考虑动作互锁要求，因此，SFC 编程比较适合非电气技术人员。

除以上常用编程语言外，对于用于大型复杂控制的 PLC，有时还可使用计算机程序设计用的 BASIC、Pascal、C 等高级语言编程。采用高级语言编程的 PLC 程序专业性较强，适合软件设计人员使用，在数控系统集成或配套的 PLC 上很少使用，本书不再对此进行介绍。

2.3.2　梯形图指令与符号

开关量逻辑顺序控制是 PLC 最主要的功能，由于其程序简单、编程容易，为了便于阅读、检查，人们普遍采用梯形图编程。

梯形图程序指令用触点、线圈、连线等基本符号（亦称编程元件）表示，程序类似传统的继电器控制电路，因此，掌握触点、线圈、连线等基本符号的使用方法，是程序设计的基础。

（1）基本符号

采用梯形图编程时，程序中的 PLC 输入、输出、内部继电器等编程元件以及取反、置位、复位等简单逻辑处理，可用表 2.3.1 所示的符号表示。

表 2.3.1　梯形图程序常用符号表

	名　称	梯形图符号		名　称	梯形图符号
基本符号	常开触点	—| |—	特殊符号	结果取反	—|NOT|—
	常闭触点	—|/|—		中间线圈	—（ # ）
	输出线圈	—（　）		取反线圈	—o（　）
	输出复位	—（ R ）		上升沿检测触点	—|P|—
	输出置位	—（ S ）		下降沿检测触点	—|N|—

触点用来表示逻辑运算的操作数及状态。当指令需要以编程元件的状态作为逻辑运算操作数时，应使用常开触点；如果需要将编程元件的状态取反后作为操作数，应使用常闭触点。线圈用来保存指令的逻辑运算结果，如编程元件以 RS 触发器的形式保存指令的逻辑运算结果，一般在线圈内加复位、置位标记 R、S。

在不同公司生产的 PLC 上，梯形图的触点、线圈等基本符号类似，但特殊符号有所不同，例如，在 SIEMENS 公司生产的 PLC 上，还可使用表 2.3.1 所示的结果取反、中间结果存储（中间线圈）、取反输出（取反线圈）、边沿检测触点等特殊符号。

（2）触点与连线

梯形图中的触点与连线用来表示逻辑运算对象与逻辑运算次序，它与继电器控制电路的触点、连接有所区别，编程时需要注意以下几点。

① 触点。触点用来表示开关量信号的状态。常开触点表示直接以开关量信号状态作为操作数；常闭触点表示将开关量信号状态取反后作为操作数。

梯形图程序中的触点与实际继电器触点的主要区别有两点：第一，梯形图中的所有触点都不像实际继电器那样有数量的限制，它们在程序中可以无限次使用；第二，PLC 的输入信号通过"输入采样"一次性读入，因此，梯形图中的输入触点在任何时刻都只有唯一的状态，无需考虑实际继电器电路可能出现的常开、常闭触点同时接通故障，但 PLC 输出、内部继电器等编程元件的状态由梯形图中的线圈设置，因此，在输出线圈指令的前后位置，PLC 输出、内部继电器的触点状态可能存在不同。

② 连线。连线用来表示指令的逻辑运算顺序，它不能像继电器电路那样控制电流流动，因此，梯形图中的逻辑运算必须在结果输出前完成，而不能像继电器电路那样使用图 2.3.5 所示的后置触点、桥接支路连接。

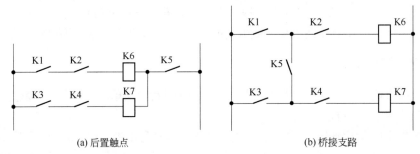

(a) 后置触点　　　　　　　　(b) 桥接支路

图 2.3.5　梯形图不能使用的连接

（3）线圈

线圈用来表示逻辑运算的结果，其本质是对 PLC 存储器的二进制数据位进行的状态设置。线圈接通表示将指定数据位状态设置为"1"；线圈断开表示将数据位的状态设置为"0"。梯形图线圈与实际继电器线圈的区别如下。

① 通常可以重复编程。由于 PLC 存储器的数据位可多次设置，而梯形图则严格按照从上至下、从左至右的次序执行，因此，如果需要，梯形图中的线圈实际上也可多次编程（称为重复线圈）。使用重复线圈的梯形图程序，在语法检查时可能会产生错误提示，但它通常不会影响程序的正常运行，重复线圈的最终结果将取决于最后一次输出的状态。

例如，对于图 2.3.6 所示的梯形图程序，内部继电器 M0.1 被重复编程，虽然其最终状态取决于输入 I0.2，但是，在执行第 3 行指令前，M0.1 的状态可利用输入 I0.1 控制，只要 I0.1 为"1"，Q0.0 仍可输出"1"。

② 状态与编程位置有关。如果梯形图程序中不使用重复线圈，在线圈输出指令以前的程序中，PLC 输出、内部继电器等编程元件的触点状态，就是上一 PLC 循环执行完成后的编程元件线圈状态，而在线圈输出指令执行以后的程序中，PLC 输出、内部继电器等编程元件的触点状态，将成为本循环输出指令执行后的编程元件线圈状态。因此，当同样的控制程序编制在梯形图的不同位置时，其执行结果可能不同。

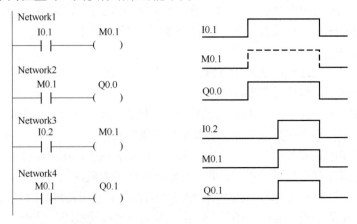

图 2.3.6　重复线圈编程

例如，对于图 2.3.7（a）所示的梯形图程序，虽然输出 Q0.0、Q0.1 同样都是由内部继电器 M0.1 进行控制，但其实际状态输出却存在如图 2.3.7（b）所示的区别，原因如下。

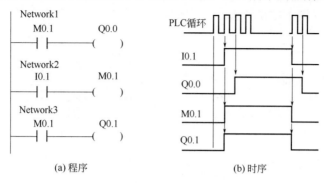

(a) 程序　　　　　　　　　　　　　　　　(b) 时序

图 2.3.7　编程位置与输出状态

在输入 I0.1 为"0"时，程序的执行结果是 M0.1 及 Q0.0、Q0.1 均为"0"。当输入 I0.1 为"1"，PLC 第一次执行循环时，指令第 1 行（Network1）的 M0.1 为上一循环的执行结果"0"，故输出 Q0.0 仍为"0"；但是，在执行第 2 行指令（Network2）后，M0.1 将成为"1"，因此，执行第 3 行指令（Network3）将使输出 Q0.1 为"1"。这样，在执行 I0.1 为"1"的第 1 个循环时，输出 Q0.0、Q0.1 将具有不同的状态。同样，当输入 I0.1 为"0"，PLC 第一次执行循环时，指令第 1 行（Network1）的 M0.1 为上一循环的执行结果"1"，故输出 Q0.0 仍为"1"；但是，在执行第 2 行指令（Network2）后，M0.1 将成为"0"，因此，执行第 3 行指令（Network3）将使输出 Q0.1 为"0"，从而使得 PLC 在执行 I0.1 为"0"的第 1 个循环时，输出 Q0.0、Q0.1 也具有不同的状态。

（4）特殊符号

特殊符号用来实现继电器电路无法实现的功能，它们在不同 PLC 上的表示方法有所不同，以 SIEMENS 公司生产的 PLC 为例，特殊符号的功能简要说明如下。

① 结果取反。加 NOT 标记的常开触点（以下简称 NOT 触点）的作用是执行逻辑运算结果存储器的"取反"操作。

例如，对于图 2.3.8 所示的"同或"程序，当 I0.0 和 I0.1 的状态相同时，逻辑运算结果为"1"，但经过 NOT 触点取反后，逻辑运算结果将为"0"，故 M0.1 的输出状态为"0"；反之，如 I0.0 和 I0.1 的状态不同，逻辑运算结果为"0"，但经过 NOT 触点取反后，逻辑运算结果将为"1"，故 M0.1 的输出状态为"1"。

② 中间线圈。中间线圈是用来保存逻辑运算中间结果的存储单元，中间线圈之后还可添加其他触点、线圈。中间线圈只能是内部继电器，不能为 PLC 输出。

例如，对于图 2.3.9 所示的程序，中间线圈 M0.0 可用来保存 I0.1、I0.2 的"同或"运算结果。当 I0.1 和 I0.2 的状态相同时，中间线圈 M0.0 的状态为"1"；而当 I0.1 和 I0.2 的状态不同时，中间线圈 M0.0 的状态将为"0"。中间线圈 M0.0 可像其他线圈一样，在程序中使用其常开、常闭触点。

③ 取反线圈。取反线圈的作用是将逻辑运算结果取反后，保存到指定的线圈上，其性质相当于线圈前增加一个 NOT 触点。

④ 边沿检测触点。边沿检测触点可在逻辑运算结果发生变化的时刻，产生一个持续时间为 1 个 PLC 循环的脉冲信号。逻辑运算结果由"0"变为"1"的变化，可通过上升沿触点 P

产生；逻辑运算结果由"1"变为"0"的变化，可通过下降沿触点 N 产生；如果直接在输入触点之后增加上升沿触点 P 或下降沿触点 N，便可获得 PLC 输入的上升沿或下降沿。边沿检测触点的使用方法如图 2.3.10 所示。

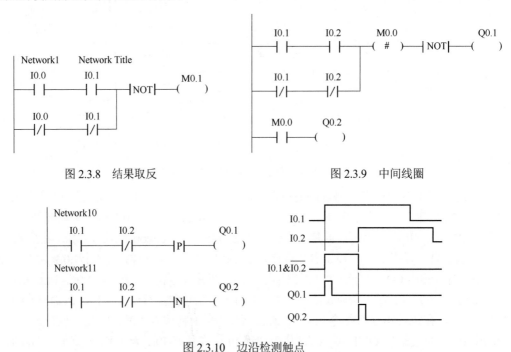

图 2.3.8　结果取反　　　　　　　图 2.3.9　中间线圈

图 2.3.10　边沿检测触点

2.3.3　基本梯形图程序

尽管 PLC 的控制要求多种多样，但大多数动作都可通过基本逻辑功能的组合实现，因此，熟练掌握基本逻辑功能程序的编制方法，是提高编程效率与程序可靠性的有效措施。PLC 常用的基本逻辑功能程序（以下简称基本程序）如下。

（1）恒 0 和恒 1 信号生成

进行 PLC 程序设计时，经常需要使用状态固定为"0"或"1"的信号，以便对无需逻辑处理的电源指示灯等输出或功能指令的条件进行直接赋值。

状态固定为"0"及"1"的内部继电器等输出线圈，可通过图 2.3.11 所示的梯形图程序段生成。在图 2.3.11（a）上，输出 M0.0 为信号 M0.2 和 $\overline{M0.2}$ 的"与"运算的结果，状态恒为 0；图 2.3.11（b）中，M0.1 为信号 M0.2 和 $\overline{M0.2}$ 的"或"运算的结果，状态恒为 1。

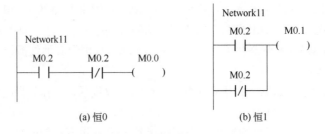

(a) 恒 0　　　　　　　(b) 恒 1

图 2.3.11　恒 0 和恒 1 信号的生成

（2）状态保持程序

线圈的状态保持功能可通过梯形图程序的自锁电路、置位/复位指令、RS 触发器等方式实现，并可根据需要选择"断开优先"和"启动优先"两种。

断开优先的状态保持程序如图 2.3.12 所示，图中的 I0.1 为启动信号，I0.2 为断开信号。

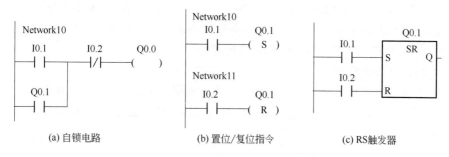

图 2.3.12　断开优先状态保持程序

在图 2.3.12 所示的程序中，当断开信号 I0.2 为"0"时，3 种方式均可通过启动信号 I0.1 的"1"状态，使输出 Q0.1 成为"1"并保持。但是，如果断开信号 I0.2 为"1"，则不论启动信号 I0.1 是否为"1"，Q0.1 总是输出"0"，故称断开优先或复位优先。

启动优先的状态保持程序如图 2.3.13 所示。

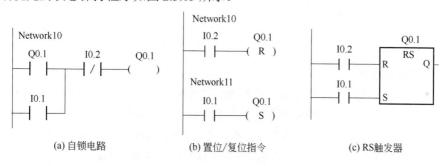

图 2.3.13　启动优先状态保持程序

图 2.3.13 所示的程序在断开信号 I0.2 为"0"时，同样可通过启动信号 I0.1 的"1"状态，使输出 Q0.1 为"1"并保持。而且只要启动信号为"1"，不论断开信号 I0.2 的状态是否为"0"，Q0.1 总是可以输出"1"状态，故称启动优先或置位优先。

（3）边沿检测程序

边沿检测程序可在指定信号状态发生变化时，产生一个宽度为 1 个 PLC 循环周期的脉冲信号，其功能与 PLC 的边沿检测触点相同，程序如图 2.3.14 所示。

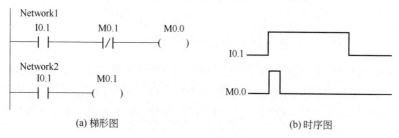

图 2.3.14　边沿检测程序

在图 2.3.14 所示的程序中，当 I0.1 由"0"变为"1"时，PLC 执行首次循环，由于 M0.1 的状态为上一循环的执行结果"0"，执行指令 Network1 可使 M0.0 输出"1"；接着，由指令 Network2 使 M0.1 成为"1"。因此，首次循环的执行结果为 M0.0、M0.1 同时为"1"。但是，在后续的循环中，只要 I0.1 保持"1"，M0.1 也将保持"1"，M0.0 将始终为"0"。这样便可在 I0.1 为"1"的瞬间，在 M0.0 上得到一个宽度为 1 个 PLC 循环的上升沿脉冲。

如果将程序中的 I0.1 常开触点改为常闭触点，便可在输入 I0.1 由"1"变为"0"时，在 M0.0 上得到一个宽度为 1 个 PLC 循环的下降沿脉冲。

（4）"异或""同或"程序

"异或""同或"是两种标准逻辑操作。所谓"异或"就是在两个信号具有不同状态时，输出"1"信号。所谓"同或"就是在两个信号状态相同时，输出"1"信号。实现"异或""同或"操作的程序如图 2.3.15 所示。

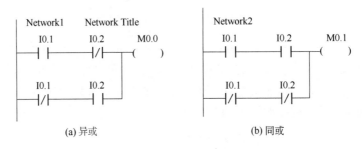

图 2.3.15 "异或""同或"程序

（5）状态检测程序

状态检测程序可实现类似输入采样的功能，它可通过采样信号的"1"状态来获取指定信号的当前状态，并将其保存到指定编程元件。实现这一功能的梯形图程序如图 2.3.16（a）所示，程序中的 M0.1 为采样信号，I0.1 为被测信号，Q0.1 为状态保存元件。程序的第 1 行控制条件用来检测 I0.1 状态，第 2 行控制条件用来保持被测状态。程序的执行时序如图 2.3.16（b）所示。

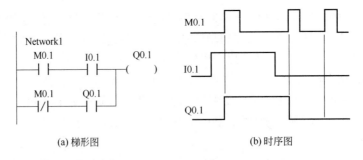

图 2.3.16 状态检测程序

在图 2.3.16（a）所示的程序中，如果采样信号 M0.1 的状态为"1"，第 2 行的控制条件将被断开。这时，如果被测信号 I0.1 的状态为"1"，程序可通过第 1 行控制条件，使状态保存元件 Q0.1 的状态成为"1"。Q0.1 一旦为"1"，即使 M0.1 变为"0"，Q0.1 也可通过第 2 行控制条件保持"1"状态。

同样，如果在 M0.1 为"1"时，被测信号 I0.1 的状态为"0"，其第 1 行控制条件的执行结果将为"0"，第 2 行控制条件被断开，因此，Q0.1 的状态将为"0"。Q0.1 一旦为"0"，第 2 行的控制条件也将断开，此时，即使 M0.1 成为"0"，Q0.1 也将保持"0"状态。

通过以上程序，便可在 Q0.1 上得到采样信号 M0.1 为"1"时的被测信号状态，并将这一状态一直保持到采样信号 M0.1 再次为"1"状态的时刻。

2.3.4　程序设计示例

PLC 梯形图程序设计并没有规定的方法和绝对的衡量标准，只要能够满足控制要求，并且动作可靠、程序清晰、易于阅读理解，便是好程序，至于程序形式、指令与编程元件的数量能简则简，但如果因此而增加了阅读理解的难度，也没有必要勉强。因此，灵活应用基本程序，组合出满足不同控制要求的各种程序，不仅设计容易、可靠性高，而且可为程序检查、阅读理解带来极大的方便。

以下将以机电设备常用的交替通断控制为例，介绍利用基本程序实现同样控制要求的几种梯形图程序设计方法，以供参考。

所谓交替通断控制是利用同一信号的重复输入，使执行元件的输出状态进行通、断交替变化的控制。例如，利用一个按钮的重复操作，控制电磁阀通断、指示灯开关；或者，产生一个脉冲频率为输入信号 1/2 的脉冲信号（二分频控制）等。

交替通断的控制要求与应用如图 2.3.17 所示。图中，假设交替通断的控制信号为 PLC 按钮输入 I0.1，执行元件为 PLC 的指示灯输出 Q0.1，其控制要求为：如果输出 Q0.1 的当前状态为"0"，输入 I0.1 为"1"时，Q0.1 的状态应成为"1"并保持；反之，如果输出 Q0.1 的当前状态为"1"，输入 I0.1 为"1"时，Q0.1 的状态应成为"0"并保持。这样，便可利用按钮等无状态保持功能的控制器件来控制执行元件的开关动作，从而起到与开关控制同样的作用。

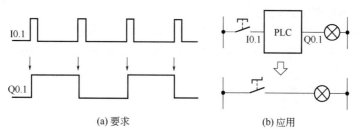

（a）要求　　　　　　　（b）应用

图 2.3.17　交替通断控制要求与应用

利用前述梯形图基本程序实现交替通断控制的一般方法有以下几种。

（1）利用状态保持功能实现

利用状态保持功能实现的交替通断控制程序如图 2.3.18（a）所示，程序由边沿检测、状态保持 2 个 PLC 基本程序以及启动、停止信号生成程序段组合而成，其执行时序如图 2.3.18（b）所示，工作原理如下。

Network1/2：边沿检测基本程序，利用这一程序段，可在内部继电器 M0.0 上获得输入 I0.1 的上升沿脉冲，M0.0 用来产生状态保持程序的启动、停止信号。

Network3/4：启动、停止信号生成程序段，用来产生状态保持程序的启动、停止信号。如果输出 Q0.1 的当前状态为"0"，边沿信号 M0.0 被转换为状态保持程序的启动信号 M0.2；如果 Q0.1 的当前状态为"1"，边沿信号 M0.0 被转换为状态保持程序的停止信号 M0.3。

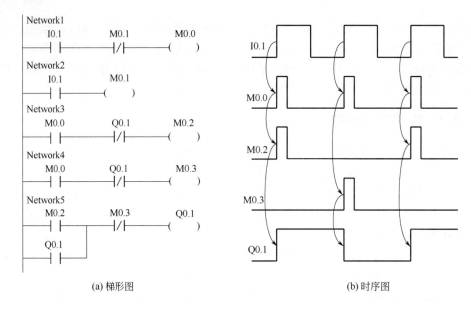

图 2.3.18　交替通断控制程序 1

Network5：状态保持基本程序。如果 Q0.1 的当前状态为"0"，则可通过启动信号 M0.2，将 Q0.1 置为"1"；如果 Q0.1 的当前状态为"1"，则可通过停止信号 M0.3，将 Q0.1 置为"0"。由于边沿信号 M0.0 只保持 1 个 PLC 循环，因此，在以后的 PLC 循环中，将不会再产生启动信号 M0.2、停止信号 M0.3，而 Q0.1 的状态也将保持不变。

以上程序的动作清晰、理解容易，但需要所有 4 个内部继电器和 5 个程序段，结构较为松散，因此，实际程序中常采用后述的程序。

（2）利用状态检测功能实现

利用状态检测功能实现的交替通断控制程序如图 2.3.19（a）所示，程序由边沿检测、状态检测 2 个基本程序组合而成，其执行时序如图 2.3.19（b）所示，工作原理如下。

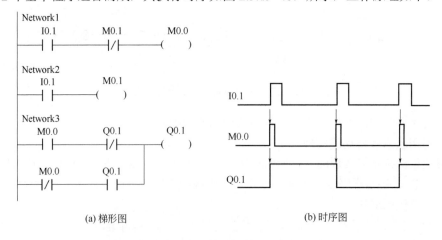

图 2.3.19　交替通断控制程序 2

Network1/2：边沿检测基本程序，利用这一程序段，可在内部继电器 M0.0 上获得输入 I0.1

的上升沿脉冲，M0.0 用来作为状态检测基本程序的采样脉冲信号。

Network3：状态检测基本程序，这一程序段直接以取反后的 Q0.1 当前状态（上一循环的执行结果）作为被测信号，因此，程序段执行后，Q0.1 可改变状态。同样，由于采样信号 M0.0 仅在 I0.1 的上升沿产生，在第二次及以后的 PLC 循环中，M0.0 始终为"0"，因此，Q0.1 可保持首次循环所改变的状态不变。

以上程序只需要使用 2 个内部继电器和 3 个程序段，程序较图 2.3.18 简洁，但阅读状态检测基本程序必须对 PLC 的循环扫描工作原理有清晰的了解。

（3）利用 2 次状态检测功能实现

利用 2 次状态检测功能实现的交替通断控制程序如图 2.3.20（a）所示，程序由 2 个状态检测基本程序组合而成，其执行时序如图 2.3.20（b）所示，工作原理如下。

Network1：状态检测基本程序 1，程序段以输入 I0.1 作为采样信号，以取反后的状态检测程序 2 的输出 M0.1 作为被测信号，因此，其输出 Q0.1 可保存 I0.1 状态为"1"时的 M0.1 取反信号。

Network2：状态检测基本程序 2，程序段以取反后的输入 I0.1 作为采样信号，以状态检测程序 1 的输出 Q0.1 作为被测信号，因此，其输出 M0.1 可保存 I0.1 状态为"0"时的 Q0.1 信号。

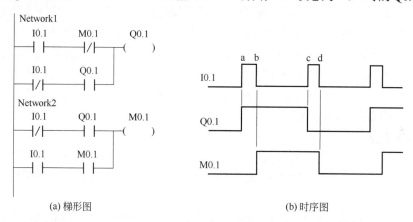

(a) 梯形图　　　　　　　　(b) 时序图

图 2.3.20　交替通断控制程序 3

以上 2 个状态检测基本程序的工作过程如下。

假设起始状态为：I0.1=0，Q0.1=0，M0.1=0。此时，对于状态检测程序 1，虽被测信号 M0.1 取反后的状态为"1"，但由于采样信号 I0.1 的状态为"0"，因此，Q0.1 仍将保持起始状态"0"不变；而在状态检测程序 2 上，由于采样信号为 I0.1 取反后的状态"1"，因此，输出 M0.1 将成为被测信号 Q0.1 的状态"0"。

当输入 I0.1 为"1"时，状态检测程序 1 的采样信号 I0.1 为"1"，输出信号 Q0.1 将变为被测信号 M0.1 取反后的状态为"1"；而对于状态检测程序 2，由于采样信号为 I0.1 取反后的状态"0"，因此，M0.1 将保持状态"0"不变。

此时，如果 I0.1 由"1"恢复为"0"，对于状态检测程序 1，由于采样信号 I0.1 的状态为"0"，因此，Q0.1 仍将保持当前状态"1"不变；而在状态检测程序 2 上，由于采样信号为 I0.1 取反后的状态"1"，因此，输出 M0.1 将成为被测信号 Q0.1 的状态"1"。M0.1 一旦成为"1"，状态检测程序 1 的被测信号也将变为"0"，从而为 Q0.1 的状态翻转做好了准备。

接着，如果 I0.1 再次由"0"变为"1"，状态检测程序 1 的采样信号 I0.1 为"1"，输出信号 Q0.1 将变为被测信号 M0.1 取反后的状态为 "0"；而对于状态检测程序 2，由于采样信号为 I0.1 取反后的状态 "0"，因此，M0.1 将保持状态 "1" 不变。

此时，如果 I0.1 再次由 "1" 恢复为 "0"，对于状态检测程序 1，由于采样信号 I0.1 的状态为 "0"，因此，Q0.1 仍将保持当前状态 "0" 不变；而在状态检测程序 2 上，由于采样信号为 I0.1 取反后的状态 "1"，因此，输出 M0.1 将成为被测信号 Q0.1 的状态 "0"。M0.1 一旦成为 "0"，状态检测程序 1 的被测信号又将变为 "1"，从而为 Q0.1 状态的再次翻转做好了准备。

通过以上过程的不断重复，实现了交替通断控制的要求。图 2.3.20 所示的程序充分利用了 PLC 的循环扫描特点，程序只占用 1 个内部继电器和 2 个程序段，设计非常简洁，因此，它是目前被有经验的 PLC 设计人员广为使用的典型程序。

2.4 梯形图转换与优化

2.4.1 电路转换为梯形图

利用不同编程语言编制的 PLC 程序，可以通过操作系统或编程软件自动转换，无需进行其他考虑。但是，对于梯形图程序与传统继电器控制电路之间的转换，应注意两者在工作原理、方式上的区别，部分梯形图程序不能完全套用继电器电路，反之亦然。

继电器电路可使用，但梯形图程序不能实现的情况主要有下文所述的几种，这样的电路需要经过适当处理，才能成为梯形图程序。为了便于比较与说明，在下述的内容中，对于继电器电路，触点、线圈仍以通常的 Kn 表示；但是，在梯形图上，继电器 Kn 的触点将以输入 I0.n 代替，线圈以输出 Q0.n 代替。

（1）桥接支路

为了节省触点，继电器电路可采用图 2.4.1（a）所示的"桥接"支路，利用 K5 触点的桥接，使触点 K3、K1 能够对线圈 K6、K7 进行交叉控制，这样的支路在梯形图程序中不能实现。这是因为：

① 梯形图的编程格式不允许，采用梯形图编程时，程序中的触点一般不能进行垂直方向布置；

② 违背 PLC 程序的执行规则，因为梯形图程序的指令执行严格按从上至下的顺序进行，所以除非使用重复线圈，否则在同一个 PLC 循环内，不能利用线圈输出指令以后的程序来对已经执行完成的输出线圈附加其他条件。

因此，进行梯形图程序设计时，每一个输出线圈原则上都应有独立的逻辑控制条件。梯形图程序的触点使用次数不受任何限制，因此，对于图 2.4.1（a）所示的"桥接"支路，在梯形图程序中可将其转化为图 2.4.1（b）所示的形式编程。

（2）后置触点

同样出于节省触点的目的，继电器电路经常使用图 2.4.2（a）所示的后置触点 K5，来同时控制线圈 K6、K7，但是，在梯形图程序中，PLC 的输出线圈必须是程序段的最终输出（中间线圈只能是内部继电器）。因此，使用后置触点的继电器电路转换为梯形图程序时，需要以图 2.4.2（b）所示的形式编程。

（3）中间输出

继电器电路可利用图 2.4.3（a）所示的中间输出节省触点，这样的电路可以转换为梯形图，但执行指令时需要使用堆栈，它将无谓地增加程序容量和执行时间。因此，在梯形图程序中宜将其转换为图 2.4.3（b）的形式，通过改变触点次序来取消堆栈操作；或者，将其分解为图 2.4.3（c）所示的 2 个独立程序段，以简化程序。

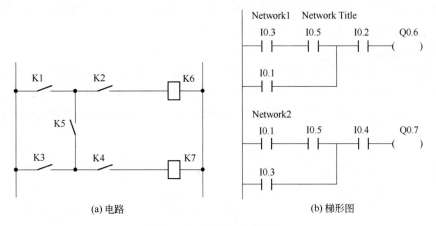

图 2.4.1　桥接支路的转换

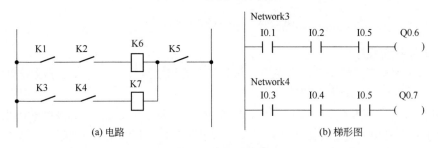

图 2.4.2　后置触点的转换

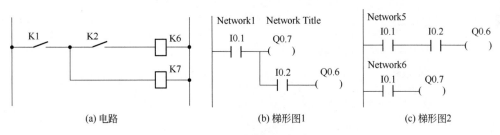

图 2.4.3　中间输出的转换

（4）并联输出

图 2.4.4（a）所示是继电器接点控制电路常用的并联输出支路，鉴于与中间输出同样的原因，转换为梯形图时宜改为图 2.4.4（b）所示的形式。

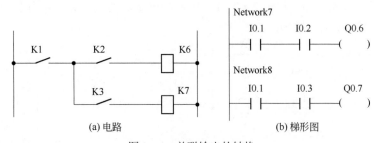

图 2.4.4　并联输出的转换

2.4.2 梯形图转换为电路

简单的梯形图程序也可以转换为继电器电路，但某些特殊的梯形图程序不能通过继电器电路实现，常见的情况有以下几种。

（1）边沿检测程序

梯形图程序可充分利用 PLC 的循环扫描功能，实现图 2.4.5（a）所示的边沿检测功能。但是，这样的程序如果直接转换为图 2.4.5（b）所示的继电器电路，由于实际继电器的常闭触点断开通常先于常开触点的闭合，因此，继电器 K3 不能被短时接通，转换后的电路将变得无任何实际意义。

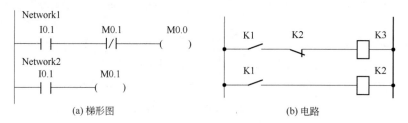

图 2.4.5　边沿检测程序的转换

（2）时序控制程序

PLC 的梯形图程序严格按从上至下、从左向右的顺序执行，同样的程序段编制在程序不同的位置，可能得到完全不同的结果。

例如，对于图 2.4.6（a）所示的程序，如果 M0.1 的输出指令位于 M0.0 的输出指令之后，可在 M0.0 上得到 I0.1 的上升沿脉冲；但是，对于图 2.4.6（b）所示的程序，如果 M0.1 的输出位于 M0.0 的输出之前，M0.0 的输出将始终为"0"。

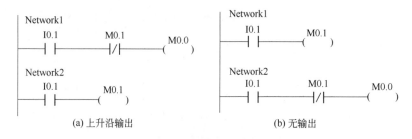

图 2.4.6　产生不同结果的梯形图

但是，继电器电路的工作是同步的，如果线圈通电，无论触点位于电路的哪一位置，它们都将被同时接通或断开，因此，即便改变电路的前后次序，也无法得到不同的结果。

例如，对于图 2.4.7（a）和图 2.4.7（b）所示的电路，当触点 K1 接通时，所得到的结果总是为线圈 K2 接通、K3 断开。

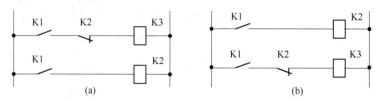

图 2.4.7　效果相同的电路

（3）竞争电路

PLC 的循环扫描的工作方式决定了梯形图程序在同一循环内不会产生"竞争"现象，例如图 2.4.8（a）所示的梯形图程序，如果 M0.0 为边沿信号，程序便可用于交替通断控制（参见图 2.3.18）。

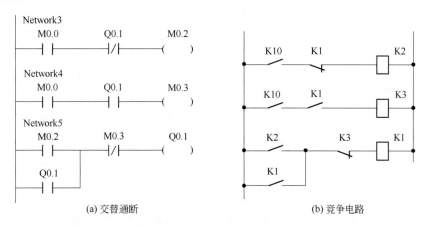

(a) 交替通断　　　　　　　　　　(b) 竞争电路

图 2.4.8　竞争电路的转换

但是，继电器电路为同步工作，如果将图 2.4.8（a）所示的梯形图程序转换为图 2.4.8（b）所示的继电器电路，当触点 K10 接通时，将出现"K2 接通→K1 接通→K2 断开→K3 接通→K1 断开→K3 断开→K2 接通……"的循环，使继电器 K1、K2、K3 处于连续不断的通断状态，引起"竞争"，导致电路不能工作。

（4）重复线圈

重复线圈可用来保存逻辑运算的中间状态，起到与内部继电器同样的作用。使用重复线圈编程时，PLC 一般会发生语法错误提示，但并不影响程序的运行。

例如，对于图 2.4.9（a）所示的程序，在不同的输入状态下可得到图 2.4.9（b）所示的不同的结果。

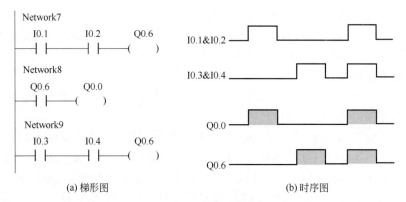

(a) 梯形图　　　　　　　　　　(b) 时序图

图 2.4.9　重复线圈编程

① I0.1、I0.2 同时为"1"，I0.3 和 I0.4 中任意一个为"0"。在这种情况下，执行 Net-work7 指令，Q0.6 的输出将为"1"，因而 Q0.0 将输出"1"；但在执行 Network9 指令后，Q0.6 将成为"0"。因此，程序最终的输出结果为 Q0.0=1，Q0.6=0。

② I0.1 和 I0.2 中任意一个为"0"，I0.3、I0.4 同时为"1"。在这种情况下，执行 Net-work7

指令，Q0.6 的输出将为"0"，因而 Q0.0 将输出"0"；但在执行 Network9 指令后，Q0.6 将成为"1"。因此，程序最终的输出结果为 Q0.0=0，Q0.6=1。

③ I0.1、I0.2、I0.3、I0.4 同时为"1"。在这种情况下，执行 Network7 指令，Q0.6 的输出将为"1"，因而 Q0.0 将输出"1"；执行 Network9 指令后，Q0.6 也为"1"。因此，程序最终的输出结果为 Q0.0=1，Q0.6=1。

继电器的线圈不允许重复接线，因此，使用重复线圈的梯形图程序不能转换为继电器控制电路。

2.4.3 梯形图程序优化

不同梯形图程序的存储容量及指令执行时间各不相同，因此，在不影响程序执行结果的前提下，有时需要对程序进行适当调整与优化，以减少存储容量、缩短执行时间。常用的 PLC 梯形图程序优化方法如下。

（1）并联支路优化

并联支路应根据先"与"后"或"的逻辑运算规则，将具有串联触点的支路放在只有独立触点的支路上方，这样，就可避免堆栈操作，减少存储容量、缩短执行时间。

例如，对于图 2.4.10（a）所示的程序，PLC 处理程序时，首先需要读入 I0.1 的状态，并将其压入堆栈；接着读入 Q0.1 的状态、进行 Q0.1&$\overline{I0.2}$ 的运算；然后再取出堆栈，进行 I0.1 和 Q0.1&$\overline{I0.2}$ 的逻辑"或"运算，再将结果输出到 Q0.1 上。

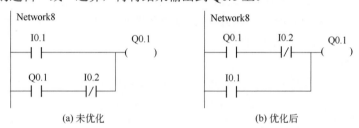

图 2.4.10　并联支路优化

当程序按图 2.4.10（b）优化后，PLC 处理程序时，首先读入 Q0.1 的状态，接着进行 Q0.1&$\overline{I0.2}$ 的运算；然后，以现行运算结果和 I0.1 进行"或"运算，再将结果输出到 Q0.1 上。因此，程序优化后可减少存储容量，缩短执行时间。

（2）串联支路优化

串联支路应根据"从左向右"处理次序，将带有并联触点的环节放在最前面，以避免堆栈操作，减少存储容量，缩短执行时间。

例如，对于图 2.4.11（a）所示的程序，PLC 处理程序时，首先需要读入 I0.1 的状态，并将其压入堆栈中；接着读入 I0.2 的状态，进行 I0.2 和 $\overline{I0.3}$ 的逻辑"或"运算；然后，取出堆栈状态，进行 I0.1&（I0.2+$\overline{I0.3}$）的逻辑"与"运算，再将结果输出到 Q0.1 上。

当程序按图 2.4.11（b）优化后，PLC 处理程序时，可直接读入 I0.2 的状态，进行 I0.2 和 $\overline{I0.3}$ 的"或"运算；然后，以现行运算结果和 I0.1 进行逻辑"与"运算，再将结果输出到 Q0.1 上。同样，程序优化后可减少存储容量，缩短执行时间。

（3）使用内部继电器优化

对于需要多次使用某些逻辑运算结果的情况，可通过内部继电器简化程序，方便程序修改。例如，图 2.4.12（a）所示的程序可以按照图 2.4.12（b）进行优化。

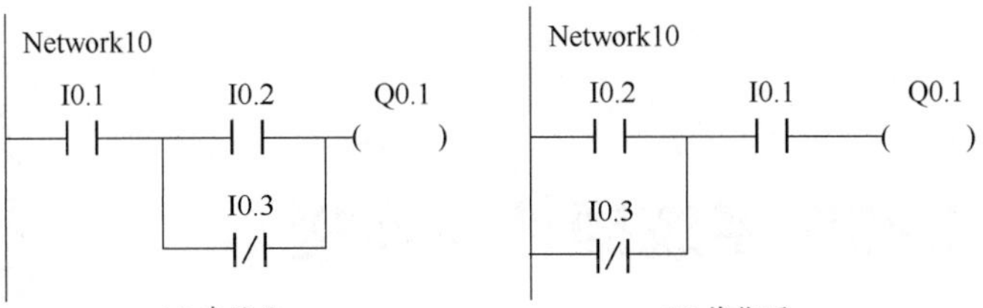

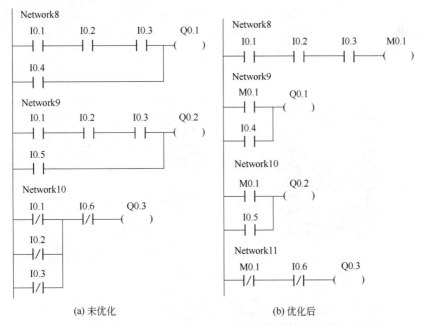

图 2.4.11　串联支路优化

在图 2.4.12（a）所示的程序上，Q0.1、Q0.2、Q0.3 具有共同的控制条件 I0.1&I0.2&I0.3
（$\overline{I0.1\&I0.2\&I0.3}$），程序长度为 15 步。如将控制条件 I0.1&I0.2&I0.3 用图 2.4.12（b）所示的
内部继电器 M0.1 缓存，便可将程序长度减少至 13 步。

图 2.4.12（b）所示程序的另一优点是修改方便。例如，当输入 I0.1 需要更改为 M1.0 时，
对图 2.4.12（a）所示的程序必须同时修改 Network8、9、10；但在图 2.4.12（b）所示的程序
中，则只需将 Network8 的 I0.1 改为 M1.0，这样不仅修改简单，且可避免遗漏。

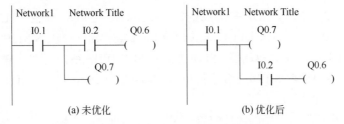

图 2.4.12　利用内部继电器的优化

（4）中间输出的优化

对于多输出线圈控制的程序，应按逻辑运算规则，保证逻辑处理的依次进行。例如，
图 2.4.13（a）所示的程序需要堆栈操作，优化为图 2.4.13（b）所示的程序后，便可直接处理。

图 2.4.13　输出位置调整

第3章 828D系统硬件与连接

03

3.1 系统组成与连接

3.1.1 系统组成与PLC模块

（1）系统组成

SINUMERIK 828D数控系统是SIEMENS公司近年开发、用于全功能数控机床控制的紧凑型数控系统产品，系统最大可控制2通道、10轴（8轴伺服+2主轴，或10轴伺服）/4轴联动，产品可满足除五轴加工机床以外的绝大多数数控机床控制需要。

828D系统的硬件组成通常如图3.1.1所示。

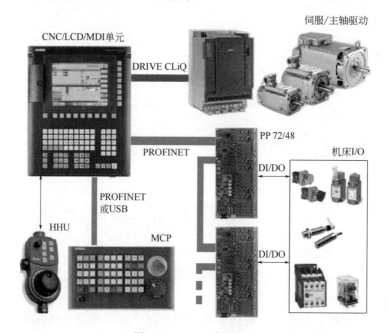

图3.1.1 828D系统组成

828D系统由CNC/LCD/MDI基本单元（panel processing unit，简称PPU）、SIEMENS标准机床操作面板（MCP）、机床DI/DO连接模块PP72/48、SINAMICS S120 Combi紧凑型或SINAMICS S120 CLiQ模块式驱动器、SIMOTICS 1FK7/1PH8系列伺服/主轴电机等基本部件构成；如果需要，也可选配SIEMENS手持单元（hand held unit，简称HHU）、外置式光栅尺、编码器接口模块等附加部件。

828D系统的进给轴、主轴的闭环位置、速度控制由CNC实现，因此，必须选配DRIVE CLiQ总线连接的SINAMICS S120 Combi紧凑型或SINAMICS S120 CLiQ模块式驱动器，并配套 SIMOTICS 1FK7/1PH8 系列伺服/主轴电机；采用外置式光栅尺、编码器的全闭环系统需要选配 DRIVE CLiQ 总线接口模块等附加部件。

828D 系统集成有 S7-200 PLC 功能,系统最大可选配 5 个 PP 72/48D PN 紧凑型 I/O 模块,连接 360/240 点机床 DI/DO 信号；MCP 面板可通过 PROFINET 总线或 USB 接口与基本单元直接连接,不需要占用机床 DI/DO 点。

（2）机床操作面板

828D 系统采用 CNC/LCD/MDI 集成结构,基本单元（PPU）有垂直布置、水平布置 2 种形式,显示器有 8.4 英寸（基本型）、10.4 英寸（标准型、高性能型）或 15.6 英寸触摸屏 3 种规格。

① 垂直布置。垂直布置的 828D 基本单元外形尺寸为 310mm×380mm,因此,通常选配图 3.1.2 所示宽度为 310mm 的 SIEMENS 标准机床操作面板（machine control panel,简称 MCP）MCP 310。MCP 310 面板有图 3.1.2（a）所示的传统 PROFINET 总线连接 MCP 310C PN,以及图 3.1.2（b）所示的最新的 USB 接口连接 MCP 310 USB 两种规格。MCP 310C PN 的外形尺寸为 310mm×175mm,MCP 310 USB 的外形尺寸为 310mm×230mm。

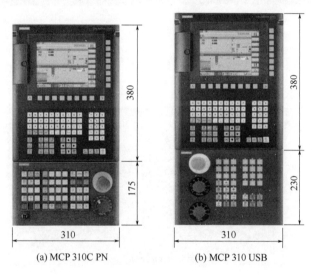

(a) MCP 310C PN　　　(b) MCP 310 USB

图 3.1.2　垂直布置 828D 系统 MCP 配置

② 水平布置。水平布置的 828D 基本单元外形尺寸为 483mm×220mm,因此,通常选配图 3.1.3（a）所示宽度为 483mm 的 SIEMENS 标准机床操作面板 MCP 483。MCP 483 面板同样有传统 PROFINET 总线连接 MCP 483C PN 和最新的 USB 接口连接 MCP 483 USB 两种连接方式,两者的外形尺寸均为 483mm×155mm。

③ 触摸屏系统。采用 15.6 英寸触摸屏的 828D 基本单元外形尺寸为 416mm×470mm,因此,通常选配图 3.1.3（b）所示宽度为 416mm 的 SIEMENS 标准机床操作面板 MCP 416。MCP 416 面板只有 USB 接口连接的 MCP 416 USB 一种规格。

SIEMENS 标准机床操作面板（MCP）的按键、开关输入及指示灯输出信号,可直接通过 PROFINET 总线或 USB 接口连接,并由 PLC 操作系统自动转换为 PLC 输入/输出信号,无需占用 PLC 输入/输出模块的通用 DI/DO 点。

（3）PLC I/O 模块

828D 系统的机床 DI/DO 信号一般通过图 3.1.4 所示的 PP 72/48D PN 紧凑型 I/O 模块（以

下简称 PP 72/48 模块）进行连接。

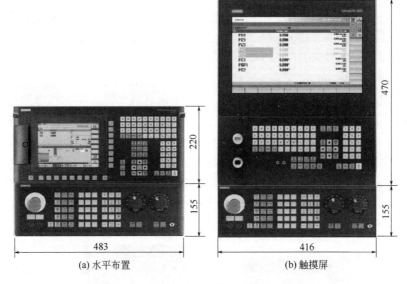

(a) 水平布置　　　　(b) 触摸屏

图 3.1.3　水平布置及触摸屏系统 MCP 配置

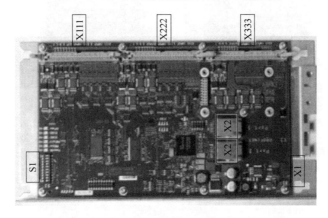

图 3.1.4　PP 72/48 模块

　　PP 72/48 模块和基本单元（PPU）可直接利用集成 PLC 的 PROFINET 总线连接，每一 PP 72/48 模块最大可连接 72/48 点机床 DI/DO 信号。

　　828D 系统可连接的 PP 72/48 模块数量与系统功能有关，828D 基本型（BASIC）系统最大可连接 3 个 PP 72/48 模块，PLC 最大可连接的机床 DI/DO 点数为 216/144 点；828D 标准型系统最大可连接 4 个 PP 72/48 模块，PLC 最大可连接的机床 DI/DO 点数为 288/192 点；828D 高性能型（ADVANCED）和触摸屏型 828D 系统最大可连接 5 个 PP 72/48 模块，PLC 最大可连接的机床 DI/DO 点数为 360/240 点。

3.1.2　系统基本连接

（1）接口与功能

　　垂直布置、水平布置 2 种结构的 828D 系统，除了接口安装位置有所不同外，接口数量、名称、功能完全一致。828D 系统接口的安装如图 3.1.5 所示，接口代号、名称及功能如表 3.1.1 所示。

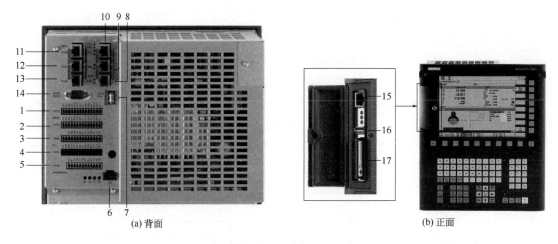

图 3.1.5　828D 系统接口布置

表 3.1.1　828D 系统接口代号、名称及功能表

序号	代　号	名　称	功　能
1	X122	高速 DI/DO 接口 1	位置测量输入/输出 1，4 点 DI、4 点 DI/DO 两用端
2	X132	高速 DI/DO 接口 2	位置测量输入/输出 2，4 点 DI、4 点 DI/DO 两用端
3	X242	高速 DI/DO 接口 3	高速输入/输出，4/4 点 DI/DO
4	X252	高速 DI/DO 接口 4	高速输入/输出，4/4 点 DI/DO
5	X143	手轮接口	可连接 2 个手轮的脉冲输入信号
6	X1	电源接口	系统 DC24V 电源输入
7	X135	USB 接口 1	连接 MCP 等
8	X130	以太网接口 1	连接工业以太网
9	PN2	PROFINET 接口 2	连接 MCP 310/483C PN 面板
10	PN1	PROFINET 接口 1	连接 PP 72/48D PN 紧凑型 I/O 模块
11	X100	Drive CLiQ 接口 1	连接 SINAMICS S120 驱动器
12	X101	Drive CLiQ 接口 2	连接外置式光栅尺、编码器接口模块 DMC20
13	X102	Drive CLiQ 接口 3	SINAMICS S120 驱动器扩展模块
14	X140	RS232 接口	连接 RS232 串行通信设备
15	X127	以太网接口 2	连接 PLC 编程、系统调试维修计算机
16	X125	USB 接口 2	连接 U 盘
17	—	CF 卡插槽	安装 CF 卡

（2）系统连接

828D 系统的连接总图如图 3.1.6 所示，系统的总体连接要求如下。

① 电源。828D 系统基本单元需要外部提供符合 EN 61131-2 标准要求的 DC24V 电源，DC24V 电源可通过连接器 X1 输入，X1 的插脚 1、2 为 DC24V、0V 连接端，插脚 3 为系统保护接地 PE（或屏蔽线）连接端。828D 系统对 DC24V 输入电源的基本要求如下。

额定输入容量：DC24V/1.2A。

最大输入电流：4.4A（启动电流）、2.5A（短时过载）。

平均电压允许范围：DC20.4～28.8V。

动态电压变化范围：DC18.5～30.2V。

纹波电压：峰-峰值小于5%。

② MCP。采用 USB 连接的 SIEMENS 标准机床操作面板（MCP），可直接通过 USB 标准电缆与基本单元的 USB 接口 X135 连接，按键、开关、指示灯信号可通过 PLC 操作系统自动转换为 PLC 的数据块（数据寄存器）状态，PLC 程序只需要读入或更新数据寄存器状态，便可实现操作面板信号的输入与输出。采用 PROFINET 总线连接的 SIEMENS 标准机床操作面板（MCP），可直接通过 PROFINET 总线电缆与基本单元的 PN1 接口连接，按键、开关、指示灯信号可通过 PLC 操作系统自动转换为 PLC 的 DI/DO 信号，PLC 程序可像机床通用 DI/DO 信号一样，进行操作面板信号的输入与输出。

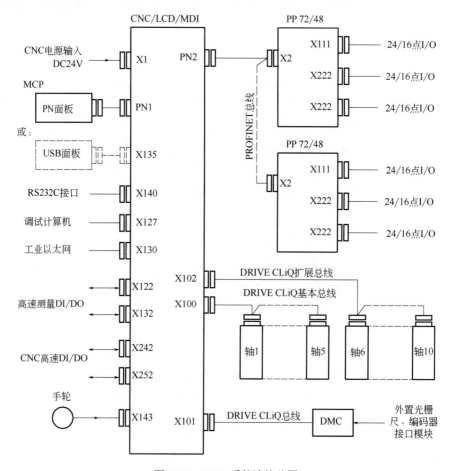

图 3.1.6 828D 系统连接总图

③ 通信接口。828D 系统的 RS232 串行通信接口 X140 采用 9 芯 SUB-D 标准连接器，连接电缆的最大长度为 3m。调试计算机及工业以太网（Industrial Ethernet）连接接口 X127/X130 均采用 RJ45 标准通信接口，推荐使用 Industrial Ethernet 标准电缆（CAT5），连接电缆的最大长度为 100m。RS232、工业以太网均使用计算机通用连接标准。

④ 高速 DI/DO 连接。828D 系统可通过接口 X122、X132、X242、X252 连接多点高速 DI/DO 信号。高速 DI 用于程序跳步、位置测量等 CNC 直接处理的输入信号连接；高速 DO 信号用于 CNC 直接处理的输出信号连接。

SIEMENS 数控系统的参考点减速、CNC 急停输入一般利用机床通用 DI 信号连接，信号需要利用 PLC 程序进行正常处理；在样板程序中高速 DO 信号被用于主轴正反转控制。

高速 DI/DO 的详细连接要求详见本章后述。

⑤ 手轮。手轮连接接口可连接 2 个手轮的脉冲输入信号，信号连接要求可参见后述的 SIEMENS 手持单元（HHU）连接说明。

⑥ PROFINET 总线。828D 系统集成 PLC 的 PROFINET 总线接口 PN2 用来连接 PP 72/48 模块等 PLC 输入/输出装置，多个 PP 72/48 模块可通过 PROFINET 总线串联。PROFINET 总线的详细连接要求详见本章后述。

⑦ 伺服总线。828D 系统的伺服总线接口 X100、X101、X102 用来连接伺服驱动器的 DRIVE CLiQ 总线。总线采用 RJ45 标准连接器连接，总线电缆应采用 SIEMENS 配套提供的 MOTION-CONNECT 标准电缆或其他符合标准的 2 对（4 芯）以上双绞屏蔽标准网络通信电缆。连接电缆的最大长度不能超过 70m。

DRIVE CLiQ 伺服总线接口 X100、X101、X102 为 RJ45 标准接口，信号连接要求如表 3.1.2 所示。

表 3.1.2　DRIVE CLiQ 总线 RJ45 连接要求

连接端	信号代号	信号名称	功　　能
1	TX+	数据发送+	通信数据发送（输出）+端
2	TX−	数据发送−	通信数据发送（输出）−端
3	RX+	数据接收+	通信数据接收（输入）+端
6	RX−	数据接收−	通信数据接收（输入）−端
其他	—	—	不需要连接

3.2　MCP 310 面板连接

3.2.1　MCP 310C PN 面板连接

（1）连接器及 I/O 地址设定

机床操作面板原则上可由机床生产厂家设计、制作，称为用户面板。但是，用户面板必须通过 PLC 的 I/O 模块连接，面板不仅需要占用 PLC 的机床输入/输出（DI/DO）点，而且，其结构、外形也与 SIEMENS 标准机床操作面板存在差距，连接调试工作量较大。因此，在绝大多数数控机床上，通常都直接选配集成有 I/O 模块、可利用总线连接的 SIEMENS 标准机床操作面板（MCP）。

SINUMERIK 垂直布置的 8.4 英寸显示基本型、10.4 英寸标准型及高性能型 828D 系统的基本单元外形为 310mm×380mm，为此，通常选配宽度为 310mm 的 MCP 310 标准面板。MCP 310 面板有传统 PROFINET 总线连接 MCP 310C PN 和最新的 USB 接口连接 MCP 310 USB 两种规格，MCP 310 USB 的连接要求见后述。

MCP 310 PN 面板安装有 49 个带 LED 指示灯按键（16 个用户自定义键）、1 个 23 位进给速度倍率调节开关、1 个 4 位带钥匙旋钮；操作面板预留有 6 个 φ16mm 用户按钮安装孔、1 个急停按钮或主轴倍率开关安装孔；此外，面板还预留有 9/6 点用户 DI/DO 连接端和 5 位二进制编码主轴倍率开关 DI 连接端，其使用较为灵活、方便。

MCP 310 PN 面板的连接器布置和连接要求如下。

① 连接器布置。MCP 310 PN 面板的器件名称、功能如表 3.2.1 所示，主要连接器件如图 3.2.1 所示。

表 3.2.1　MCP 310 PN 面板主要连接器名称与功能

序号	代号	名　称	功　能
1	X10	输入电源	DC 24V 电源输入
2	X20	PN1	PROFINET 总线接口 1，连接 CNC
3、4	X60、X61	RS232 接口	RS232 串行通信接口（一般不使用）
5	S2	I/O 地址设定开关	设定 MCP 面板 DI/DO 地址
6	X21	PN2	PROFINET 总线接口 2，连接其他 PLC-I/O 设备
7	X30	进给倍率开关连接器	连接进给倍率开关
8	X51、X52、X55	用户 DI 连接器	连接 6 个预留用户按钮或手持单元 DI 信号
	X53、X54	用户 DO 连接器	连接 6 个预留用户指示灯的 DO 信号
9	X31	主轴倍率开关连接器	连接主轴倍率开关
10	—	预留安装位置	可安装急停按钮或主轴倍率开关
11	—	进给倍率开关	23 位进给倍率调节开关
12	—	预留安装位置	可安装 6 个 ϕ16mm 用户按钮/指示灯
13	—	带钥匙旋钮	4 位带钥匙旋钮
14	—	带 LED 按键	49 个带 LED 指示灯按键

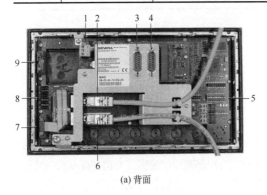
(a) 背面

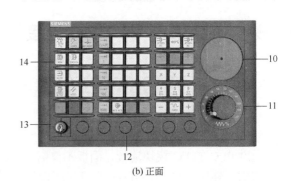
(b) 正面

图 3.2.1　MCP 310 PN 主要连接器件

② I/O 地址设定。MCP 310 PN 面板的 DI/DO 地址设定开关 S2 如图 3.2.2 所示，S2 用于 MCP 面板的 PROFINET 网络设定，S2-1～8 为二进制编码网络 IP 地址设定位 bit0～7；S2-9、S2-10 用于网络连接设定，面板连接时必须设定为"ON"。

图 3.2.2　MCP 面板 DI/DO 地址设定

MCP 面板的 DI/DO 起始地址已规定为 I112.0/Q112.0，网络 IP 地址为"64"（192.168.214.64），因此，S2-7（bit6）应设定"ON"，其余应设定"OFF"。

MCP 的 DI/DO 地址设定开关 S2 正确设定后，只需要设定 CNC 机床参数 MD12950[0]=0、MD12986[6]=-1，重新启动系统，便可使用。

（2）电源及总线连接

MCP 310C PN 面板的 DC24V 输入电源及 PROFINET 总线的连接要求如下。

① 电源。MCP 310C PN 面板需要外部提供 DC24V 电源，电源可通过连接器 X10 输入，X10 插脚 1、2 分别为 DC24V、0V 连接端，插脚 3 为保护接地 PE（或屏蔽线）连接端。

MCP 310C PN 面板对 DC24V 输入电源的基本要求与基本单元相同；DC24V 输入电源功率应大于 50W（包括 6 点用户 DO 的负载驱动功率）。

② PROFINET 总线。MCP 310C PN 面板的 PROFINET 总线接口 X20、X21 用来连接集成 PLC 的 PROFINET 总线。总线采用 RJ45 标准连接器连接，总线电缆应采用 SIEMENS 配套提供的 MOTION-CONNECT 标准电缆或其他符合标准的 2 对（4 芯）以上双绞屏蔽标准网络通信电缆。连接电缆的最大长度不能超过 70m。

PROFINET 总线接口 X20、X21 为 RJ45 标准接口，信号连接要求如表 3.2.2 所示。

表 3.2.2　PROFINET 总线 RJ45 连接要求

连接端	信号代号	信号名称	功　能
1	TX+	数据发送+	通信数据发送（输出）+端
2	TX-	数据发送-	通信数据发送（输出）-端
3	RX+	数据接收+	通信数据接收（输入）+端
6	RX-	数据接收-	通信数据接收（输入）-端
其他	—	—	不需要连接

（3）倍率开关及用户 DI/DO 连接

MCP 310C PN 面板的倍率开关及用户 DI/DO 的连接要求如下。

① 倍率开关。MCP 310C PN 面板的进给倍率开关为标准配置，进给倍率开关在出厂时已与 MCP 集成 I/O 模块的连接器 X30 连接。

MCP 310C PN 面板的主轴倍率开关为用户选配，主轴倍率开关可安装在 MCP 面板预留的急停按钮或主轴倍率开关安装位置，此时，系统急停按钮的安装位置需要用户自行设计、安装。选配主轴倍率开关时，倍率开关可与 MCP 集成 I/O 模块预留的连接器 X31 连接。

进给倍率开关连接器 X30、主轴倍率开关连接器 X31 的连接端功能、信号连接要求相同，倍率开关信号应为 DC5V、二进制编码输入，开关连接要求如表 3.2.3 所示。

表 3.2.3　进给/主轴倍率开关连接要求

X30/X31 连接端	信号代号	信号名称	功　能
1、2	N.C	—	不使用
3	M	DC5V 电源 0V 端	连接倍率开关输入 0V 端
4	N.C	—	不使用
5	P5	DC5V 电源输出端	连接倍率开关 DC5V 输入公共端
6	OV_VS16	二进制编码输入 16	连接倍率开关二进制编码 bit4 输入
7	OV_VS8	二进制编码输入 8	连接倍率开关二进制编码 bit3 输入

续表

X30/X31 连接端	信号代号	信号名称	功　　能
8	OV_VS4	二进制编码输入 4	连接倍率开关二进制编码 bit2 输入
9	OV_VS2	二进制编码输入 2	连接倍率开关二进制编码 bit1 输入
10	OV_VS1	二进制编码输入 1	连接倍率开关二进制编码 bit0 输入

② 用户 DI/DO。MCP 310C PN 面板的用户 DI 连接器为 X51/X52/X55，每一个连接器可连接 3 点 DI。X51/X52/X55 可用于 MCP 面板预留的 6 个 ϕ16mm 安装孔所安装的用户按钮输入信号，或者 SIEMENS 手持单元（HHU）的轴选择开关及功能键输入（详见后述的 HHU 连接）。用户 DI 采用 DC5V 汇点输入型连接方式，信号连接要求如图 3.2.3（a）所示。连接器 X51、X52、X55 连接端 1～3 的 DI 信号代号依次为 KT-IN1～IN3、KT-IN4～IN6、KT-IN7～IN9；连接端 4 为输入 0V 公共端。

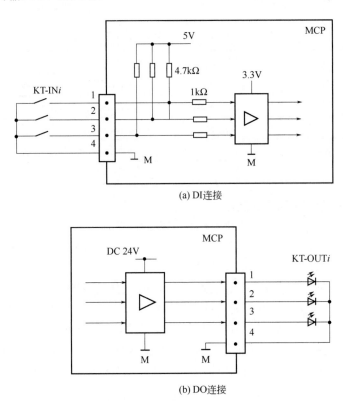

(a) DI连接

(b) DO连接

图 3.2.3　用户 DI/DO 信号连接

MCP 310C PN 面板的用户 DO 连接器为 X53/X54，每一个连接器可连接 3 点 DO。X53/X54 可用于 MCP 面板预留的 6 个 ϕ16mm 安装孔所安装的用户指示灯输出信号。用户 DO 采用 DC24V 晶体管 PNP 集电极开路输出型连接方式，最大输出电流为 300mA，信号连接要求如图 3.2.3（b）所示。连接器 X53、X54 连接端 1～3 的 DO 信号代号依次为 KT-OUT1～OUT3、KT-OUT4～OUT6；连接端 4 为 0V 输出公共端。

3.2.2　MCP 310C PN 面板 I/O 地址

MCP 310C PN 面板的按键/LED、带钥匙旋钮、进给倍率开关及预留的主轴倍率开关的名称（代号）如图 3.2.4 所示。当 828D 系统的机床参数 MD12986[6]（PLC_DEACT_LADDR_IN）设定为 "-1" 时，面板的输入/输出可通过 PLC 操作系统，直接转换为表 3.2.4 所示的 PLC 标准 DI/DO 信号 I、Q。

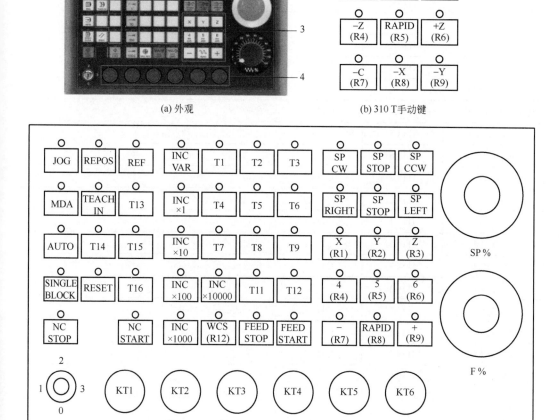

图 3.2.4　MCP 310C PN 操作器件名称

1—用户定义键；2—急停或主轴倍率开关；3—手动操作键；4—预留安装孔

表 3.2.4　MCP 310C PN 面板 DI/DO 地址表

器件名称		PLC 地址		功 能 说 明
310T	310M	按键输入	LED 输出	
AUTO		I112.0	Q112.0	CNC 操作方式 AUTO（自动）
MDA		I112.1	Q112.1	CNC 操作方式 MDA（MDI 自动）
JOG		I112.2	Q112.2	CNC 操作方式 JOG（手动连续进给）

续表

器件名称		PLC 地址		功 能 说 明
310T	310M	按键输入	LED 输出	
SINGLE BLCOK		I112.3	Q112.3	CNC 程序运行控制：单程序段
SP% INC		I112.4	Q112.4	主轴倍率增加
SP% 100		I112.5	Q112.5	主轴倍率 100%
SP% DEC		I112.6	Q112.6	主轴倍率减少
*NC STOP		I112.7	Q112.7	CNC 停止（常闭触点输入）
TEACH IN		I113.0	Q113.0	CNC 操作方式 TEACH IN（示教）
REPOS		I113.1	Q113.1	CNC 操作方式 REPOS（重新定位）
REF		I113.2	Q113.2	CNC 操作方式 REF（手动回参考点）
KEY3		I113.3	—	存储器保护开关位置 3
RESET-LED		—	Q113.3	CNC 复位指示灯
SP LEFT（CCW）		I113.4	Q113.4	主轴正转
*SP STOP		I113.5	Q113.5	主轴停止（常闭触点输入）
SP RIGHT（CW）		I113.6	Q113.6	主轴反转
NC START		I113.7	Q113.7	CNC 启动
INC×1		I114.0	Q114.0	增量进给倍率×1
INC×10		I114.1	Q114.1	增量进给倍率×10
INC×100		I114.2	Q114.2	增量进给倍率×100
INC×1000		I114.3	Q114.3	增量进给倍率×1000
KEY0		I114.4	—	存储器保护开关位置 0
INC [VAR]		I114.5	Q114.5	增量进给倍率 MDI 设定
*FEED STOP		I114.6	Q114.6	进给停止（常闭触点输入）
FEED START		I114.7	Q114.7	进给启动
F%-A		I115.0		进给倍率开关二进制编码位 bit0
……		……	—	进给倍率开关二进制编码位 bit1～3
F%-E		I115.4		进给倍率开关二进制编码位 bit4
KEY1		I115.5	—	存储器保护开关位置 1
KEY2		I115.6	—	存储器保护开关位置 2
RESET-KEY		I115.7	—	CNC 复位键
KT-OUT1			Q116.0	X53 用户 DO（KT-OUT1）；输入不使用
……		—	……	X53、X54 用户 DO（KT-OUT2～4）；输入不使用
KT-OUT5			Q116.4	X54 用户 DO（KT-OUT5）；输入不使用
-X	RAPID	I116.5	Q116.5	手动操作键：-X 手动或手动快速
-C	-	I116.6	Q116.6	手动操作键：-C 手动或负向手动
-Y	+	I116.7	Q116.7	手动操作键：-Y 手动或正向手动

续表

器件名称		PLC 地址		功 能 说 明
310T	310M	按键输入	LED 输出	
+Y	X	I117.0	Q117.0	手动操作键：+Y 手动或 X 轴选择
+X	Y	I117.1	Q117.1	手动操作键：+X 手动或 Y 轴选择
+C	Z	I117.2	Q117.2	手动操作键：+C 手动或 Z 轴选择
−Z	4th	I117.3	Q117.3	手动操作键：−Z 手动或第 4 轴选择
RAPID	5th	I117.4	Q117.4	手动操作键：手动快速或第 5 轴选择
+Z	6th	I117.5	Q117.5	手动操作键：+Z 手动或第 6 轴选择
KT-IN6/OUT 6		I117.6	Q117.6	X52 用户 DI（KT-IN6）、X54 用户 DO（KT-OUT6）
T16		I117.7	Q117.7	用户定义键：T16
T15		I118.0	Q118	用户定义键：T15
T14		I118.1	Q118.1	用户定义键：T14
T13		I118.2	Q118.2	用户定义键：T13
MCS		I118.3	Q118.3	手动操作键：机床/工件坐标系选择
T12		I118.4	Q118.4	用户定义键：T12
T11		I118.5	Q118.5	用户定义键：T11
T10		I118.6	Q118.6	用户定义键：T10（增量进给倍率×10000）
T9		I118.7	Q118.7	用户定义键：T9
T8		I119.0	Q119.0	用户定义键：T8
……		……	……	用户定义键：T7～T2
T1		I119.7	Q119.7	用户定义键：T1
—		I120.0 …… I121.7	Q120.0 …… Q120.7	不使用
KT-IN1～3		I122.0～122.2	—	用户连接器 X51 输入 KT-IN1～3，可连接 HHU
KT-IN4～6		I122.3～122.5	—	用户连接器 X52 输入 KT-IN4～6，可连接 HHU
KT-IN7、8		I122.6～122.7	—	用户连接器 X55 输入 KT-IN7、8，可连接 HHU
KT-IN9		I123.0	—	用户连接器 X55 输入 KT-IN9，可连接 HHU
—		I123.1 …… I124.7	—	不使用
SP%-A		I125.0	—	X31 主轴倍率开关二进制编码位 bit0
……		……	……	X31 主轴倍率开关二进制编码位 bit1～3
SP%-E		I125.4	—	X31 主轴倍率开关二进制编码位 bit4
—		I125.5～125.7	—	不使用

3.2.3　MCP 310 USB 面板 I/O 地址

（1）操作器件

利用 USB 连接的 SIEMENS 标准机床操作面板（简称 USB 面板）可直接利用 USB 接口提供电源、传输信号，安装、连接非常方便，但不具备 PN 面板的用户 DI/DO 连接功能，故不能连接面板以外的 DI/DO（包括 HHU、用户按钮），面板扩展性能不及 PN 面板。

垂直布置 828D 系统用的 MCP 310 USB 面板操作器件如图 3.2.5 所示。

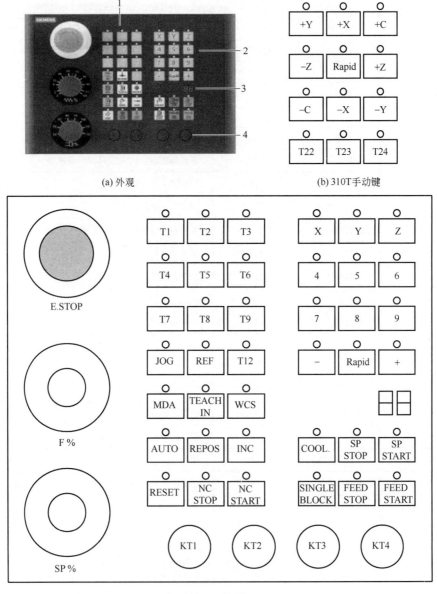

(a) 外观　　　　　　　　　　　　(b) 310T手动键

(c) 310M器件

图 3.2.5　MCP 310 USB 器件名称

1—用户定义键；2—手动操作键；3—数码管；4—预留安装孔

MCP 310 USB 面板安装有 39 个带 LED 指示灯薄膜键、1 个 18 位进给速度倍率调节开关、1 个 15 位主轴倍率调节开关、1 个急停按钮、2 个刀号显示 7 段数码管；操作面板预留有 4 个 ϕ16mm 用户按钮安装孔。

在 MCP 310 USB 面板的 39 个带 LED 指示灯薄膜键中，17 个按键/LED 的功能已由 SIEMENS 公司定义；其他 22 个按键/LED 的功能可由用户定义。当 828D 系统使用 SIEMENS 公司的 PLC 样板程序时，用于镗铣加工系统的 MCP 310 USB M 面板，已在样板程序上定义了图 3.2.6（c）所示的 12 个手动操作键，其他 10 个可由用户自定义；用于车削加工系统的 MCP 310 USB T 面板，已在样板程序上定义了图 3.2.6（b）所示的 9 个手动操作键，其他 13 个可由用户自定义。

MCP 310 USB 面板只需要连接 USB 电缆，然后，设定 CNC 机床参数 MD12950[0]=1，重启系统后便可正常使用。

（2）DI/DO 地址

MCP 310 USB 面板的 DI/DO 信号可由 PLC 操作系统转换为 PLC 数据寄存器（数据块 DB）状态，按键输入状态保存在数据块 DB1000 中，LED 指示灯输出利用数据块 DB1100 控制。

MCP 310 USB 面板 DI/DO 信号对应的数据寄存器地址如表 3.2.5 所示，带阴影的【RESET】键、【Rapid】键的 LED 输出地址不按次序排列。

表 3.2.5　MCP 310 USB 面板 DI/DO 地址表

信号名称		PLC 地址		功　能　说　明
310T	310M	按键输入	LED 输出	
AUTO		DB1000.DBX0.0	DB1100.DBX0.0	CNC 操作方式 AUTO
MDA		DB1000.DBX0.1	DB1100.DBX0.1	CNC 操作方式 MDA
TEACH IN		DB1000.DBX0.2	DB1100.DBX0.2	CNC 操作方式 TEACH IN（示教）
JOG		DB1000.DBX0.3	DB1100.DBX0.3	CNC 操作方式 JOG
SP%-A		DB1000.DBX0.4	—	主轴倍率二进制编码输入 A（bit0）
SP%-B		DB1000.DBX0.5	—	主轴倍率二进制编码输入 B（bit1）
SP%-C		DB1000.DBX0.6	—	主轴倍率二进制编码输入 C（bit2）
SP%-D		DB1000.DBX0.7	—	主轴倍率二进制编码输入 D（bit3）
—		DB1000.DBX1.0～1.4	—	不使用
INC		DB1000.DBX1.5	DB1100.DBX1.1	CNC 操作方式 INC
REF		DB1000.DBX1.6	DB1100.DBX1.2	CNC 操作方式 REF（手动回参考点）
REPOS		DB1000.DBX1.7	DB1100.DBX1.3	CNC 操作方式 REPOS（重新定位）
*NC STOP		DB1000.DBX2.0	DB1100.DBX1.4	CNC 停止（常闭信号）
NC START		DB1000.DBX2.1	DB1100.DBX1.5	CNC 启动
*FEED STOP		DB1000.DBX2.2	DB1100.DBX1.6	进给停止（常闭信号）
FEED START		DB1000.DBX2.3	DB1100.DBX1.7	进给启动
*SP STOP		DB1000.DBX2.4	DB1100.DBX2.0	主轴停止（常闭信号）
SP START		DB1000.DBX2.5	DB1100.DBX2.1	主轴启动
—		DB1000.DBX2.6、2.7	—	不使用

续表

信号名称		PLC 地址		功 能 说 明
310T	310M	按键输入	LED 输出	
F%-A		DB1000.DBX3.0	—	进给倍率二进制编码输入 A（bit0）
F%-B		DB1000.DBX3.1	—	进给倍率二进制编码输入 B（bit1）
F%-C		DB1000.DBX3.2	—	进给倍率二进制编码输入 C（bit2）
F%-D		DB1000.DBX3.3	—	进给倍率二进制编码输入 D（bit3）
F%-E		DB1000.DBX3.4	—	进给倍率二进制编码输入 E（bit4）
SINGLE BLCOK		DB1000.DBX3.5	DB1100.DBX2.2	单程序段
—		DB1000.DBX3.6	—	不使用
RESET		DB1000.DBX3.7	DB1100.DBX6.1	CNC 复位
—		DB1000.DBX4.0	DB1100.DBX2.3	不使用
-C	7	DB1000.DBX4.1	DB1100.DBX2.4	手动操作键：-C 手动或第 7 轴选择
-Z	4	DB1000.DBX4.2	DB1100.DBX2.5	手动操作键：-Z 手动或第 4 轴选择
+Y	X	DB1000.DBX4.3	DB1100.DBX2.6	手动操作键：+Y 手动或 X 轴选择
—		DB1000.DBX4.4	—	不使用
T23	Rapid	DB1000.DBX4.5	DB1100.DBX6.0	用户定义键 T23 或手动快速
T22	-	DB1000.DBX4.6	DB1100.DBX2.7	用户定义键 T22 或手动负向
T24	+	DB1000.DBX4.7	DB1100.DBX3.0	用户定义键 T24 或手动正向
+Z	6	DB1000.DBX5.0	DB1100.DBX3.1	手动操作键：+Z 手动或第 6 轴选择
-X	8	DB1000.DBX5.1	DB1100.DBX3.2	手动操作键：-X 手动或第 8 轴选择
-Y	9	DB1000.DBX5.2	DB1100.DBX3.3	手动操作键：-Y 手动或第 9 轴选择
—		DB1000.DBX5.3	DB1100.DBX3.4	不使用
MCS/WCS		DB1000.DBX5.4	DB1100.DBX3.5	机床/工件坐标系选择
Rapid	5	DB1000.DBX5.5	DB1100.DBX3.6	手动操作键：手动快速或第 5 轴选择
+C	Z	DB1000.DBX5.6	DB1100.DBX3.7	手动操作键：+C 手动或 Z 轴选择
+X	Y	DB1000.DBX5.7	DB1100.DBX4.0	手动操作键：+X 手动或 Y 轴选择
—		DB1000.DBX6.0～6.3	—	不使用
T12		DB1000.DBX6.4	DB1100.DBX4.4	用户定义键 T12
COOL.	T11	DB1000.DBX6.5	DB1100.DBX4.5	手动冷却或 483 面板用户定义键 T11
—		DB1000.DBX6.6	DB1100.DBX4.6	用户定义键 T10（仅 483 面板）
T9		DB1000.DBX6.7	DB1100.DBX4.7	用户定义键 T9
T8		DB1000.DBX7.0	DB1100.DBX5.0	用户定义键 T8
……		……	……	用户定义键 T7～T2
T1		DB1000.DBX7.7	DB1100.DBX5.7	用户定义键 T1
数码显示 1		—	DB1100.DBB8	7 段数码管 1 显示值
数码显示 2		—	DB1100.DBB8	7 段数码管 2 显示值

3.3　MCP 483/416 面板连接

3.3.1　MCP 483C PN 面板连接

（1）连接器及 I/O 地址设定

SINUMERIK 水平布置的 8.4 英寸显示基本型、10.4 英寸标准型及高性能型 828D 系统的基本单元外形为 483mm×220mm，为此，通常选配宽度为 483mm 的 MCP 483 标准面板。MCP 483 面板有传统 PROFINET 总线连接 MCP 483C PN 和最新的 USB 接口连接 MCP 483 USB 两种规格，MCP 483 USB 的连接要求见后述章节。

MCP 483 PN 面板的连接器布置和连接要求如下。

① 连接器布置。MCP 483 PN 面板的主要连接器件如图 3.3.1 所示，器件名称、功能如表 3.3.1 所示。

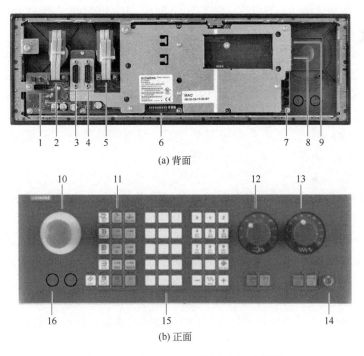

(a) 背面

(b) 正面

图 3.3.1　MCP 483 PN 面板主要连接器件

表 3.3.1　MCP 483 PN 面板主要连接器名称与功能

序号	代号	名　称	功　能
1	X10	输入电源	DC 24V 电源输入
2	X30	进给倍率开关连接器	连接进给倍率开关
3、4	X60、X61	RS232 接口	RS232 串行通信接口（一般不使用）
5	X31	主轴倍率开关连接器	连接主轴倍率开关
6	S2	I/O 地址设定开关	设定 MCP 面板 DI/DO 地址
7	X51、X52、X55	用户 DI 连接器	连接 6 个预留用户按钮或手持单元 DI 信号
	X53、X54	用户 DO 连接器	连接 6 个预留用户指示灯的 DO 信号

续表

序号	代号	名　称	功　　能
8	X21	PN2	PROFINET 总线接口 2，连接其他 PLC-I/O 设备
9	X20	PN1	PROFINET 总线接口 1，连接 CNC
10	—	急停按钮	CNC 急停
11	—	带 LED 按键	机床操作带指示灯按键
12	—	主轴倍率开关	16 位进给倍率调节开关
13	—	进给倍率开关	23 位进给倍率调节开关
14	—	带钥匙旋钮	4 位带钥匙旋钮
15	—	用户定义按键	用户定义带指示灯按键
16	—	预留安装位置	可安装 2 个 φ16mm 用户按钮/指示灯

MCP 483 PN 面板安装有 50 个带 LED 指示灯按键（17 个用户自定义键）、1 个 23 位进给速度倍率调节开关、1 个 16 位主轴倍率调节开关、1 个 4 位带钥匙旋钮、1 个急停按钮；操作面板预留有 2 个 φ16mm 用户按钮安装孔；此外，还带有 9/6 点用户 DI/DO 连接端，其使用较为灵活、方便。

② I/O 地址设定。MCP 483 PN 面板的 DI/DO 地址设定开关 S2 用于 MCP 面板的 PROFINET 网络地址设定，MCP 面板的按键输入、指示灯的 DI/DO 地址已由 SIEMENS 规定（I 112.0～125.7/Q 112.0～119.7，IP 地址 192.168.214.64），因此，设定开关 S2 必须将 S2-7、S2-9、S2-10 设定为"ON"，其余应设定为"OFF"（参见图 3.2.2）。

MCP 的 DI/DO 地址设定开关 S2 正确设定后，只需要设定 CNC 机床参数 MD12950[0]=0、MD12986[6]=−1，重新启动系统，便可使用。

（2）其他连接

MCP 483C PN 面板的连接器名称、功能及连接要求均与 MCP 310C PN 面板相同，简要说明如下。

① 电源。MCP 483C PN 面板需要外部提供 DC24V 电源。电源可通过连接器 X10 输入，X10 插脚 1、2 分别为 DC24V、0V 连接端，插脚 3 为保护接地 PE（或屏蔽线）连接端。DC24V 输入电源功率应大于 50W（包括 6 点用户 DO 的负载驱动功率）。

② PROFINET 总线。MCP 483C PN 面板的 PROFINET 总线接口 X20、X21 用来连接集成 PLC 的 PROFINET 总线，总线采用 RJ45 标准连接器连接，总线电缆及总线接口的连接要求详见 3.2 节。

③ 用户 DI/DO。MCP 483C PN 面板的用户 DI 连接器为 X51/X52/X55，每一个连接器可连接 3 点 DI。X51/X52/X55 可用于 MCP 面板预留的 2 个 φ16mm 安装孔所安装的用户按钮输入信号，或者 SIEMENS 手持单元（HHU）的轴选择开关及功能键输入。用户 DI 的连接方式与连接要求详见 3.2 节。

MCP 483C PN 面板的用户 DO 连接器为 X53/X54，每一个连接器可连接 3 点 DO。X53/X54 可用于 MCP 面板预留的 2 个 φ16mm 安装孔所安装的指示灯输出或其他信号。用户 DO 的连接方式与信号连接要求详见 3.2 节。

3.3.2　MCP 483C PN 面板 I/O 地址

MCP 483C PN 面板的按键/LED、带钥匙旋钮、进给倍率开关、主轴倍率开关的名称（代号）如图 3.3.2 所示，输入/输出可通过 PLC 操作系统，直接转换为表 3.3.2 所示的 PLC 标准 DI/DO 信号 I、Q。

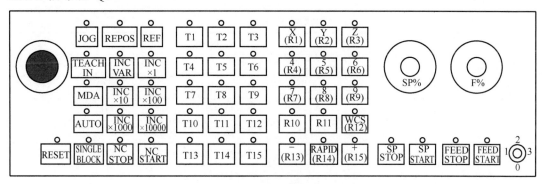

图 3.3.2 MCP 483C PN 操作器件

表 3.3.2 MCP 483C PN 面板 I/O 地址表

器件名称		PLC 地址		功 能 说 明
483T	483M	按键输入	LED 输出	
AUTO		I112.0	Q112.0	CNC 操作方式 AUTO（自动）
MDA		I112.1	Q112.1	CNC 操作方式 MDA（MDI 自动）
TEACH IN		I112.2	Q112.2	CNC 操作方式 TEACH IN（示教）
JOG		I112.3	Q112.3	CNC 操作方式 JOG（手动连续进给）
SP%-A～SP%-D		I112.4～I112.7	—	主轴倍率二进制编码输入 bit0～bit3
INC×1		I113.0	Q112.4	增量进给倍率×1
INC×10		I113.1	Q112.5	增量进给倍率×10
INC×100		I113.2	Q112.6	增量进给倍率×100
INC×1000		I113.3	Q112.7	增量进给倍率×1000
INC×10000		I113.4	Q113.0	增量进给倍率×10000
INC [VAR]		I113.5	Q113.1	增量进给倍率 MDI 输入
REF		I113.6	Q113.2	CNC 操作方式 REF（手动回参考点）
REPOS		I113.7	Q113.3	CNC 操作方式 REPOS（重新定位）
*NC STOP		I114.0	Q113.4	CNC 停止（常闭输入）
NC START		I114.1	Q113.5	CNC 启动
*FEED STOP		I114.2	Q113.6	进给停止（常闭输入）
FEED START		I114.3	Q113.7	进给启动
*SP STOP		I114.4	Q114.0	主轴停止（常闭输入）
SP START		I114.5	Q114.1	主轴启动
KEY2		I114.6	—	存储器保护开关位置 2
KEY0		I114.7	—	存储器保护开关位置 0
F%-A～F%-E		I115.0～I115.4	—	进给倍率二进制编码输入 bit0～bit4
SINGLE BLCOK		I115.5	Q114.2	CNC 程序运行控制/指示：单程序段

续表

器件名称		PLC 地址		功 能 说 明
483T	483M	按键输入	LED 输出	
KEY1		I115.6	—	存储器保护开关位置 1
RESET		I115.7	Q118.1	CNC 复位
R10	R10	I116.0	Q114.3	用户定义键 R10
−C	7th	I116.1	Q114.4	手动操作键：−C 手动或第 7 轴选择
−Z	4th	I116.2	Q114.5	手动操作键：−Z 手动或第 4 轴选择
+Y	X	I116.3	Q114.6	手动操作键：+Y 手动或 X 轴选择
KEY3		I116.4	—	存储器保护开关位置 3
R14	RAPID	I116.5	Q118.0	用户定义键 R14 或手动快速
R13	−	I116.6	Q114.7	用户定义键 R13 或负向手动
R15	+	I116.7	Q115.0	用户定义键 R15 或正向手动
+Z	6th	I117.0	Q115.1	手动操作键：+Z 手动或第 6 轴选择
−X	8th	I117.1	Q115.2	手动操作键：−X 手动或第 8 轴选择
−Y	9th	I117.2	Q115.3	手动操作键：−Y 手动或第 9 轴选择
R11		I117.3	Q115.4	用户定义键 R11
MCS		I117.4	Q115.5	手动操作键：机床/工件坐标系选择
RAPID	5th	I117.5	Q115.6	手动操作键：手动快速或第 5 轴选择
+C	Z	I117.6	Q115.7	手动操作键：+C 手动或 Z 轴选择
+X	Y	I117.7	Q116.0	手动操作键：+X 手动或 Y 轴选择
—		I118.0	—	不使用
T15～T1		I118.1～I119.7	Q116.1～Q117.7	用户定义键 T15～T1
—		I120.0～I121.7	Q118.2～Q118.7	不使用
KT-OUT1			Q119.0	用户连接器 X53 输出 KT-OUT1
……		—	……	用户连接器 X53、X54 输出 KT-OUT2～5
KT-OUT6			Q119.5	用户连接器 X54 输出 KT-OUT6
KT-IN1		I122.0		用户连接器 X51 输入 KT-IN1，可连接 HHU
……		……	—	连接器 X51/52/X55 输入 KT-IN2～8，可连接 HHU
KT-IN9		I123.0		用户连接器 X55 输入 KT-IN9，可连接 HHU
—		I123.1	Q119.6	不使用
		……	……	
		I125.7	Q120.7	

3.3.3 MCP 483/416 USB 面板

（1）操作器件

　　利用 USB 连接的 SIEMENS 标准机床操作面板（简称 USB 面板）可像其他 USB 设备一样，直接利用 USB 接口提供电源、传输数据，不再需要连接电源及其他网络总线，安装、连接非常方便。但是，USB 面板也不具备 PROFINET 总线连接面板（简称 PN 面板）的用户 DI/DO 连接功能，因此，不能连接 USB 面板以外的其他按钮、指示灯、手持单元等附加操作器件，USB 面板的扩展性能不及 PN 面板。

水平布置 828D 系统用的 MCP 483/416 USB 面板和最新 15.6 英寸触摸屏系统用的 MCP 416 USB 面板，只是存在外形尺寸的区别，其他完全相同，一并说明如下。

MCP 483/416 USB 操作、连接器件如图 3.3.3 所示，面板安装有 40 个带 LED 指示灯薄膜键、1 个 18 位进给速度倍率调节开关、1 个 15 位主轴倍率调节开关、1 个急停按钮、2 个刀号显示 7 段数码管；操作面板预留有 4 个 ϕ16mm 用户按钮安装孔。

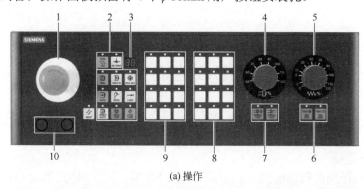

(a) 操作

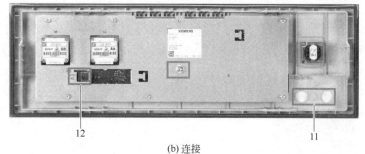

(b) 连接

图 3.3.3 MCP 483/416 USB 操作、连接器件

1—急停；2，6，7—系统按键/指示灯；3—数码管；4—主轴倍率开关；5—进给倍率开关；
8—手动操作键；9—用户定义键；10，11—预留安装孔；12—USB 接口

（2）用户定义及手动操作键

在 MCP 483/416 USB 面板的 40 个带 LED 指示灯薄膜键中，16 个按键/LED 的功能已由 SIEMENS 公司定义，其他 24 个按键/LED 的功能可由用户定义。

当 828D 系统使用 SIEMENS 公司的 PLC 样板程序时，用于镗铣加工 828D M 系统的 MCP 483/416 USB M 面板，已在样板程序上定义了图 3.3.4（a）所示的 12 个手动操作键，其他 12 个可由用户自定义；用于车削加工 828D T 系统的 MCP 483/416 USB T 面板，已在样板程序上定义了图 3.3.4（b）所示 9 个手动操作键，其他 15 个可由用户自定义。

MCP 483/416 USB 面板的 DI/DO 信号同样可由 PLC 操作系统转换为 PLC 数据寄存器（数据块 DB）状态，面板按键输入状态保存在数据块 DB1000 中，LED 指示灯输出利用数据块 DB1100 控制。

MCP 483/416 USB 面板 DI/DO 信号对应的数据寄存器地址与 MCP 310 USB 面板完全相同，详见表 3.2.5。

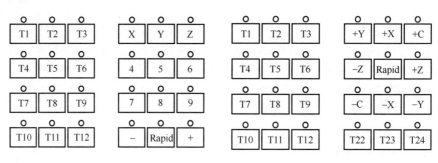

(a) 828D M   (b) 828D T

图 3.3.4   MCP 483/416 USB 手动操作键定义

3.4 HHU 与高速 DI/DO 连接

3.4.1 HHU 手持单元连接

（1）单元与连接

828D 系统可根据需要选配图 3.4.1 所示的 SIEMENS 小型手持式单元（HHU），用于机床手动操作。

HHU 上安装有手轮、急停按钮、单元选择（确认）按钮、手动操作轴选择开关、JOG 手动进给方向选择和快速键，以及 3 个用户自由定义功能的按键【F1】～【F3】。

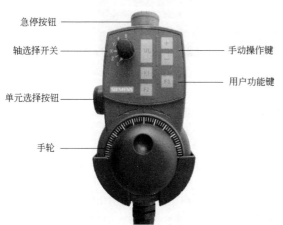

急停按钮

轴选择开关

单元选择按钮

手轮

手动操作键

用户功能键

HHU 的一般连接方法如图 3.4.2 所示。

手轮信号：手轮的电源、输出脉冲信号直接与基本单元（PPU）的手轮接口 X143 连接。

急停按钮：2 个常闭安全信号，与电气柜的安全回路连接。

单元选择（确认）按钮：2 个常开安全信号，与电气柜安全回路连接。

手动操作轴选择开关：使用 PROFINET 总线连接的 MCP 面板时，可连接到 MCP 面板的用户连接器 X51 的 KT-IN1～3，PLC 的 DI 输入地址为 I122.0～I122.2。使用 USB 连接的 MCP 面板时，需要与电气柜的 PP 72/48

图 3.4.1   HHU 单元

PN 模块的 DI 输入连接。

JOG 正、负方向键和快速键：使用 PROFINET 总线连接的 MCP 面板时，可连接到 MCP 面板的用户连接器 X52 的 KT-IN4～6，PLC 的 DI 输入地址为 I122.3～I122.5。使用 USB 连接的 MCP 面板时，需要与电气柜的 PP 72/48 PN 模块的 DI 输入连接。

功能键【F1】、【F2】和【F3】：使用 PROFINET 总线连接的 MCP 面板时，可连接到 MCP 面板的用户连接器 X55 的 KT-IN7～9，PLC 的 DI 输入地址为 I122.6～I123.0。使用 USB 连接的 MCP 面板时，需要与电气柜的 PP 72/48 PN 模块的 DI 输入连接。

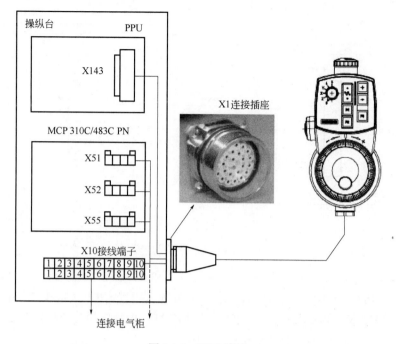

图 3.4.2　HHU 连接

（2）部件连接图

SIEMENS 小型悬挂式手持单元（HHU）的操作部件与 MCP PN 面板、电气柜的连接图分别如下。

① 急停与单元选择按钮。HHU 的急停按钮 S1 有 2 对常闭触点，单元选择（确认）按钮 S2 有 2 对常开触点。按钮一般需要通过图 3.4.3 所示的接线端 X10，连接到电气柜的安全继电器控制回路。

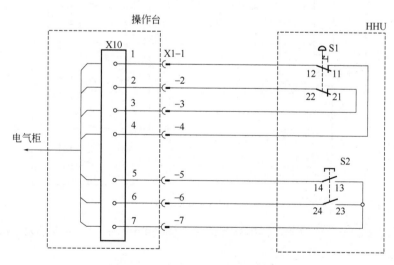

图 3.4.3　急停与单元选择按钮连接

② 轴选择开关。HHU 的手动操作轴选择开关 A2 如图 3.4.4 所示，与 MCP PN 面板的用户连接器 X51 的 KT-IN1～3 连接，PLC 的 DI 输入地址为 I 122.0～I 122.2。

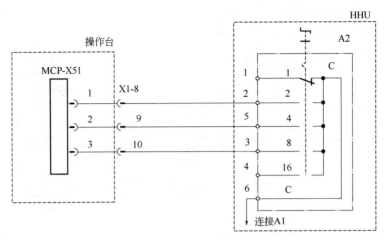

图 3.4.4　轴选择开关连接

③ 按键连接。正、负方向键和快速键 K1、K2 和 K3 如图 3.4.5 所示，与 MCP PN 面板的用户连接器 X52 的 KT-IN4～6 连接，PLC 的 DI 输入地址为 I 122.3～I 122.5；【F1】、【F2】和【F3】功能键 K4、K5 和 K6 如图 3.4.5 所示，与 MCP PN 面板的用户连接器 X55 的 KT-IN7～9 连接，PLC 的 DI 输入地址为 I 122.6～I 123.0。

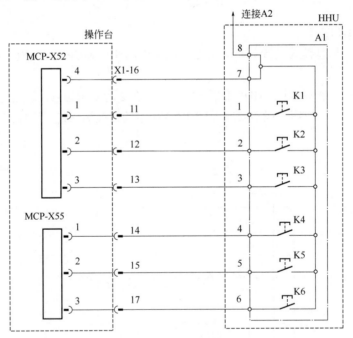

图 3.4.5　按键连接

④ 手轮连接。手轮的电源、输出脉冲信号如图 3.4.6 所示，与基本单元（PPU）的手轮接口 X143 连接。

3.4.2　高速 DI/DO 信号功能

828D系统基本单元（PPU）的高速DI/DO接口X122、X132、X242、X252可连接多点高速输入/输出信号。高速DI/DO可用于驱动器接口信号、外部接近开关输入（又称BERO输入，

BERO为SIEMENS接近开关产品系列名称）、测头输入、CNC加工程序变量等CNC直接处理的DI/DO信号连接。

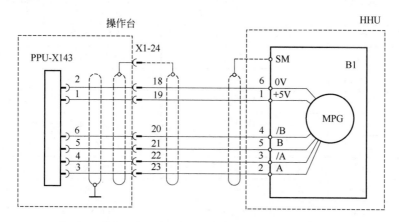

图 3.4.6　手轮连接

早期的828D系统的高速DI/DO接口为X122/X132/142，最大可连接24点DI/DO信号。最新系列828D系统的高速DI/DO接口为X122/X132、X242/X252，最大可连接28点DI/DO信号。其中，X122/X132的功能已在系统出厂时定义，用户原则上不应改变信号功能或连接其他DI/DO信号；X242/X252可作为CNC高速输入/输出信号使用，功能可由用户定义。

最新系列828D系统高速DI/DO接口的信号功能定义如下。

（1）X122/X132 信号与功能

828D系统基本单元（PPU）接口X122/X132最大可连接20点高速DI/DO信号，其中的12点为DI，只能连接高速输入；其余8点为双向DIO（bidirectional digital input/output），既可连接高速输入，也可连接高速输出，双向DIO的信号类别（DI或DO）可通过CNC驱动参数数CU，即P0728 bit8～bit15设定。

X122/X132的DI/DO信号的极性、功能及状态等均可通过CNC的驱动参数（CU参数）进行设定、监控。828D系统出厂时，已对X122/X132的DI/DO信号进行了如下预定义，用户原则上不应改变信号功能或连接其他DI/DO信号。

12点DI（DI 0～7、DI 16/17/20/21）：高速DI信号，连接驱动器内部接口信号。

4点DIO（IQ 8、9、12、13）：高速DO信号，连接驱动器内部接口信号。

2点DIO（IQ 10、IQ 14）：高速DI信号，连接外部接近开关输入信号BERO1、BERO2。

2点DIO（IQ 11、IQ 15）：高速DI信号，连接外部测头输入信号1、2。测头1、2的信号极性可通过CNC机床参数MD13200[0]（测头1）、MD13200[1]（测头2）设定；测头类型（工件测头或刀具测头）可通过CNC机床参数MD52740定义；测头信号状态也可通过PLC数据寄存器DB2700.DBX1.0（测头1）和DB2700.DBX1.1（测头2）监控。

X122/X132 高速 DI/DO 信号的出厂功能定义如表 3.4.1、表 3.4.2 所示。

表 3.4.1　X122 高速输入/输出信号功能定义

连接端	信号名称	系统预定义功能	信号连接与状态监控	
			信号连接	状态监控
1	DI 0	DI 0	电源模块准备好（OFF1）输入	驱动器 P840 或 P864	CU：R722.0
2	DI 1	DI 1	驱动使能（OFF3）输入	驱动器 P849	CU：R722.1

续表

连接端		信号名称	系统预定义功能	信号连接与状态监控	
				信号连接	状态监控
3	DI 2	DI 2	驱动器安全信号输入 1	驱动器 P9620	CU：R722.2
4	DI 3	DI 3	驱动器安全信号输入 2	驱动器 P9620	CU：R722.3
5	DI 16	DI 16	未定义	—	CU：R722.16
6	DI 17	DI 17	未定义	—	CU：R722.17
7	M2	MEXT2	DI 电源 0V	DI 0～DI 17 输入驱动电源 0V 端	
8	P1	P24EXT1	DIO 电源 24V	DIO 8～DIO 11 输出驱动电源 DC24V 端	
9	IQ 8	DIO8	驱动器安全信号使能输出 1	驱动器 R9774	CU：R722.8
10	IQ 9	DIO9	驱动器安全信号使能输出 2	驱动器 R9774	CU：R722.9
11	M1	MEXT1	DIO 电源 0V	DIO 8～11 输出驱动电源 0V 端	
12	IQ 10	DIO10	接近开关输入 BERO 1	外部检测开关 1	CU：R722.10
13	IQ 11	DIO11	测头输入 1	刀具或工件测量装置 1	CU：R722.11
14	M1	MEXT1	DIO 电源 0V	DIO 8～DIO11 输出驱动电源 0V 端	

表 3.4.2　X132 高速输入/输出信号功能定义

连接端		信号名称	系统预定义功能	信号连接与状态监控	
				信号连接	状态监控
1	DI 4	DI 4	未定义	—	CU：R722.4
2	DI 5	DI 5	未定义	—	CU：R722.5
3	DI 6	DI 6	未定义	—	CU：R722.6
4	DI 7	DI 7	驱动器主接触器状态输入	驱动器 P860	CU：R722.7
5	DI 20	DI 20	未定义	—	CU：R722.20
6	DI 21	DI 21	未定义	—	CU：R722.21
7	M2	MEXT2	DI 电源 0V	DI 0～DI 17 输入驱动电源 0V 端	
8	P1	P24EXT1	DIO 电源 24V	DIO 8～DIO 11 输出驱动电源 DC24V 端	
9	IQ 12	DIO12	主接触器控制输出	驱动器 R863.0	CU：R722.12
10	IQ 13	DIO13	驱动器启动输出	驱动器 R899.0	CU：R722.13
11	M1	MEXT1	DIO 电源 0V	DIO 8～11 输出驱动电源 0V 端	
12	IQ 14	DIO14	接近开关输入 BERO 2	外部检测开关 2	CU：R722.14
13	IQ 15	DIO15	测头输入 2	刀具或工件测量装置 2	CU：R722.15
14	M1	MEXT1	DIO 电源 0V	DIO 8～DIO 11 输出驱动电源 0V 端	

（2）X242/X252 信号与功能

828D系统基本单元（PPU）接口X242/X252最大可连接8/8点高速DI/DO信号和1通道主轴模拟量输出。

828D系统接口X242/X252的高速DI/DO信号可不经过PLC程序处理，直接由CNC加工程序中的变量读写指令$A_IN[i]、$A_OUT[j]（i、j 为DI/DO编号）读入或输出。DI/DO接口也可通过PLC程序，利用数据寄存器（数据块DB）禁用。

X242/X252的高速DI/DO信号既可直接连接机床的输入/输出器件，也可利用后述的PLC数据寄存器（数据块DB），直接通过PLC程序进行DI/DO状态设定、检查与监控。

828D系统接口X242/X252的高速DI/DO信号名称、预定义功能、状态读入/写出的CNC变量，以及用于DI/DO接口禁用（disable）的PLC控制数据寄存器（数据块DB）如表3.4.3、表3.4.4所示。

表 3.4.3 X242 高速输入/输出信号及使用

连接端		信号名称	预定义功能	CNC 读/写变量名	DI/DO 禁用
1	n/c	—	空连接端	—	—
2	n/c	—	空连接端	—	—
3	IN1	NCK DI 1	未定义	$A_IN[1]	DB2800.DBX0.0
4	IN2	NCK DI 2	未定义	$A_IN[2]	DB2800.DBX0.1
5	IN3	NCK DI 3	未定义	$A_IN[3]	DB2800.DBX0.2
6	IN4	NCK DI 4	未定义	$A_IN[4]	DB2800.DBX0.3
7	M4	MEXT4	DI 电源 0V	IN1～4 输入 0V 公共端	
8	P3	P24EXT3	DO 电源 24V	Q1～4 输出驱动电源 DC24V	
9	Q1	NCK DO1	未定义	$A_OUT[1]	DB2800.DBX4.0
10	Q2	NCK DO2	未定义	$A_OUT[2]	DB2800.DBX4.1
11	M3	MEXT3	DO 电源 0V	Q1～4 输出驱动电源 0V	
12	Q3	NCK DO3	未定义	$A_OUT[3]	DB2800.DBX4.2
13	Q4	NCK DO4	未定义	$A_OUT[4]	DB2800.DBX4.3
14	M3	MEXT3	DO 电源 0V	Q1～4 输出驱动电源 0V	

表 3.4.4 X252 高速输入/输出信号及使用

连接端		信号名称	模拟主轴预定义功能	CNC 读/写变量名	禁用信号
1	AO	NCK AO	主轴模拟量输出[①]	S	—
2	AM	AM	主轴模拟量输出 0V	—	—
3	IN9	NCK DI 9	未定义	$A_IN[9]	DB2800.DBX1000.0
4	IN10	NCK DI 10	未定义	$A_IN[10]	DB2800.DBX1000.1
5	IN11	NCK DI 11	未定义	$A_IN[11]	DB2800.DBX1000.2
6	IN12	NCK DI 12	未定义	$A_IN[12]	DB2800.DBX1000.3
7	M4	MEXT4	DI 电源 0V	IN9～12 输入 0V 公共端	
8	P3	P24EXT3	DO 电源 24V	Q9～11 输出驱动电源 DC24V	
9	Q9	NCK DO 9	未定义	$A_OUT[9]	DB2800.DBX1008.0
10	Q10	NCK DO 10	未定义	$A_OUT[10]	DB2800.DBX1008.1
11	M3	MEXT3	DO 电源 0V	Q9～11 输出驱动电源 0V	
12	Q11	NCK DO 11	使能或正转[①]	$A_OUT[11]	DB2800.DBX1008.2
13	Q12	NCK DO 12	转向（单极性）或反转[①]	$A_OUT[12]	DB2800.DBX1008.3
14	M3	MEXT3	DO 电源 0V	Q9～11 输出驱动电源 0V	

注：①决定于 CNC 机床参数 MD30134 设定，功能定义如下。

MD30134=0，模拟量输出为-10～+10V，Q11 为主轴使能信号 DIO 14，Q11 为未定义；

MD30134=1，模拟量输出为 0～+10V，Q11 为主轴使能信号 DIO 14，Q11 为转向信号 DIO 15；

MD30134=2，模拟量输出为 0～+10V，Q11 为正转启动信号 DIO 14，Q12 为反转启动信号 DIO 15。

3.4.3 高速 DI/DO 连接与控制

（1）高速 DI/DO 连接

828D系统的高速DI/DO接口X122/X132、X242/X252的信号连接要求分别如下。

① 接口X122/X132。828D系统的高速DI/DO接口X122/X132的大多数DI/DO信号，在系统出厂时已定义为驱动器的内部接口信号（参见表3.4.1、表3.4.2），用户原则上不应连接其他DI/DO信号。

接口X122/X132定义为外部接近开关（BERO）及测头输入的DIO10、DIO11信号连接方法，如图3.4.7所示。为了便于连接，接近开关、测头的信号输出形式宜选择图3.4.7所示的晶体管PNP集电极开路输出（DC24V输出）。PPU对外部信号的输入要求如下。

输入电压范围：$-3 \sim +30$ V DC。

信号驱动能力：$\geqslant$DC24 V/10 mA。

信号ON电平：$\geqslant$15V DC。

信号OFF电平：$\leqslant +5$V DC。

828D系统使用外部接近开关（BERO）、测头时，还需要对CNC机床参数MD13200、MD52740 \$MCS_MEA_FUNCTION_MASK、控制单元p0728进行信号极性、功能、类型等设定，有关内容可参见SIEMENS公司的技术资料。

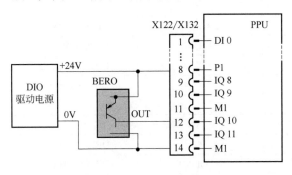

图 3.4.7　接近开关、测头连接

② 接口X242/X252。828D系统高速DI/DO接口X242的DI/DO信号连接方法如图3.4.8所示；X252的高速DI/DO信号连接方法相同，主轴模拟量输出功能的使用方法见后述。

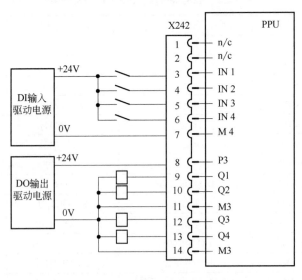

图 3.4.8　高速 DI/DO 信号连接

接口X242/X252对高速DI信号的输入要求与接口X122/X132的接近开关、测头输入相同，高速DO信号的输出参数如下，DO输出负载驱动电源需要外部提供。

信号ON输出电压：DC24V。

最大负载电流：≤500mA，但每一个连接器总计负载电流不能超过1A。

（2）高速 DI/DO 控制

828D系统接口X242/X252的高速DI/DO信号，也可利用PLC程序对数据寄存器（数据块DB）的状态读入/输出，直接对高速DI/DO进行状态设定、检查与监控等操作。在这种情况下，PLC的设定值将覆盖（overwrite）接口X242/X252的实际输入及CNC输出，使得高速DI/DO成为PLC的DI/DO信号。

利用高速DI/DO的PLC控制功能，用户便可通过CNC加工程序中的变量读入指令$ A_IN[i]，直接读取PLC的任何开关量信号状态。或者，通过变量输出指令$ A_OUT[j]，直接向PLC发送开关量信号，以实现CNC加工程序和PLC程序的DI/DO信号交换功能。利用这一功能，机床生产厂家便可通过特殊的CNC加工程序，将诸如数控机床自动换刀、工作台交换、机械手上下料等功能，转换为CNC程序控制或PLC程序和CNC程序联合控制。

828D 系统高速 DI/DO 信号的 PLC 程序控制数据寄存器（数据块 DB）如表 3.4.5 所示。高速输入 DI 信号的外部输入状态，可直接利用 PLC 设定值覆盖；高速输入 DO 信号的输出状态，可通过 PLC 输出控制信号，利用 PLC 设定值覆盖 CNC 输出。前述表 3.4.3、表 3.4.4 中的高速 DI/DO 禁用信号，对 PLC 程序控制同样有效。

表 3.4.5　高速 DI/DO 的 PLC 控制信号表

连接端		信号名称	实际状态监控	PLC 设定值	PLC 输出（覆盖）
X242	3/IN1	NCK DI 1	DB2900.DBX0000.0	DB2800.DBX0001.0	—
	4/IN2	NCK DI 2	DB2900.DBX0000.1	DB2800.DBX0001.1	—
	5/IN3	NCK DI 3	DB2900.DBX0000.2	DB2800.DBX0001.2	—
	6/IN4	NCK DI 4	DB2900.DBX0000.3	DB2800.DBX0001.3	—
X252	3/IN9	NCK DI 9	DB2900.DBX1000.0	DB2800.DBX1001.0	—
	4/IN10	NCK DI 10	DB2900.DBX1000.1	DB2800.DBX1001.1	—
	5/IN11	NCK DI 11	DB2900.DBX1000.2	DB2800.DBX1001.2	—
	6/IN12	NCK DI 12	DB2900.DBX1000.3	DB2800.DBX1001.3	—
X242	9/Q1	NCK DO 1	DB2900.DBX0004.0	DB2800.DBX0006.0	DB2800.DBX0005.0
	10/Q2	NCK DO 2	DB2900.DBX0004.1	DB2800.DBX0006.1	DB2800.DBX0005.1
	12/Q3	NCK DO 3	DB2900.DBX0004.2	DB2800.DBX0006.2	DB2800.DBX0005.2
	13/Q4	NCK DO 4	DB2900.DBX0004.3	DB2800.DBX0006.3	DB2800.DBX0005.3
X252	9/Q9	NCK DO 9	DB2900.DBX1004.0	DB2800.DBX1010.0	DB2800.DBX1009.0
	10/Q10	NCK DO 10	DB2900.DBX1004.1	DB2800.DBX1010.1	DB2800.DBX1009.1
	12/Q11	NCK DO 11	DB2900.DBX1004.2	DB2800.DBX1010.2	DB2800.DBX1009.2
	13/Q12	NCK DO 12	DB2900.DBX1004.3	DB2800.DBX1010.3	DB2800.DBX1009.3

例如，通过图 3.4.9（a）所示的 PLC 程序，便可利用 PLC 的输入 I0.0，直接控制高速 DO 信号 Q1（NCK DO1）的输出。输入信号 I0.0 的状态直接作为高速输出 NCK DO1（Q1）的 PLC 设定值 DB2800.DBX0006.0；I0.0 的上升和下降沿可产生 NCK DO1（Q1）的输出覆盖脉冲信号 DB2800.DBX0005.0。

通过图 3.4.9（b）所示的 PLC 程序，则可利用 PLC 的输入 I0.1，控制高速 DO 信号 Q9

（NCK DO9）的状态翻转。输入信号 I0.1 的上升沿，可同时产生控制高速输出 NCK DO9（Q9）状态翻转的 PLC 设定值 DB2800.DBX1010.0 及输出覆盖信号 DB2800.DBX1009.0。

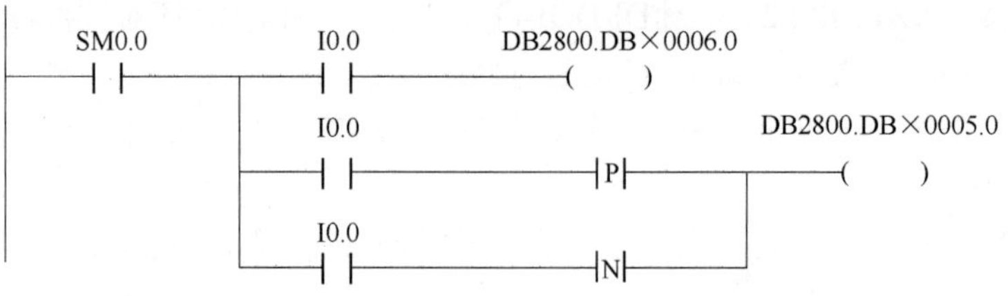

(a) 状态输出

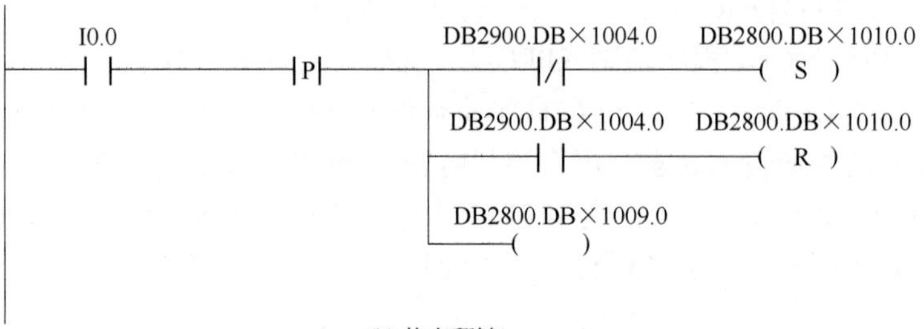

(b) 状态翻转

图 3.4.9　高速 DO 信号的 PLC 控制程序

3.4.4　模拟主轴连接与控制

828D 系统高速 DI/DO 接口 X252 的模拟主轴控制信号有双极性模拟量输出、单极性模拟量输出 2 种连接与控制方式。

（1）双极性连接与控制

828D 系统使用双极性模拟量输出时，需要设定 CNC 机床参数 MD30134 为"0"，同时，选配可使用速度给定极性控制电机转向的驱动器。

双极性模拟量输出的主轴信号连接如图 3.4.10（a）所示。高速 DI/DO 接口 X252 的主轴模拟量输出、高速 DO 输出 NCK DO 11（Q11）应分别与主轴驱动器的速度给定输入 CMD、驱动使能输入 EN 连接。

双极性模拟量输出的主轴启停与转向控制如图 3.4.10（b）所示。系统执行 CNC 加工程序中的主轴正转指令"S*** M03"时，X252 可输出正极性、0～+10V 模拟量和主轴使能信号 EN，启动主轴正转；系统执行主轴反转指令"S*** M04"时，X252 可输出负极性、0～-10V 模拟量和使能信号 EN，启动主轴反转。在主轴正转或反转过程中，可通过加工程序的 S 指令随时改变主轴转速，或者，通过主轴停止指令 M05，撤销主轴使能信号（EN），停止主轴转动。

（2）单极性输出连接

828D 系统使用单极性模拟量输出时，主轴模拟量输出总是为正极性、0～+10V，主轴启停与转向可采用后述的"使能+方向""正转+反转"2 种方式控制。

单极性模拟量输出的主轴信号连接如图 3.4.11 所示。高速 DI/DO 接口 X252 的主轴模拟量输出与主轴驱动器的速度给定输入 CMD 连接；高速 DO 输出 NCK DO 11（Q11）应与主轴驱动器的驱动使能输入 EN 或正转启动输入 CW 连接，高速 DO 输出 NCK DO 12（Q12）应与主轴驱动器的方向输入 DIR 或反转启动输入 CCW 连接。

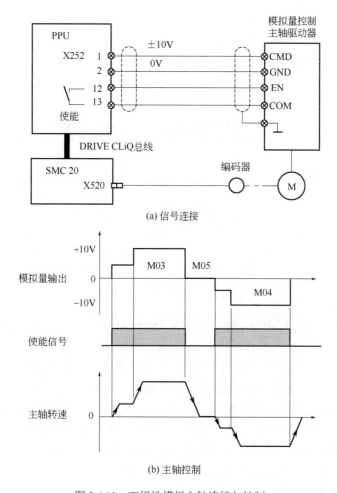

(a) 信号连接

(b) 主轴控制

图 3.4.10 双极性模拟主轴连接与控制

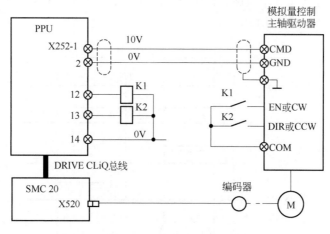

图 3.4.11 单极性主轴连接

（3）单极性使能/方向控制

828D系统模拟主轴采用单极性"使能+方向"控制时，应设定CNC机床参数MD30134为"1"，主轴的控制方法如图3.4.12所示。

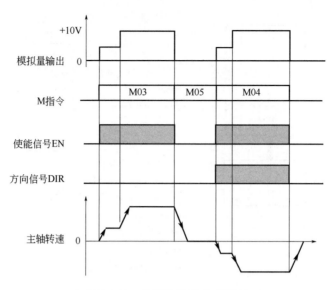

图 3.4.12　单极性使能/方向控制

　　系统执行CNC加工程序中的主轴正转指令"S*** M03"时，接口X252的主轴方向（DIR）信号输出NCK DO 12（Q12）状态为"0"（正转），主轴可通过系统输出的0～+10V模拟量和主轴使能信号NCK DO 11（Q11），启动主轴正转。在主轴正转过程中，可通过加工程序的S指令随时改变主轴转速，或者，通过主轴停止指令M05，撤销主轴使能信号（EN），停止主轴转动。

　　系统执行主轴反转指令"S*** M04"时，接口X252的主轴方向（DIR）信号输出NCK DO 12（Q12）状态为"1"（反转），主轴可通过系统输出的0～+10V模拟量和主轴使能信号NCK DO 11（Q11）启动反转。在主轴反转过程中，可通过加工程序的S指令随时改变主轴转速，或者，通过主轴停止指令M05，撤销主轴使能信号（EN），停止主轴转动。

（4）单极性正/反转控制

　　828D系统模拟主轴采用单极性"正转+反转"控制时，应设定CNC机床参数MD30134为"2"，主轴的控制方法如图3.4.13所示。

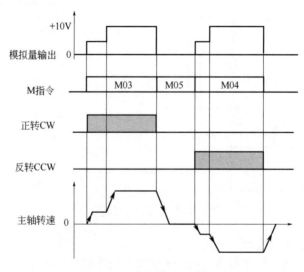

图 3.4.13　单极性正/反转控制

系统执行CNC加工程序中的主轴正转指令"S*** M03"时，主轴可通过系统输出的0～+10V模拟量和主轴正转（CW）信号NCK DO 11（Q11），启动主轴正转。在主轴正转过程中，可通过加工程序的S指令随时改变主轴转速，或者，通过主轴停止指令M05，撤销主轴正转信号（CW），停止主轴转动。

系统执行CNC加工程序中的主轴反转指令"S*** M04"时，主轴可通过系统输出的0～+10V模拟量和主轴反转信号NCK DO 12（Q12）启动反转。在主轴反转过程中，可通过加工程序的S指令随时改变主轴转速，或者，通过主轴停止指令M05，撤销主轴反转信号（CCW），停止主轴转动。

3.5 PP 72/48D PN 模块连接

3.5.1 模块连接与地址设定

（1）模块连接

828D 系统的 PP 72/48D PN 紧凑型 I/O 模块（简称 PP 72/48 模块）是 SIEMENS 公司专门为数控系统集成PLC开发的紧凑型 DI/DO 连接模块，可直接利用集成PLC的PROFINET 总线连接，每一模块最大可连接 72/48 点机床 DI/DO 信号。

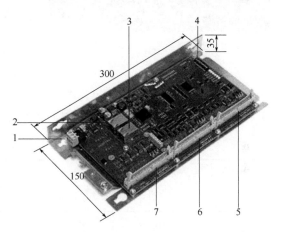

828D 系统可连接的 PP 72/48 模块数量与系统功能有关。828D 基本型（BASIC）系统最大可连接 3 个 PP 72/48 模块，PLC 最大可连接的机床 DI/DO 点数为 216/144 点；828D 标准型系统最大可连接 4 个 PP 72/48 模块，PLC 最大可连接的机床 DI/DO 点数为 288/192 点；828D 高性能型（ADVANCED）和触摸屏型 828D 系统最大可连接 5 个 PP 72/48 模块，PLC 最大可连接的机床 DI/DO 点数为 360/240 点。

图 3.5.1   PP 72/48 模块外形及连接器、设定开关安装

PP 72/48 模块外形及连接器、设定开关安装如图 3.5.1 所示，连接器、设定开关的功能如表 3.5.1 所示。模块的基本连接要求如下。

表 3.5.1 PP 72/48 模块连接器、设定开关功能表

序号	代 号	名 称	功 能
1	X1	电源接口	模块 DC24V 电源输入
2	X2-Port2	PROFINET 接口 2	连接下一个 PP 72/48 模块
3	X2-Port1	PROFINET 接口 1	连接 CNC 基本单元 PPU 或上一个 PP 72/48 模块
4	S1	DI/DO 地址设定开关	模块 DI/DO 起始地址设定
5	X111	DI/DO 接口 1	可连接 24/16 点 DI/DO 信号
6	X222	DI/DO 接口 2	可连接 24/16 点 DI/DO 信号
7	X333	DI/DO 接口 3	可连接 24/16 点 DI/DO 信号

① 电源。PP 72/48 模块需要外部提供 DC24V 电源，电源可通过连接器 X1 输入，X1 插脚 1、2 分别为 DC24V、0V 连接端，插脚 3 为保护接地 PE（或屏蔽线）连接端。DC24V 输入电源功率应大于 17W（0.7A）。

② PROFINET 总线。PP 72/48 模块的 PROFINET 总线接口 X2-Port1、X2-Port2 用来连接集成 PLC 的 PROFINET 总线，总线采用 RJ45 标准连接器连接。总线电缆及总线接口的连接要求详见 3.2 节。

③ DI/DO 连接。PP 72/48 模块的 DI/DO 接口 X111、X222、X333 用来连接 PLC 的 DI/DO 信号，每一个连接器可连接 24/16 点 DI/DO。X111、X222、X333 为 50 芯扁平电缆连接器，电缆最大长度为 30m。DI/DO 的具体连接要求详见后述。

（2）I/O 地址设定

PP 72/48 模块的 DI/DO 地址设定开关 S1 如图 3.5.2 所示。S1 用于 PP 72/48 模块的 PROFINET 网络设定。S1-1～8 为二进制编码网络 IP 地址设定位 bit0～7；S1-9、S1-10 用于网络连接设定，模块连接时必须设定为"ON"；其他设定位的设定要求参见表 3.5.2。

图 3.5.2　PP 72/48 地址设定开关

828D 系统最大可连接 5 个 PP 72/48 模块，PP 72/48 模块除必须设定 S1-9、S1-10 为"ON"外，还需要根据模块安装位置，按表 3.5.2 所示，将 S1 的指定位设定为"ON"，同时，将模块所对应的 CNC 机床参数 MD12986[i] 设定为"-1"。模块地址、机床参数设定正确后，便可通过重启系统，建立表 3.5.2 所示的 IP 地址、DI/DO 地址，并使模块 DI/DO 接口生效。

表 3.5.2　PP 72/48 模块地址与参数设定表

安装序号	ON 设定	机床参数设定	IP 地址	DI 地址	DO 地址
1	S1-1、S1-4	MD12986[0]=-1	192.168.214.9	I 0.0～8.7	Q 0.0～5.7
2	S1-4	MD12986[1]=-1	192.168.214.8	I 9.0～17.7	Q 6.0～11.7
3	S1-1、S1-2、S1-3	MD12986[2]=-1	192.168.214.7	I 18.0～26.7	Q 12.0～17.7
4	S1-2、S1-3	MD12986[3]=-1	192.168.214.6	I 27.0～35.7	Q 18.0～23.7
5	S1-1、S1-3	MD12986[4]=-1	192.168.214.5	I 36.0～44.7	Q 24.0～29.7

3.5.2　DI/DO 信号连接

（1）DI/DO 连接端

PP 72/48 模块的 DI/DO 信号可通过连接器 X111/X222/X333 连接，每一个连接器可连接 24/16 点 DI/DO，X111/X222/X333 的连接端名称如表 3.5.3 所示。表中的 m、n 为模块 DI、DO 起始地址：第 1 模块为 m=0，n=0；第 2 模块为 m=9，n=6；第 3 模块为 m=18，n=12；第 4 模块为 m=27，n=18；第 5 模块为 m=36，n=24。表中带阴影的 X222 输入端 I m+3.0～I m+3.7 为 8 点快速输入端，信号输入滤波器延时小于 0.6ms；其他输入端的输入滤波器延时一般为 3ms。

表 3.5.3　**X111/X222/X333 的连接端名称**

引脚	名称	引脚	名称	引脚	名称	引脚	名称	引脚	名称	引脚	名称
X111				X222				X333			
1	M	2	P24OUT	1	M	2	P24OUT	1	M	2	P24OUT
3	I m+0.0	4	I m+0.1	3	I m+3.0	4	I m+3.1	3	I m+6.0	4	I m+6.1
5	I m+0.2	6	I m+0.3	5	I m+3.2	6	I m+3.3	5	I m+6.2	6	I m+6.3
7	I m+0.4	8	I m+0.5	7	I m+3.4	8	I m+3.5	7	I m+6.4	8	I m+6.5
9	I m+0.6	10	I m+0.7	9	I m+3.6	10	I m+3.7	9	I m+6.6	10	I m+6.7
11	I m+1.0	12	I m+1.1	11	I m+4.0	12	I m+4.1	11	I m+7.0	12	I m+7.1
13	I m+1.2	14	I m+1.3	13	I m+4.2	14	I m+4.3	13	I m+7.2	14	I m+7.3
15	I m+1.4	16	I m+1.5	15	I m+4.4	16	I m+4.5	15	I m+7.4	16	I m+7.5
17	I m+1.6	18	I m+1.7	17	I m+4.6	18	I m+4.7	17	I m+7.6	18	I m+7.7
19	I m+2.0	20	I m+2.1	19	I m+5.0	20	I m+5.1	19	I m+8.0	20	I m+8.1
21	I m+2.2	22	I m+2.3	21	I m+5.2	22	I m+5.3	21	I m+8.2	22	I m+8.3
23	I m+2.4	24	I m+2.5	23	I m+5.4	24	I m+5.5	23	I m+8.4	24	I m+8.5
25	I m+2.6	26	I m+2.7	25	I m+5.6	26	I m+5.7	25	I m+8.6	26	I m+8.7
27	—	28	—	27	—	28	—	27	—	28	—
29	—	30	—	29	—	30	—	29	—	30	—
31	Qn+0.0	32	Qn+0.1	31	Qn+2.0	32	Qn+2.1	31	Qn+4.0	32	Qn+4.1
33	Qn+0.2	34	Qn+0.3	33	Qn+2.2	34	Qn+2.3	33	Qn+4.2	34	Qn+4.3
35	Qn+0.4	36	Qn+0.5	35	Qn+2.4	36	Qn+2.5	35	Qn+4.4	36	Qn+4.5
37	Qn+0.6	38	Qn+0.7	37	Qn+2.6	38	Qn+2.7	37	Qn+4.6	38	Qn+4.7
39	Qn+1.0	40	Qn+1.1	39	Qn+3.0	40	Qn+3.1	39	Qn+5.0	40	Qn+5.1
41	Qn+1.2	42	Qn+1.3	41	Qn+3.2	42	Qn+3.3	41	Qn+5.2	42	Qn+5.3
43	Qn+1.4	44	Qn+1.5	43	Qn+3.4	44	Qn+3.5	43	Qn+5.4	44	Qn+5.5
45	Qn+1.6	46	Qn+1.7	45	Qn+3.6	46	Qn+3.7	45	Qn+5.6	46	Qn+5.7
47	DCCOM1	48	DCCOM1	47	DCCOM2	48	DCCOM2	47	DCCOM3	48	DCCOM3
49	DCCOM1	50	DCCOM1	49	DCCOM2	50	DCCOM2	49	DCCOM3	50	DCCOM3

（2）DI 信号连接

PP 72/48 模块的 DI 信号输入接口电路无隔离光耦和 LED 指示；DI 不能连接二线制接近开关，输入接收器对 DI 信号的输入要求如下。

信号 ON 额定输入电平：DC 24V。

信号 ON 输入允许范围：DC 15～30V。

信号 OFF 额定输入电平：DC 0V。

信号 OFF 输入允许范围：DC−30～+5V。

信号 ON 最大输入电流：≤15mA。

信号 ON 最小输入电流：≥2mA。

输入 ON/OFF 延时：快速输入≤0.6ms，其他≤3ms。

PP 72/48 模块的 DI 信号连接电路如图 3.5.3 所示。输入驱动 DC24V 电源既可由外部提

供，也可使用连接器 X111/X222/X333 引脚 2 输出的 DC24V 电源 P24OUT，但是，P24OUT 电源不能与外部 DC24V 驱动电源短接。

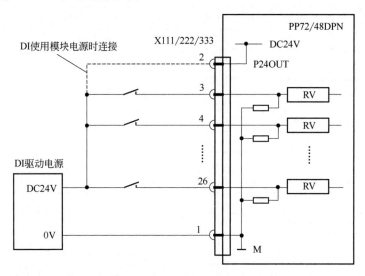

图 3.5.3　PP 72/48 模块 DI 信号连接

（3）DO 信号连接

PP 72/48 模块的 DO 信号连接电路如图 3.5.4 所示。模块的 DO 信号输出接口采用晶体管 PNP 集电极开路型输出，输出接口无隔离光耦和 LED 指示。DO 输出参数如下。

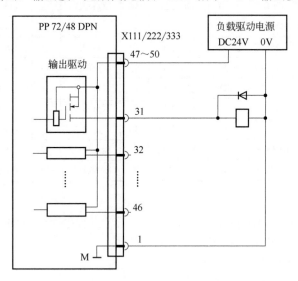

图 3.5.4　PP 72/48 模块 DO 信号连接

输出 ON 电平：DC 24V。

输出 ON 电流：最大 250mA。

输出 ON 饱和压降：≤3V。

输出 ON 电阻：0.4Ω。

输出 OFF：悬空。

输出 OFF 漏电流：≤0.4mA。

输出 ON/OFF 延时：0.5ms。

输出 ON/OFF 最高开关频率：100Hz（电阻），11Hz（指示灯），2Hz（感性负载）。

PP 72/48 模块用于负载驱动的 DC24V 电源一般应由外部提供。但是，如果 DO 信号用作其他控制装置的电子电路输入信号，负载驱动电源也可使用连接器 X111/X222/X333 引脚 2 输出的 DC24V 电源 P24OUT。P24OUT 驱动的负载总电流一般不能超过 0.25A，P24OUT 同样不能与外部 DC24V 驱动电源短接。

第 4 章　CNC 集成 PLC 编程

04

4.1　程序结构与指令格式

4.1.1　PLC 程序结构

PLC 程序的组织、管理和处理方式称为 PLC 程序结构。PLC 程序结构决定于 PLC 的操作系统设计，不同生产厂家的 PLC 产品有所不同，数控系统集成 PLC 常用的程序结构有线性结构、模块结构两种。

（1）线性结构程序

采用线性结构的 PLC 程序简称线性程序，线性程序中的全部指令都集中编制在同一个程序块中；执行 PLC 程序时，将严格按照从上至下的次序，执行程序中的所有指令。

线性程序又有普通结构和分时管理两种结构形式。

普通结构的线性程序最为简单，程序中的所有指令依次排列，在 PLC 的同一扫描周期内一次性执行完成，程序的流程控制可通过简单的母线指令、跳转指令实现，程序的执行时间（循环扫描时间）固定。

分时管理的线性程序如图 4.1.1 所示，程序可分为高速扫描、普通扫描两部分。

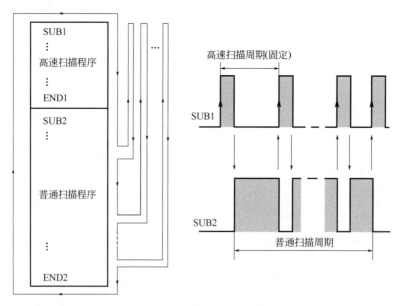

图 4.1.1　分时管理线性程序

需要进行高速扫描处理的程序块，必须位于线性程序最前面，程序块的执行周期（循环扫描时间）固定不变。CPU 执行程序时，无论普通扫描程序块是否执行完成，都必须以规定

106

的高速执行周期间隔，完成一次高速程序的输入采样、程序执行和输出刷新过程，因此，程序块中的输入采样、输出刷新速度大大高于普通扫描程序的输入采样、输出刷新。

普通扫描程序按正常速度处理，一旦在程序处理过程中，达到了高速扫描程序所规定的执行周期，CPU 将立即中断现行普通扫描程序处理，保存处理结果，并转入高速程序块的处理；高速扫描程序处理完成后，CPU 可再次从中断的位置继续执行普通程序块。以上过程在普通扫描程序执行时通常需要重复多次，因此，普通扫描程序的循环扫描时间不仅与本身的程序长度有关，而且还与高速扫描程序的执行周期有关。

线性程序为日本产 PLC 的常用结构，比较适合于梯形图编程，因此，多用于控制要求相对简单、程序容量不大、功能相对单一的小型通用 PLC、数控系统集成 PLC 等场合。

（2）模块结构程序

模块结构的 PLC 程序一般由图 4.1.2 所示的主程序（main program）、子程序（sub program）、中断程序（interrupt program）组成。

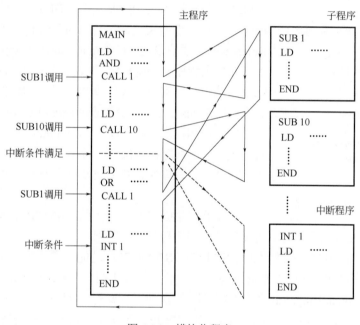

图 4.1.2　模块化程序

主程序是负责子程序的组织、调用的程序块，通常只有一个。主程序是模块结构 PLC 程序必需的基本程序，PLC 每次循环扫描都必须予以执行。主程序一般需要编制在所有程序块的最前面。

子程序是由主程序在固定的位置，根据规定的条件进行调用、执行的程序块。子程序可以有多个，同一子程序也可在主程序不同的位置，通过不同的条件，由主程序多次调用；如果调用条件不满足，CPU 将直接跳过子程序。子程序的编制位置一般在主程序之后，不同子程序的先后顺序通常不做强制规定，子程序执行完成后可自动返回主程序，继续执行后续的主程序。

中断程序是由 PLC 操作系统根据特定的条件（中断条件），随机调用、即时执行的特殊程序块。中断程序的调用由中断条件决定，一旦中断条件满足，CPU 将立即停止当前程序（主程序或子程序）的执行，转入中断程序。中断程序通常可根据需要决定 CPU 的下一步动作，例如，发出 PLC 报警、跳转到指定的程序、终止主程序执行等。中断程序一般编制在子程序后，同一中断程序可由不同的中断条件调用，但是，同一中断条件只能调用一个中断程序。

用于子程序、中断程序的执行情况在不同 PLC 循环中有可能存在不同，因此，模块化结构程序的 PLC 循环周期并不固定。

模块化程序是欧美国家 PLC 的常用结构。采用模块化程序不但可以简化程序编制、节省存储器容量、避免程序重复编写时产生的错误，而且还可方便参数化编程，因此，其在大中型复杂 PLC 控制系统中常用。

4.1.2　程序组成与管理

（1）程序组成

SIEMENS 数控集成 PLC 程序采用的是 SIMATIC S7 系列 PLC 标准模块结构，完整的 PLC 用户程序（项目）通常包括图 4.1.3 所示的程序块 Program Block（简称 PB）、符号表（Symbol Table）、数据块 Data Block（简称 DB）以及状态表（Status Chart）、NC 变量表（NC Variable List）、交叉表（Cross Reference）、通信设定（Communications Setup）等文件。

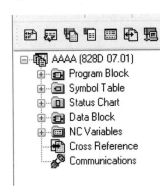

图 4.1.3　PLC 用户程序组成

在以上程序文件中，NC 变量表（NC Variable List）通常已由系统生产厂家在系统集成 PLC 的编程软件上事先编制；状态表（Status Chart）、交叉表（Cross Reference）用于 PLC 程序的监控和检查；通信设定（Communications Setup）用于程序安装、下载等调试操作。因此，设计 PLC 程序时，实际上只需要进行程序块、数据块及符号表 3 种用户程序文件的编写。

由于系统集成 PLC 功能不同，SINUMERIK 808D、828D、840Dsl 系统的 PLC 编程语言、可使用的程序块种类有所区别。

SINUMERIK 840Dsl 系统集成有 SIMATIC S7-300 PLC 功能，需要使用 STEP7 编程软件编程。PLC 程序可使用 STL（Statement List，指令表）、LAD（Ladder Diagram，梯形图）、FBD（Function Block Diagram，逻辑功能图）等多种语言编程，可使用的程序块有组织块 OB（Organization Block）、功能 FC（Function）、功能块 FB（Function Block）、系统功能 SFC（System Function）、系统功能块 SFB（System Function Blocks）等多种。S7-300 PLC 的用户程序可根据 PLC 的不同运行状态，通过组织块 OB1、报警处理组织块 OB40、重新启动组织块 OB100，进行分别组织、调用和管理。简言之，S7-300 PLC 功能强、编程指令丰富，程序块种类及标志、定时器、计数器等编程元件的数量多，程序结构较为复杂。

SINUMERIK 808/828D 系统集成有 SIMATIC S7-200 PLC 功能，PLC 只能使用 STEP7-Micro /WIN32 编程软件进行梯形图（LAD）编程，但 PLC 程序可转换为指令表 STL 显示。通用型 SIMATIC S7-200 PLC 可使用的程序块有 OB1（主程序 MAIN）、子程序 SBRn（Subroutine）、中断程序 INTn（Interrupt）3 类。中断程序 INTn（n 为中断程序号）是由 PLC 操作系统随机调用、即时执行的特殊程序块，通常用于 PLC 的通信控制（通信中断）、高速 DI/DO 处理（I/O 中断）、模拟量输入采样及输出刷新（定时中断）等。中断程序 INTn 的调用条件（中断条件）可在主程序 OB1 中设定。数控系统集成 PLC 一般不能使用中断功能。因此，828D 系统集成 PLC 的用户程序通常只有主程序 MAIN（组织块 OB1）、子程序 SBRn

2 类，子程序 SBRn 可通过主程序 OB1 调用、组织和管理。

（2）828D 用户程序

SINUMERIK 828D 系统集成 PLC 的用户程序组成如图 4.1.4 所示。

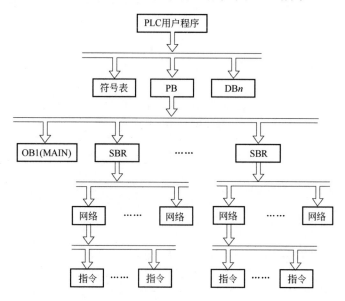

图 4.1.4　828D PLC 用户程序

① 符号表。符号表是为了帮助 PMC 程序阅读、检查而增加的说明文本，它只能用于显示，不会影响 PMC 程序的任何动作，对于简单程序也可以不使用。

② 数据块。数据块 DB 是 PLC 数据寄存器的集合，数据块 DB 不但可用来存储 PLC 用户程序的各类数据，在数控系统集成 PLC 上，还包含了 CNC 和 PLC 的全部接口信号。

③ 程序块。程序块 PB 包含了 PLC 用户程序的全部指令，是 PLC 程序设计的主要内容。828D 系统集成 PLC 的组织块 OB1 称为主程序，用于子程序 SBR 调用管理。子程序 SBRn（n 为子程序编号）一般是为了实现 PLC 某一部分控制功能而设计的 PLC 程序模块，子程序 SBRn 可由主程序 OB1 调用。

④ 网络。网络（Network）是 PLC 程序的基本组成元素，由各类指令（Instruction）构成，利用 S7-200 PLC 梯形图编程软件 STEP7-Micro /WIN 编制的所有 PLC 程序，都需要以网络为单位进行编译、处理或添加注释，不构成网络的指令、编程元件都为无效输入。PLC 的网络组建、指令编程均有规定的格式与要求，有关内容详见后述。

（3）程序管理

SINUMERIK 828D 系统集成 PLC 的用户程序由主程序 MAIN（组织块 OB1）组织与管理，主程序 MAIN 的基本格式如图 4.1.5 所示。

如果子程序不需要输入参数和输入信号，可直接通过状态恒为"1"的系统标志 SM0.0 连接子程序的启动输入 EN，无条件调用子程序；或者，利用调用条件连接子程序的启动输入 EN，条件调用子程序。如果子程序需要输入参数、输入信号，可通过子程序所定义的局部变量，对子程序输入参数、输入信号进行赋值，然后，利用子程序的启动输入 EN，无条件或条件调用子程序。

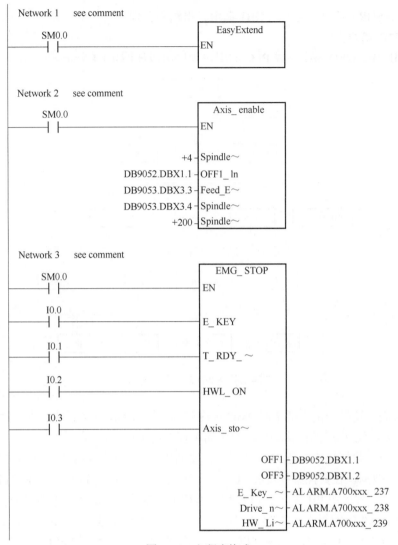

图 4.1.5　主程序格式

4.1.3　PLC 指令与梯形图网络

PLC 编程指令总体可分为基本逻辑处理指令与功能指令两类。

基本逻辑处理指令用来实现以二进制位格式存储的开关量信号处理，如状态读入、输出、置位、复位以及逻辑与、或、非运算，上升、下降沿生成等。在梯形图程序上，基本逻辑处理指令可直接用梯形图的触点、线圈、连线等基本符号表示（见下述）。

功能指令用来实现定时、计数、多位逻辑运算、数据比较、数学运算、数据传送等功能，指令包含控制条件、输入数据及状态输出、结果存储器等多个参数，在梯形图编程时，需要用"比较触点""功能指令框"表示。虽然 828D 系统在早期的 802S/C/D 系统的基础上增加了部分功能指令，但是数控系统集成 PLC 的功能指令仍然少于通用型 S7-200 PLC，例如，S7-200 通用型 PLC 的三角函数运算、指数/对数运算功能，在 828D 系统上一般不能使用。

（1）基本指令

828D 系统集成 PLC 所有的基本梯形图编程符号如表 4.1.1 所示。

表 4.1.1　基本梯形图符号表

名　称	符　号	可使用的编程元件
常开触点	—┤ ├—	I、Q、T、C、M、SM、L、DB
常闭触点	—┤ / ├—	I、Q、T、C、M、SM、L、DB
输出线圈	—（ ）—	Q、M、L、DB
线圈复位	—（ R ）—	Q、M、L、DB，见 4.3 节
线圈置位	—（ S ）—	Q、M、L、DB，见 4.3 节
取反	—┤ NOT ├—	见 4.3 节
上升沿	—┤ P ├—	见 4.3 节
下降沿	—┤ N ├—	见 4.3 节

利用基本逻辑处理指令编制的 S7-200 PLC 程序如图 4.1.6 所示。

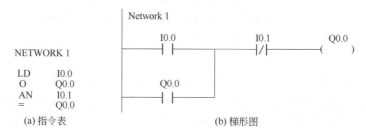

图 4.1.6　基本逻辑处理程序

在图 4.1.6（a）所示的 S7-200 PLC 指令表程序中，操作码用助记符（英文字母或字符）表示，如"LD""A""O""AN"及"="分别代表状态输入、逻辑"与""或""与非"运算及结果输出；操作数以编程元件的代号与地址表示，如"I0.0"代表 PLC 的输入字节 0 的第 1 位（bit0）状态等。

在图 4.1.6（b）所示的 S7-200 PLC 梯形图程序中，指令代码可用触点、线圈、连线等梯形图符号表示。例如，"与""或"运算以触点的串、并联表示，"非"运算以常闭触点表示，结果输出以线圈表示，等等。编程元件名称直接标注在触点、线圈的符号上方。

（2）比较触点

S7-200 PLC 的数据比较指令可用图 4.1.7 所示的比较触点（compare）表示。比较触点可像输入、输出触点一样，直接在梯形图中串、并联。比较条件符合时，触点接通；否则，触点断开。

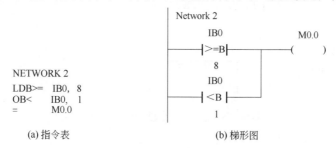

图 4.1.7　比较触点程序

触点的上部为比较数据，下部为比较基准，中间部分表示指令执行的操作。比较操作以数学符号表示，如>（大于）、>=（大于或等于）、==（等于）、<（小于）、<=（小于或等于）、<>（不等于）等。比较数据可以为字节 B、1 字整数 I、双字整数 D、实数 R，数据格式标注在比较操作符之后，例如，">=B"为 1 字节数据比较，有关内容详见 4.3 节。

（3）功能指令框

利用功能指令框编制的 S7-200 PLC 程序如图 4.1.8 所示。

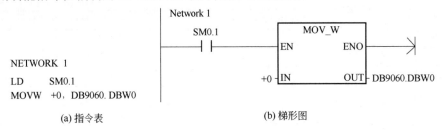

NETWORK 1

LD   SM0.1
MOVW +0，DB9060.DBW0

(a) 指令表   (b) 梯形图

图 4.1.8 功能指令框程序

S7-200 PLC 的功能指令框由指令代码、输入、输出组成。在指令框内部，指令代码标记在上方，输入标记在左侧，输出标记在右侧。三者的作用与含义如下。

指令代码：指令代码用来表示指令的功能，如 MOV_W 表示字移动指令等。

启动输入：启动输入又称使能输入，以 EN 标记。功能指令只有在 EN 状态为"1"时才能启动、执行。

输入数据：输入数据是功能指令的操作数输入，用 INn 表示。输入数据可以是 1 个或多个，多个操作数依次用 IN1、IN2……表示。输入数据可以为存储器地址或常数。

输出数据：输出数据用 OUT 标记，输出数据是功能指令的执行结果输出，需要定义保存执行结果的存储器地址。

完成输出：完成输出又称使能输出，以 ENO 标记，部分功能指令无 ENO 输出。ENO 在启动输入 EN 为 1，且指令正常执行完成后，可输出"1"。

功能指令完成输出 ENO 的使用方法如图 4.1.9 所示。ENO 既可用作其他功能指令的控制输入，进行多条功能指令的串联连接（级连），使功能指令能依次逐一执行，也可用来控制输出线圈，或者不使用。

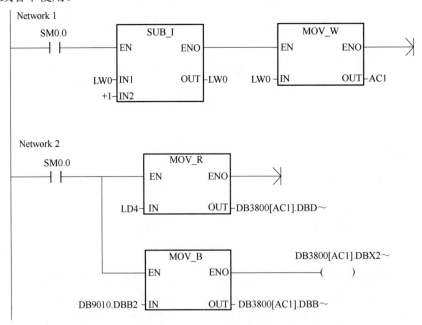

图 4.1.9 ENO 的使用

（4）梯形图网络

采用梯形图编程语言时，CNC 集成 PLC 的指令需要以网络的形式组成程序，S7-200 PLC 只能使用 STEP7-Micro/WIN32 编程软件进行梯形图编程，网络内的所有编程元件都必须通过梯形图编程元件（触点、连线等）相互连接，而不能仅利用编程软件中的虚拟主母线互连。如果在设计程序时需要将多个相互关联的网络组合为 1 个网络，可以通过状态恒为"1"的系统内部标志触点 SM0.0，在网络中创建一条梯形图连接母线，然后，通过梯形图连接母线来连接网络中的所有编程元件，组建复杂网络。

例如，在图 4.1.10（a）所示的程序中，输出 Q0.0 以及标志 M0.0 的控制条件、输出线圈均通过梯形图的触点、连线连接为一体，可构成独立的网络；但是，如果将 2 个网络直接组建为图 4.1.10（b）所示的 1 个网络，由于输出 Q0.0 与标志 M0.0 的控制条件只利用虚拟主母线互连，程序编译将出错。

为了将输出 Q0.0 与标志 M0.0 组建为 1 个网络，可按照图 4.1.10（c）的方法，利用系统内部标志触点 SM0.0（状态恒为 1），在网络中创建一条梯形图连接母线，使得输出 Q0.0 与标志 M0.0 的控制条件梯形图连接母线互连。

正因为如此，在后述的样板程序中，存在大量仅仅是为了保证网络编程格式正确而添加的系统特殊标志 SM0.0 触点。

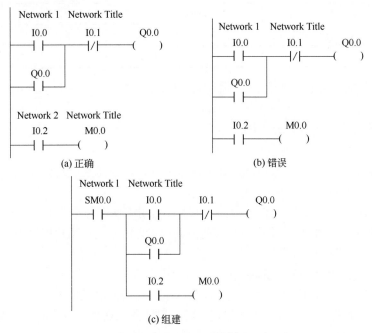

图 4.1.10　PLC 网络组建

4.2　PLC 编程元件

4.2.1　编程元件与地址

（1）编程元件

PLC 指令的操作数通常称为 PLC 编程元件，828D 系统集成 PLC 可以使用的编程元件主

要有表 4.2.1 所示的几类，说明如下。

表 4.2.1　828D 系统集成 PLC 编程元件表

代号	名称	编程范围	说明
I	机床 DI 信号	I 0.0～44.7	取决于 PP 72/48 模块的数量
	机床操作面板 DI 信号	I 112.0～125.7	使用 MCP PN 面板时可用
Q	机床 DO 信号	Q 0.0～29.7	取决于 PP 72/48 模块的数量
	机床操作面板 DO 信号	Q 112.0～120.7	使用 MCP PN 面板时可用
T	定时器	T 0～15	时间单位 100ms
	定时器	T 16～127	时间单位 10ms
C	计数器	C 0～63	计数范围 0～32767
M	标志	M 0.0～511.7	同其他 PLC 的内部继电器
SM	系统标志	SM 0.0～1.7	实际可用 SM 0.0～SM 0.7
L	局部变量	L 0.0～59.7	程序块临时寄存器
AC	累加器	AC 0～3	4 字节结果寄存器
DB	系统数据块	DB 1000～7999	CNC/PLC 接口信号
	用户数据块	DB 9000～9063	用户数据块
	系统预定义数据块	DB 9900～9907	工具软件预定义
—	常数	B/W/DW/INT/DINT/REAL	1、2、4 字节整数或实数

I/Q：开关量输入/输出，用来表示来自 MCP PN 面板或 PP 72/48 模块连接的机床侧 DI/DO 信号。

T：定时器，用于程序定时控制，定时器启动、定时时间设定可通过功能指令实现，定时器触点可在程序中无限次使用。

C：计数器，用于程序计数控制，计数信号输入、计数器复位及计数值设定可通过功能指令实现，计数器触点可在程序中无限次使用。

M：标志 M 就是 S7-200 PLC 的内部继电器，可用来保存程序的中间状态。

SM：系统标志，由 PLC 操作系统自动生成的状态信号，在用户程序中只能使用触点而不能以线圈的形式进行状态设定。

L：局部变量，用来临时保存特定程序块的中间运算结果，它只对所定义的程序块有效，程序块执行完成后，其作用将随之消失。局部变量的使用方法见后述。

AC0～3：累加器。AC0/AC1 为逻辑运算结果累加器，AC2/AC3 为算术运算结果累加器。累加器为 32 位，可用字节、字或双字形式读写。

DB：数据寄存器。828D 系统集成 PLC 的数据寄存器以数据块 DB 的形式存储，数据寄存器包含 CNC/PLC 接口信号、系统预定义数据及用户程序需要使用的用户数据等，数据寄存器使用方法见后述。

（2）地址

在 PLC 程序中，同类编程元件需要通过"地址"区分，例如，机床的 DI 信号同属输入元件 I，不同 DI 信号需要以输入存储器的"字节.位"或文字型助记符进行区分。以存储器的"字节.位"表示的地址称为绝对地址（Memory address），以文字型助记符表示的地址称为符号地址（Symbol address），两种地址可以在程序中混用。

　　采用绝对地址的梯形图程序如图 4.2.1（a）所示。绝对地址由英文字母和数字组成，英文字母代表编程元件类别，如 I、Q 代表开关量输入、输出，M 代表标志；数字用来区分同类编程元件，如 10.1 中 I 代表字节 10 的 bit1。绝对地址是 PLC 的 CPU 实际可处理的地址，即使程序是采用符号地址进行编程的，下载到 PLC 执行时仍需要转换为绝对地址状态，因此，如果从 PLC 中读出程序，通常只能显示绝对地址。

　　采用符号地址的梯形图程序如图 4.2.1（b）所示。符号地址是用助记符表示的地址，例如，如果接触器 K2 的线圈输出地址为 Q12.0，便可用符号"K2_Coil"表示接触器 K2 线圈，用"K2_Con"表示接触器 K2 触点。符号地址实际上只是绝对地址的文字说明，以方便 PLC 程序编辑、阅读、检查，但需要有符号表（Symbol Table）文件的支持，通常只能在编程计算机上使用。

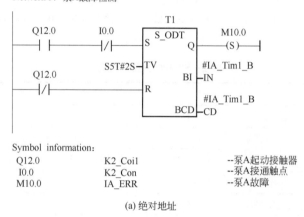

(a) 绝对地址

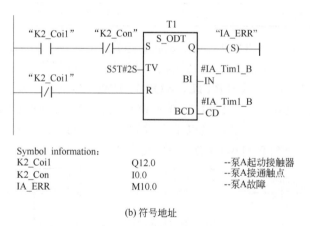

(b) 符号地址

图 4.2.1　地址的表示

　　不同 PLC 指令对操作数的格式要求有所不同，因此，绝对地址也有不同的格式。基本逻辑处理指令进行的是二进制位处理，绝对地址格式为"字节.位"，如 I 1.5、Q 5.0 等。由于二进制信号以字节为单位存储，因此，不可使用 I 0.8、Q 0.9 等地址。但是，定时器、计数器的触点可直接用 T 01、C 02 等表示。

　　字节（Byte）操作指令的操作数格式为 1 字节二进制状态数据，绝对地址以"字节+B"的形式表示，如 IB 0、QB 5、MB 10 等。字（Word）、双字（Double Word）操作指令的操作

数为 1 字（2 字节）、2 字（4 字节）二进制状态数据，绝对地址以"起始字节+W""起始字节+D"的形式表示，如 IW 0、QW 2、ID 0、QD 4 等，起始字节为存储器的最低字节。

4.2.2 常数与系统标志

常数和系统标志是具有明确数值或状态的编程元件，可以直接作为指令操作数使用。828D 集成 PLC 的常数和系统标志使用方法如下。

（1）常数格式

常数可直接用于定时器时间设定、计数器计数值设定，或者作为逻辑运算指令、数学运算指令、比较指令等的运算数。

828D 系统集成 PLC 的常数类型有二进制位 BOOL（bit）、1 字节 8 位二进制状态（BYTE）、1 字 16 位二进制状态（WORD）、2 字 32 位二进制状态（DWORD）、1 字长十进制整数（INT）、2 字长十进制整数（DINT）、2 字长实数 REAL（浮点数，Floating Point）。不同类型数据的数值范围如表 4.2.2 所示。

表 4.2.2　S7-200 的数据格式与类型

类　型	名　　称	数　值　范　围
BOOL	1 位二进制状态	0 或 1
BYTE	1 字节二进制状态	16#0～FF（十六进制格式）或 0～255（十进制格式）
WORD	1 字二进制状态	16#0～FFFF（十六进制格式）或 0～65535（十进制格式）
DWORD	2 字二进制状态	16#0～FFFFFFFF（十六进制格式）或 0～4294967295（十进制格式）
INT	1 字长十进制整数	−32768～32767
DINT	2 字长十进制整数	−2147483648～2147483647
REAL	2 字长实数	−3402823E+38～+3402823E+38（浮点格式）

① 二进制状态数据。S7-200 PLC 的二进制状态数据 BOOL、BYTE、WORD、DWORD 是用来表示 1 位、8 位、16 位、32 位二进制状态的数据，二进制状态数据无正、负之分。在 PLC 程序中，多位二进制状态数据 BYTE、WORD、DWORD 的表示方法有图 4.2.2 所示的 2 种：一是以十进制正整数 0～+255（BYTE）、0～+65535（WORD）、0～+4294967295（DWORD）的形式，进行设定与显示；二是直接以十六进制数值 16#0～FF（BYTE）、16#0～FFFF（WORD）、16#0～FFFFFFFF（DWORD）的形式，进行设定与显示。

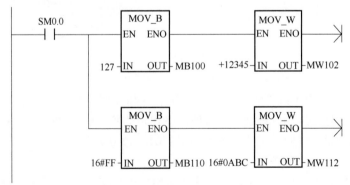

图 4.2.2　二进制状态数据设定与显示

② 十进制整数。S7-200 PLC 的十进制整数 INT、DINT 是用来表示 16 位、32 位十进制整数的数据。INT、DINT 数据可用来表示正整数、负整数，其最高位为符号位。INT、DINT 数据的设定、显示范围为 -32768～32767（INT）、-2147483648～2147483647（DINT）。

③ 实数。S7-200 PLC 的实数（Real）为 2 字长十进制浮点数，数据由 1 位符号 S（bit31）、8 位指数 E（bit30～bit23）、23 位尾数 F（bit22～bit0）组合而成，数据格式如图 4.2.3 所示。

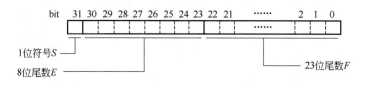

图 4.2.3　实数的数据格式

符号 S：1 位二进制，0 为正数，1 为负数。

指数 E：8 位二进制，对应的十进制值为 0～255。$0 < E < 255$ 为标准数据；$E=0$ 或 255 为非标准数据。

尾数 F：23 位二进制，bit0 对应 2^{-23}，bit22 对应 2^{-1}，十进制数值范围为 1.192×10^{-7}～1。

实数数值的计算式如下：

$$Z = (-1)^S \times 2^{E-127} \times (1+f)$$

式中，S 为符号值；E 为指数值；f 为小数值。

以下情况可表示特殊数据：

$E=0$，$F=0$：作 0 处理。

$E=255$，$F=0$：根据符号位，作 "$-\infty$" 或 "$+\infty$" 处理。

$E=0$ 或 $E=255$，$F \neq 0$：视为非实数。

例如，$10 = 1.25 \times 2^3$：符号 S 为 0；指数 $E-127=3$，即 $E=130$（二进制 1000 0010）；小数值 $0.25 = 2^{-2}$，转换成二进制为 010 0000 0000 0000 0000 0000。因此，该实数的存储格式为 "0100 0001 0010 0000 0000 0000 0000 0000"，对应十六进制值为 4120 0000。

再如，对于实数 3F B5 04 F7（十六进制）：二进制为 0011 1111 1011 0101 0000 0100 1111 0111，符号 S 为 0，指数 E 为 127，小数值 f 为 0.414214015，因此，对应的十进制数值为 $Z = (-1)^S \times 2^{E-127} \times (1+f) = (-1)^0 \times 2^{127-127} \times (1+0.414214015) = 1.414214015$。

（2）系统标志

系统标志 SM 是由 PLC 操作系统自动生成的信号，在 PLC 用户程序中可以使用其触点，但不能利用输出线圈进行赋值。828D 系统常用的系统标志如图 4.2.4 所示，功能如下。

SM0.0：状态恒为 1 信号。

SM0.1：第 1 扫描循环标记，状态只在 PLC 第一次扫描循环时为 1。

SM0.2：缓冲数据丢失标记，数据丢失时 PLC 第一次扫描循环为 1。

SM0.3：重新启动标记，系统重新启动时 PLC 第一次扫描循环为 1。

SM0.4：周期为 1min 的脉冲信号。

SM0.5：周期为 1s 的脉冲信号。

SM0.6：周期为 2 倍 PLC 扫描循环的脉冲信号。

SM0.7：PLC 程序运行指示，PLC 程序运行时为 1。

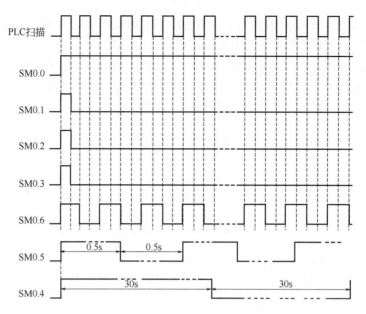

图 4.2.4　常用的系统标志

当 PLC 执行算术运算和代码转换指令时，如需要，还可使用以下系统特殊标志。

SM1.0：算术运算的结果为 0，或移位指令的移动位数 N 为 0。

SM1.1：算术运算的结果溢出，或移位指令最后移出位的状态。

SM1.2：算术运算的结果小于 0。

SM1.3：除数为 0。

SM1.6：BCD 代码转换时输入的 BCD 代码错误。

SM1.7：ASCII 代码转换时输入的 ASCII 代码错误。

系统标志 SM 的使用示例如图 4.2.5 所示。SM0.0 状态恒为 1，程序网络中增加 SM0.0 的目的是建立一条梯形图连线母线，以便连接 M0.0 和 Q0.1 控制指令；SM0.5 为周期为 1s 的脉冲信号，因此，当输入 I0.0 为 1，I0.1 为 0 时，可在输出 Q0.1 上获得周期为 1s 的脉冲输出，以便用于诸如指示灯闪烁等控制。

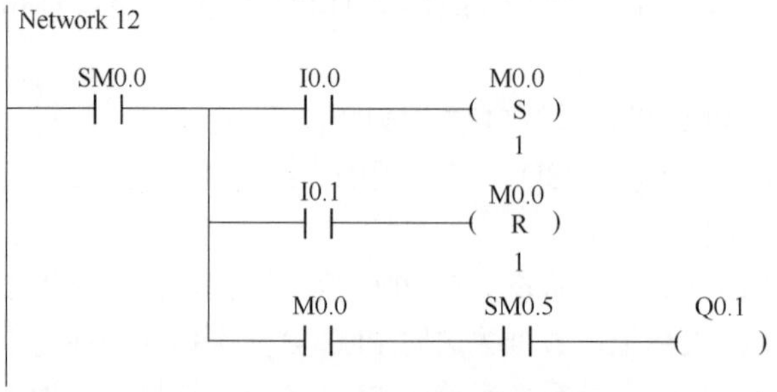

```
Network 12

    SM0.0          I0.0             M0.0
────┤├──────────┤├────────────( S )
                                 1

               I0.1             M0.0
              ──┤├────────────( R )
                                 1

               M0.0           SM0.5            Q0.1
              ──┤├──────────────┤├────────────( )
```

图 4.2.5　系统标志编程示例

标志 M0.0 线圈置位/复位指令下部的"1"是进行置位/复位的线圈数量。通用型 S7-200 PLC 的输入范围可以是 1～128，输入"1"代表只对 M0.0 置、复位，输入"2"，则可同时进行 2 个连续线圈 M0.0、M0.1 的置、复位。数控系统集成 PLC 的设定值一般固定为 1。

4.2.3　局部变量

（1）局部变量的作用

局部变量 L（Local Variable）是用来临时存放子程序 SBR 中间状态的暂存器。局部变量 L 只对执行中的子程序 SBR 有效，子程序 SBR 一旦执行完成，其作用也随之消失。因此，不同的子程序 SBR 可使用编号相同的局部变量。

局部变量 L 可用于子程序 SBR 的参数化编程。例如，当子程序含有图 4.2.6 所示的使用局部变量 A、B、C、D 编程的逻辑块时，便可通过局部变量 A、B、C、D 的赋值，实现 C=B · $\overline{A}$ 和 D=D+1 的参数化编程功能。在调用子程序时，如果定义局部变量 A=I0.1、B=I0.2、C=Q0.1、D=MW10，子程序便可实现 Q0.1=I0.2 · $\overline{I}$0.1 的逻辑运算，并将存储器 MW10 中的数据加"1"（MW10=MW10+1）；如果定义局部变量 A=I1.1、B=I1.2、C=Q1.1、D=MW20，子程序的功能将成为 Q1.1=I1.2 · $\overline{I}$1.1，MW20=MW20+1。

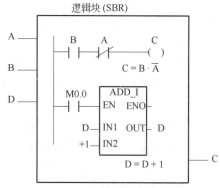

图 4.2.6　局部变量的功能

（2）定义局部变量

使用局部变量 L 编程的子程序，需要在子程序的局部变量定义表上，预先定义局部变量的名称、变量类型、数据类型。

SIEMENS S7 系列 PLC 的局部变量定义表如图 4.2.7 所示，变量地址可在进行变量定义表编辑时按变量类型依次自动生成。名称（Name）栏用于局部变量符号名定义；变量类型（Var Type）、数据类型（Data Type）的定义方法如下。

	Name	Var Type	Data Type	Comment
	EN	IN	BOOL	
L0.0	colant_on	IN	BOOL	
L0.1	colant_off	IN	BOOL	
LW2	value_1	IN	WORD	
		IN		
LW4	value_2	IN_OUT	WORD	
		IN_OUT		
LW6	value_3	OUT	WORD	
L8.0	colant_out	OUT	BOOL	
		OUT		
L8.1	colant_cont	TEMP	BOOL	
		TEMP		

图 4.2.7　局部变量定义表

① 变量类型。局部变量 L 的类型（Var Type）可定义为 IN（输入）、OUT（输出）、IN_OUT（输入_输出）或 TEMP（临时变量），不同类型的局部变量作用如下。

IN：输入变量。定义为"IN"的局部变量是子程序的执行条件，在子程序中只能使用其状态（触点或数值），而不能对局部变量进行状态输出或赋值操作。所有定义为"IN"的局部变量可自动显示在子程序功能框的左侧。子程序被调用时，输入变量需要指定明确的编程元件或逻辑运算式、数值或数据存储器地址。

OUT：输出变量。定义为"OUT"的局部变量用来保存子程序的执行结果，在子程序中必须有相应的状态输出或赋值指令，子程序也可使用输出变量的状态（触点或数值）。所有定义为"OUT"的局部变量可自动显示在子程序功能框的右侧。子程序被调用时，输出变量需要指定明确的输出线圈或数据存储器。

IN_OUT：输入_输出变量。定义为"IN_OUT"的局部变量既是子程序的输入条件，又可用来保存子程序的执行结果；子程序被调用时需要指定初始值，子程序执行完成后，变量值将被自动更新为子程序的执行结果。输入_输出变量显示在子程序功能框的左侧，子程序被调用时需要定义初始值。

TEMP：临时变量。定义为"TEMP"的局部变量用来保存子程序本身的中间运算结果。临时变量只需要定义变量地址，子程序被调用时既不需要输入，也不需要输出，因此，不在子程序功能框上显示。

② 数据类型。数据类型用来定义局部变量的性质，数据类型可以是二进制（十六进制）位信号 BOOL、1 字节整数 BYTE、2 字节整数 WORD、4 字节整数 DWORD，或者十进制整数 INT、双字整数 DINT、实数 REAL。

（3）局部变量编程

使用局部变量编程的程序如图 4.2.8 所示，输入变量只能用作触点或输入数据，输出变量、输入_输出变量、临时变量可使用触点、线圈或作为输入、输出数据。

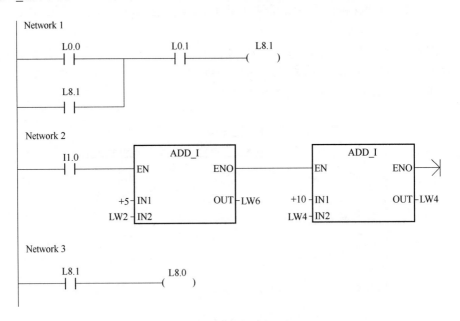

图 4.2.8 局部变量编程

使用局部变量 L 编程的子程序，在被调用时将以图 4.2.9 所示的形式显示。程序中的输入变量需要指定明确的编程元件或逻辑运算式、数值或数据存储器地址；输出变量需要指定明确的输出线圈或数据存储器；输入_输出变量需要定义初始值。

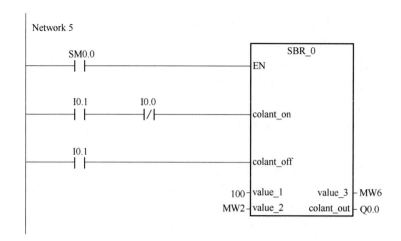

图 4.2.9 变量子程序调用

4.2.4 数据块

(1) 数据块编程

828D 系统集成 PLC 用户程序中的数据寄存器、CNC/PLC 内部接口信号等，均需要以数据块 DB（Data Block）的形式编程。数据寄存器、CNC/PLC 内部接口信号在 PLC 程序中的指定方法如下。

数据块编号：数据块编号用来区分数据块功能。大致而言，在 828D 系统集成 PLC 上，数据块 DB1000～6111 为 CNC/PLC 内部接口信号；数据块 DB9000～9063 为 PLC 用户程序使用的数据寄存器；数据块 DB9900～9908 为系统预定义数据。数据块具体功能可参见后述的表 4.2.3。

对于 CNC/PLC 内部接口信号数据块，编号的后 2 位还可用来区分多轴控制系统的控制轴序号，或者 828DT 多通道控制系统的通道号。用于轴控制的接口信号，编号的后 2 位 "00" 代表第 1 轴，"01" 代表第 2 轴；用于 CNC 通道控制的接口信号，编号的后 2 位 "00" 代表第 1 通道，"01" 代表第 2 通道。在 PLC 程序中，数据块编号后 2 位可通过累加器 AC0～3 间接指定（见下述）。

数据格式与地址：用来定义数据寄存器、CNC/PLC 内部接口信号在 PLC 程序中的编程格式及地址，定义方法如下。

X：二进制位（bit）型数据寄存器、CNC/PLC 内部接口信号；地址以 "字节.位" 的形式指定，例如，DB 1000.DBX 0.0 代表数据块 DB 1000、0000 字节、bit0。

B：字节（Byte）型数据寄存器、CNC/PLC 内部接口信号；地址以 "字节" 的形式指定，如 DB 1200.DBB 1000 代表数据块 DB 1200、1000 字节。

W：字（Word）型数据寄存器、CNC/PLC 内部接口信号；地址以 "起始字节（低字节）" 的形式指定，如 DB 4100.DBW 0006 代表数据块 DB 4100、0006 字（字节 0006/0007）。

D：双字（DWord）型数据寄存器、CNC/PLC 内部接口信号；地址以 "起始字节（低字节）"

的形式指定,如 DB 1800.DBD 1004 代表数据块 DB 1800、1004 和 1005 字(字节 1004～1007)。

（2）数据块间接指定

多通道、多轴控制的 828D 系统数据块众多,为了便于集成 PLC 的程序编制,在 PLC 程序中,数据块编号的后 2 位,也可通过累加器 AC0～AC3 间接指定。

通过累加器 AC0～AC3 间接指定数据块编号的程序示例如图 4.2.10 所示。程序的第 1 行为累加器 AC0、AC1 赋值的数据移动指令(参见后述);第 2 行是通过累加器 AC0、AC1 间接指定数据块编号的输出控制指令。

程序中的输出控制指令的控制触点为 DB3900[AC0].DBX0.0,数据块编号被定义为"3900+（AC0）";线圈为 DB3800[AC1].DBX8.7,数据块编号被定义为"3800+（AC1）"。因此,如果标志寄存器 MB10=0、MB10=1,累加器的值将为 AC0=0、AC1=1,触点 DB3900[AC0].DBX0.0 的实际地址将成为 DB3900.DBX0.0,线圈 DB3800[AC1].DBX8.7 的实际地址为 DB3801.DBX8.7;如果标志寄存器 MB10=1、MB10=2,累加器的值将为 AC0=1、AC1=2,即:触点 DB3900[AC0].DBX0.0 的实际地址将成为 DB3901.DBX0.0,而线圈 DB3800[AC1].DBX8.7 的实际地址将成为 DB3802.DBX8.7。

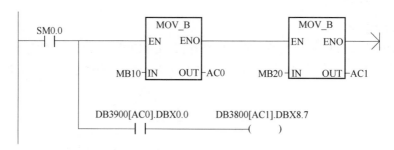

图 4.2.10　数据块编号间接指定

（3）数据块功能

SIEMENS 数控系统的开放性较强,数控系统集成 PLC 的数据块众多。由于数据块 DB 编号根据功能分配,因此,部分数据块既有只读的 PLC 输入信号及数据,也存在可通过 PLC 程序读写的 PLC 输出信号及数据。一般而言,对于 CNC 已具有的功能,相应的控制信号应通过 PLC 程序输出;CNC 的状态信号可根据实际情况使用或不使用。

828D 系统常用的数据块及功能如表 4.2.3 所示,数据块的内容、信号地址与功能以及信号涉及的 HMI、方式组、通道、几何轴、ASUP 程序等基本概念,将在第 5 章详细说明。

表 4.2.3　828D 系统集成 PLC 常用数据块及作用

数据块号	功　能	类　别	说　　明
DB1000	USB 面板输入	PLC 输入	MCP USB 按键输入(参见第 3 章)
DB1100	USB 面板输出	PLC 输出	MCP USB 指示灯输出(参见第 3 章)
DB1200	CNC 变量读写	PLC 输入/输出	CNC 变量读写控制及状态
DB1201	变量 1 读写状态	PLC 输入	CNC 变量 1 读写状态信号
……	……	……	……
DB1207	变量 8 读写状态	PLC 输入	CNC 变量 8 读写状态信号
DB1400	PLC 用户数据	PLC 输入/输出	断电保持型 PLC 用户数据

续表

数据块号	功　能	类　别	说　明
DB1600	PLC 报警控制	PLC 输入/输出	PLC 程序报警及显示控制
DB1700	HMI 状态及短信输入	PLC 输入	系统 HMI 状态及短信输入
DB1800	HMI 操作与控制	PLC 输入/输出	系统 HMI 操作与控制信号
DB1900	HMI 操作与控制	PLC 输入/输出	系统 HMI 操作与控制信号
DB2500	通道 1 辅助功能信号	PLC 输入	通道 1，M、S、T、D、H 代码信号
DB2501	通道 2 辅助功能信号	PLC 输入	通道 2，M、S、T、D、H 代码信号
DB2600	CNC 公共控制信号	PLC 输出	CNC 公共控制输出信号
DB2700	CNC 公共状态信号	PLC 输入	CNC 公共状态输入信号
DB2800	高速 DI/DO 控制信号	PLC 输出	高速 DI/DO 控制信号（参见第 3 章）
DB2900	高速 DI/DO 状态信号	PLC 输入	高速 DI/DO 实际状态（参见第 3 章）
DB3000	方式组 1 控制信号	PLC 输出	方式组 1 控制信号
DB3001	方式组 2 控制信号	PLC 输出	方式组 2 控制信号
DB3100	方式组 1 状态信号	PLC 输入	方式组 1 状态信号输入
DB3101	方式组 2 状态信号	PLC 输入	方式组 2 状态信号输入
DB3200	通道 1 控制信号	PLC 输出	通道 1 运行控制信号
DB3201	通道 2 控制信号	PLC 输出	通道 2 运行控制信号
DB3300	通道 1 状态信号	PLC 输入	通道 1 当前工作状态
DB3301	通道 2 状态信号	PLC 输入	通道 2 当前工作状态
DB3400	通道 1、ASUP 程序控制	PLC 输出	通道 1 中断子程序 ASUP 运行控制
DB3401	通道 2、ASUP 程序控制	PLC 输出	通道 2 中断子程序 ASUP 运行控制
DB3500	通道 1，G 代码信号	PLC 输入	通道 1，当前有效的 G 代码
DB3501	通道 2，G 代码信号	PLC 输入	通道 2，当前有效的 G 代码
DB3700	通道 1，M、S 代码信号	PLC 输入	通道 1，当前有效的 M、S 代码
DB3701	通道 2，M、S 代码信号	PLC 输入	通道 2，当前有效的 M、S 代码
DB3800	第 1 轴控制信号	PLC 输出	第 1 轴控制信号
……	……		……
DB3811	第 12 轴控制信号		第 12 轴控制信号
DB3900	第 1 轴状态信号	PLC 输入	第 1 轴工作状态信号
……	……		……
DB3911	第 12 轴状态信号		第 12 轴工作状态信号
DB4000	CNC 自动换刀控制信号	PLC 输出	自动换刀动作 1～30 完成信号
DB4100	自动换刀动作 1 信号	PLC 输入/输出	自动换刀动作 1 控制
……	……		……
DB4129	自动换刀动作 30 信号		自动换刀动作 30 控制
DB4200	CNC 自动换刀启动信号	PLC 输入	CNC 自动换刀动作 1～30 启动信号

数据块号	功 能	类 别	说 明
DB4300 …… DB4329	自动换刀动作 1 状态信号 …… 自动换刀动作 30 状态信号	PLC 输入	CNC 自动换刀动作 1 执行状态信号 …… CNC 自动换刀动作 30 执行状态信号
DB4500	CNC 机床参数设定状态	PLC 输入	CNC 参数设定值
DB4600	通道 1 同步控制	PLC 输出	通道 1 同步控制信号
DB4601	通道 2 同步控制	PLC 输出	通道 2 同步控制信号
DB4700	通道 1 同步状态	PLC 输入	通道 1 同步控制状态输入
DB4701	通道 2 同步状态	PLC 输入	通道 2 同步控制状态输入
DB4900	CNC 刀具补偿号	PLC 输入/输出	CNC 刀具补偿号读入/改写
DB5300	刀具寿命管理信号	PLC 输入/输出	刀具寿命管理控制及状态信号
DB5700 …… DB5711	第 1 轴位置信号 …… 第 12 轴位置信号	PLC 输入	第 1 轴实际位置、剩余行程 …… 第 12 轴实际位置、剩余行程
DB6000 …… DB6011	第 1 轴测试信号 …… 第 12 轴测试信号	PLC 输出	第 1 轴伺服测试信号 …… 第 12 轴伺服测试信号
DB6100 …… DB6111	第 1 轴测试状态信号 …… 第 12 轴测试状态信号	PLC 输入	第 1 轴伺服测试状态信号 …… 第 12 轴伺服测试状态信号
DB9000 …… DB9063	用户数据块 1 …… 用户数据块 64	PLC 输入/输出	PLC 用户程序自由使用
DB9900 …… DB9905	系统预设用户数据 1 …… 系统预设用户数据 6	PLC 输入/输出	自动换刀控制数据/系统扩展控制数据
DB9906 …… DB9908	系统预留	—	系统预留数据

4.3 常用功能指令与编程

4.3.1 定时器指令编程

828D 集成 S7-200 PLC 常用的定时指令有延时接通（TON）、保持型延时接通（TONR）、延时断开（TOF）3 种。时间单位、计时范围可用定时器编号进行如下区分。

T0～T15：时间单位为 100ms，定时值设定范围为 0～32767，定时范围为 0～3276.7s。

T16～T127：时间单位为 10ms，定时值设定范围为 0～32767，定时范围为 0～327.67s。

（1）延时接通 TON

延时接通指令 TON 只有在启动信号的持续时间大于延时设定的时才能输出，指令编程格式与功能如图 4.3.1 所示。

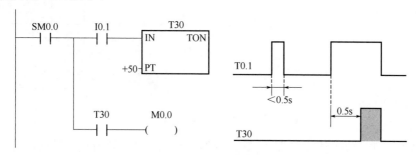

图 4.3.1　TON 指令编程格式与功能

功能指令框中的 TON 为指令代码，IN 为定时器启动输入信号，PT 为定时器的延时设定值。定时器的时间单位决定于定时器编号，图中的定时器编号为 T30，因此，延时时间 PT 的单位为 10ms，即定时器的延时触点 T30 将在启动输入 I0.1 保持 ON 状态 $50×10ms=0.5s$ 后，成为"ON"状态。

（2）保持型延时接通 TONR

保持型延时接通定时器指令 TONR 的编程格式与功能如图 4.3.2 所示。

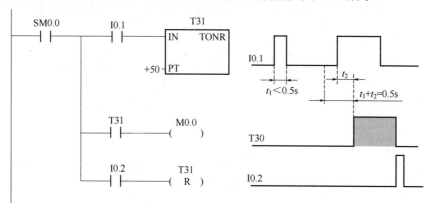

图 4.3.2　TONR 指令编程格式与功能

保持型延时接通定时器 TONR 的延迟时间可累计，如果不进行定时器的复位，保持时间小于延时设定值的启动信号持续时间 t_1，可直接累积到下次启动输入上。此外，定时器 TONR 的延时输出触点一旦为"1"（ON），即使启动信号为"0"（OFF），仍可保持"1"。对于输出触点的复位，需要编制定时器线圈复位指令。

（3）延时断开 TOF

延时断开定时器指令 TOF 的编程格式与功能如图 4.3.3 所示。

延时断开指令 TOF 对启动信号的保持时间无要求。但是，如果延时断开的时间尚未到达，启动信号再次为"1"（ON），定时器触点将保持 ON，然后，从断开时间大于延时设定的启动信号断开时刻开始，重新计算延时断开时间。

（4）应用示例

定时器指令可广泛用于各种需要延时控制的场合，例如，用于数控机床导轨自动润滑的

润滑泵控制等。

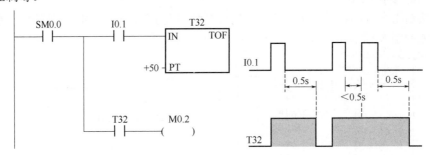

图 4.3.3 TOF 指令编程格式与功能

数控机床导轨自动润滑泵在机床正常工作时，一般需要间隔规定的时间自动启动，进行导轨润滑；当润滑压力达到规定值后，停止润滑泵；待润滑压力下降，经过规定的时间后，再次启动润滑泵；如此循环。假设机床要求的导轨自动润滑间隔时间为 10min（600s），用于导轨自动润滑控制的 PLC 输入/输出信号如下。

I0.0：机床启动信号，在机床启动后始终为"ON"状态。

I0.1：润滑油位检测信号，当润滑泵油位正常时，信号为"ON"。

I1.0：润滑压力到达信号，导轨润滑压力到达规定值时，信号为"ON"。

Q0.1：润滑泵启动信号，Q0.1 输出"ON"时，润滑泵启动。

828D 系统集成 PLC 的导轨自动润滑控制程序示例如图 4.3.4（a）所示，自动润滑控制信号的动作如图 4.3.4（b）所示。

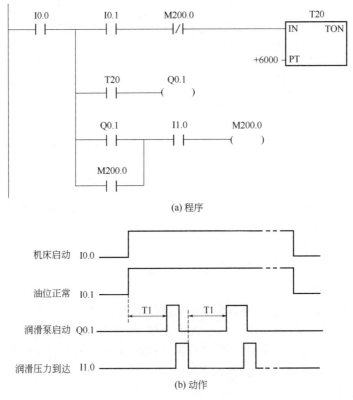

图 4.3.4 导轨自动润滑控制程序

当机床启动，I0.0 输入 ON 时，如果润滑油位正常、I0.0 输入 ON，延时接通定时器 T20 便可启动。定时器 T20 的延时单位为 0.1s，延时设定值为 6000，因此，定时器延时触点 T20 将在 10min 后接通。T20 触点接通后，润滑泵启动信号 Q0.1 即输出 ON，润滑泵启动。

润滑泵启动后，油路压力逐步上升；当压力达到规定值时，润滑压力到达信号 I1.0 输入 ON，标志 M200.0 为"1"。标志 M200.0 为"1"时，定时器 T20 的启动信号将被断开，延时触点 T20 成为 OFF 状态，润滑泵启动信号 Q0.1 输出 OFF，润滑泵停止工作，但标志 M200.0 可通过自锁触点保持。润滑泵停止后，导轨润滑的压力将逐步降低；当润滑压力到达信号 I1.0 成为 OFF 后，标志 M200.0 将为"0"，定时器 T20 再次启动，重复以上循环。

4.3.2　计数器指令编程

828D 集成 PLC 的计数指令有加计数 CTU、减计数 CTD 及加/减计数 CTUD 三种，可使用的计数器数量为 64 个，计数范围为 0～32767。计数器指令的功能和编程方法如下。

（1）加计数（CTU）

加计数指令 CTU 的编程格式与功能如图 4.3.5 所示。

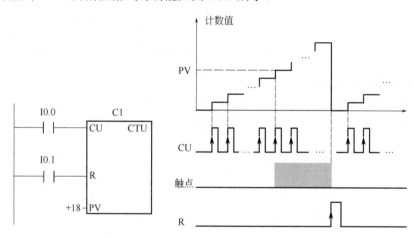

图 4.3.5　CTU 指令编程格式与功能

加计数器通过计数输入端 CU 的上升沿计数，计数器的计数初始值为"0"，每一个计数输入脉冲可使计数器当前值加"1"。当计数器现行计数值达到计数设定值 PV 时，计数器触点接通，此时，如果继续输入计数脉冲，计数值仍可增加，触点保持接通。当现行计数值达到计数极限值 32767 时，计数器从 0 开始重新计数。

计数器输入端 R 用于计数器复位，在任何时刻，只要 R 端输入为"1"，现行计数值将清零，重置设定值 PV，并断开计数器输出触点。

加计数器的现行计数值可直接通过计数器编号，以 1 字长整数的形式读取、设定，有关内容可参见后述的应用示例。

（2）减计数（CTD）

减计数指令 CTD 的编程格式与功能如图 4.3.6 所示。

减计数器通过计数输入端 CU 的上升沿计数，计数器的计数初始值为计数器设定值 PV，每一个计数输入脉冲可使计数器当前值减"1"。当计数器现行计数值达到 0 时，计数器触点接通，此时，如果继续输入计数脉冲，计数值保持 0，触点保持接通。

计数器输入端 R 用于计数器复位，在任何时刻，只要 R 端输入为"1"，计数器的现行计数值将直接置为计数器设定值 PV，计数器输出触点立即断开。

减计数器的现行计数值同样可直接通过计数器编号，以 1 字长整数的形式读取、设定，有关内容可参见后述的应用示例。

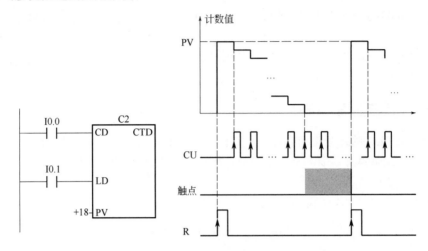

图 4.3.6　CTD 指令编程格式与功能

（3）加减计数（CTUD）

加减计数指令的编程格式与功能如图 4.3.7 所示。加减计数指令可通过加输入信号 CU、减计数输入信号 CD 的上升沿，分别对计数器进行加、减计数。

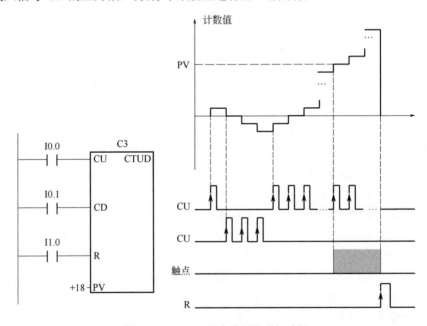

图 4.3.7　CTUD 指令编程格式与功能

CTUD 指令的加计数功能与 CTU 相同，CU 输入的每一个上升沿都可使计数器的现行计数值加 1。当计数值达到最大值 32767 时，如果继续输入 CU 信号，现行计数值将成为-32768，然后继续进行加计数。

CTUD 指令的减计数信号由 CD 输入，CD 输入的每一个上升沿都可使现行计数值减 1；当现行值达到计数器最小值-32768 时，如果继续输入 CD 信号，现行计数值将成为+32767，然后继续减计数。

加减计数器的输出触点在现行计数大于或等于计数器设定值 PV 时接通。在任何时刻，只要复位输入端 R 为"1"，现行计数值将清零，重置计数器设定值 PV，并断开计数器输出触点。

加减计数器的现行计数值同样可直接通过计数器编号，以 1 字长整数的形式读取、设定（见下述）。

（4）应用示例

计数器指令可用于数控车床刀架、加工中心刀库的刀座号、回转分度工作台的分度位置等的计数，应用示例如图 4.3.8 所示。

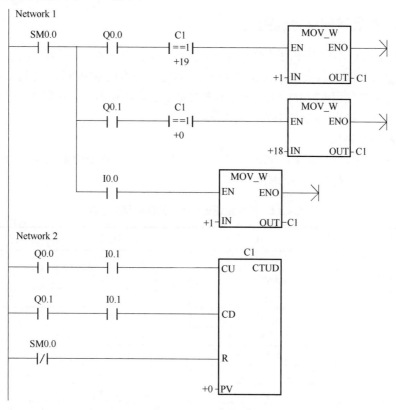

图 4.3.8　刀座计数程序

在图 4.3.8 所示的程序中，假设加工中心的刀库容量为 18 把，刀座号为 1～18，用于刀库回转、计数控制的 PLC 输入/输出信号如下。

I0.0：刀库参考点检测，I0.0 输入 ON 为刀库的 1 号刀座位置。

I0.1：刀座计数输入，刀库每转过 1 个刀座，I0.1 可输入 1 个计数脉冲。

Q0.0：刀库正转，Q0.0 输出 ON，刀库正向回转，刀座号增加。

Q0.1：刀库反转，Q0.1 输出 ON，刀库反向回转，刀座号减小。

示例程序只是为了说明计数器的使用方法，在实际机床控制系统中，刀架、刀库的回转计数更多的是通过后述的增 1（INC_W）、减 1（DEC_W）指令实现，这样的编程更简洁、明了。

　　图 4.3.8 程序中的网络 Network1 用于计数器当前值设定。刀库正转（Q0.0=1）时，如果计数值达到 19，可将计数器的现行计数值更改为"1"；刀库反转（Q0.1=1）时，如果计数值达到 0，可将计数器的现行计数值更改为"18"。如果刀库参考点检测信号 I0.0 输入 ON，则将计数器的现行计数值设定为"1"。

　　程序中的网络 Network2 用于刀座计数。刀库正转（Q0.0=1）时，CU 计数信号 I0.1 的每次输入均可使计数器的计数值加"1"，当刀库回转到最大刀座号 18 时，下一正转计数信号 I0.1 的输入将使计数值变为 19，此时，可通过 Network1 的比较触点"C1=19"及参考点信号 I0.0（两者同时有效），将现行计数值更改为"1"。刀库反转（Q0.1=1）时，CD 计数信号 I0.1 的每次输入均可使计数器的计数值减"1"，当刀库回转到参考点刀座号 1 时，下一正转计数信号 I0.1 的输入将使计数值变为 0，此时，可通过 Network1，将现行计数值更改为"18"。回转计数器通常不使用触点，因此，复位输入 R、设定值 PV 在程序中直接置为 0。

4.3.3　扩展逻辑指令编程

　　828D 集成 PLC 不但可使用通常的边沿检测、取反、置/复位等扩展位逻辑（Bit Logic）指令，以及字节（B）、字（W）或双字（D）逻辑运算等多位逻辑操作（Logical Operation）指令编程，还可以使用 S7-200 PLC 特殊的直接输入、直接输出、直接置/复位等特殊的扩展位逻辑指令编程。指令的编程格式与功能分别如下。

　　（1）扩展位逻辑指令

　　在 PLC 程序中，828D 集成 PLC 的扩展位逻辑指令可直接使用如表 4.3.1 所示的梯形图符号编程，指令的编程格式与功能如下。

表 4.3.1　扩展位逻辑指令梯形图编程符号表

梯形图符号		功　能	梯形图符号		功　能
常规功能	—| P |—	上升沿检测	整数比较	—|= =I|—	等于比较
	—| N |—	下降沿检测		—|<>I|—	不等于比较
	—|NOT|—	取反		—|>=I|—	大于等于比较
	—（ R ）—	复位		—|<=I|—	小于等于比较
	—（ S ）—	置位		—|>I|—	大于比较
直接输入输出	—| I |—	直接触点（常开）		—|<I|—	小于比较
	—| /I |—	直接触点（常闭）	双字整数比较	—|= =DI|—	等于比较
	—（ I ）—	直接输出		—|<>DI|—	不等于比较
	—（ RI ）—	直接复位		—|>=DI|—	大于等于比较
	—（ SI ）—	直接置位		—|<=DI|—	小于等于比较
字节数据比较	—|= =B|—	等于比较		—|>DI|—	大于比较
	—|<>B|—	不等于比较		—|<DI|—	小于比较
	—|>=B|—	大于等于比较	实数比较	—|= =R|—	等于比较
	—|<=B|—	小于等于比较		—|<>R|—	不等于比较
	—|>B|—	大于比较		—|>=R|—	大于等于比较
	—|<B|—	小于比较		—|<=R|—	小于等于比较
	—	—		—|>R|—	大于比较
	—	—		—|<R|—	小于比较

① 边沿检测、取反、置/复位。边沿检测、取反、置/复位为常规扩展位逻辑指令。边沿检测、取反指令可对逻辑运算结果状态进行上升/下降沿检测、取反操作，置/复位指令可使输出线圈具有状态保持功能。

在 PLC 程序中灵活应用边沿检测、取反、置/复位指令，可实现多种利用基本梯形图难以实现的逻辑功能。

例如，图 4.3.9 所示的程序为使用边沿检测、取反、置/复位指令，实现交替通断控制的程序示例。

利用边沿检测、置/复位指令控制交替通断时，必须要有保存 Q0.1 当前状态的存储单元（如 Q0.2），即：不能直接用 Q0.1 的常闭触点代替第 1 行程序的 Q0.2 常开触点、用 Q0.1 的常开触点代替第 2 行程序的 Q0.2 常闭触点，因为这样的程序在 Q0.1 为 "0" 时，虽可利用第 1 行将 Q0.1 置为 "1"，但执行第 2 行时，由于 Q0.1 已为 "1"，因此，又会将 Q0.1 立即置为 "0"，从而使得 Q0.1 始终输出 "0"。

再如，图 4.3.10 所示的程序为使用边沿检测、取反、置/复位指令，同时检测上升、下降沿的程序示例。

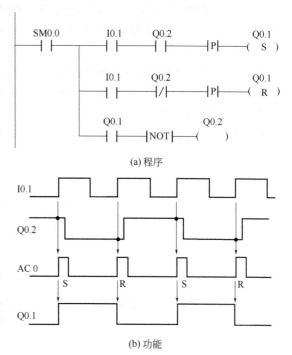

(a) 程序

(b) 功能

图 4.3.9　交替通断控制程序

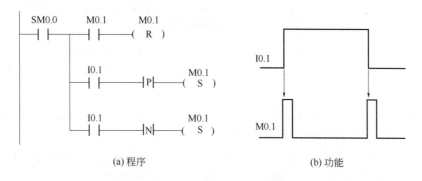

(a) 程序　　　　　　　　(b) 功能

图 4.3.10　上升/下降沿同时检测程序

程序第 1 行的作用是清除 M0.1 的 "1" 状态，使之恢复为 "0"。

程序第 2 行用于上升沿检测。当 I0.1 为 1 时，M0.1 可输出 1 个 PLC 循环周期的脉冲信号；在下一个 PLC 循环周期中，M0.1 的 "1" 状态将被第 1 行程序清除。

程序第 3 行用于下降沿检测。当 I0.1 为 0 时，M0.1 同样可输出 1 个 PLC 循环周期的脉冲信号；在下一个 PLC 循环周期中，M0.1 的 "1" 状态也将被第 1 行程序清除。

② 直接控制。直接控制的触点、线圈上带有 "I" 标记，指令的编程格式与应用示例如图 4.3.11 所示。

直接控制的触点可以不经过 PLC 输入采样操作，直接读入指令执行瞬间的输入信号状态，因此，可得到状态持续时间小于 PLC 循环周期的输入信号状态。直接输入指令不能刷新输入信号的输入映像。

　　同样，直接输出指令也可以不经过 PLC 的输出刷新操作，立即将指令执行瞬间的逻辑运算结果输出到 PLC 的实际输出 DO 上。直接输出指令可以在输出逻辑运算结果的同时，立即更新输出映像。

　　程序中的网络 Network4 为 PLC 循环扫描控制的正常输入、输出程序，输入触点 I0.1 为 PLC 输入采样时刻的 I0.1 映像信号，Q0.2 的实际输出状态在 PLC 执行输出刷新操作时更新。网络 Network5 为直接输入、输出控制程序，直接输入触点 I0.1 的状态为网络 Network5 执行时刻的 I0.1 输入状态，Q0.1 的实际输出状态、输出映像可在网络 Network5 执行完成时刻立即更新。

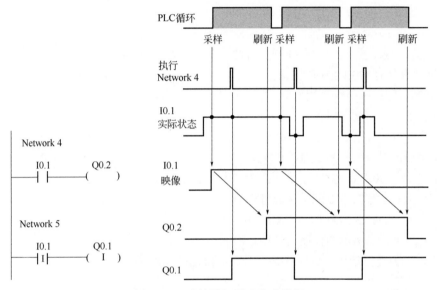

图 4.3.11　直接输入/输出指令编程

　　③ 比较触点。比较触点是以常开触点形式表示的比较指令执行结果，触点在比较条件符合时接通。对比较触点可像其他触点一样，直接在梯形图中编程。比较触点的编程格式与应用示例如图 4.3.12 所示。

　　比较触点的上部为比较数据，下部为比较基准数据，触点中间部分表示需要执行的比较操作及数据格式。比较操作以数学符号表示，如＞（大于）、＞=（大于等于）、==（等于）、＜（小于）、<=（小于等于）、<>（不等于）等；比较数据格式可为字节 B、1 字整数 I、双字整数 D、实数 R。例如，"＞=B"为字节数据的大于等于比较。

　　图 4.3.12 所示的程序可对 CNC 加工程序中的 T 代码（刀具号）进行编程错误检查，例如，刀具容量为 18 的刀库，T 代码的编程范围应为 T1～18。

```
DB2500.DBD2000        DB2500.DBX8.0                            M10.0
   |>=D|                   | |                 |P|           ( S )
    +19

DB2500.DBD2000
   |<=D|
    +0
```

图 4.3.12　比较触点编程格式

828D 系统执行通道 1 加工程序的 T 代码指令时，CNC 可通过数据块 DB2500 的 4 字节数据寄存器 DBB2000～2003（DBD2000）及二进制位信号 DB2500.DBX8.0，向集成 PLC 发送 32 位 T 代码及 T 代码修改信号。执行程序时，如果通道 1 加工程序的 T 代码大于等于 19 或小于等于 0，T 代码编程出错信号 M10.0 的状态将被置为"1"。

（2）多位逻辑操作指令

828D 集成 PLC 的多位逻辑操作指令包括状态取反 INV、逻辑"位与"运算 WAND、逻辑"位或"运算 WOR、逻辑"位异或"运算 WXOR 等。多位逻辑操作指令的指令代码与功能如表 4.3.2 所示，指令编程示例如下。

表 4.3.2　多位逻辑操作指令代码及功能

指 令 代 码	指 令 功 能	指 令 代 码	指 令 功 能
INV_B	1 字节、8 位取反	WOR_B	1 字节、8 位"或"运算
INV_W	1 字、16 位取反	WOR_W	1 字、16 位"或"运算
INV_DW	2 字、32 位取反	WOR_DW	2 字、32 位"或"运算
WAND_B	1 字节、8 位"与"运算	WXOR_B	1 字节、8 位"异或"运算
WAND_W	1 字、16 位"与"运算	WXOR_W	1 字、16 位"异或"运算
WAND_DW	2 字、32 位"与"运算	WXOR_DW	2 字、32 位"异或"运算

图 4.3.13 所示的程序可用于标志 MB10 的 8 位恒"0"状态、MB11 的 8 位恒"1"状态的生成。程序执行后，MB10 的状态恒为"0000 0000"，MB11 的状态恒为"1111 1111"。

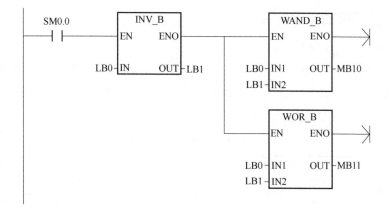

图 4.3.13　恒 0 和恒 1 字节生成程序

程序中的标志 LB0 为任意状态的局部变量，LB0 通过字节取反操作 INV_B，可在 LB1 上得到 LB0 的反状态。因此，LB0、LB1 的字节"位与"运算指令 WAND_B 的执行结果，必然为 MB10=0000 0000；而 LB0、LB1 的字节"位或"运算指令 WOR_B 的执行结果，必然为 MB11=1111 1111。

图 4.3.14 所示的程序可用来读取 PLC 输入字节 IB0 低 4 位（I0.0～0.3）、高 4 位（I0.4～0.7）逻辑状态，需要读取的输入点数可通过改变"位与"运算指令 WAND_B 的常数 IN1 任意选择。例如，定义常数 IN1=7（二进制状态 0000 0111）时，可读取 PLC 输入字节 IB0 低 3 位（I0.0～0.2）状态。

程序第 1 行通过 IB0 与常数 15（二进制 0000 1111，也可用十六进制 16#0F 代替）的"位与"运算 WAND_B，可在标志 MB100 中得到输入 IB0 低 4 位状态 I0.0～0.3。程序第 2 行通过 IB0 与十六进制常数 16#F0（二进制 1111 0000，也可用十进制 240 代替）的"位与"运算 WAND_B，可在局部变量 LB0 中得到输入 IB0 高 4 位状态 I0.4～0.7；LB0 经 4 位右移指令 SHR_B（见后述），可在标志 MB101 bit 0～3 中得到输入 IB0 高 4 位状态 I0.4～0.7。

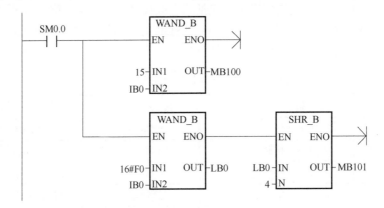

图 4.3.14　指定位输入读取程序

4.4　其他功能指令编程

4.4.1　数据移动和移位指令

（1）移动指令

数据移动（Move）指令是将指定存储器中的数据（源数据）移动到另一存储器（目标存储器）的操作。828D 集成 PLC 可以使用的数据移动指令如表 4.4.1 所示，S7-200 通用 PLC 的数据块移动指令 BLKMOV 目前还不能使用。

表 4.4.1　828D 集成 PLC 数据移动指令表

指 令 代 码	指 令 功 能	指 令 代 码	指 令 功 能
MOV_B	字节移动	MOV_BIR	直接输入（字节）
MOV_W	字移动	MOV_BIW	直接输出（字节）
MOV_DW	双字移动	SWAP	高、低字节交换
MOV_R	实数移动	SWAP_DW	高、低字交换

① 数据移动指令。数据移动指令的功能指令框编程格式一致，但指令代码不同：字节 B、字 W、双字 DW 和实数 R 移动指令的指令代码分别为 MOV_B、MOV_W、MOV_DW 和 MOV_R。

数据移动指令的源数据长度、目标存储器地址格式应与指令代码一致。例如，对于 1 字（W）数据移动指令 MOV_W，源数据、目标存储器的地址均应为 1 字长存储器地址 IWn、MWn、QWn 等。

数据移动指令的编程格式如图 4.4.1 所示。执行指令 MOV_B，可将输入字节 IB0 的 8 点输入（I 0.0～0.7）状态读入到标志 MB0 中；执行指令 MOV_W，可将输入字 IW2 的 16 点输入（I 2.0～3.7）状态读入到标志 MW2 中。

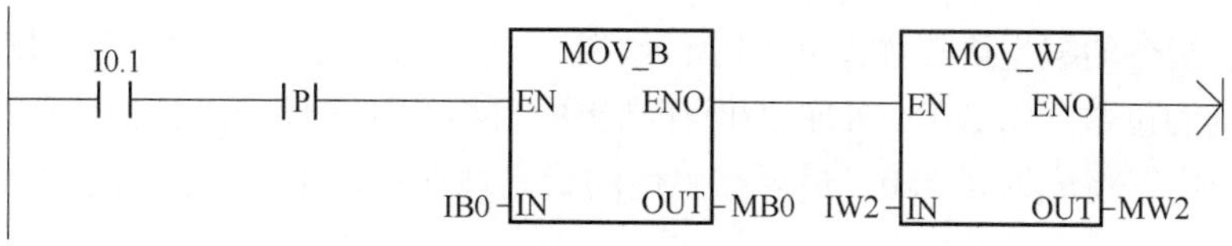

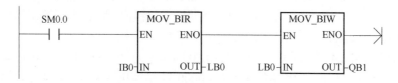

图 4.4.1　数据移动指令编程格式

② 直接输入/输出指令。S7-200 PLC 的直接输入/输出指令只能用于字节操作。直接输入指令可以不经过输入采样，直接读入指令执行瞬间的 1 字节输入信号状态，因此，可得到状态持续时间小于 PLC 循环周期的输入信号状态。直接输出可以不经过输出刷新操作，立即将指令执行瞬间的 1 字节逻辑运算结果，直接输出到 PLC 的 DO 输出上。

直接输入/输出指令的编程格式如图 4.4.2 所示，执行指令可将输入字节 IB0 的状态，不经输入采样、输出刷新操作，立即输出到 QB1 上。

图 4.4.2　直接输入/输出指令编程格式

③ 数据交换指令。数据交换指令 SWAP 可用于 1 字长数据存储器的高、低字节数据交换；数据交换指令 SWAP_DW 可用于 2 字长数据存储器的高、低字数据交换。例如，假设指令执行前标志 MW0 的状态为"1111 1111 0000 0000"，执行 SWAP 指令后，标志 MW0 的状态将成为"0000 0000 1111 1111"。

数据交换指令的编程格式如图 4.4.3 所示。执行图中的 SWAP 指令，可进行标志 MB0 与 MB1 状态互换；执行 SWAP_D 指令，可进行标志 MW4（MB4、MB5）与 MW6（MB6、MB7）的状态互换。

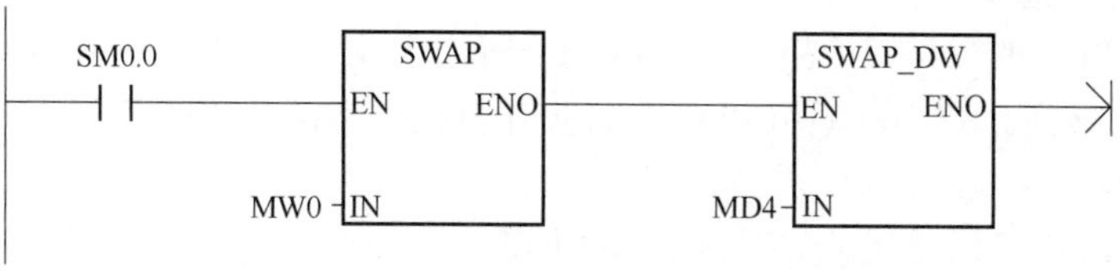

图 4.4.3　数据交换指令编程格式

（2）移位指令

移位（Shift）指令是对数据存储器进行的数据位移动操作。828D 集成 PLC 目前只能使用表 4.4.2 所示的字节 B、字 W、双字 DW 数据左、右移位指令，S7-200 通用 PLC 的循环移位指令 ROL、寄存器移位指令 SHRB 目前不能使用。

表 4.4.2　828D 集成 PLC 移位指令表

指 令 代 码	指 令 功 能	指 令 代 码	指 令 功 能
SHL_B	字节左移	SHR_B	字节右移
SHL_W	字左移	SHR_W	字右移
SHL_DW	双字左移	SHR_DW	双字右移

数据移位指令的编程格式如图 4.4.4 所示。指令中的 IN 为需要移位的源数据存储器地址，N 为需要移动的位数（常数），OUT 为保存结果的目标存储器地址。执行移位指令时，被移出的数据"空位"将成为状态 0，最后移出位的状态被保存在系统标志 SM1.1 上。

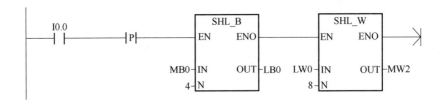

图 4.4.4　数据移位指令编程格式

数据移位指令中的源数据和目标数据的存储器地址可以相同，也可以不同。当源数据和目标数据存储器地址相同时，可对指定数据存储器进行移位操作；当源数据和目标数据存储器地址不同时，指令执行后，源数据存储器状态可保持不变。

例如，对于图 4.4.4 所示程序，如标志 MB0 的状态为"0000 1111"，执行 4 位左移指令 SHL_B 后，局部变量 LB0 的状态将为"1111 0000"；继续执行 8 位左移指令 SHL_W 后，标志 MW2 状态将成为"1111 0000 0000 0000"。由于源数据和目标数据存储器地址不同，指令执行后，标志 MB0 状态可保持"0000 1111"不变。

数据移位指令中的移动位数 N 一般不应超过源数据存储器长度，如果超过，则 PLC 将自动进行"取余"处理。例如，当字节移位指令 MOV_B 的移动位数 N 定义为 12 时，因 12 除以 8 得 1 余 4，因此，实际移动位数将为 4。如果移动位数 N 定义为 0，则不执行移位操作，但系统标志 SM1.0 状态将为"1"。

4.4.2　数据转换和算术运算指令

（1）数据转换指令

828D 集成 PLC 的数据转换指令（Convert）可用于 32 位整数 D 和实数 R、BCD 编码与二进制数的相互转换。S7-200 通用 PLC 的 ASCII 转换、字符串转换指令目前不能用于 828D 集成 PLC 的编程。

828D 集成 PLC 可以使用的数据转换指令如表 4.4.3 所示，指令的编程要求如下。

表 4.4.3　828D 集成 PLC 数据转换指令表

指令代码	指令功能	指令代码	指令功能
BCD_I	BCD 码转换为整数	DI_R	双字整数转换为实数
I_BCD	整数转换为 BCD 码	ROUND	实数转换为双字整数

① 符号。正整数转换指令 BCD_I、I_BCD 无符号位，实数转换指令 DI_R、ROUND 的最高位为符号位。

② 数据范围。数据转换时，被转换的源数据与转换后的结果数据均不能超过规定的数据范围，因此，正整数转换指令 BCD_I、I_BCD 的数据范围为 0～65535，实数转换指令 DI_R、ROUND 的数据范围为-2147483648～2147483647。

③ 小数处理。实数可以带小数，但整数 I、双字整数 DI 均不能使用小数。当实数转换为双字整数 DI 时，指令 ROUND 将进行四舍五入处理。

数据转换指令的编程格式如图 4.4.5 所示。对于 828D 系统，程序可在 CNC 执行 S 指令时，通过 S 代码修改信号 SF（DB2500.DBX0006.0）的上升沿，将 CNC 输出的 32 位实数形式的 S 代码四舍五入取整后，转换为 32 位整数并保存到 MD100 中。

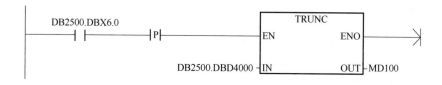

图 4.4.5　数据转换指令编程格式

（2）加/减 1 指令

828D 集成 PLC 的加 1、减 1 运算可用于二进制格式的字节 B、字 W、双字 DW 整数，指令代码与功能如表 4.4.4 所示。

表 4.4.4　828D 集成 PLC 加/减 1 运算指令表

指令代码		指令功能	指令代码		指令功能
加 1	INC_B	1 字节整数加 1	减 1	DEC_B	1 字节整数减 1
	INC_W	1 字整数加 1		DEC_W	1 字整数减 1
	INC_DW	2 字整数加 1		DEC_DW	2 字整数减 1

加/减 1 指令编程格式如图 4.4.6 所示。程序可加 1 输入 I0.0、减 1 输入 I0.1，对标志 MB0 进行加 1、减 1 运算。为避免出现无穷次增 1/减 1 运算，启动输入 EN 应使用边沿信号。

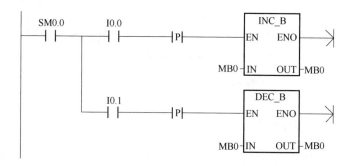

图 4.4.6　加/减 1 指令编程格式

（3）算术运算指令

828D 集成 PLC 的算术运算指令有整数运算（Integer Math）、实数（浮点数）运算（Floating Point Math）2 类。整数运算指令可用于 1 字整数 INT、2 字整数 DINT 的加、减、乘、除运算；实数运算指令可用于实数 REAL 的加、减、乘、除、求平方根运算。目前 S7-200 通用 PLC 的三角函数运算指令一般不能用于 828D 集成 PLC。

828D 集成 PLC 可以使用的算术运算指令如表 4.4.5 所示。

表 4.4.5　828D 集成 PLC 算术运算指令表

指令代码		指令功能	指令代码		指令功能
整数	ADD_I	16 位整数加法	实数	ADD_R	实数加法
	ADD_DI	32 位整数加法		SUB_R	实数减法
	SUB_I	16 位整数减法		MUL_R	实数乘法
	SUB_DI	32 位整数减法		DIV_R	实数除法（带余数）
	MUL	整数乘法（积为 32 位）		SQRT	32 位实数平方根
	DIV	带余数的除法		—	—

① 整数运算。整数运算指令的编程格式如图 4.4.7 所示。

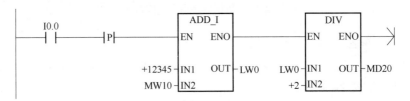

图 4.4.7　整数运算指令编程格式

加、减运算指令可用于 16 位或 32 位整数运算，结果存储器同样需要以 16 位、32 位存储器形式指定；乘、除运算指令的操作数 IN1、IN2 只能为 16 位，但是，结果输出 OUT 应为 32 位。执行除法运算指令 DIV 时，结果输出存储器的高 16 位为余数，低 16 位为商。

② 实数运算。实数运算指令的编程格式如图 4.4.8 所示。实数运算指令的操作数 IN1、IN2，结果输出 OUT 均为 32 位浮点实数。

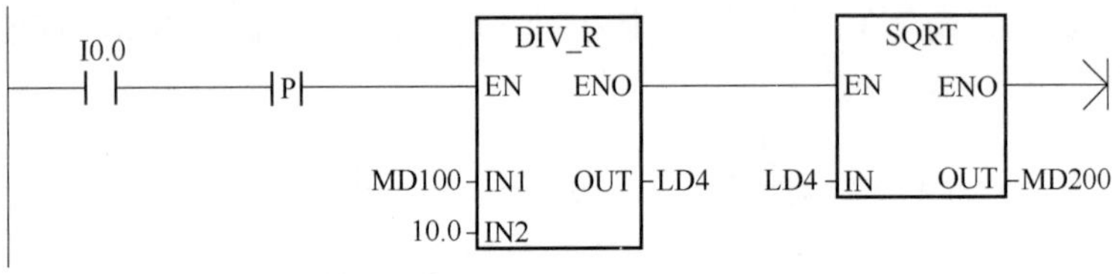

图 4.4.8　实数运算指令编程格式

4.4.3　程序控制指令

828D 集成 PLC 的程序控制指令（Program Control）可用于程序跳转、子程序返回、主程序结束等控制，指令的编程格式与要求如下。

（1）程序跳转指令及应用

828D 集成 PLC 的程序跳转指令可用于程序块内部的指令执行转移。跳转指令 JMP*n* 以输出线圈的形式编程，程序跳转条件可作为线圈控制条件编制在 JMP*n* 的控制支路上，如果控制条件为恒 1 信号（系统标志 SM0.0），则可实现无条件跳转功能。跳转指令 JMP*n* 的跳转目标编号以常数的形式标注在 JMP 线圈的上方。

程序跳转的目标以 LBL*n* 指令框编程，跳转目标编号以常数的形式标注在标"LBL"功能框的上方。跳转目标与跳转指令应编制在同一程序块中，即不能跨程序跳转。

程序跳转指令的基本使用方法如图 4.4.9 所示，此程序可用于 828D 系统通道 1 加工程序的 T 代码编程出错检查。

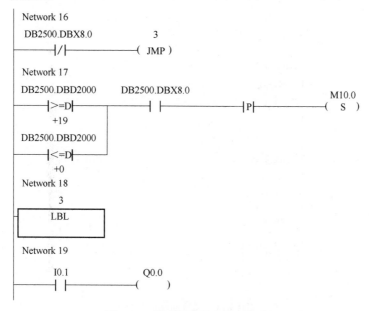

图 4.4.9　程序跳转指令基本格式

当数控系统执行通道 1 加工程序的 T 代码指令时，CNC 可通过 4 字节数据寄存器 DB2500.DBD2000 及信号 DB2500.DBX8.0，向 PLC 发送 32 位 T 代码及 T 代码修改信号，网络 Network17 被执行，进行 T 代码判别。如果 $T \geqslant 19$ 或 $\leqslant 0$，T 代码出错信号 M10.0 将被置为 "1"；在其他情况下，T 代码修改信号 DB2500.DBX8.0 为 0，网络 Network17 被跳过，无需进行 T 代码编程检查。

828D 集成 PLC 的程序跳转指令还可用于程序分支控制、交替通断等编程。利用 JMP 指令控制分支的程序如图 4.4.10 所示。

在图 4.4.10 所示的程序上，如果输入 I0.0 为 "1"，程序可直接跳转到网络 Network11，

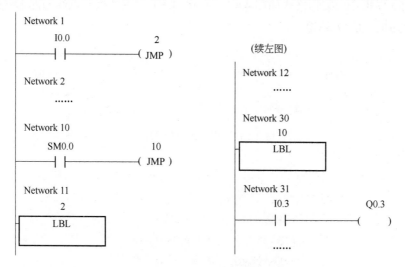

图 4.4.10　分支转移程序

执行分支程序 2（网络 Network12～29）；如果输入 I0.0 为"0"，可继续执行网络 Network2～9（分支程序 1），分支程序 1 执行完成后，可无条件跳转到网络 Network30 处，使得分支 1 与分支 2 合并。

利用 JMP 指令控制交替通断的程序示例如图 4.4.11 所示。

Network 32

```
   SM0.0        I0.1              M0.0
   ─┤ ├─────┬──┤ ├───────┤P├────(   )
            │
            │   M0.0         1
            └──┤/├──────( JMP )
```

Network 33

```
   Q0.1         Q0.1
   ─┤/├────────(   )
```

Network 34

```
        1
   ┌─────────┐
   │  LBL    │
   └─────────┘
```

图 4.4.11 交替通断控制程序

程序中的标志 M0.0 为输入 I0.1 的上升沿信号，在 I0.1 输入 ON 的第 1 个 PLC 循环中，M0.0 为"1"，指令 JMP 1 不予执行，因此，输出 Q0.1 可通过网络 Network33，实现状态翻转；接着，在 I0.1 输入 ON 的第 2 个 PLC 循环及以后，M0.0 将保持为"0"，指令 JMP 1 始终被执行，网络 Network33 被跳过，输出 Q0.1 可保持第 1 循环翻转后的状态。

（2）程序结束

828D 集成 PLC 的子程序 SBR 以返回指令 RET 结束，执行指令 RET，PLC 将返回至主程序 OB1 继续执行主程序后续指令；PLC 主程序 OB1 以指令 END 结束，执行指令 END，PLC 将执行输出刷新操作，然后，进入下一个 PLC 执行循环。

RET、END 指令的编程格式如图 4.4.12 所示。RET、END 指令以线圈的形式编程，指令控制条件应为恒 1 信号 SM0.0。

```
        SM0.0                              SM0.0
   ─────┤ ├──────( RET )            ─────┤ ├──────( END )

    (a) 子程序返回                       (b) 主程序结束
```

图 4.4.12 程序结束指令编程

第5章 CNC 功能与 PLC 信号

05

5.1 操作部件信号

5.1.1 CNC 操作部件

数控系统集成 PLC 程序设计的目的是通过 PLC 程序对数控系统、机床的信号处理，实现所需要的 CNC 功能及机床动作。

数控系统集成 PLC 程序需要处理的信号总体可分为机床 DI/DO 信号、操作部件信号、CNC/PLC 接口信号 3 大类。其中，机床 DI/DO 信号的地址与功能各不相同，在不同机床上需要按机床的实际控制要求设计 PLC 程序；操作部件信号与机床操作面板的设计有关，选配系统生产厂家提供的总线连接标准面板时，面板按键、指示灯信号的地址与功能统一，PLC 程序设计方法类似；同规格数控系统的 CNC/PLC 接口信号地址、功能统一，PLC 程序的设计方法基本一致。

（1）828D 系统操作部件

SIEMENS 数控系统的操作部件有图 5.1.1 所示的标准 SIEMENS 机床操作面板（MCP）、手持单元（HHU）以及 LCD/CNC 基本单元 3 类。

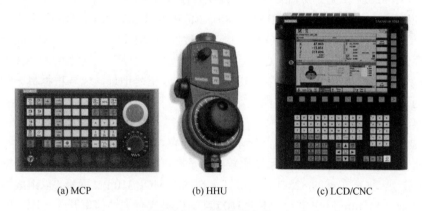

     (a) MCP   (b) HHU   (c) LCD/CNC

图 5.1.1 828D 操作部件

① MCP 面板。MCP 面板的操作与指示直接通过按键、开关、指示灯等物理器件实现，在 PLC 程序中，所有操作、指示器件都有一一对应的 DI/DO 地址。在采用 PROFINET 总线连接的 MCP PN 面板上，DI/DO 使用 PLC 通用地址 I/Q；使用 USB 连接的 MCP USB 面板时，DI/DO 通过数据块 DB 传送信号，DI/DO 地址以数据寄存器的形式表示。

② HHU 单元。HHU 单元的操作器件为手轮、按键、开关等物理器件，操作器件需要通过 PLC 的 DI/DO 接口连接。在采用 PROFINET 总线连接的 MCP PN 面板上，HHU 单元的按键、开关一般与 MCP 面板的用户 DI 连接端连接，DI 地址固定；使用 USB 连接的 MCP USB

141

面板时，HHU 单元的按键、开关需要与 PLC 的 PP 72/48 模块连接，DI 地址不固定。HHU 单元的手轮需要与 LCD/CNC 基本单元直接连接。

③ LCD/CNC 基本单元。SIEMENS 数控系统 LCD/CNC 基本单元的部分操作与指示，也可通过 PLC 程序控制，基本单元和 PLC 间可通过 SIEMENS 的人机接口（human machine interface，HMI）软件传送 DI/DO 信号，故称为 HMI 信号。

HMI 信号可作为 MCP 面板、HHU 单元的补充，用来产生 MCP 面板未提供的 CNC 程序试运行、跳过选择程序段、M01 暂停生效/撤销等控制信号。HMI 信号可像 PLC 的 CNC 输入/输出接口信号一样，需要通过 PLC 的数据块 DB 与系统集成 PLC 连接，因此，也可视为 CNC/PLC 的接口信号。

（2）MCP 配置

828D 系统的 LCD/CNC/MDI 基本单元为系统基本部件，在任何系统上都必备；手持单元 HHU 为可选部件，大型、复杂数控机床一般需要配置，以方便现场操作；MCP 面板为选配部件，为了简化安装连接，在通常情况下用户一般都予以选配。

SINUMERIK 828D/840Dsl 系统目前可选配的标准机床操作面板有 MCP 310、MCP 483、MCP 416 三种。其中，MCP 310、MCP 483 均有 PROFINET 总线连接（PN 面板）和 USB 连接（USB 面板）2 种规格，MCP 416 目前只有 USB 连接一种规格。MCP 416 USB 面板通常只用于带 15.6 英寸触摸屏的 828D 系统，面板功能、信号地址、PLC 程序设计方法与 MCP 483 USB 完全相同，本书不再对其进行说明。

PROFINET 总线连接的 MCP 310 PN、MCP 483 PN 面板不仅包含了系统操作所需的基本操作、指示件，还预留有用户按钮安装孔与 DI/DO 连接端。面板可直接安装、连接用户按钮和 HHU 单元，其使用灵活、方便，故在实际机床上使用较多。因此，本书后述内容将以 MCP PN 为例，介绍 828D 系统集成 PLC 的面板控制程序设计方法。

对于使用采用 USB 连接的 MCP 310 USB、MCP 483 USB、MCP 416 USB 面板的机床，只需要将 PLC 程序中 MCP 的 DI/DO 地址更改为数据块 DB1000（DI）、DB1100（DO）对应的数据寄存器地址（见第 3 章），PLC 程序便可同样使用。但是，由于 MCP USB 面板不能连接 HHU 单元，因此，PLC 程序中的 HHU 单元 DI/DO 信号地址，需要根据机床的实际连接情况更改为 PP 74/48 模块的 DI/DO 地址。

（3）系统结构

LCD 显示的 828D 系统有图 5.1.2 所示的垂直布置、水平布置 2 种基本结构。

通常而言，垂直布置的 828D 系统比较适合于操纵台与机床防护罩或电气柜整体设计的场合。为了美观，垂直布置的 828D 系统原则上都选配 MCP 310 PN 面板，以组成图 5.1.2（a）所示的 310mm×555mm 操作单元。MCP 310 PN 面板集成有主轴倍率开关、手持单元（HHU）及用户按钮的连接接口，并预留有 16 个用户自定义带指示灯按键、1 个主轴倍率开关或急停按钮安装孔、6 个 ϕ6mm 用户按钮安装孔，可满足绝大多数机床的个性化操作要求，因此，机床生产厂家一般无需添加其他操作面板。

水平布置的 828D 系统较适合于悬挂式操纵台，为了美观，原则上应选配 MCP 483 PN 面板，组成图 5.1.2（b）所示的 483mm×375mm 操作单元。MCP 483 PN 面板不仅集成有主轴倍率开关、手持单元（HHU）及用户按钮的连接接口，且已安装主轴倍率调节开关和急停按钮；此外，MCP 483 PN 面板还预留有 17 个用户自定义带指示灯按键、2 个 ϕ16mm 用户按钮安装孔，因此，同样可满足绝大多数机床的个性化操作要求，机床生产厂家一般无需添加其他操作面板。

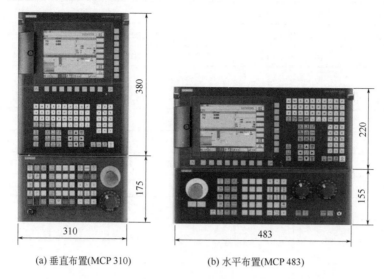

(a) 垂直布置(MCP 310)　　　　(b) 水平布置(MCP 483)

图 5.1.2　MCP 面板与布置

5.1.2　MCP 面板信号

　　MCP 面板信号需要通过 PLC 程序转换为 CNC 及机床的操作、指示信号。为了便于 PLC 程序阅读与说明，现将 MCP 310 PN、MCP 483 PN 面板的 DI/DO 信号，按输入/输出地址、功能简要汇总如下，DI/DO 信号的详细说明可参见第 3 章。

（1）MCP 310 PN 面板

　　① DI 信号。MCP 310 PN 面板的按键、开关及用户 DI 输入，需要占用 PLC 的 14 字节、112 点 DI，DI 信号简表如表 5.1.1 所示。

表 5.1.1　MCP 310 PN 面板 DI 信号简表

DI 地址	bit7	bit6	bit5	bit4	bit3	bit2	bit1	bit0
IB 112	运行控制					操作方式选择		
	NC_Stop	SP%_-	SP %_100	SP%_+	单段	JOG	MDA	AUTO
IB 113	运行控制	手动操作				操作方式选择		
	NC_Start	SP_CCW	SP_Stop	SP_CW	KEY-3	REF	REPOS	Teach in
IB 114	运行控制		手动操作					
	F_Start	F_Stop	INC Var	KEY-0	INC 1000	INC 100	INC 10	INC 1
IB 115	手动操作			进给倍率				
	RESET	KEY-2	KEY-1	F%_E	F%_D	F%_C	F%_B	F%_A
IB 116	手动操作			面板占用				
	+/-Y	-/-C	Rapid/-X	—	—	—	—	—
IB 117	用户定义		手动操作					
	T16	KT6	6/+Z	5/Rapid	4/-Z	Z/+C	Y/+X	X/+Y

续表

DI 地址	bit7	bit6	bit5	bit4	bit3	bit2	bit1	bit0
IB 118	用户定义				手动操作	用户定义		
	T9	T10	T11	T12	WCS/MCS	T13	T14	T15
IB 119	用户定义							
	T1	T2	T3	T4	T5	T6	T7	T8
IB 120	—（系统预留）							
IB 121	—（系统预留）							
IB 122	HHU 或用户 DI /KT1～KT8							
	F2	F1	Rapid	−	+	Axis_C	Axis_B	Axis_A
IB123	HHU 或用户 DI /KT9							
	—	—	—	—	—	—	—	F3
IB124	—（系统预留）							
IB125	面板占用			主轴倍率				
	—	—	—	SP%_E	SP%_D	SP%_C	SP%_B	SP%_A

由于机床类型、系统配置的不同，不同数控机床的 MCP 310 PN 面板的 DI 信号可能存在如下区别。

手动操作键：MCP 310 PN 面板有铣削加工系统 828 MD 配套面板 MCP 310 M、车削加工系统 828 TD 配套面板 MCP 310 T 两种规格，两种面板的手动操作键（表 5.1.1 中带阴影的信号，后同）有所不同。输入 I 116.5～116.7 在 MCP 310 M 面板上为坐标轴的手动方向键【+】、【−】及快速键【RAPID】，在 MCP 310 T 上则为坐标轴手动移动键【−Y】、【−C】、【−X】；输入 I 117.0～117.5 在 MCP 310 M 上为【X】、【Y】等手动坐标轴选择键，在 MCP 310 T 上则为【+Y】、【+X】等坐标轴手动移动键及快速键【RAPID】（详见第 3 章）。

用户 DI：在使用手持单元 HHU 的系统上，9 点用户 DI 输入 I 122.0～123.0 一般用于 HHU 的轴选择开关及功能键连接；不使用 HHU 单元时，为用户 DI 信号。

主轴倍率开关：MCP 310 面板的连接器 X31 可连接 5 点 DI，地址为 I 125.0～125.4。X31 通常用于主轴倍率开关连接，一般不连接其他 DI 信号。

② DO 信号。MCP 310 PN 面板的指示灯输出，需要占用 PLC 的 8 字节、64 点 DO 信号，DO 信号简表如表 5.1.2 所示。

表 5.1.2　MCP 310 PN 面板 DO 信号简表

DO 地址	bit7	bit6	bit5	bit4	bit3	bit2	bit1	bit0
QB 112	操作、运行状态指示					操作方式指示		
	NC_Stop	SP%_−	SP %_100	SP%_+	单段	JOG	MDA	AUTO
QB 113	操作、运行状态指示					操作方式指示		
	NC_Start	SP_CCW	SP_Stop	SP_CW	RESET	REF	REPOS	Teach in
QB 114	操作、运行状态指示							
	F_Start	F_Stop	INC Var	—	INC 1000	INC 100	INC 10	INC 1

续表

DO 地址	bit7	bit6	bit5	bit4	bit3	bit2	bit1	bit0
QB 115	—（系统预留）							
QB 116	轴手动指示			用户定义				
	+/-Y	-/-C	Rapid/-X	KT_OUT5	KT_OUT4	KT_OUT3	KT_OUT2	KT_OUT1
QB 117	用户定义		轴手动指示					
	T16	KT_OUT6	6/+Z	5/Rapid	4/-Z	Z/+C	Y/+X	X/+Y
QB 118	用户定义				坐标系	用户定义		
	T9	T10	T11	T12	WCS/MCS	T13	T14	T15
QB 119	用户定义							
	T1	T2	T3	T4	T5	T6	T7	T8

由于机床类型、系统配置的不同，不同数控机床的 MCP 310 PN 面板的 DO 信号可能存在如下区别。

轴手动指示：在铣削系统 828 MD 配套的 MCP 310 M 上，输出 Q 116.5～116.7 为坐标轴手动方向键【+】、【-】及快速键【RAPID】的指示灯输出，在车削系统 828 TD 配套的 MCP 310 T 上，则为坐标轴移动键【-Y】、【-C】、【-X】的指示灯输出；输出 Q 117.0～117.5 在 MCP 310 M 上为手动坐标轴选择【X】、【Y】等键的指示灯输出，在 MCP 310 T 上则为【+Y】、【+X】等坐标轴手动移动键及快速键【RAPID】的指示灯输出（详见第 3 章）。

用户 DO：面板的 6 点用户 DO 输出 QB 116.0～116.5、QB 117.6 用于用户 DO 连接。

（2）MCP 483 PN 面板 DI/DO

① DI 信号。水平布置的 MCP 483 PN 面板按键、开关及用户 DI 输入，需要占用 PLC 的 14 字节、112 点 DI，DI 信号简表如表 5.1.3 所示。

表 5.1.3　MCP 483 PN 面板 DI 信号简表

DI 地址	bit7	bit6	bit5	bit4	bit3	bit2	bit1	bit0
IB 112	主轴倍率				操作方式选择			
	SP%_D	SP%_C	SP%_B	SP%_A	JOG	Teach in	MDA	AUTO
IB 113	操作方式选择		手动操作					
	REPOS	REF	INC Var	INC 10000	INC 1000	INC 100	INC 10	INC 1
IB 114	手动操作		运行控制					
	KEY-0	KEY-2	SP_Start	SP_Stop	F_Start	F_Stop	NC_Start	NC_Stop
IB 115	手动操作		运行控制	进给倍率				
	RESET	KEY-1	单段	F%_E	F%_D	F%_C	F%_B	F%_A
IB 116	手动操作、用户定义							
	+/R15	-/R13	Rapid/R14	KEY-3	X/+Y	4/-Z	7/-C	R10
IB 117	手动操作							
	Y/+X	Z/+C	5/Rapid	WCS/MCS	R11	9/-Y	8/-X	6/+Z
IB 118	用户定义							
	T9	T10	T11	T12	T13	T14	T15	—

续表

DI 地址	bit7	bit6	bit5	bit4	bit3	bit2	bit1	bit0
IB 119	用户定义							
	T1	T2	T3	T4	T5	T6	T7	T8
IB 120/121	—（系统预留）							
IB 122	HHU 或用户 DI_KT1～KT8							
	F2	F1	Rapid	－	＋	Axis_C	Axis_B	Axis_A
IB123	HHU 或用户 DI_KT9							
	—	—	—	—	—	—	—	F3
IB124/125	—（系统预留）							

由于机床类型、系统配置的不同，不同数控机床的 MCP 483 PN 面板的 DI 信号可能存在如下区别。

手动操作键：铣削系统 828 MD 配套的操作面板 MCP 483 M 和车削系统 828 TD 配套的 MCP 483 T 同样存在不同。例如，输入 I116.1～I116.3 在 MCP 483 M 上为手动坐标轴选择键【X】、【4】、【7】，而在 MCP 483 T 面板上则为坐标轴手动移动键【+Y】、【-Z】、【-C】（详见第 3 章）。

用户 DI：使用 HHU 单元的系统，9 点用户 DI 输入 I122.0～I123.0 用于 HHU 的轴选择开关及功能键连接；不使用 HHU 单元时，可用于用户 DI 连接。

② DO 信号。MCP 483 PN 面板的指示灯输出，需要占用 PLC 的 8 字节、64 点 DO，DO 信号简表如表 5.1.4 所示。

表 5.1.4　MCP 483 PN 面板 DO 信号简表

DO 地址	bit7	bit6	bit5	bit4	bit3	bit2	bit1	bit0
QB 112	操作状态指示				操作方式指示			
	INC 1000	INC 100	INC 10	INC 1	JOG	Teach in	MDA	AUTO
QB 113	运行状态指示				操作方式指示		操作状态指示	
	F_Start	F_Stop	NC_Start	NC_Stop	REPOS	REF	INC Var	INC 10000
QB 114	操作状态指示				运行状态指示			
	-/R13	X/+Y	4/-Z	7/-C	R10	单段	SP_Start	SP_Stop
QB 115	操作状态指示							
	Z /+C	5 /Rapid	WCS/MCS	R11	9/-Y	8/-X	6/+Z	+/R15
QB 116	用户定义							操作指示
	T9	T10	T11	T12	T13	T14	T15	Y/+X
QB 117	用户定义							
	T1	T2	T3	T4	T5	T6	T7	T8
QB 118							操作状态指示	
	—	—	—	—	—	—	RESET	Rapid/R14
QB 119	用户定义							
	—	—	KT_OUT6	KT_OUT5	KT_OUT4	KT_OUT3	KT_OUT2	KT_OUT1

由于机床类型、系统配置的不同，不同数控机床的 MCP 483 PN 面板 DO 信号可能存在如下区别。

轴手动指示：铣削系统 828 MD 配套的操作面板 MCP 483 M 和车削系统 828 TD 配套的 MCP 483 T 同样存在不同。例如，输出 Q 114.4～114.6 在 MCP 483 M 上为手动轴选择【X】、【4】、【7】键的指示灯输出，在 MCP 483 T 上则为坐标轴移动键【+Y】、【-Z】、【-C】的指示灯输出（详见第 3 章）。

用户 DO：MCP 483 PN 面板的 6 点用户 DO 输出 QB 119.0～119.5 用于用户 DO 连接，在不同数控机床上，可能连接不同的信号。

5.1.3　CNC 操作 HMI 信号

SIEMENS 数控系统的 HMI 信号是通过人机接口（HMI）软件及 LCD 软功能键操作所产生的 CNC 操作信号，此信号可用于 MCP 面板未提供的程序试运行、跳过选择程序段、M01 暂停生效/撤销等功能控制。

HMI 信号像 PLC 的 CNC 接口信号一样，需要通过数据块 DB 与集成 PLC 连接，DI/DO 地址以数据寄存器的形式表示，因此，也可视为集成 PLC 的 CNC/PLC 接口信号。

828D 系统的 HMI 信号主要包括 PLC 报警显示与控制、CNC 加工程序运行控制、CNC 操作方式选择、手轮操作等。在设计 PLC 程序时，HMI 信号同样可分为输入（DI）、输出（DO）2 类，信号的功能及地址如下。

（1）HMI 输入信号

828D 系统集成 PLC 的 HMI 输入信号可通过 4 个数据块 DB1600、DB1700、DB1800、DB1900 读取，信号主要用于 CNC 报警处理（DB1600）、CNC 加工程序及 CNC 运行控制（DB1700）、操作方式选择及 CNC 定期维护控制（DB1800）、CNC 运行状态及手轮操作（DB1900）指示等。

828D 系统的 HMI 输入信号功能及地址简表如表 5.1.5 所示。

表 5.1.5　HMI 输入 DI 信号简表

DI 地址	bit7	bit6	bit5	bit4	bit3	bit2	bit1	bit0
DB1600.DBB2000	CNC 报警处理要求							
	CNC 重启	PLC 应答	—	PLC 停止	CNC 急停	轴停止	禁止读入	禁止启动
DB1700.DBB0	程序运行控制							
	—	试运行	M01 生效	—	DRF 生效	—	—	—
DB1700.DBB1	程序运行控制							
	程序测试	—	—	—	快速倍率	—	—	—
DB1700.DBB2	程序运行控制							
	/7 跳段	/6 跳段	/5 跳段	/4 跳段	/3 跳段	/2 跳段	/1 跳段	/0 跳段
DB1700.DBB3	程序运行控制							
	—	—	—	—	—	—	/9 跳段	/8 跳段
DB1700.DBB4	CNC 控制							
	RESET				NC 停止		NC 启动	

DI 地址	bit7	bit6	bit5	bit4	bit3	bit2	bit1	bit0
DB1800.DBB0	CNC 操作方式选择							
	—	—	—	—	—	JOG	MDA	AUTO
DB1800.DBB1	CNC 操作方式选择							
	—	—	—	—	—	REF	—	Teach in
DB1800.DBB3000	启动 CNC 定期维护操作							
	维护 8	维护 7	维护 6	维护 5	维护 4	维护 3	维护 2	维护 1
DB1800.DBB3001	启动 CNC 定期维护操作							
	维护 16	维护 15	维护 14	维护 13	维护 12	维护 11	维护 10	维护 9
DB1800.DBB3002	启动 CNC 定期维护操作							
	维护 24	维护 23	维护 22	维护 21	维护 20	维护 19	维护 18	维护 17
DB1800.DBB3003	启动 CNC 定期维护操作							
	维护 32	维护 31	维护 30	维护 29	维护 28	维护 27	维护 26	维护 25
DB1800.DBB5000	禁止 CNC 定期维护动作							
	维护 8	维护 7	维护 6	维护 5	维护 4	维护 3	维护 2	维护 1
DB1800.DBB5001	禁止 CNC 定期维护动作							
	维护 16	维护 15	维护 14	维护 13	维护 12	维护 11	维护 10	维护 9
DB1800.DBB5002	禁止 CNC 定期维护动作							
	维护 24	维护 23	维护 22	维护 21	维护 20	维护 19	维护 18	维护 17
DB1800.DBB5003	禁止 CNC 定期维护动作							
	维护 32	维护 31	维护 30	维护 29	维护 28	维护 27	维护 26	维护 25
DB1900.DBB0	CNC 运行状态							
	WCS 有效	程序模拟	—	—	—	—	—	—
DB1900.DBB1	CNC 运行状态							
	当前有效的 HMI 接口							
DB1900.DBB2	CNC 运行状态							
	当前有效的 CNC 通道（1：通道 1。2：通道 2）							
DB1900.DBB1003	第 1 手轮操作信号							
	MCS 有效	手轮有效	DRF 有效	—	—	轴选择 C	轴选择 B	轴选择 A
DB1900.DBB1004	第 2 手轮操作信号							
	MCS 有效	手轮有效	DRF 有效	—	—	轴选择 C	轴选择 B	轴选择 A

（2）HMI 控制信号

828D 系统集成 PLC 的 HMI 控制信号需要通过 PLC 程序，在数据块 DB1600、DB1800、DB1900 上输出。此信号主要用于 LCD 的 CNC 报警显示及 PLC 处理完成应答（DB1600）、CNC 定期维护撤销及 PLC 处理完成应答（DB1800）、HMI 操作控制（DB1900）等。

828D 系统的 HMI 控制信号功能及地址简表如表 5.1.6 所示。

表 5.1.6　HMI 控制 DO 信号简表

DO 地址	bit7	bit6	bit5	bit4	bit3	bit2	bit1	bit0
DB1600.DBB0	PLC 报警号及文本显示							
	700007	700006	700005	700004	700003	700002	700001	700000
DB1600.DBB1	PLC 报警号及文本显示							
	700015	700014	700013	700012	700011	700010	700009	700008
……			……					
DB1600.DBB30	PLC 报警号及文本显示							
	700247	700246	700245	700244	700243	700242	700241	700240
DB1600.DBD1000	PLC 报警文本变量（32 位二进制常数）							
	700 000 报警文本变量值							
DB1600.DBD1004	PLC 报警文本变量（32 位二进制常数）							
	700 001 报警文本变量值							
……			……					
DB1600.DBD1988	PLC 报警文本变量（32 位二进制常数）							
	700247 报警文本变量值							
DB1600.DBD3000	CNC 报警处理应答							
	—	—	—	—	—	—	—	处理完成
DB1800.DBB2000	撤销 CNC 定期维护操作							
	维护 8	维护 7	维护 6	维护 5	维护 4	维护 3	维护 2	维护 1
DB1800.DBB2001	撤销 CNC 定期维护操作							
	维护 16	维护 15	维护 14	维护 13	维护 12	维护 11	维护 10	维护 9
DB1800.DBB2002	撤销 CNC 定期维护操作							
	维护 24	维护 23	维护 22	维护 21	维护 20	维护 19	维护 18	维护 17
DB1800.DBB2003	撤销 CNC 定期维护操作							
	维护 32	维护 31	维护 30	维护 29	维护 28	维护 27	维护 26	维护 25
DB1800.DBB4000	CNC 定期维护处理完成							
	维护 8	维护 7	维护 6	维护 5	维护 4	维护 3	维护 2	维护 1
DB1800.DBB4001	CNC 定期维护处理完成							
	维护 16	维护 15	维护 14	维护 13	维护 12	维护 11	维护 10	维护 9
DB1800.DBB4002	CNC 定期维护处理完成							
	维护 24	维护 23	维护 22	维护 21	维护 20	维护 19	维护 18	维护 17
DB1800.DBB4003	CNC 定期维护处理完成							
	维护 32	维护 31	维护 30	维护 29	维护 28	维护 27	维护 26	维护 25
DB1900.DBB5000	HMI 操作控制							
	WCS 选择	—	—	—	—	键盘锁定	—	—
DB1900.DBB5001	LCD 显示控制							
	—	—	—	—	—	—	关闭 LCD	关闭禁止
DB1900.DBB5002	手动刀具测量控制							
	—	—	—	—	—	—	—	允许手动
DB1900.DBB5003	PLC 定位点选择							
	定位点 0～255							

5.2 CNC 特殊功能说明

5.2.1 通道、方式组与 ASUP 程序

SIEMENS 数控系统的 CNC/PLC 接口信号包括需要通过 PLC 程序输出的 CNC 控制信号以及来自 CNC 的状态信号 2 大类。CNC 控制信号用于系统的运行控制，状态信号为 CNC 工作状态指示。

828 TD 系统具有多轨迹加工控制功能，CNC/PLC 接口信号涉及通道、方式组、ASUP 程序及几何轴、PLC 轴、Cs 轴等概念。为了使读者准确理解 CNC/PLC 接口信号的功能与用途，现将相关概念说明如下。

（1）通道控制

通道（channel）控制是多轨迹加工控制数控系统的基本功能。多轨迹加工控制是利用现代计算机的高速处理性能，同时运行多个加工程序、同时进行多种轨迹插补运算的多单元加工控制功能，可用于诸如多主轴、多刀架车削加工机床等控制场合。

数控系统的多轨迹控制功能在不同公司生产的数控系统上有不同的表述方法。例如，SIEMENS 公司称之为"多通道控制（multi-channel control）"，FANUC 公司则称之为"多路径控制（multi-path control）"。为了与 SIEMENS 说明书统一，本书后述的内容中，也将使用"多通道控制"这一名称。

多通道控制系统可同步运行多个不同的 CNC 程序，CNC 程序既可用于多主轴、多轨迹加工控制，也可用于自动上下料、刀具自动安装等辅助部件的运动控制。

用于加工控制的通道（路径）需要具有相对独立的进给轴与主轴，并可进行独立的坐标系设置、刀具补偿、自动换刀控制，能够独立运行 CNC 加工程序。在 SIEMENS 数控系统上，这样的通道称为"加工通道（maching channel）"；而 FANUC 数控系统则称之为"加工途径（maching path）"。

用于辅助部件运动控制的通道一般只需要进行轴定位、辅助部件动作控制，无需进行坐标轴的插补运算和主轴控制，CNC 程序通常只有轴定位、辅助功能等指令。SIEMENS 数控系统称这样的通道为"辅助通道（assistant channel）"；而 FANUC 数控系统则称之为"装卸控制（loader control）"。

SINUMERIK 840Dsl 系统最大可控制 30 通道、91 轴（进给或主轴），实现 20 轴联动，可用于大型、复杂数控机床及 FMC 的控制。用于车削控制的 828 TD 系统最大可控制 2 通道、10 轴（8 轴伺服+2 主轴或 10 轴伺服），实现 4 轴联动；第 2 通道既可用于加工，也可用于辅助控制。但是，用于镗铣加工的 828 MD 系统，目前还不能使用多通道控制功能。

828 TD/840Dsl 系统的不同通道不仅可独立运行 CNC 程序，而且还可通过方式组控制，对不同的通道选择不同的 CNC 操作方式。

（2）方式组控制

在多通道控制的数控系统上，有时需要将若干个加工通道、辅助通道组合为一个相对独立的操作组，由系统对其进行成组、统一的控制，这样的操作组在 SIEMENS 数控系统上称为"方式组（operating mode group）"，德文缩写为"BAG"；而 FANUC 数控系统则称之为"机械组（machine group）"。

例如，对于图 5.2.1 所示的 4 通道控制的双主轴、双刀架、自动上下料数控车床，系统具有如下 2 个加工通道（通道 1、通道 3）和 2 个辅助通道（通道 2、通道 4）。

通道 1（加工）：由主轴 SP1、刀架 T1 及进给轴 X1、Z1 组成，通道 1 可通过刀架 T1 上的刀具，对安装在主轴 SP1 上的工件进行车削加工。

通道 2（辅助）：用于主轴 SP1 的工件上下料控制，通道 2 可通过轴 U1、W1 的定位及转塔的回转实现主轴 SP1 上的工件自动装卸。

通道 3（加工）：由主轴 SP2、刀架 T2 及进给轴 X2、Z2 组成，通道 3 可通过刀架 T2 上的刀具，对安装在主轴 SP2 上的工件进行车削加工。

通道 4（辅助）：用于主轴 SP2 的工件上下料控制，通道 4 可通过轴 U2、W2 的定位及转塔的回转实现主轴 SP2 上的工件自动装卸。

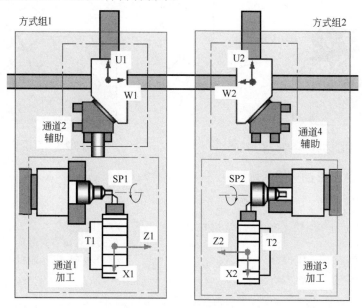

图 5.2.1　通道与方式组

由于通道 1、通道 2 都用于主轴 SP1 的加工控制，因此，尽管通道所运行的 CNC 程序有所不同，但 CNC 的操作方式（手动、自动等）应一致。例如，当通道 1 选择手动操作时，通道 2 也必须停止自动运行、成为手动操作状态，反之亦然；同样，加工通道 3、辅助通道 4 都用于主轴 SP2 的加工控制，CNC 的操作方式也必须一致。

但是，通道 1、2 和通道 3、4 的控制对象相对独立，两者的 CNC 操作方式可以不同。例如，可以在通道 1、2 自动运行 CNC 程序、对主轴 SP1 上的零件进行加工同时，通过通道 3、4 的手动操作，进行主轴 SP2 的对刀、调整等手动操作等。

车削系统 828 TD 最大可控制 2 通道、使用 2 个方式组；但是，镗铣系统 828 MD 目前还不能使用多通道、多方式组控制功能。

（3）ASUP 程序控制

"ASUP" 是 "中断子程序" 的德文缩写，在 SIEMENS 手册中被译作 "异步子程序" 或 "非同步子程序"。

ASUP 程序可用于各通道的 CNC 加工程序中断控制。例如，在图 5.2.2 所示具有刀具破损检测功能的系统上，如果 CNC 在执行加工程序（主程序）的过程中，发生了可通过 CNC

自动处理排除的故障（如刀具破损等），则在 PLC 程序中，可通过刀具破损的检测信号，立即中断主程序运行，调用中断子程序 ASUP 进行中断处理。在 ASUP 程序上，可将主轴移动到换刀位置，并通过自动换刀更换同类新刀具、修改刀具补偿数据；然后，利用 CNC 的断点返回操作 REPOS，将刀具重新定位到主程序的中断点，继续后续加工。

828D 系统调用 ASUP 中断程序时的刀具退出方向，可通过 CNC 程序指令"ALF"定义，例如，当 ALF=3 时，刀具可沿图 5.2.3 所示的加工轮廓右侧垂直方向退出。

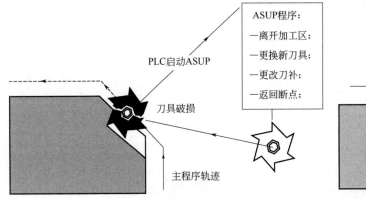
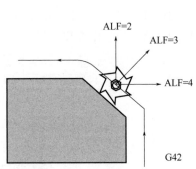

图 5.2.2　ASUP 程序控制　　　　　　图 5.2.3　刀具退出方向定义

中断子程序 ASUP 的应用示例如下。
CNC 加工主程序：

```
N10 SETINT(1) PRIO=1 W_WECHS LIFTFAS;      //中断定义
N20 ALF=3;                                 //刀具退出方向定义
N30 G0 Z100 G17 T1 D1;                     //刀具 T1 的加工程序
N40 G0 X-5 Y-22 Z2 M3 S300;
N50 Z-7;
N60 G42 G1 X16 Y16 F200;
N70 Y35;
N80 X-53 Y65;
N90 X-71.5;
N100 Y16;
N110 G40 G0 Z100;
N120 M30;
```

指令 N10 用于中断定义，SETINT（1）为通过 CNC 的高速输入信号 DI0 中断；PRIO=1 用来定义中断优先级（1 为最高优先级）；W_WECHS 为中断子程序 ASUP 名称；LIFTFAS 为发生中断时的刀具退出方式，LIFTFAS 为以 G00 方式快速退出。

用于刀具自动更换的中断子程序（ASUP 程序）示例如下：

```
PROC W_WECHS SAVE;          //定义程序名、保存主程序模态 G 代码
N10 G0 Z100 M5;             //移动至换刀位置,停止主轴
N20 T11 M6 D11 G41;         //更换备用刀具、更改刀补
N30 REPOSL RMB M3 ;         //返回断点,并跳转到主程序
N40 M17;                    //子程序结束
```

有关 ASUP 程序的更多说明，可参见 SIEMENS 公司的数控系统编程手册。

5.2.2　几何轴、PLC 轴及 Cs 轴

在 SIEMENS 数控系统上，所有通过 SIEMENS Drive-CLiQ 总线与 CNC 基本单元连接、利用 SINAMICS S120 Combi 或 SINAMICS S120 CLiQ 专用驱动器驱动的进给轴、主轴都称为机床轴。

SIEMENS 数控系统的机床轴，不但可通过 CNC 程序指令来控制进给轴或主轴的位置与速度，还可采用特殊的几何轴、PLC 轴、Cs 轴控制功能，说明如下。

（1）几何轴控制

SIEMENS 数控系统的几何轴（geometry axis）控制是用于带平行坐标轴的多轴数控机床的特殊控制功能。所谓几何轴是指机床当前工件坐标系（workplace coordinate system，WCS）中用于切削进给的主要坐标轴，如数控车削机床的 X/Z 轴、数控镗铣加工机床的 $X/Y/Z$ 轴等。

例如，在图 5.2.4 所示的双刀架数控车床中，当对工件的加工轮廓以工件坐标系 WCS 为基准编程时，所有的车削刀具都需要按工件坐标系 WCS 所规定的方向进行直线、圆弧等插补运动，因此，工件坐标系的 X、Z 轴就是数控系统的几何轴。

数控机床的几何轴运动有时需要通过机床坐标系（machine coordinate system，MCS）的不同坐标轴（机床轴）运动实现。

例如，对于图 5.2.4 所示的双刀架数控车床，当工件使用刀架 T1 上的刀具进行加工时，几何轴 X、Z 的运动需要通过刀架 T1 的机床轴 X1、Z1 运动实现，而且几何轴 X 的运动方向与实际机床轴 X1 的运动方向相反。当工件使用刀架 T2 上的刀具进行加工时，几何轴 X、Z 的运动则需要通过刀架 T2 的机床轴 X2、Z2 运动实现，此时，几何轴的运动方向与实际机床轴相同。

因此，当机床需要进行工件坐标系的手动、手轮等操作时，就需要根据工件的实际加工要求，将几何轴运动转换为实际机床轴的运动。

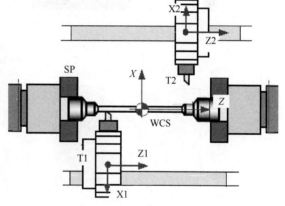

图 5.2.4　几何轴控制

SIEMENS 数控系统的几何轴可通过 CNC 程序指令 GEOAX 定义及切换，指令的基本编程格式如下：

```
GEOAX(1,i,2,j,3,k);
```

其中，i、j、k 分别为几何轴 1、2、3（X、Y、Z）所对应的机床轴名称。

例如，对于图 5.2.4 所示的双刀架数控车床，利用几何轴控制功能编制的 CNC 加工程序示例如下。

```
……
N10  GEOAX(1,X1,3,Z1);                //定义几何轴
     G90 G00 X-50.Z-50.;              //刀架 1 加工
     G01 X-100.Z-100.;
……
```

```
N20  GEOAX(1,X2,3,Z2);                    //切换几何轴
     G90 G00 X50.Z50.;                    //刀架 2 加工
     G01 X100.Z100.;
......
```

（2）PLC 轴控制

SIEMENS 数控系统的 PLC 轴是由 PLC 控制位置、速度的机床轴。机床生产厂家可根据需要，将一个或多个数控机床轴定义为 PLC 轴。

PLC 轴与 PLC 控制的辅助轴的区别如图 5.2.5 所示，说明如下。

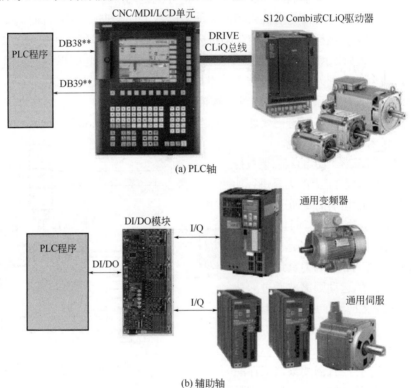

(a) PLC 轴

(b) 辅助轴

图 5.2.5　828D/840Dsl 的 PLC 轴控制

① PLC 轴。PLC 轴本质上是 CNC 控制的数控机床轴，它需要通过 SIEMENS Drive-CLiQ 总线与 CNC 基本单元连接，利用 SINAMICS S120 Combi 或 SINAMICS S120 CLiQ 专用驱动器驱动。

PLC 轴直接占用系统的进给/主轴，数量受数控系统控制轴数的限制；驱动器的连接、调试方法都与系统的其他机床轴完全相同。但是，PLC 轴的位置、速度等控制指令来自 PLC，PLC 程序可通过 CNC/PLC 接口信号（数据块 DB38**、DB39**）向 CNC 发送 PLC 轴的定位位置、速度等控制指令。

PLC 轴具有与其他数控机床轴同样的位置、速度控制性能，轴定位可达到与数控机床轴同样的精度，运动速度可任意调节，因此，PLC 轴可用于回转工作台的高精度分度定位、车削机床刀架或加工中心刀库的高速、高精度回转定位等运动控制（见第 7 章）。

② 辅助轴。辅助轴是由 PLC 控制启停/转向的感应电机驱动轴，或者，使用通用型伺服驱动进行位置、速度控制的辅助运动轴。

辅助轴的连接、控制与 CNC 无关，数量不受数控系统控制轴数的限制。用于感应电机或伺服

驱动的变频器、通用型伺服驱动器等速度、位置控制装置，只通过 PLC 的 DI/DO 进行连接，通过 PLC 程序的输入/输出点 I/Q 控制。因此，控制装置的参数显示与设定、连接调试都需要在变频器、通用型伺服驱动器上自主进行吗，不能在 CNC 上进行参数显示与设定、位置与速度调整等操作。

（3）Cs 轴控制

Cs 是主轴 Cs 轮廓控制（Cs contouring control）的简称。通过 Cs 控制功能，主轴将具有位置插补和进给速度控制功能。

(a) 刀架与刀具

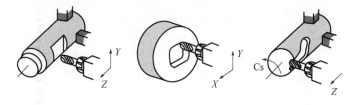

(b) 功能应用

图 5.2.6　Cs 轴控制

Cs 轴控制是车削中心、车铣复合加工中心的基本功能。车削中心、车铣复合加工中心刀架能够安装图 5.2.6（a）所示的可旋转动力刀具，并利用 Cs 轴控制功能，对回转体的侧面或端面，进行图 5.2.6（b）所示的镗铣加工。

车削中心、车铣复合加工中心使用动力刀具进行镗铣加工时，机床的车削主轴需要像数控回转轴一样，进行回转进给和任意位置定位，并参与 CNC 的插补运算、加工工件轮廓，并且具备与数控进给轴同样的位置、速度控制性能。因此，Cs 主轴不仅需要采用 SIEMENS Drive-CLiQ 总线连接，利用 SINAMICS S120 Combi 或 SINAMICS S120 CLiQ 专用驱动器驱动，而且，主轴电机必须具备高精度位置、速度控制性能，主轴的位置检测装置（编码器）必须配置高精度位置编码器。

5.3　CNC/PLC 接口基本信号

5.3.1　CNC/PLC 接口信号分类

（1）信号分类

SIEMENS 数控系统的 CNC/PLC 接口信号众多，根据信号的控制范围，可分为图 5.3.1

所示的基本信号、通道信号 2 大类。

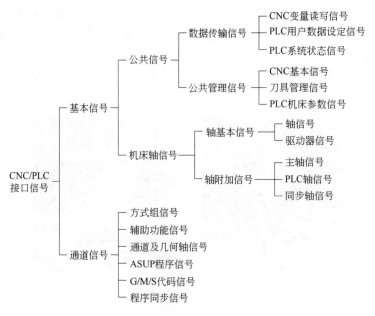

图 5.3.1 CNC/PLC 接口信号分类

（2）基本信号

基本信号是与方式组、通道、几何轴无关的控制信号，对所有方式组、通道、几何轴均有效。

根据信号的功能与用途，828D 系统的基本信号可分为公共信号和机床轴信号 2 类。公共信号用于 CNC 变量读写、PLC 用户数据与系统信号读取，以及 CNC 急停及存储器保护等功能设定、刀具管理、PLC 机床参数读取等。机床轴信号用于采用 SIEMENS Drive-CLiQ 总线连接的、利用 SINAMICS S120 Combi 或 SINAMICS S120 CLiQ 专用驱动器驱动的全部机床进给轴、主轴、PLC 轴、同步轴的控制。

机床轴信号数量众多，根据机床轴的性质，又可分轴基本信号、轴附加信号 2 类。轴基本信号包括轴信号、驱动器信号，所有机床轴均需要有轴基本信号控制。主轴、PLC 轴、同步轴信号仅用于定义为主轴、PLC 轴、同步轴的机床轴。

机床进给轴基本信号可用于轴手动进给（连续、增量、手轮）、回参考点、定点定位、位置跟随等轴控制方式选择，以及伺服使能、移动方向、运动停止、行程极限、进给速度倍率和快进倍率调节功能的生效/撤销等控制与状态检测。机床主轴基本信号可用于主轴的传动级交换、主轴定向准停、分度定位等主轴特殊功能控制。机床 PLC 轴基本信号可用于机床轴的 PLC 定位控制，机床同步轴信号可用于主/从同步控制的进给轴、主轴控制。

（3）通道信号

通道信号是用于指定方式组、指定通道控制的信号，信号对其他方式组、通道无效。在无多通道控制功能的 828 MD 等系统上，只需要编制第 1 方式组、第 1 通道控制的 PLC 程序。

通道信号包括方式组信号、辅助功能信号、通道及几何轴信号、ASUP 程序信号、G/M/S 代码信号、程序同步信号 6 类。

方式组、通道及几何轴信号主要用于通道操作方式选择、复位，程序自动运行、进给速度及主轴转速倍率调整，以及工件坐标系几何轴手动操作；ASUP 程序信号用于 CNC 中断程序的运行控制；辅助功能及 G/M/S 代码信号可用于通道程序中的辅助功能及 G/M/S 代码读取；程序同步信号用于不同通道的程序同步运行控制。

828D 系统基本信号的地址、功能如下，通道信号的地址、功能详见后述。

5.3.2　CNC/PLC 数据传输信号

（1）CNC 变量读写信号

CNC 变量读写信号可用于刀具参数、零点偏置、R 参数及 CNC 加工程序变量的读写操作，进行 CNC 和 PLC 的数据实时交换。在 PLC 程序中，CNC 变量读写控制及读写状态显示，可通过数据块 DB1200 的不同区域进行。

CNC 变量读写信号的地址、功能如表 5.3.1 所示。

表 5.3.1　828D 系统变量读写信号表

信号地址	信号名称	信号类别	作用与功能
DB1200.DBX0.0	读写启动	PLC 输出	启动 CNC 变量读写操作
DB1200.DBX0.1	读写选择	PLC 输出	0—读取 CNC 变量；1—改写 CNC 变量
DB1200.DBX0.2～0.7	—	—	802D 不使用
DB1200.DBB1	读写数量	PLC 输出	需要读写的变量数量
DB1200.DBB2～999	—	—	802D 不使用
DB1200.DBB1000	变量类型	PLC 输出	1—刀具参数；2—刀补值；3—零点偏置；4—当前配置轴数；5—R 参数；7—位置类型；8—位置数据；9—特殊位置刀号
DB1200.DBB1001	读写区域	PLC 输出	变量读写区域选择
DB1200.DBW1002	列号	PLC 输出	数组型 CNC 变量的列号
DB1200.DBW1004	行号	PLC 输出	数组型 CNC 变量的行号
DB1200.DBW1006	—	—	802D 不使用
DB1200.DBW1008	变量值	PLC 输出	需要改写的新变量值
DB1200.DBB1010～1999	—	—	802D 不使用
DB1200.DBX2000.0	读写完成	PLC 输入	CNC 变量读写操作完成
DB1200.DBX2000.1	读写出错	PLC 输入	CNC 变量读写操作出错
DB1200.DBX2000.2～2000.7	—	—	802D 不使用
DB1200.DBB2001～2999	—	—	802D 不使用
DB1200.DBX3000.0	变量有效	PLC 输入	CNC 变量改写完成，新值有效
DB1200.DBX3000.1	变量出错	PLC 输入	改写的 CNC 变量值不正确
DB1200.DBB3001	执行结果	PLC 输入	0—执行正确；1—变量不允许读写；5—变量地址（号）出错；10—读写变量不存在
DB1200.DBW3002	—	—	802D 不使用
DB1200.DBD3004	读入值	PLC 输入	PLC 读取的变量值
DB1200.DBB3008～3999	—	—	802D 不使用

信号地址	信号名称	信号类别	作 用 与 功 能
DB1200.DBX4000.0	启动 ASUP 操作	PLC 输出	启动 ASUP 程序操作
DB1200.DBX4000.1～4000.7	—	—	802D 不使用
DB1200.DBB4001	ASUP 操作选择	PLC 输出	1—ASUP1；2—ASUP2；3—删除密码；4—数据存储；13—AUSP3；14—AUSP4
DB1200.DBW4002	—	—	802D 不使用
DB1200.DBW4004	快速退出参数	PLC 输出	CNC 程序中断为快速退出参数
DB1200.DBW4006	优先执行程序段	PLC 输出	ASUP 程序优先执行程序段
DB1200.DBW4008	通道号	PLC 输出	ASUP 程序通道号
DB1200.DBW4010	ASUP 优先级	PLC 输出	ASUP 程序优先级
DB1200.DBW4012	ASUP 程序参数 5	PLC 输出	ASUP 程序 PI-参数 5
DB1200.DBW4014	ASUP 程序参数 6	PLC 输出	ASUP 程序 PI-参数 6
……	……		……
DB1200.DBW4022	ASUP 程序参数 10		ASUP 程序 PI-参数 10
DB1200.DBB4024～4999	—	—	802D 不使用
DB1200.DBX5000.0	ASUP 操作完成	PLC 输入	ASUP 程序操作完成
DB1200.DBX5000.1	ASUP 操作出错	PLC 输入	ASUP 程序操作出错
DB1200.DBX5000.2～5000.7	—	—	802D 不使用
DB1200.DBB5001～5999	—	—	802D 不使用

（2）PLC 用户数据及系统信号

① PLC 用户数据。PLC 用户数据是直接通过 PLC 程序设定的 PLC 程序数据，具有断电保存功能。

828D 系统的 PLC 用户数据可通过数据块 DB1400 设定，DB1400 的长度为 128 字节。设定数据的格式可以为二进制位信号（bit）、字节数据（BYTE）、1 字长整数（WORD）、2 字长整数（DWORD）。

② PLC 系统信号。PLC 系统信号包括 PLC 基本工作状态、系统时间等。828D 系统的 PLC 系统信号的地址与功能如表 5.3.2 所示。在 PLC 程序中，PLC 系统信号可通过数据块 DB1800 读取。

表 5.3.2 828D 系统 PLC 系统信号表

信号地址	信号名称	作 用 与 功 能
DB1800.DBX1000.0	默认值启动	PLC 工作状态：使用系统默认值启动 PLC
DB1800.DBX1000.1	数据保存启动	PLC 工作状态：数据保存操作已启动
DB1800.DBX1000.2～1000.5	—	802D 不使用
DB1800.DBX1000.6	数据读入启动	PLC 工作状态：数据读入操作已启动
DB1800.DBX1000.7	—	802D 不使用
DB1800.DBB1001～1003	—	802D 不使用

续表

信号地址	信号名称	作 用 与 功 能
DB1800.DBD1004	PLC 循环时间	PLC 循环时间
DB1800.DBB1008	系统时间	年，2 位十进制
DB1800.DBB1009	系统时间	月，2 位十进制
DB1800.DBB1010	系统时间	日，2 位十进制
DB1800.DBB1011	系统时间	时，2 位十进制
DB1800.DBB1012	系统时间	分，2 位十进制
DB1800.DBB1013	系统时间	秒，2 位十进制
DB1800.DBB1014	系统时间	毫秒，百位、十位
DB1800.DBB1015	系统时间	毫秒，个位、星期
DB1800.DBB1016~1999	—	802D 不使用

5.3.3　CNC 公共管理信号

828D 系统的 CNC 公共管理信号用于 CNC 急停及存储器保护等功能设定、刀具管理、PLC 机床参数读取等，包括 CNC 基本信号、刀具管理信号、PLC 机床参数设定信号 3 类，信号地址及功能如下。

（1）CNC 基本信号

CNC 基本信号用于 CNC 急停、存储器保护、手动功能设定等基本控制。在 PLC 程序中，基本控制信号需要通过数据块 DB2600 输出，基本状态信号可通过数据块 DB2700 读取。

828D 系统的 CNC 基本控制信号地址与功能如表 5.3.3 所示。

表 5.3.3　828D 系统基本控制信号表

信号地址	信号名称	作 用 与 功 能
DB2600.DBX0.0	—	802D 不使用
DB2600.DBX0.1	CNC 急停	"1"—强制 CNC 急停；"0"—无效
DB2600.DBX0.2	急停撤销	"1"—撤销外部 CNC 急停操作；"0"—无效
DB2600.DBX0.3	—	802D 不使用
DB2600.DBX0.4	存储器保护级 7	"1"—生效 CNC 存储器保护级 7
DB2600.DBX0.5	存储器保护级 6	"1"—生效 CNC 存储器保护级 6
DB2600.DBX0.6	存储器保护级 5	"1"—生效 CNC 存储器保护级 5
DB2600.DBX0.7	存储器保护级 4	"1"—生效 CNC 存储器保护级 4
DB2600.DBX1.0	INC 操作设定	"1"—手动增量进给 INC 操作有效；"0"—无效
DB2600.DBX1.1	实际位置输出	"1"—输出轴实际位置；"0"—无效
DB2600.DBX1.2	剩余行程输出	"1"—输出轴剩余行程；"0"—无效
DB2600.DBX1.3~1.7	—	802D 不使用
其他	—	828D 不使用

828D 系统的 CNC 基本状态信号地址与功能如表 5.3.4 所示，在 PLC 程序中，信号状态

可通过数据块 DB2700 读取。

表 5.3.4　828D 系统基本状态信号表

信号地址	信号名称	作　用　与　功　能
DB2700.DBX0.0	—	802D 不使用
DB2700.DBX0.1	CNC 急停	"1"—CNC 已急停；"0"—非急停状态
DB2700.DBX0.2～0.7	—	802D 不使用
DB2700.DBX1.0	测头 1 生效	"1"—测头 1（高速输入）已生效；"0"—无效
DB2700.DBX1.1	测头 2 生效	"1"—测头 2（高速输入）已生效；"0"—无效
DB2700.DBX1.2～1.6	—	802D 不使用
DB2700.DBX1.7	英制生效	"1"—英制位置已生效；"0"—公制
DB2700.DBX2.0～2.2	—	802D 不使用
DB2700.DBX2.3	HMI 准备好	"1"—HMI 无故障；"0"—HMI 初始化或报警
DB2700.DBX2.4	—	802D 不使用
DB2700.DBX2.5	伺服总线正常	"1"—Drive-CliQ 伺服总线正常工作
DB2700.DBX2.6	驱动器准备好	"1"—S120 驱动器无故障；"0"—驱动器初始化或报警
DB2700.DBX2.7	CNC 准备好	"1"—CNC 无故障；"0"—CNC 初始化或报警
DB2700.DBX3.0	CNC 报警	"1"—CNC 存在报警；"0"—CNC 无报警
DB2700.DBX3.1～3.5	—	802D 不使用
DB2700.DBX3.6	CNC 过热	"1"—CNC/LCD 超过工作温度；"0"—温度正常
DB2700.DBX3.7	—	802D 不使用
DB2700.DBB4～11	—	802D 不使用
DB2700.DBB12	手轮 1 计数	手轮 1 输入脉冲计数
DB2700.DBB13	手轮 2 计数	手轮 2 输入脉冲计数
其他	—	828D 不使用

（2）刀具管理信号

刀具管理信号用于数控机床的自动换刀、刀具寿命管理等控制。在 PLC 程序中，刀具管理信号可通过数据块 DB4000～4329、DB4900、DB5300 进行输出控制、状态读取，数据块功能如表 5.3.5 所示。

表 5.3.5　刀具管理信号数据块功能

数据块号	功　能	类　别	说　明
DB4000	CNC 自动换刀控制信号	PLC 输出	自动换刀动作 1～30 完成信号
DB4100	自动换刀动作 1 信号		自动换刀动作 1 控制
……	……	PLC 输入/输出	……
DB4129	自动换刀动作 30 信号		自动换刀动作 30 控制
DB4200	CNC 自动换刀启动信号	PLC 输入	CNC 自动换刀动作 1～30 启动信号

数据块号	功　能	类　别	说　　明
DB4300	自动换刀动作 1 状态信号		CNC 自动换刀动作 1 执行状态信号
……	……	PLC 输入	……
DB4329	自动换刀动作 30 状态信号		CNC 自动换刀动作 30 执行状态信号
DB4900	CNC 刀具补偿号	PLC 输入/输出	CNC 刀具补偿号读入/改写
DB5300	刀具寿命管理信号	PLC 输入/输出	刀具寿命管理控制及状态信号

（3）PLC 机床参数信号

PLC 机床参数（machine data，简称 MD）是利用 CNC 机床参数操作设定的 PLC 用户程序数据（user data），PLC 机床参数可由 PLC 用户程序设计人员通过 CNC 参数设定操作设定与修改，数据同样具有断电保持功能。在 PLC 程序中，PLC 机床参数值可通过数据块 DB4500 读取。

828D 系统可设定的 PLC 机床参数包括 72 个 PLC 用户程序数据与 248 字节 PLC 程序报警处理设定，机床参数名称及作用如下。

MD14510 [0]～MD14510 [31]：32 个 1 字长整数（INT），数据设定范围为 0～65535，在 PLC 程序中，可作为十进制正整数或二进制数据使用。

MD14512 [0]～MD14512 [31]：32 个 1 字节二进制（十六进制值）整数（BYTE），数据设定范围为 0000 0000～1111 1111（十六进制：00～FF）；在 PLC 程序中，可作为二进制或十六进制数据使用。

MD14514 [0]～MD14510 [31]：8 个 2 字长实数（REAL），数据设定范围为-3402823E+38～+3402823E+38；在 PLC 程序中，可作为实数使用。

MD14516 [0]～MD14516 [247]：248 个 1 字节二进制状态数据，数据设定范围为 0000 0000～1111 1111（十六进制：00～FF）。MD14516 为 CNC 对 PLC 程序 700000～700247 的处理设定，例如，当 PLC 发生指定报警时，可设定 CNC 进入启动禁止、读入禁止、急停等状态，并设定报警需要通过重启系统清除等。

数据块 DB4500 的信号地址与功能如表 5.3.6 所示。

表 5.3.6　PLC 机床参数设定信号表

信号地址	信号名称	作用与功能
DB4500.DBW0	机床参数 MD14510[0]设定状态	CNC 机床参数 MD14510[0]的设定值
DB4500.DBW2	机床参数 MD14510[1]设定状态	CNC 机床参数 MD14510[1]的设定值
……	……	……
DB4500.DBW62	机床参数 MD14510[31]设定状态	CNC 机床参数 MD14510[31]的设定值
DB4500.DBB64～999	—	828D 不使用
DB4500.DBB1000	机床参数 MD14512[0]设定状态	CNC 机床参数 MD14512[0]的设定值
DB4500.DBB1001	机床参数 MD14512[1]设定状态	CNC 机床参数 MD14512[1]的设定值
……	……	……
DB4500.DBB1031	机床参数 MD14512[31]设定状态	CNC 机床参数 MD14512[31]的设定值

续表

信号地址	信号名称	作 用 与 功 能
DB4500.DBB1032～1999	—	828D 不使用
DB4500.DBD2000	机床参数 MD14514[0]设定状态	CNC 机床参数 MD14514[0]的设定值
DB4500.DBD2004	机床参数 MD14514[1]设定状态	CNC 机床参数 MD14514[1]的设定值
……	……	……
DB4500.DBD2028	机床参数 MD14514[7]设定状态	CNC 机床参数 MD14514[7]的设定值
DB4500.DBB2032～2999	—	828D 不使用
DB4500.DBB3000	机床参数 MD14516[0]设定状态	PLC 报警 700 000 的 CNC 处理设定
DB4500.DBB3001	机床参数 MD14516[1]设定状态	PLC 报警 700 001 的 CNC 处理设定
……	……	……
DB4500.DBB3247	机床参数 MD14516[247]设定状态	PLC 报警 700 247 的 CNC 处理设定
DB4500.DBB3248～3999	—	828D 不使用

5.3.4 机床轴基本信号

机床轴信号用于 CNC 轴控制，凡是通过 SIEMENS Drive-CLiQ 总线与 CNC 基本单元连接、利用 SINAMICS S120 Combi 或 SINAMICS S120 CLiQ 专用驱动器驱动的进给轴、主轴都需要使用机床轴信号。

机床轴信号是与 CNC 方式组、通道、几何轴无关的基本信号，对所有通道、方式组、运动轴有效，任何系统都需要使用。

828D 系统的机床轴信号包括所有机床轴都需要使用的轴基本信号与驱动器信号，以及仅用于主轴、PLC 轴、同步轴控制的轴附加信号，信号的地址与功能分别如下。

（1）轴基本信号

轴基本信号是所有机床轴都必须使用的基本信号，用于进给轴以及 Cs 主轴的控制及状态检查。

① 轴基本控制信号。828D 系统机床轴的基本控制信号地址与功能如表 5.3.7 所示；在 PLC 程序中，信号需要利用数据块 DB3800～3811（第 1～12 轴）控制。

表 5.3.7 828D 系统轴基本控制信号表

信号地址	信号名称	作 用 与 功 能
DB3800.DBX0.0	进给倍率调节 F%-A	第 1 机床轴：进给倍率调节信号 F%-A
……	……	……
DB3800.DBX0.7	进给倍率调节 F%-H	第 1 机床轴：进给倍率调节信号 F%-H
DB3800.DBX1.0	—	828D 不使用
DB3800.DBX1.1	固定点到达	第 1 机床轴：到达固定点
DB3800.DBX1.2	固定点检测输入	第 1 机床轴：固定点检测信号
DB3800.DBX1.3	轴禁止使用	第 1 机床轴：禁止使用
DB3800.DBX1.4	轴跟随控制	第 1 机床轴：跟随控制方式

信号地址	信号名称	作　用　与　功　能
DB3800.DBX1.5	位置测量系统 1	第 1 机床轴：电机内置编码器有效
DB3800.DBX1.6	位置测量系统 2	第 1 机床轴：外置光栅、编码器有效
DB3800.DBX1.7	进给倍率生效	第 1 机床轴：进给倍率有效
DB3800.DBX2.0	—	828D 不使用
DB3800.DBX2.1	伺服使能	第 1 机床轴：伺服使能
DB3800.DBX2.2	剩余行程删除	第 1 机床轴：删除剩余行程
DB3800.DBX2.3	伺服锁定	第 1 机床轴：伺服锁定
DB3800.DBX2.4	选择参考点 1	第 1 机床轴：选择参考点 1
DB3800.DBX2.5	选择参考点 2	第 1 机床轴：选择参考点 2
DB3800.DBX2.6	选择参考点 3	第 1 机床轴：选择参考点 3
DB3800.DBX2.7	选择参考点 4	第 1 机床轴：选择参考点 4
DB3800.DBX3.0	—	828D 不使用
DB3800.DBX3.1	固定点定位	第 1 机床轴：固定点定位控制
DB3800.DBX3.2～3.5	—	828D 不使用
DB3800.DBX3.6	进给速度限制	第 1 机床轴：限制最大进给速度
DB3800.DBX3.7	测试运行/主轴使能	第 1 机床轴：测试运行/主轴使能
DB3800.DBX4.0	手轮 1 有效	第 1 机床轴：手轮 1 有效
DB3800.DBX4.1	手轮 2 有效	第 1 机床轴：手轮 2 有效
DB3800.DBX4.2	手轮 3 有效	第 1 机床轴：手轮 3 有效
DB3800.DBX4.3	进给保持	第 1 机床轴：停止进给
DB3800.DBX4.4	移动禁止	第 1 机床轴：禁止移动
DB3800.DBX4.5	手动快速	第 1 机床轴：手动快速
DB3800.DBX4.6	负向手动	第 1 机床轴：负向手动
DB3800.DBX4.7	正向手动	第 1 机床轴：正向手动
DB3800.DBX5.0	增量进给 INC 1	第 1 机床轴：增量进给 INC 1
DB3800.DBX5.1	增量进给 INC 10	第 1 机床轴：增量进给 INC 10
DB3800.DBX5.2	增量进给 INC 100	第 1 机床轴：增量进给 INC 100
DB3800.DBX5.3	增量进给 INC 1000	第 1 机床轴：增量进给 INC 1000
DB3800.DBX5.4	增量进给 INC 10000	第 1 机床轴：增量进给 INC 10000
DB3800.DBX5.5	增量进给 INC Var	第 1 机床轴：增量进给 INC Var
DB3800.DBX5.6	手动连续	第 1 机床轴：手动连续
DB3800.DBX5.7	—	828D 不使用
DB3800.DBB6、7	—	828D 不使用
DB3800.DBX8.0	CNC 进给轴控制	第 1 机床轴：CNC 进给轴控制有效
DB3800.DBX8.1～8.3	—	828D 不使用

信号地址	信号名称	作 用 与 功 能
DB3800.DBX8.4	CNC/PLC 控制切换	第 1 机床轴：CNC/PLC 控制切换脉冲
DB3800.DBX8.5、8.6	—	828D 不使用
DB3800.DBX8.7	PLC 或主轴控制	第 1 机床轴：PLC 或主轴控制有效
DB3800.DBX9.0	CNC 参数组选择 A	第 1 机床轴：CNC 参数组选择信号 A
DB3800.DBX9.1	CNC 参数组选择 B	第 1 机床轴：CNC 参数组选择信号 B
DB3800.DBX9.2	CNC 参数组选择 C	第 1 机床轴：CNC 参数组选择信号 C
DB3800.DBX9.3～9.7	—	828D 不使用
DB3800.DBB10～999		828D 不使用
DB3800.DBX1000.0	正向硬件限位	第 1 机床轴：正向超极限开关动作
DB3800.DBX1000.1	负向硬件限位	第 1 机床轴：负向超极限开关动作
DB3800.DBX1000.2	正向第 2 软件限位选择	第 1 机床轴：生效正向第 2 软件限位功能
DB3800.DBX1000.3	负向第 2 软件限位选择	第 1 机床轴：生效负向第 2 软件限位功能
DB3800.DBX1000.4	负向第 2 软件限位选择	第 1 机床轴：生效负向第 2 软件限位功能
DB3800.DBX1000.5	程序限位选择	第 1 机床轴：生效程序指令限位功能
DB3800.DBX1000.6		828D 不使用
DB3800.DBX1000.7	参考点减速	第 1 机床轴：参考点减速开关信号
DB3800.DBB1001		828D 不使用
DB3800.DBX1002.0	程序测试禁止	第 1 机床轴：不允许程序测试运行
DB3800.DBX1002.1	程序测试有效	第 1 机床轴：生效程序测试运行
DB3800.DBX1002.2～1002.7		828D 不使用
DB3801.DBB0～1002	同 DB3800，用于第 2 机床轴控制	
……	……	
DB3811.DBB0～1002	同 DB3800，用于第 12 机床轴控制	

② 轴基本状态信号。828D 系统机床轴的基本状态信号的地址与功能如表 5.3.8 所示。在 PLC 程序中，状态信号可通过数据块 DB3900～3911（第 1～12 轴）读取；此外，还可通过数据块 DB5700，以实数（REAL）的形式读取进给轴、Cs 主轴的实际位置及剩余行程。

表 5.3.8　828D 系统进给/主轴通用状态信号表

信号地址	信号名称	作 用 与 功 能
DB3900.DBX0.0	主轴控制	第 1 机床轴：主轴控制状态
DB3900.DBX0.1	—	828D 不使用
DB3900.DBX0.2	编码器脉冲频率超过	第 1 机床轴：编码器脉冲频率超过
DB3900.DBX0.3	—	828D 不使用
DB3900.DBX0.4	回参考点 1 完成	第 1 机床轴：回参考点 1 操作完成
DB3900.DBX0.5	回参考点 2 完成	第 1 机床轴：回参考点 2 操作完成
DB3900.DBX0.6	粗定位完成	第 1 机床轴：到达粗定位允差范围

信号地址	信号名称	作 用 与 功 能
DB3900.DBX0.7	准确定位完成	第 1 机床轴：到达准确定位允差范围
DB3900.DBX1.0	—	828D 不使用
DB3900.DBX1.1	报警	第 1 机床轴：轴发生报警
DB3900.DBX1.2	准备好	第 1 机床轴：已准备就绪
DB3900.DBX1.3	跟随控制	第 1 机床轴：跟随控制方式已生效
DB3900.DBX1.4	轴停止	第 1 机床轴：运动停止
DB3900.DBX1.5	位置控制	第 1 机床轴：位置控制方式已生效
DB3900.DBX1.6	速度控制	第 1 机床轴：速度控制方式已生效
DB3900.DBX1.7	转矩控制	第 1 机床轴：转矩控制方式已生效
DB3900.DBX2.0	—	828D 不使用
DB3900.DBX2.1	手轮偏移	第 1 机床轴：手轮偏移方式已生效
DB3900.DBX2.2	—	828D 不使用
DB3900.DBX2.3	测量系统正常	第 1 机床轴：测量系统正常工作
DB3900.DBX2.4	固定点定位	第 1 机床轴：固定点定位功能已生效
DB3900.DBX2.5	固定点定位完成	第 1 机床轴：固定点定位完成
DB3900.DBX2.6	伺服锁定	第 1 机床轴：伺服锁定功能已生效
DB3900.DBX2.7	—	828D 不使用
DB3900.DBX3.0～3.2	—	828D 不使用
DB3900.DBX3.3	轴停止	第 1 机床轴：轴已停止运动
DB3900.DBX3.4～3.7	—	828D 不使用
DB3900.DBX4.0	手轮 1 生效	第 1 机床轴：已生效手轮 1
DB3900.DBX4.1	手轮 2 生效	第 1 机床轴：已生效手轮 2
DB3900.DBX4.2、4.3	—	828D 不使用
DB3900.DBX4.4	手轮负向	第 1 机床轴：负向手轮运动
DB3900.DBX4.5	手轮正向	第 1 机床轴：正向手轮运动
DB3900.DBX4.6	负向运动中	第 1 机床轴：负向运动中
DB3900.DBX4.7	正向运动中	第 1 机床轴：正向运动中
DB3900.DBX5.0	增量进给 INC 1	第 1 机床轴：增量进给 INC 1 已生效
DB3900.DBX5.1	增量进给 INC 10	第 1 机床轴：增量进给 INC 10 已生效
DB3900.DBX5.2	增量进给 INC 100	第 1 机床轴：增量进给 INC 100 已生效
DB3900.DBX5.3	增量进给 INC 1000	第 1 机床轴：增量进给 INC 1000 已生效
DB3900.DBX5.4	增量进给 INC 10000	第 1 机床轴：增量进给 INC 10000 已生效
DB3900.DBX5.5	增量进给 INC Var	第 1 机床轴：增量进给 INC Var 已生效
DB3900.DBX5.6	手动连续	第 1 机床轴：手动连续移动已生效
DB3900.DBX5.7	—	828D 不使用

信号地址	信号名称	作 用 与 功 能
DB3900.DBB6、7	—	828D 不使用
DB3900.DBX8.0	CNC 控制轴	第 1 机床轴：已生效 CNC 控制方式
DB3900.DBX8.1～8.5	—	828D 不使用
DB3900.DBX8.6	从动轴	第 1 机床轴：已生效从动轴控制方式
DB3900.DBX8.7	PLC 控制轴	第 1 机床轴：已生效 PLC 控制方式
DB3900.DBX9.0	CNC 参数组信号 A	第 1 机床轴：CNC 参数组选择信号 A 的当前状态
DB3900.DBX9.1	CNC 参数组信号 B	第 1 机床轴：CNC 参数组选择信号 B 的当前状态
DB3900.DBX9.2	CNC 参数组信号 C	第 1 机床轴：CNC 参数组选择信号 C 的当前状态
DB3900.DBX9.3～9.7	—	828D 不使用
DB3900.DBB10	—	828D 不使用
DB3900.DBX11.0～11.3	—	828D 不使用
DB3900.DBX11.4	位置 1 恢复完成	第 1 机床轴：位置 1 恢复完成
DB3900.DBX11.5	位置 2 恢复完成	第 1 机床轴：位置 2 恢复完成
DB3900.DBX11.6	—	828D 不使用
DB3900.DBX11.7	PLC 定位完成	第 1 机床轴：PLC 定位完成
DB3900.DBB12～999	—	828D 不使用
DB3900.DBX1000.0～1000.3	—	828D 不使用
DB3900.DBX1000.4	程序限位已生效	第 1 机床轴：已生效程序限位
DB3900.DBX1000.5～1000.7	—	828D 不使用
DB3900.DBX1001.0	手动固定点 0 定位	第 1 机床轴：已生效手动固定点 0 定位
DB3900.DBX1001.1	手动固定点 1 定位	第 1 机床轴：已生效手动固定点 1 定位
DB3900.DBX1001.2	手动固定点 2 定位	第 1 机床轴：已生效手动固定点 2 定位
DB3900.DBX1001.3	固定点 0 定位完成	第 1 机床轴：手动固定点 0 定位完成
DB3900.DBX1001.4	固定点 1 定位完成	第 1 机床轴：手动固定点 1 定位完成
DB3900.DBX1001.5	固定点 2 定位完成	第 1 机床轴：手动固定点 2 定位完成
DB3900.DBX1001.6	手动定位位置有效	第 1 机床轴：已生效手动定位位置
DB3900.DBX1001.7	手动定位完成	第 1 机床轴：手动定位完成
DB3900.DBX1002.0	润滑信号	第 1 机床轴：间隙润滑信号
DB3900.DBX1002.1～1002.4	—	828D 不使用
DB3900.DBX1002.5	定位控制轴	第 1 机床轴：已生效定位控制轴
DB3900.DBX1002.6	分度到位	第 1 机床轴：分度已完成
DB3900.DBX1002.7	旋转轴速度到达	第 1 机床轴：旋转轴速度已达到
DB3900.DBX1003.0	干涉区减速	第 1 机床轴：干涉区减速运动
DB3900.DBX1003.1～1003.7	—	828D 不使用
DB5700.DBD0	实际位置	第 1 机床轴：当前实际位置值（REAL）

续表

信号地址	信号名称	作 用 与 功 能
DB5700.DBD4	剩余行程	第 1 机床轴：剩余行程（REAL）
其他	—	828D 不使用
DB3901.DBB0～1002	同 DB3900，第 2 机床轴状态信号	
DB5701.DBD0、DBD4	同 DB5700，第 2 机床轴实际位置、剩余行程	
……	……	
DB3911.DBB0～1002	同 DB3900，第 12 机床轴状态信号	
DB5711.DBD0、DBD4	同 DB5700，第 11 机床轴实际位置、剩余行程	

（2）驱动器信号

828D 系统的驱动器信号用于 S120 Combi 或 S120 CLiQ 驱动器控制。在 PLC 程序中，驱动器控制信号需要通过数据块 DB3800～3811（第 1～12 轴）的数据区 DBB4000～4999 输出；驱动器状态信号可利用数据块 DB3900～3911（第 1～12 轴）的数据区 DBB4000～4999 读取。

① 驱动器控制信号。驱动器控制信号的地址与功能如表 5.3.9 所示。

表 5.3.9　828D 系统驱动器控制信号表

信号地址	信号名称	作 用 与 功 能
DB3800.DBX4000.0～4000.4	—	828D 不使用
DB3800.DBX4000.5	制动器松开	第 1 机床轴：制动器松开
DB3800.DBX4000.6、4000.7	—	828D 不使用
DB3800.DBX4001.0	驱动器参数选择信号 A	第 1 机床轴：驱动器参数选择信号 A
DB3800.DBX4001.1	驱动器参数选择信号 B	第 1 机床轴：驱动器参数选择信号 B
DB3800.DBX4001.2	驱动器参数选择信号 C	第 1 机床轴：驱动器参数选择信号 C
DB3800.DBX4001.3～4001.5	—	828D 不使用
DB3800.DBX4001.6	切换 P 调节器	第 1 机床轴：切换 P 调节器
DB3800.DBX4001.7	脉冲使能	第 1 机床轴：输出 PWM 脉冲
DB3800.DBB4002～4999	—	828D 不使用

② 驱动器状态信号。驱动器状态信号的地址与功能如表 5.3.10 所示。

表 5.3.10　828D 系统驱动器状态信号表

信号地址	信号名称	作 用 与 功 能
DB3900.DBX4000.0～4000.4	—	828D 不使用
DB3900.DBX4000.5	制动器松开	第 1 机床轴：制动器已松开
DB3900.DBX4001.0	驱动器参数选择信号 A	第 1 机床轴：参数选择信号 A 状态
DB3900.DBX4001.1	驱动器参数选择信号 B	第 1 机床轴：参数选择信号 B 状态
DB3900.DBX4001.2	驱动器参数选择信号 C	第 1 机床轴：参数选择信号 C 状态
DB3900.DBX4001.3、4001.4	—	828D 不使用
DB3900.DBX4001.5	驱动器准备好	第 1 机床轴：驱动器初始化完成，无故障

信号地址	信号名称	作 用 与 功 能
DB3900.DBX4001.6	P 调节器有效	第 1 机床轴：P 调节器已生效
DB3900.DBX4001.7	脉冲使能	第 1 机床轴：PWM 脉冲已输出
DB3900.DBX4002.0	电机过热预警	第 1 机床轴：电机温升已达到规定值
DB3900.DBX4002.1	驱动器过热预警	第 1 机床轴：驱动器温升已达到规定值
DB3900.DBX4002.2	驱动器已启动	第 1 机床轴：初始化完成，启动过程结束
DB3900.DBX4002.3	输出转矩小于设定值	第 1 机床轴：输出转矩小于设定值
DB3900.DBX4002.4	输出转速小于最小值	第 1 机床轴：输出转速小于最小值
DB3900.DBX4002.5	输出转速小于设定值	第 1 机床轴：输出转速小于设定值
DB3900.DBX4002.6	转速一致	第 1 机床轴：输出转速等于给定值
DB3900.DBX4002.7	驱动器设定信号	第 1 机床轴：满足驱动器设定条件
DB3900.DBX4003.0	直流母线电压过低	第 1 机床轴：直流母线电压过低
DB3900.DBX4003.1~4003.7	—	828D 不使用
DB3900.DBB4004~4999	—	828D 不使用

5.3.5　机床轴附加信号

（1）主轴与 PLC 轴信号

机床主轴信号是用于 S120 Combi 或 S120 CLiQ 主轴驱动的附加信号。当机床轴被定义为"主轴"时，PLC 程序可通过主轴信号控制主轴速度、转向及调节主轴转速倍率，或者进行主轴传动级交换、主轴定向等动作，检查主轴工作状态。

PLC 轴信号是用于 PLC 控制机床轴的附加信号，当机床轴被定义为"PLC 轴"时，可通过 PLC 程序，输出位置、速度等控制指令，检查 PLC 轴工作状态。

① 控制信号。828D 系统的主轴与 PLC 轴控制信号地址与功能如表 5.3.11 所示。在 PLC 程序中，机床主轴与 PLC 轴控制信号需要通过数据块 DB38**（**为机床主轴或 PLC 轴的轴号）的数据区 DBB2000~3999 输出，其中，DBB2000~2999 为主轴控制信号，DBB3000~3999 为主轴与 PLC 轴通用控制信号。

表 5.3.11　828D 系统主轴与 PLC 轴控制信号表

信号地址	信号名称	作 用 与 功 能
DB38**.DBX2000.0	实际传动级 SP-A	机床主轴：当前传动级信号 SP-A
DB38**.DBX2000.1	实际传动级 SP-B	机床主轴：当前传动级信号 SP-B
DB38**.DBX2000.2	实际传动级 SP-C	机床主轴：当前传动级信号 SP-C
DB38**.DBX2000.3	传动级交换完成	机床主轴：传动级交换已完成
DB38**.DBX2000.4	主轴重新同步 1	机床主轴：启动主轴重新同步 1
DB38**.DBX2000.5	主轴重新同步 2	机床主轴：启动主轴重新同步 2
DB38**.DBX2000.6	取消转速监控	机床主轴：传动级交换，取消转速监控
DB38**.DBX2000.7	清除转速输出	机床主轴：清除转速输出

续表

信号地址	信号名称	作 用 与 功 能
DB38**.DBX2001.0	PLC 主轴倍率生效	机床主轴：PLC 主轴倍率生效
DB38**.DBX2001.1～2001.3	—	828D 不使用
DB38**.DBX2001.4	主轴重新定位	机床主轴：启动主轴重新定位
DB38**.DBX2001.5	—	828D 不使用
DB38**.DBX2001.6	改变 M03/04 极性	机床主轴：改变 M03/04 极性
DB38**.DBX2001.7	—	828D 不使用
DB38**.DBX2002.0～2002.3	—	828D 不使用
DB38**.DBX2002.4	PLC 换挡抖动	机床主轴：选择 PLC 换挡抖动
DB38**.DBX2002.5	选择换挡抖动	机床主轴：选择 PLC 换挡抖动速度
DB38**.DBX2002.6	抖动方向 CW	机床主轴：换挡抖动方向为 CW
DB38**.DBX2002.7	抖动方向 CCW	机床主轴：换挡抖动方向为 CCW
DB38**.DBX2003.0	主轴转速倍率 SP%-A	机床主轴：转速倍率调节信号 SP%-A
……	……	……
DB38**.DBX2003.7	主轴转速倍率 SP%-H	机床主轴：转速倍率调节信号 SP%-H
DB38**.DBB2004～2999	—	828D 不使用
DB38**.DBX3000.0～3000.3	—	828D 不使用
DB38**.DBX3000.4	主轴换挡抖动启动	机床主轴：换挡抖动启动
DB38**.DBX3000.5	主轴正常旋转启动	机床主轴：启动主轴旋转
DB38**.DBX3000.6	主轴定向启动	机床主轴：启动主轴定向
DB38**.DBX3000.7	主轴或 PLC 轴定位启动	主轴或 PLC 轴：启动定位
DB38**.DBB3001	—	828D 不使用
DB38**.DBX3002.0	增量定位	主轴或 PLC 轴：选择增量定位
DB38**.DBX3002.1	捷径定位	主轴或 PLC 轴：选择捷径定位
DB38**.DBX3002.2	英制	PLC 直线轴单位：英制
DB38**.DBX3002.3	手轮有效	PLC 直线轴：手轮有效
DB38**.DBX3002.4	—	828D 不使用
DB38**.DBX3002.5	主轴转向	机床主轴：M04 有效
DB38**.DBX3002.6	线速度恒定控制	机床主轴：生效线速度恒定控制功能
DB38**.DBX3002.7	主轴自动换挡	机床主轴：生效主轴 CNC 自动换挡功能
DB38**.DBX3003.0	负向定位	主轴或 PLC 轴：负向定位
DB38**.DBX3003.1	正向定位	主轴或 PLC 轴：正向定位
DB38**.DBX3003.2～3003.6	—	828D 不使用
DB38**.DBX3003.7	定位位置指定	主轴或 PLC 轴：指定定位位置值
DB38**.DBD3004	定位位置值	主轴或 PLC 轴：定位位置
DB38**.DBD3008	定位速度	主轴或 PLC 轴：定位速度
DB38**.DBD3012～3999	—	828D 不使用

② 状态信号。828D 系统的主轴与 PLC 轴状态信号地址与功能如表 5.3.12 所示。在 PLC 程序中，机床主轴的状态可通过数据块 DB39**（**为机床主轴的轴号）的数据区 DBB2000～2999 读取，PLC 轴的状态可通过数据块 DB39**（**为 PLC 轴的轴号）的数据区 DBB3000～3999 读取。

表 5.3.12　828D 系统主轴与 PLC 轴状态信号表

信号地址	信号名称	作 用 与 功 能
DB39**.DBX2000.0	传动级选择 SP-A	机床主轴：CNC 自动选择传动级信号 SP-A
DB39**.DBX2000.1	传动级选择 SP-B	机床主轴：CNC 自动选择传动级信号 SP-B
DB39**.DBX2000.2	传动级选择 SP-C	机床主轴：CNC 自动选择传动级信号 SP-C
DB39**.DBX2000.3	传动级请求	机床主轴：需要 PLC 交换传动级
DB39**.DBX2000.4～2000.7	—	828D 不使用
DB39**.DBX2001.0	主轴转速超过	机床主轴：实际主轴转速超过指令值
DB39**.DBX2001.1	主轴转速限制	机床主轴：实际主轴转速已被限制
DB39**.DBX2001.2	主轴转速加减速	机床主轴：主轴转速加减速中
DB39**.DBX2001.3	主轴位置监控	机床主轴：位置监控生效
DB39**.DBX2001.4	主轴定位超差	机床主轴：定位超差
DB39**.DBX2001.5	主轴转速到达	机床主轴：转速达到指令值
DB39**.DBX2001.6	主轴转速监控	机床主轴：转速监控已生效
DB39**.DBX2001.7	主轴转向 CW	机床主轴：转向为 CW
DB39**.DBX2002.0	线速度恒定控制有效	机床主轴：线速度恒定控制已生效
DB39**.DBX2002.1	线速度恒定控制撤销	机床主轴：线速度恒定控制已撤销
DB39**.DBX2002.2	—	828D 不使用
DB39**.DBX2002.3	刚性攻螺纹有效	机床主轴：已选择刚性攻螺纹控制方式
DB39**.DBX2002.4	主轴同步有效	机床主轴：已选择同步控制方式
DB39**.DBX2002.5	主轴定位有效	机床主轴：已选择定位控制方式
DB39**.DBX2002.6	主轴换挡抖动有效	机床主轴：已选择换挡抖动控制方式
DB39**.DBX2002.7	主轴速度控制有效	机床主轴：已选择主轴速度控制方式
DB39**.DBX2003.0	刀具动态限制生效	机床主轴：刀具动态限制功能已生效
DB39**.DBX2003.1～2003.4	—	828D 不使用
DB39**.DBX2003.5	主轴位置到达	机床主轴：已到达指令的位置
DB39**.DBX2003.6、2003.7	—	828D 不使用
DB39**.DBB2004～2999	—	828D 不使用
DB39**.DBX3000.0	不能启动 PLC 控制	进给/主轴：不能启动 PLC 控制
DB39**.DBX3000.1	PLC 控制出错	进给/主轴：PLC 运动控制出错
DB39**.DBX3000.2～3000.5	—	828D 不使用
DB39**.DBX3000.6	PLC 轴定位完成	PLC 轴：轴定位完成
DB39**.DBX3000.7	PLC 轴定位启动	PLC 轴：启动轴定位
DB39**.DBB3001、3002	—	828D 不使用
DB39**.DBB3003	PLC 控制出错代码	进给/主轴：PLC 控制出错代码
DB39**.DBB3004～3999	—	828D 不使用

（2）同步轴信号

同步轴信号用于机床轴的主/从同步控制轴的附加信号。当机床轴被定义为"同步轴"时，可通过 PLC 程序，输出位置、速度等控制指令，检查 PLC 轴工作状态。主/从同步控制功能既可用于双电机驱动的进给轴，也可用于多主轴机床的主轴同步控制。

① 主/从同步控制信号。828D 系统同步轴的控制信号地址与功能如表 5.3.13 所示。在 PLC 程序中，同步轴控制信号需要通过数据块 DB38**（**为同步轴的轴号）的数据区 DBB5000～5999 输出。

表 5.3.13　828D 系统同步轴控制信号表

信号地址	信号名称	作用与功能
DB38**.DBX5000.0～5000.3	—	828D 不使用
DB38**.DBX5000.4	转矩补偿启动	机床同步轴：启动转矩补偿
DB38**.DBX5000.5、5000.6	—	828D 不使用
DB38**.DBX5000.7	主/从同步启动	机床同步轴：启动主/从同步控制
DB38**.DBB5001、5002	—	828D 不使用
DB38**.DBB5003	同步轴特殊运动控制	机床同步轴：特殊运动启动/停止
DB38**.DBB5004	—	828D 不使用
DB38**.DBX5005.0～5005.3	—	828D 不使用
DB38**.DBX5005.4	位置同步启动	机床同步轴：启动进给轴位置同步运动
DB38**.DBX5005.5	禁止自动同步	机床同步轴：禁止系统自动同步运动
DB38**.DBX5005.6、5005.7	—	828D 不使用
DB38**.DBX5006.0	同步主轴停止	机床同步主轴：停止
DB38**.DBX5006.1	同步主轴正转	机床同步主轴：正转启动
DB38**.DBX5006.2	同步主轴反转	机床同步主轴：反转启动
DB38**.DBX5006.3	同步主轴换挡	机床同步主轴：传动级交换启动
DB38**.DBX5006.4	同步主轴定向准停	机床同步主轴：定向准停启动
DB38**.DBX5006.5～5006.7	—	828D 不使用
DB38**.DBX5007.0～5007.6	—	828D 不使用
DB38**.DBX5007.7	同步主轴倍率删除	机床同步主轴：倍率删除
DB38**.DBB5008～5999	—	828D 不使用

② 主/从同步状态信号。828D 系统同步轴的状态信号地址与功能如表 5.3.14 所示。在 PLC 程序中，同步轴状态信号可通过数据块 DB39**（**为同步轴的轴号）的数据区 DBB5000～5999 读取。

表 5.3.14　828D 系统同步轴状态信号表

信号地址	信号名称	作用与功能
DB39**.DBX5000.0、5000.1	—	828D 不使用
DB39**.DBX5000.2	准确定位完成	机床同步轴：已准确定位
DB39**.DBX5000.3	粗定位完成	机床同步轴：已粗定位

续表

信号地址	信号名称	作 用 与 功 能
DB39**.DBX5000.4	转矩补偿请求	机床同步轴：需要启动转矩补偿
DB39**.DBX5000.5、5000.6	—	828D 不使用
DB39**.DBX5000.7	同步启动请求	机床同步轴：需要启动同步控制
DB39**.DBB5001	—	828D 不使用
DB39**.DBX5002.0～5002.3	—	828D 不使用
DB39**.DBX5002.4	手轮偏移有效	机床同步轴：手轮偏移有效
DB39**.DBX5002.5	速度极限报警	机床同步轴：超过速度极限
DB39**.DBX5002.6	加速度极限报警	机床同步轴：超过加速度极限
DB39**.DBX5002.7	操作响应	机床同步轴：指定操作已完成
DB39**.DBX5003.0、5003.1	—	828D 不使用
DB39**.DBX5003.2	倍率有效	机床同步轴：倍率有效
DB39**.DBX5003.3	加减速运动	机床同步轴：加减速运动中
DB39**.DBX5003.4	同步运动	机床同步轴：同步运动中
DB39**.DBX5003.5	到达最大速度	机床同步轴：到达最大速度
DB39**.DBX5003.6	到达最大加速度	机床同步轴：到达最大加速度
DB39**.DBX5003.7	—	828D 不使用
DB39**.DBB5004	—	828D 不使用
DB39**.DBX5005.0、5005.1	—	828D 不使用
DB39**.DBX5005.2	同步断开超差	机床同步进给轴：误差超过同步断开允许值
DB39**.DBX5005.3	同步超差报警	机床同步进给轴：同步超差超过允许值
DB39**.DBX5005.4	进给轴同步开始	机床同步进给轴：开始同步运行
DB39**.DBX5005.5	进给轴分组同步	机床同步进给轴：分组同步
DB39**.DBX5005.6	进给轴引导运动	机床同步进给轴：执行引导运动
DB39**.DBX5005.7	进给轴同步	机床轴同步方式：进给轴同步
DB39**.DBB5006～5999	—	828D 不使用

5.4 CNC 通道信号

5.4.1 方式组信号

（1）通道信号分类

通道信号用于多通道控制的系统，仅对指定的通道有效。在单通道控制或不使用多通道控制的数控系统（如 828 MD 等）上，只需要使用第 1 通道信号。

SIEMENS 数控系统的通道信号较多，需要使用多个数据块传送信号。数据块的编号及功能如下。

DB2500/DB2501：数据块 DB2500（通道 1）、DB2501（通道 2）为 CNC 程序的 M、T、S、D、H 辅助功能代码信号。辅助功能代码是加工通道、非加工通道通用信号，可在 PLC 程序中读取。

　　DB3000/DB3001：数据块 DB3000（方式组 1）、DB3001（方式组 2）为方式组 1、2 的 CNC 操作方式选择信号，需要通过 PLC 程序输出。

　　DB3100/DB3101：数据块 DB3100（方式组 1）、DB3101（方式组 2）为方式组 1、2 的状态信号，状态信号可在 PLC 程序中读取。

　　DB3200/DB3201：数据块 DB3200（通道 1）、DB3201（通道 2）为加工通道的通道及几何轴操作控制信号，需要通过 PLC 程序输出。

　　DB3300/DB3301：数据块 DB3300（通道 1）、DB3301（通道 2）为加工通道的通道及几何轴操作状态信号，可在 PLC 程序中读取。

　　DB3400/DB3401：数据块 DB3400（通道 1）、DB3401（通道 2）为中断子程序（ASUP）运行控制及状态信号。程序运行控制信号需要通过 PLC 程序输出，程序运行状态信号可在 PLC 程序中读取。

　　DB3500/DB3501：数据块 DB3500（通道 1）、DB3501（通道 2）为加工通道 CNC 程序当前有效的各组准备机能的编号，可在 PLC 程序中读取。

　　DB3700/DB3701：数据块 DB3700（通道 1）、DB3701（通道 2）为加工通道的 CNC 程序当前有效主轴控制信号（M、S 代码信号），可在 PLC 程序中读取。

（2）方式组控制信号

　　828D 系统 CNC/PLC 接口信号中的方式组信号用于多通道、多方式组控制的系统时，仅对指定方式组有效；在无方式组控制功能或不使用方式组的系统上（如 828 MD 等），只需要使用第 1 方式组信号。

　　在 PLC 程序中，828D 系统的方式组控制信号需要通过数据块 DB3000（方式组 1）、DB3001（方式组 2）输出，方式组状态信号可通过数据块 DB3100（方式组 1）、DB3101（方式组 2）读取。数据块 DB3000 与 DB3001、DB3100 与 DB3101 的信号名称、功能完全相同。

　　828D 系统的方式组控制信号的地址与功能如表 5.4.1 所示，所有信号都属于 PLC 输出，需要在 PLC 程序中输出。

表 5.4.1　828D 系统方式组控制信号表

信号地址	信号名称	作 用 与 功 能
DB3000.DBX0.0	AUTO 选择	方式组 1 操作方式选择：AUTO（自动）
DB3000.DBX0.1	MDA 选择	方式组 1 操作方式选择：MDA（手动数据输入自动）
DB3000.DBX0.2	JOG 选择	方式组 1 操作方式选择：JOG（手动连续）
DB3000.DBX0.3	—	802D 不使用
DB3000.DBX0.4	方式选择禁止	方式组 1 的操作方式不允许选择
DB3000.DBX0.5～0.6	—	802D 不使用
DB3000.DBX0.7	RESET	方式组 1 复位
DB3000.DBX1.0	Teach in 选择	方式组 1 操作方式选择：Teach in（示教）
DB3000.DBX1.1	REPOS 选择	方式组 1 操作方式选择：REPOS（返回断点）
DB3000.DBX1.2	REF 选择	方式组 1 操作方式选择：REF（手动回参考点）
DB3000.DBX1.3～1.7	—	802D 不使用
其他	—	828D 不使用
DB3001.DBB0～1	同 DB3000，用于方式组 2 控制	

（3）方式组状态信号

828D 系统的方式组状态信号的地址与功能如表 5.4.2 所示，所有信号都属于 PLC 输入，可进行读取操作。

表 5.4.2　828D 系统方式组状态信号表

信号地址	信号名称	作 用 与 功 能
DB3100.DBX0.0	AUTO 有效	方式组 1 当前操作方式：AUTO
DB3100.DBX0.1	MDA 有效	方式组 1 当前操作方式：MDA
DB3100.DBX0.2	JOG 有效	方式组 1 当前操作方式：JOG
DB3100.DBX0.3	方式组准备好	方式组 1 已准备好
DB3100.DBX0.4～0.7	—	828D 不使用
DB3100.DBX1.0	Teach in 有效	方式组 1 当前操作方式：Teach in
DB3100.DBX1.1	REPOS 有效	方式组 1 当前操作方式：REPOS
DB3100.DBX1.2	REF 有效	方式组 1 当前操作方式：REF
DB3100.DBX1.3～1.7	—	828D 不使用
DB3100.DBX2.0	INC 1 有效	方式组 1 当前操作方式：手动增量进给 INC 1
DB3100.DBX2.1	INC 10 有效	方式组 1 当前操作方式：手动增量进给 INC 10
DB3100.DBX2.2	INC 100 有效	方式组 1 当前操作方式：手动增量进给 INC 100
DB3100.DBX2.3	INC 1000 有效	方式组 1 当前操作方式：手动增量进给 INC 1000
DB3100.DBX2.4	INC 10000 有效	方式组 1 当前操作方式：手动增量进给 INC 10000
DB3100.DBX2.5	INC Var 有效	方式组 1 当前操作方式：MDI 输入增量进给 INC Var
DB3100.DBX2.6	手动连续	方式组 1 当前操作方式：手动连续
DB3100.DBX2.7	—	828D 不使用
其他	—	828D 不使用
DB3101.DBB0～1	同 DB3100，用于方式组 2 状态显示	

5.4.2　CNC 辅助功能信号

（1）辅助功能编程

SIEMENS 数控系统 CNC 程序中的辅助功能 M、T、D、H 一般都需要利用 PLC 程序进行处理，以控制机床辅助部件动作；主轴转速 S 代码一般由 CNC 自动转换为 S120 Combi 或 S120 CLiQ 驱动器的内部控制信号，或用于通用型主轴驱动器的主轴模拟量信号。

在 828D 系统上，每一 CNC 程序段允许编制 5 个 M 代码、3 个 H 代码，以及 S 代码、T 代码、D 代码各 1 个；辅助功能代码 M、T、H、S 还可使用扩展地址，以"辅助功能+扩展地址=代码"的形式编程，如"M1=03""S1=3000""H1=360000"等。

在 PLC 程序中，对于辅助功能代码 M、T、D、H、S 的读取，必须在对应的辅助功能修改信号为"1"时，才能确保所读取的代码正确。

M、T、D、H、S 代码的标准输出形式为 2 字长十进制整数 DINT，需要使用 4 字节数据寄存器，代码状态可一直保持至 CNC 程序再次执行同一辅助功能（称为静态信号）；但是，常用的 M 代码 M00～99 具有脉冲输出信号（称为动态信号），动态信号仅在 M 修改信号为"1"时，保持 1 个 PLC 循环周期。

828 TD 系统可用于 2 通道控制，不同通道可运行不同的 CNC 程序，程序中的辅助功能 M、T、D、H、S 代码可通过不同的数据块向 PLC 传送；在 PLC 程序中，信号只能以 PLC 输入的形式读取。

（2）辅助功能信号

828D 系统的辅助功能信号地址与功能如表 5.4.3 所示，所有信号都属于 PLC 输入。

表 5.4.3　828D 系统辅助功能信号表

信号地址	信号名称	作用与功能
DB2500.DBB0～3	—	828D 不使用
DB2500.DBX4.0 …… DB2500.DBX4.4	M 代码 1 修改 …… M 代码 5 修改	程序段含多个 M 代码（最大 5 个）时，依次为第 1～5 个 M 代码修改信号；只有 1 个 M 代码时，使用 M 代码修改信号 1
DB2500.DBX4.5～5.7	—	828D 不使用
DB2500.DBX6.0	S 代码修改	S 代码修改信号
DB2500.DBX6.1～7.7	—	828D 不使用
DB2500.DBX8.0	T 代码修改	T 代码修改信号
DB2500.DBX8.1～9.7	—	828D 不使用
DB2500.DBX10.0	D 代码修改	D 代码修改信号
DB2500.DBX10.1～11.7	—	828D 不使用
DB2500.DBX12.0	H 代码 1 修改	程序段含多个 H 代码（最大 3 个）时，依次为第 1～3 个 H 代码修改信号；只有 1 个 H 代码时，使用 H 代码修改信号 1
DB2500.DBX12.1	H 代码 2 修改	
DB2500.DBX12.2	H 代码 3 修改	
DB2500.DBX12.3～13.7	—	828D 不使用
DB2500.DBB14～999	—	828D 不使用
DB2500.DBX1000.0	动态 M00 代码	M00 脉冲信号
DB2500.DBX1000.1	动态 M01 代码	M01 脉冲信号
……	……	M02～M98 脉冲信号
DB2500.DBX1012.3	动态 M99 代码	M99 脉冲信号
DB2500.DBX1012.4～1012.7	—	828D 不使用
DB2500.DBB1013～1999	—	828D 不使用
DB2500.DBD2000	静态 T 代码	T 代码（DINT 整数，状态保持）
DB2500.DBD2004	静态 T 代码扩展地址	T 代码扩展地址（DINT 整数，状态保持）
DB2500.DBB2008～2999	—	828D 不使用
DB2500.DBD3000	静态 M 代码 1	M 代码 1（DINT 整数，状态保持）
DB2500.DBD3004	静态 M 代码 1 扩展地址	M 代码 1 扩展地址（DINT 整数，状态保持）
DB2500.DBD3008	静态 M 代码 2	M 代码 2（DINT 整数，状态保持）

信号地址	信号名称	作 用 与 功 能
DB2500.DBD3012	静态 M 代码 2 扩展地址	M 代码 2 扩展地址（DINT 整数，状态保持）
……	……	M 代码 3~4 及扩展地址
DB2500.DBD3032	静态 M 代码 5	M 代码 5（DINT 整数，状态保持）
DB2500.DBD3036	静态 M 代码 5 扩展地址	M 代码 5 扩展地址（DINT 整数，状态保持）
DB2500.DBB3040~3999	—	828D 不使用
DB2500.DBD4000	静态 S 代码	S 代码（DINT 数据，状态保持）
DB2500.DBD4004	静态 S 代码扩展地址	S 代码扩展地址（DINT 整数，状态保持）
DB2500.DBB4008~4999	—	828D 不使用
DB2500.DBD5000	静态 D 代码	D 代码（DINT 数据，状态保持）
DB2500.DBB5004~5999	—	828D 不使用
DB2500.DBD6000	静态 H 代码 1	H 代码 1（DINT 数据，状态保持）
DB2500.DBD6004	静态 H 代码 1 扩展地址	H 代码 1 扩展地址（DINT 整数，状态保持）
DB2500.DBD6008	静态 H 代码 2	H 代码 2（DINT 数据，状态保持）
DB2500.DBD6012	静态 H 代码 2 扩展地址	H 代码 2 扩展地址（DINT 整数，状态保持）
DB2500.DBD6016	静态 H 代码 3	H 代码 3（DINT 数据，状态保持）
DB2500.DBD6020	静态 H 代码 3 扩展地址	H 代码 3 扩展地址（DINT 整数，状态保持）
其他	—	828D 不使用
DB2501	同 DB2500，第 2 通道辅助功能信号	

5.4.3　通道与几何轴信号

828D 系统的通道及几何轴操作控制信号需要通过数据块 DB3200（通道 1）、DB3201（通道 2）在 PLC 程序中输出，状态信号可通过数据块 DB3300（通道 1）、DB3301（通道 2）在 PLC 程序中读取。

（1）控制信号

828D 系统通道及几何轴操作控制信号的地址与功能如表 5.4.4 所示，所有控制信号都属于 PLC 输出。

表 5.4.4　828D 系统通道及几何轴操作控制信号表

信号地址	信号名称	作 用 与 功 能
DB3200.DBX0.0	—	802D 不使用
DB3200.DBX0.1	程序后退	通道 1 程序执行方向选择：后退执行
DB3200.DBX0.2	程序前进	通道 1 程序执行方向选择：前进执行
DB3200.DBX0.3	DRF 选择	通道 1 程序执行方式：DRF（手轮偏移）
DB3200.DBX0.4	单段选择	通道 1 程序执行方式：单段
DB3200.DBX0.5	M01 选择	通道 1 程序执行方式：M01 暂停有效
DB3200.DBX0.6	试运行选择	通道 1 程序执行方式：程序试运行

信号地址	信号名称	作 用 与 功 能
DB3200.DBX0.7	—	802D 不使用
DB3200.DBX1.0	REF 方式	通道 1 操作方式：回参考点
DB3200.DBX1.1	生效保护区	通道 1 加工保护：保护区生效
DB3200.DBX1.2～1.6	—	802D 不使用
DB3200.DBX1.7	程序测试	通道 1 程序执行方式：程序测试
DB3200.DBX2.0	选择跳段 1	通道 1 程序执行方式：跳过程序段 /0
……	……	……
DB3200.DBX2.7	选择跳段 8	通道 1 程序执行方式：跳过程序段 /7
DB3200.DBX3.0～3.7	—	802D 不使用
DB3200.DBX4.0		通道 1 进给倍率调节信号 F%-A
……	进给倍率调节	……
DB3200.DBX4.7		通道 1 进给倍率调节信号 F%-H
DB3200.DBX5.0		通道 1 快进倍率调节信号 G00%-A
……	快进倍率调节	……
DB3200.DBX5.7		通道 1 快进倍率调节信号 G00%-H
DB3200.DBX6.0	进给保持	通道 1 程序运行控制：进给保持
DB3200.DBX6.1	读入禁止	通道 1 程序运行控制：读入禁止
DB3200.DBX6.2	程序跳步	通道 1 程序运行控制：程序跳步
DB3200.DBX6.3、6.4	—	802D 不使用
DB3200.DBX6.5	进给速度限制	通道 1 程序运行控制：限制最大进给速度
DB3200.DBX6.6	快进倍率生效	通道 1 程序运行控制：快进倍率生效
DB3200.DBX6.7	进给倍率生效	通道 1 程序运行控制：进给倍率生效
DB3200.DBX7.0	禁止 NC 启动	通道 1 程序运行控制：禁止 NC 启动
DB3200.DBX7.1	NC 启动	通道 1 程序运行控制：NC 启动
DB3200.DBX7.2	M02/M30 停止 NC	通道 1 程序运行控制：M02/M30 停止 NC
DB3200.DBX7.3	NC 停止	通道 1 程序运行控制：NC 停止
DB3200.DBX7.4	轴停止	通道 1 程序运行控制：进给轴、主轴停止
DB3200.DBX7.5、7.6	—	802D 不使用
DB3200.DBX7.7	RESET	通道 1 复位
DB3200.DBX8.0～9.1	机床保护区 1～10 生效	通道 1 程序运行控制：生效机床保护区 1～10
DB3200.DBX9.2～9.7	—	802D 不使用
DB3200.DBX10.0～11.1	通道保护区 1～10 生效	通道 1 程序运行控制：生效通道保护区 1～10
DB3200.DBX11.2～11.7	—	802D 不使用
DB3200.DBX12.0～13.4	—	802D 不使用
DB3200.DBX13.5	关闭工件计数	通道 1 工件计数器关闭

续表

信号地址	信号名称	作 用 与 功 能
DB3200.DBX13.6	—	802D 不使用
DB3200.DBX13.7	允许换刀	通道 1 允许换刀
DB3200.DBX14.0	生效手轮 1	手轮 1 对通道 1 有效
DB3200.DBX14.1	生效手轮 2	手轮 2 对通道 1 有效
DB3200.DBX14.2	—	802D 不使用
DB3200.DBX14.3	手轮轨迹模拟	通道 1 手轮轨迹模拟功能有效
DB3200.DBX14.4	手轮轨迹反向模拟	通道 1 手轮轨迹反向模拟功能有效
DB3200.DBX14.5	关联 M01 生效	通道 1 关联的 M01 功能生效
DB3200.DBX14.6	手动圆弧插补生效	通道 1 手动圆弧插补功能生效
DB3200.DBX14.7	换刀禁止	通道 1 不允许换刀
DB3200.DBX15.0～15.5		802D 不使用
DB3200.DBX15.6	选择跳段 9	通道 1 程序执行方式：跳过程序段 /8
DB3200.DBX15.7	选择跳段 10	通道 1 程序执行方式：跳过程序段 /9
DB3200.DBX16.0	程序跳转生效	通道 1 程序执行方式：GOTOS 生效
DB3200.DBX16.1～16.7	—	802D 不使用
DB3200.DBB17～999		828D 不使用
DB3200.DBX1000.0	几何轴 1 手轮 1 生效	工件坐标系几何轴 1 操作：手轮 1 生效
DB3200.DBX1000.1	几何轴 1 手轮 2 生效	工件坐标系几何轴 1 操作：手轮 2 生效
DB3200.DBX1000.2	—	802D 不使用
DB3200.DBX1000.3	进给保持	工件坐标系几何轴 1 操作：进给保持
DB3200.DBX1000.4	禁止移动	工件坐标系几何轴 1 操作：禁止移动
DB3200.DBX1000.5	手动快速	工件坐标系几何轴 1 操作：手动快速
DB3200.DBX1000.6	负向手动	工件坐标系几何轴 1 操作：负向手动
DB3200.DBX1000.7	正向手动	工件坐标系几何轴 1 操作：正向手动
DB3200.DBX1001.0	INC 1 有效	工件坐标系几何轴 1 操作：INC 1
DB3200.DBX1001.1	INC 10 有效	工件坐标系几何轴 1 操作：INC 10
DB3200.DBX1001.2	INC 100 有效	工件坐标系几何轴 1 操作：INC 100
DB3200.DBX1001.3	INC 1000 有效	工件坐标系几何轴 1 操作：INC 1000
DB3200.DBX1001.4	INC 10000 有效	工件坐标系几何轴 1 操作：INC 10000
DB3200.DBX1001.5	INC Var 有效	工件坐标系几何轴 1 操作：INC Var
DB3200.DBX1001.6	手动连续	工件坐标系几何轴 1 操作：手动连续
DB3200.DBX1001.7	—	802D 不使用
DB3200.DBB1002、1003	同 DB3200.DBB1000、1001，用于工件坐标系几何轴 2	
DB3200.DBB1004、1005	同 DB3200.DBB1000、1001，用于工件坐标系几何轴 3	
其他	—	828D 不使用
DB3201	同 DB3200，用于第 2 加工通道控制	

（2）状态信号

828D 系统通道及几何轴操作状态信号的地址与功能如表 5.4.5 所示，所有状态信号都属于 PLC 输入。

表 5.4.5　828D 系统通道及几何轴操作状态信号表

信号地址	信号名称	作　用　与　功　能
DB3300.DBX0.0	外部执行	通道 1：已选择外部执行方式
DB3300.DBX0.1	程序后退	通道 1：已选择程序后退
DB3300.DBX0.2	程序前进	通道 1：已选择程序前进
DB3300.DBX0.3	辅助功能有效	通道 1：辅助功能已生效
DB3300.DBX0.4	轴运动有效	通道 1：轴运动已生效
DB3300.DBX0.5	M00/M01 有效	通道 1：M00/M01 已生效
DB3300.DBX0.6	上一程序段有效	通道 1：已选择上一程序段
DB3300.DBX0.7	—	802D 不使用
DB3300.DBX1.0	回参考点有效	通道 1：已选择回参考点方式
DB3300.DBX1.1	—	802D 不使用
DB3300.DBX1.2	连续旋转有效	通道 1：已选择回转轴连续旋转
DB3300.DBX1.3	手轮倍率有效	通道 1：手轮倍率已生效
DB3300.DBX1.4	程序段检索	通道 1：已选择程序段检索
DB3300.DBX1.5	M02/M30 有效	通道 1：M02/M30 已生效
DB3300.DBX1.6	坐标变换有效	通道 1：坐标变换已生效
DB3300.DBX1.7	程序测试有效	通道 1：已选择程序测试
DB3300.DBX2.0～2.7	—	802D 不使用
DB3300.DBX3.0	程序执行中	通道 1 程序运行状态：程序执行中
DB3300.DBX3.1	程序暂停中	通道 1 程序运行状态：程序暂停中
DB3300.DBX3.2	程序停止	通道 1 程序运行状态：程序已停止
DB3300.DBX3.3	程序中断	通道 1 程序运行状态：程序已中断
DB3300.DBX3.4	程序终止	通道 1 程序运行状态：程序已终止
DB3300.DBX3.5	通道有效	通道 1 状态：通道已生效
DB3300.DBX3.6	通道中断	通道 1 状态：通道被中断
DB3300.DBX3.7	通道复位	通道 1 状态：通道复位中
DB3300.DBX4.0	通道启动请求	通道 1：要求 PLC 程序启动通道
DB3300.DBX4.1	通道停止请求	通道 1：要求 PLC 程序停止通道
DB3300.DBX4.2	回参考点完成	通道 1：所有轴回参考点完成
DB3300.DBX4.3	轴停止	通道 1：所有轴运动已停止
DB3300.DBX4.4、4.5	—	802D 不使用
DB3300.DBX4.6	CNC 报警	通道 1：发生 CNC 报警
DB3300.DBX4.7	报警停止	通道 1：运动轴因报警停止

续表

信号地址	信号名称	作 用 与 功 能
DB3300.DBX5.0～5.7	—	802D 不使用
DB3300.DBX6.0	手轮 1 有效	通道 1：手轮 1 已生效
DB3300.DBX6.1	手轮 2 有效	通道 1：手轮 2 已生效
DB3300.DBX6.2～6.7	—	802D 不使用
DB3300.DBX7.0	保护区未生效	通道 1：保护区未生效
DB3300.DBX7.1～7.7	—	802D 不使用
DB3300.DBX8.0～9.1	机床保护区 1～10 有效	通道 1：机床保护区 1～10 已生效
DB3300.DBX9.2～9.7	—	802D 不使用
DB3300.DBX10.0～11.1	通道保护区 1～10 有效	通道 1：通道保护区 1～10 已生效
DB3300.DBX11.2～11.7	—	802D 不使用
DB3300.DBX12.0～13.1	机床保护区 1～10 干涉	通道 1：机床保护区 1～10 发生干涉
DB3300.DBX13.2～13.7	—	802D 不使用
DB3300.DBX14.0～15.1	通道保护区 1～10 干涉	通道 1：通道保护区 1～10 发生干涉
DB3300.DBX15.2～15.7	—	802D 不使用
DB3300.DBB16～999	—	828D 不使用
DB3300.DBX1000.0	几何轴 1 手轮 1 生效	工件坐标系几何轴 1：手轮 1 已生效
DB3300.DBX1000.1	几何轴 1 手轮 2 生效	工件坐标系几何轴 1：手轮 2 已生效
DB3300.DBX1000.2、1000.3	—	802D 不使用
DB3300.DBX1000.4	几何轴 1 负向移动请求	几何轴 1：要求 PLC 程序提供负向移动信号
DB3300.DBX1000.5	几何轴 1 正向移动请求	几何轴 1：要求 PLC 程序提供正向移动信号
DB3300.DBX1000.6	几何轴 1 负向移动	工件坐标系几何轴 1：负向移动中
DB3300.DBX1000.7	几何轴 1 正向移动	工件坐标系几何轴 1：正向移动中
DB3300.DBX1001.0	INC 1 有效	工件坐标系几何轴 1：INC 1 已生效
DB3300.DBX1001.1	INC 10 有效	工件坐标系几何轴 1：INC 10 已生效
DB3300.DBX1001.2	INC 100 有效	工件坐标系几何轴 1：INC 100 已生效
DB3300.DBX1001.3	INC 1000 有效	工件坐标系几何轴 1：INC 1000 已生效
DB3300.DBX1001.4	INC 10000 有效	工件坐标系几何轴 1：INC 10000 已生效
DB3300.DBX1001.5	INC Var 有效	工件坐标系几何轴 1：INC Var 已生效
DB3300.DBX1001.6	手动连续	工件坐标系几何轴 1 操作：手动连续已生效
DB3300.DBX1001.7	—	802D 不使用
DB3300.DBB1002、1003	802D 不使用	
DB3300.DBB1004、1005	同 DB3300.DBB1000、1001，用于工件坐标系几何轴 2	
DB3300.DBB1006、1007	802D 不使用	
DB3300.DBB1008、1009	同 DB3300.DBB1000、1001，用于工件坐标系几何轴 3	
DB3300.DBB1010～3999	802D 不使用	

信号地址	信号名称	作 用 与 功 能
DB3300.DBX4000.0	G00 有效	通道 1：快速移动指令 G00 生效
DB3400.DBX4000.1~4000.7	—	802D 不使用
DB3300.DBX4001.0	外部编程语言有效	通道 1：外部编程语言有效
DB3300.DBX4001.1	工件计数到达	通道 1：工件计数器达到设定值
DB3400.DBX4001.2、4001.3	—	802D 不使用
DB3300.DBX4001.4	驱动器测试请求	通道 1：要求进行驱动器测试
DB3400.DBX4001.5~4001.7	—	802D 不使用
DB3300.DBX4002.0	ASUP 程序停止	通道 1：中断子程序 ASUP 停止
DB3400.DBX4002.1~4002.3	—	802D 不使用
DB3300.DBX4002.4	程序停止延时	通道 1：程序停止延时
DB3300.DBX4002.5	关联 M00/M01 有效	通道 1：关联 M00/M01 有效
DB3300.DBX4002.6	试运行有效	通道 1：程序试运行已生效
DB3300.DBX4002.7		802D 不使用
DB3300.DBX4003.0~4003.6	—	802D 不使用
DB3300.DBX4003.7	无刀具管理指令	通道 1：无刀具管理指令
DB3300.DBX4004.0	程序启动键启动	通道 1 程序启动方式：程序启动键
DB3300.DBX4004.1	程序结束指令启动	通道 1 程序启动方式：程序结束指令启动
DB3300.DBX4004.2	复位后启动	通道 1 程序启动方式：RESET 键复位后启动
DB3300.DBX4004.3	CNC 启动键启动	通道 1 程序启动方式：CNC 启动键启动
DB3300.DBX4004.4	程序搜索重启	通道 1 程序启动方式：程序搜索重启
DB3300.DBX4004.5~4004.7	—	802D 不使用
其他	—	828D 不使用
DB3301	同 DB3300，用于第 2 加工通道控制	

5.4.4 ASUP 程序及 G/M/S 信号

（1）ASUP 程序信号

828D 系统的每一个通道允许使用 2 个中断子程序，当通道启用 CNC 程序中断功能时，ASUP 程序的运行启动、运行状态可通过数据块 DB3400（通道 1）、DB3401（通道 2）来控制、读取。ASUP 程序的运行启动、运行状态信号地址与功能如表 5.4.6 所示。

表 5.4.6 828D 系统通道 ASUP 程序基本信号表

性质	信号地址	信号名称	作 用 与 功 能
PLC 输出	DB3400.DBX0.0	ASUP 程序 1 启动	通道 1：中断子程序 ASUP1 启动
	DB3400.DBX0.1~0.7	—	802D 不使用
	DB3400.DBX1.0	ASUP 程序 2 启动	通道 1：中断子程序 ASUP2 启动

续表

性质	信号地址	信号名称	作 用 与 功 能
PLC 输出	DB3400.DBX1.1～1.7	—	802D 不使用
	DB3400.DBB2～999	—	802D 不使用
PLC 输入	DB3400.DBX1000.0	ASUP 程序 1 结束	通道 1：中断子程序 ASUP1 结束
	DB3400.DBX1000.1	ASUP 程序 1 执行	通道 1：中断子程序 ASUP1 执行中
	DB3400.DBX1000.2	ASUP 程序 1 未启用	通道 1：中断子程序 ASUP1 未启用
	DB3400.DBX1000.3	ASUP 程序 1 出错	通道 1：中断子程序 ASUP1 出错
	DB3400.DBX1000.4～1000.7	—	802D 不使用
	DB3400.DBX1001.0	ASUP 程序 2 结束	通道 1：中断子程序 ASUP2 结束
	DB3400.DBX1001.1	ASUP 程序 2 执行	通道 1：中断子程序 ASUP2 执行中
	DB3400.DBX1001.2	ASUP 程序 2 未启用	通道 1：中断子程序 ASUP2 未启用
	DB3400.DBX1001.3	ASUP 程序 2 出错	通道 1：中断子程序 ASUP2 出错
	DB3400.DBX1001.4～1001.7	—	802D 不使用
	其他	—	802D 不使用
DB3401		同 DB3400，通道 2 的 ASUP 程序基本信号	

（2）G 代码信号

数控加工程序中的 G 代码是用来控制机床进给轴运动的程序指令，在数控系统上称为"准备机能"。数控系统的 G 代码众多，其中的部分代码由于动作相互矛盾，在同一程序段中只能选择其一进行编程。例如，G01 为直线插补，G02 为圆弧插补，两者不可能在同一程序段上实现。为此，在 CNC 上需要将 G 代码分为若干组，在一个程序段中，同一组的 G 代码只能有一个生效。

SIEMENS 数控系统的准备机能不仅有常规的 G 代码，而且还有助记符代码。在 PLC 程序中，准备机能可通过 CNC/PLC 接口信号，以编号的形式分组读取。例如，828D 系统的第 1 组 G 代码指令的指令代码、名称、接口信号编号如表 5.4.7 所示。

表 5.4.7　828D 系统第 1 组 G 代码及信号编号表

G 代码	名称	编号	G 代码	名称	编号
G00	快速定位	1	G33	螺旋线插补	10
G01	直线插补	2	G331	攻螺纹	11
G02	顺时针圆弧插补	3	G332	攻螺纹回退	12
G03	逆时针圆弧插补	4	—	系统预留	13、14
CIP	3 点圆弧插补	5	CT	切线过渡圆弧	15
ASPLINE	Akima 样条插补	6	G34	增螺距螺旋线插补	16
BSPLINE	B 样条插补	7	G35	减螺距螺旋线插补	17
CSPLINE	C 样条插补	8	INVCW	顺时针渐开线插补	18
PLOY	多项式插补	9	INVCCW	逆时针渐开线插补	19

例如，如果 CNC 通道 1 加工程序当前有效的第 1 组准备机能为直线插补指令 G01，则 CNC/PLC 接口信号中通道 1 的第 1 组准备机能信号 DB3500.DBB0 将为 G01 指令的接口信号编号"2"。有关 828D 系统 G 代码分组及指令代码、名称、接口信号编号的更多内容，可参见 828D 系统编程手册。

在 PLC 程序中，828D 系统通道程序中当前有效的 G 代码信号编号，可通过数据块 DB3500（通道 1）、DB3501（通道 2）读取。G 代码编号为 1 字节整数，信号的地址与功能如表 5.4.8 所示，所有状态信号都属于 PLC 输入。

表 5.4.8　828D 系统通道准备机能信号表

信号地址	信号名称	作用与功能
DB3500.DBB0	第 1 组准备机能代码编号	通道 1：当前有效的第 1 组准备机能代码编号
DB3500.DBB1	第 2 组准备机能代码编号	通道 1：当前有效的第 2 组准备机能代码编号
……	……	……
DB3500.DBB64	第 65 组准备机能代码编号	通道 1：当前有效的第 65 组准备机能代码编号
DB3500 其他	—	802D 不使用
DB3501	同 DB3500，通道 2 当前有效的准备机能代码编号	

（3）M、S 代码信号

在 PLC 程序中，828D 系统通道程序中当前有效的 M、S 代码可通过数据块 DB3700（通道 1）、DB3701（通道 2）读取。M 代码为 2 字整数（DINT），S 代码为 2 字实数（REAL）。M、S 代码信号的地址与功能如表 5.4.9 所示，所有状态信号都属于 PLC 输入。

表 5.4.9　828D 系统通道 M、S 代码信号表

信号地址	信号名称	作用与功能
DB3700.DBD0	M 机能代码	通道 1：当前有效的 M 机能代码
DB3700.DBD4	S 机能代码	通道 1：当前有效的 S 机能代码
DB3700 其他	—	802D 不使用
DB3701	同 DB3700，通道 2 当前有效的 M、S 机能代码	

第6章 CNC 基本控制程序设计

6.1 系统启动程序设计

6.1.1 工具软件与样板程序

（1）工具软件

用户购买 828D 系统时，SIEMENS 可向用户免费提供 828D 系统工具软件 TOOLBOX_DVD_828D，工具软件安装、操作等内容可参见本书后述章节。

828D 系统工具软件 TOOLBOX_DVD_828D 包含图 6.1.1 所示内容，使用者可根据需要选择与安装。

软件的安装、操作与调试将在第 9 章详细介绍。

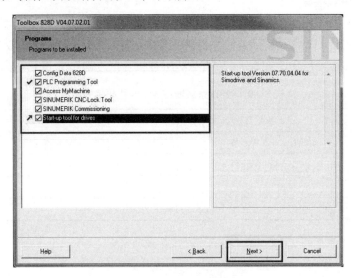

图 6.1.1 工具软件 TOOLBOX 内容

（2）PLC 样板程序

828D 系统最新版工具软件 TOOLBOX_DVD_828D_V04.07.04.00 的 Config Data 828D 文件夹所含的 PLC 样板程序（子程序）名称、功能及适用的系统类型如表 6.1.1 所示。

表 6.1.1 828D 系统 PLC 样板程序一览表

程序号	程序名称	程序功能	828 TD	828 MD
SBR218	Switch_HMI-Channel	通道切换控制	○	×
SBR219	JOG_USB_MCP_T	车削系统 MCP USB 面板手动操作	○	×

续表

程序号	程序名称	程序功能	828 TD	828 MD
SBR220	JOG_USB_MCP_M	铣削系统 MCP USB 面板手动操作	×	○
SBR221	USB_MCP	MCP USB 面板基本控制	○	○
SBR222	Run_in_Prog_Control	第 2 通道 CNC 程序运行控制	○	×
SBR223	Log_Out	系统登录与注销	○	○
SBR224	ASUP_CALL_2C	第 2 通道 CNC 中断程序 ASUP 运行控制	○	×
SBR225	JOG_MCP483_2C	第 2 通道 MCP 483T PN 面板手动操作	○	×
SBR226	MCP483_2C	第 2 通道 MCP 483T 面板基本控制	○	×
SBR228	Hand_wheel_2C	第 2 通道手轮控制	○	×
SBR229	HW_HHU_Mill	手持单元 HHU 控制	○	○
SBR230	TMM_Cancel_Job	取消加工中心自动换刀动作	×	○
SBR231	EMG_STOP	CNC 急停控制	●	●
SBR232	SR_EMG_STOP	CNC 安全电路控制	○	○
SBR233	Axis_enable	轴使能	●	●
SBR234	Prog_Control	CNC 程序运行控制	●	●
SBR235	MCP_483	MCP 483 PN 面板基本控制	○	○
SBR236	JOG_MCP483_M_b	铣削系统面板 MCP 483 M PN 手动操作	×	○
SBR238	JOG_MCP483_T_b 或 f	车削系统面板 MCP 483 T PN 手动操作	○	×
SBR239	MCP_310	MCP 310 PN 面板基本控制	○	○
SBR240	JOG_MCP310_M	铣削系统面板 MCP 310 M PN 手动操作	×	○
SBR241	JOG_MCP310_T_f	车削系统面板 MCP 310 T f PN 手动操作	○	×
SBR242	JOG_MCP310_T_b	车削系统面板 MCP 310 T PN 手动操作	○	×
SBR243	Tool_Change_Mill	刀具管理功能换刀控制	×	○
SBR244	Tool_relocate	刀具管理功能刀具安装控制	×	○
SBR245	MAG_DIR	刀架、刀库回转捷径选择	●	●
SBR246	Turet	数控车床刀架控制	○	○
SBR247	Handwheel	独立手轮控制	○	○
SBR248	Star_Delta	主轴电机 Y/△切换控制	○	○
SBR249	ASUP_CALL	CNC 中断程序 ASUP 运行控制	●	●
SBR250	Service_Planner	CNC 定期维修控制	○	○
SBR251	EasyExtend	系统设备管理	○	○
SBR252	Write_NC_Parameter	CNC 变量改写	●	●
SBR253	Read_NC_Parameter	CNC 变量读取	●	●
SBR254	Pos_Ax	PLC 轴控制	○	○
SBR255	Turn_PLC_Spindle	车削机床主轴 PLC 控制	○	○

注：●表示基本程序；○表示选用程序；×表示不能使用。

PLC 样板程序是 SIEMENS 公司为了方便用户使用而免费提供的参考程序，已包含 828D 系统常用操作部件及基本功能的 PLC 控制程序，用户可以直接在 PLC 程序中调用，或者，在样板程序的基础上进行修改、补充，即可方便地完成 PLC 程序设计工作。

PLC 样板程序大多采用了局部变量 L 编程，有关局部变量 L 的作用、定义及编程方法可参见 4.2.3 节。需要注意的是：样板程序调用指令预定义的轴号、输入地址等，只是为了避免程序保存出错而添加的基本参数，轴号、输入地址等，可能存在重复，使用用户程序时，必须按实际要求进行修改。

此外，作为免费提供的参考程序，PLC 样板程序大多未进行优化处理，用户使用时可在其基础上进行指令、网络的次序调整等处理，以方便阅读，缩短 PLC 循环时间。有关 PLC 梯形图程序的优化方法，可参见 2.4.3 节。

6.1.2 CNC 启动与急停程序

SIEMENS 工具软件 TOOLBOX_DVD_828D 中的样板子程序 EMG_STOP（SBR231）是用于 828D 系统启动与 CNC 急停控制的 PLC 程序。程序 EMG_STOP（SBR231）需要配套系统预定义用户数据块 DB9052。

数控系统是由 CNC、PLC、驱动器组成的统一整体，系统的通电启动、关机及急停需要按数控系统规定的步骤进行。828D 系统的启动/关机步骤及子程序 EMG_STOP 的使用要求、程序功能如下。

（1）系统启动与关机

828D 系统与驱动器的正常启动、关机要求如图 6.1.2 所示，启动（开机）过程如下。

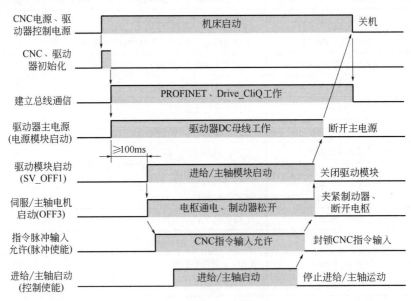

图 6.1.2　系统及驱动器的启动与关机

① 接通机床总电源，CNC 通电，驱动器控制电源接通。

② CNC、驱动器初始化，初始化完成后，自动建立伺服总线 Drive-CliQ、PLC 总线 PROFINET 通信，并启动 CNC 操作系统及 PLC 用户程序。

③ 通过强电控制电路，接通驱动器主电源，驱动器电源模块输出直流母线电压。

④ 加入驱动模块启动信号 SV_OFF1，启动伺服/主轴驱动模块。

⑤ 加入伺服/主轴电机启动信号 SV_OFF3，开放伺服/主轴驱动模块逆变功率管，伺服/主轴电机电枢通电，输出伺服锁定转矩，外部制动器松开。

⑥ 加入脉冲使能信号，允许 CNC 的伺服/主轴指令输入。

⑦ 加入控制使能信号，伺服/主轴进入正常的工作状态，接受 CNC 指令的控制。

数控系统正常关机的过程如下。

① 撤销控制使能信号，取消 CNC 指令，停止伺服/主轴运动，进入闭环自动调节状态。

② 撤销脉冲使能信号，封锁 CNC 的伺服/主轴指令输入。

③ 制动电机制动器，撤销伺服/主轴电机启动信号 SV_OFF3，关闭伺服/主轴驱动模块逆变功率管。

④ 撤销驱动模块启动信号 SV_OFF1，关闭伺服/主轴驱动模块。

⑤ 断开驱动器主电源，关闭电源模块直流母线电压输出。

⑥ 断开机床总电源，CNC 通电，驱动器关闭。

（2）变量定义与程序调用

828D 系统启动与关机（急停）可通过样板子程序 EMG_STOP（SBR231）控制。程序 EMG_STOP 定义有图 6.1.3 所示的 4 个逻辑状态（BOOL）型输入变量（IN）、5 个逻辑状态（BOOL）型输出变量（OUT）。输入变量 L0.0～L0.3 必须在主程序 OB1 的 EMG_STOP（SBR231）子程序调用指令上赋值，输出变量 L0.4～L1.0 已预定义为 CNC/驱动器内部接口信号控制数据块 DB9052 的驱动器控制信号和系统 PLC 报警信号（HMI 控制信号）。

输入变量 L0.0～L0.3 的功能定义及输入要求如下。

L0.0（E_KEY）：CNC 急停，常闭型输入。CNC 急停 L0.0 是由机床输入到系统的外部控制信号，急停信号一旦断开（L0.0 状态为 0），CNC、驱动器将被强制进入紧急停止状态，进给/主轴将紧急制动。

L0.0 应包括机床所有急停按钮及控制系统的其他急停要求，例如，MCP 面板、HHU 单元、用户操作面板、机床防护罩等操作部件上的急停按钮，以及 CNC、驱动器、电机过热、机械碰撞、安全防护门打开等控制电路急停信号。L0.0 为强电控制线路（安全电路）的机床输入信号（I）。

	Name	Var Type	Data Type	Con
	EN	IN	BOOL	
L0.0	E_KEY	IN	BOOL	Emergency Stop Key: (NC)
L0.1	T_RDY_LM	IN	BOOL	Terminal X21.1 of 5KW & 10KW SLM (NO): Rea
L0.2	HWL_ON	IN	BOOL	any of hardware limit switches is active (NO)
L0.3	Axis_stopped	IN	BOOL	Axis are stopped (NO)
		IN		
		IN_OUT		
L0.4	OFF1	OUT	BOOL	OFF1 to Ax enable
L0.5	OFF3	OUT	BOOL	OFF3
L0.6	E_Key_pressed	OUT	BOOL	
L0.7	Drive_not_ready	OUT	BOOL	
L1.0	HW_Limit_active	OUT	BOOL	
		OUT		
		TEMP		

图 6.1.3　子程序 EMG_STOP 局部变量定义

L0.1（T_RDY_LM）：驱动器准备好。驱动器准备好用来产生驱动器的 SV_OFF1、OFF3 信号，启动伺服/主轴驱动模块，开放伺服/主轴驱动模块逆变功率管，松开外部制动器。

在通常情况下，L0.1 定义为来自 Drive-CliQ 总线的 SINAMICS S120 Combi 或 SINAMICS

S120 CliQ 驱动器的内部接口信号 DB2700.DBX2.6（驱动器准备好）。但是，小功率（5kW、10kW）SINAMICS S120 CliQ 驱动器的电源模块 SLM 不能连接 Drive-CliQ 总线，"驱动器准备好"信号需要通过电源模块接线端 X21，连接 PLC 的 PP 72/48 模块输入 DI，在这种情况下，L0.1 应为 PP 72/48 模块的"驱动器准备好"输入 I。

L0.2（HWL_ON）：轴超程，常闭型输入。L0.2 是直线进给轴超极限输入，信号应包括机床所有直线运动轴的超极限开关输入。L0.2 通常为轴超极限急停安全电路（强电控制线路）的 PP 72/48 模块输入 I。

L0.3（Axis_stopped）：轴停止。L0.3 是机床侧的轴运动停止检测信号，信号为"1"表明机床的轴运动已完全停止。如不使用轴运动停止检测信号，可用 PLC 用户程序的制动器已制动等其他信号作为 L0.3 输入。

输出变量 L0.4～L1.0 的功能预定义及作用如下。

L0.4（OFF1）：驱动模块启动。L0.4 预定义为 CNC/驱动器内部接口信号控制数据块 DB9052 的驱动模块启动信号 DB9052.DBX1.1（SV_OFF1）。L0.4 输出 ON 时，伺服/主轴驱动模块将启动。

L0.5（OFF3）：伺服/主轴电机启动。L0.5 预定义为 CNC/驱动器内部接口信号控制数据块 DB9052 的伺服/主轴电机启动信号 DB9052.DBX1.2（SV_OFF3）。L0.5 输出 ON 时，开放伺服/主轴驱动模块逆变功率管，电机电枢通电，输出伺服锁定转矩，外部制动器松开。

L0.6（E_Key_pressed）：系统急停报警。L0.6 预定义为 PLC 报警 HMI 控制信号 DB1600.DBX29.5（ALM 700 237：CNC 急停）。

L0.7（Drive_not_ready）："驱动器未准备好"报警。L0.7 预定义为 PLC 报警 HMI 控制信号 DB1600.DBX29.6（ALM 700 238：驱动器未准备好）。

L1.0（HW_Limit_active）：轴超程报警。L1.0 预定义为 PLC 报警 HMI 控制信号 DB1600.DBX29.7（ALM 700 239：轴超程）。

子程序 EMG_STOP（SBR231）的调用示例如图 6.1.4 所示，图中假设系统的 CNC 急停、驱动器准备好、轴超程、轴停止信号分别为 PLC 的 PP 72/48 模块输入 I0.0 ～I0.3。

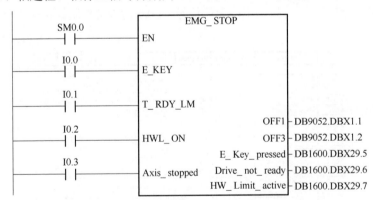

图 6.1.4　子程序 EMG_STOP（SBR231）调用示例

（3）EMG_STOP 程序说明

样板子程序 EMG_STOP 如图 6.1.5 所示。

网络 1 用于 CNC 公共控制信号"外部急停（DB2600.DBX0.1）"的撤销。DB9052.DBX1.3 为系统预定义数据块 DB9052 的 CNC/驱动器内部接口信号"机床准备好"，DB9052.DBX1.3

为"1"时，将启动进给/主轴驱动模块。

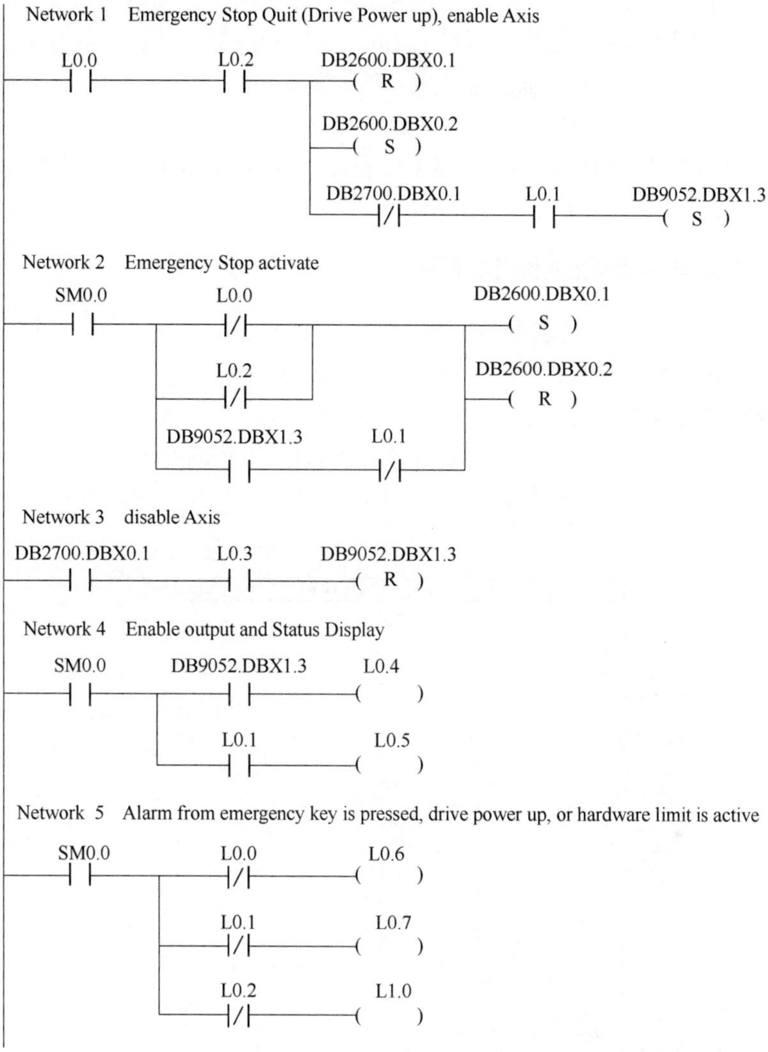

Network 1　Emergency Stop Quit (Drive Power up), enable Axis

```
   L0.0        L0.2       DB2600.DBX0.1
───┤├──────────┤├────────────( R )

                           DB2600.DBX0.2
                          ────( S )

           DB2700.DBX0.1      L0.1        DB9052.DBX1.3
          ─────┤/├───────────┤├────────────( S )
```

Network 2　Emergency Stop activate

```
   SM0.0        L0.0                    DB2600.DBX0.1
───┤├──────┬────┤/├───────────┬──────────( S )
           │                  │
           │    L0.2          │         DB2600.DBX0.2
           ├────┤/├───────────┤          ────( R )
           │                  │
           │  DB9052.DBX1.3   L0.1
           └────┤├──────────┤/├
```

Network 3　disable Axis

```
 DB2700.DBX0.1      L0.3       DB9052.DBX1.3
─────┤├─────────────┤├──────────( R )
```

Network 4　Enable output and Status Display

```
   SM0.0    DB9052.DBX1.3     L0.4
───┤├────────┤├────────────────(   )
                      L0.1      L0.5
            ──────────┤├────────(   )
```

Network 5　Alarm from emergency key is pressed, drive power up, or hardware limit is active

```
   SM0.0        L0.0          L0.6
───┤├───────────┤/├────────────(   )
                L0.1          L0.7
            ────┤/├────────────(   )
                L0.2          L1.0
            ────┤/├────────────(   )
```

图 6.1.5　子程序 EMG_STOP（SBR231）说明

　　当机床侧常闭型输入急停（L0.0）、轴超程（L0.2）为"1"时，程序可复位 CNC 外部急停信号 DB2600.DBX0.1，并向 CNC 输出外部急停撤销（应答）信号 DB2600.DBX0.2。如 CNC 无急停报警（DB2700.DBX0.1=0），当"驱动器准备好"信号 L0.1 为"1"后，便可将"机床准备好"信号 DB9052.DBX1.3 置为"1"，启动进给/主轴驱动模块。

　　网络 2 用于 CNC 外部急停，当急停 L0.0 或轴超程 L0.2 输入信号断开时，或者，在进给/主轴驱动模块启动（DB9052.DBX1.3=1）后，驱动器发生重大报警，"准备好"信号 L0.1 成为"0"，程序将输出 CNC 外部急停信号 DB2600.DBX0.1，并将急停撤销信号 DB2600.DBX0.2置为"0"，CNC 进入急停状态。

　　网络 3 用来关闭进给/主轴驱动模块。当 CNC 进入急停状态（DB2700.DBX0.1=1）后，如果机床侧的轴停止输入 L0.3 成为"1"，程序将撤销"机床准备好"信号 DB9052.DBX1.3，关闭进给/主轴驱动模块。

网络 4 用于驱动器控制，当网络 1 输出的"机床准备好"信号 DB9052.DBX1.3 为"1"时，程序可输出进给/主轴驱动模块启动信号 L0.4（SV_OFF1）；如果"驱动器准备好"信号为"1"，程序可输出伺服/主轴电机启动信号 L0.5（SV_OFF3），开放伺服/主轴驱动模块逆变功率管，电机电枢通电，输出伺服锁定转矩，外部制动器松开。

网络 5 用于 PLC 报警 HMI 控制信号 DB1600.DBX29.5（ALM 700 237：CNC 急停）、DB1600.DBX29.6（ALM 700 238：驱动器未准备好）、DB1600.DBX29.7（ALM 700 239：轴超程）信号输出，使 LCD 显示对应的报警。

6.1.3　驱动器启动与轴使能程序

828D 系统的驱动器启动要求可参见图 6.1.2。驱动器启动可通过样板子程序 Axis_enable（轴使能，SBR233）控制，程序使用方法如下。

（1）变量定义与程序调用

828D 系统的样板子程序 Axis_enable 定义有图 6.1.6 所示的 6 个输入变量（IN）和 16 个临时变量（TEMP）。输入变量必须在主程序 OB1 的 Axis_enable（SBR233）子程序调用指令上赋值。

	Name	Var Type	Data Type	Comment
	EN	IN	BOOL	
LW0	Spindle1_Axis	IN	INT	
L2.0	OFF1_In	IN	BOOL	
L2.1	Feed_Enable_In	IN	BOOL	
L2.2	Spindle_Enable_In	IN	BOOL	
LW4	Spindle_delay_time	IN	INT	
		IN		
		IN_OUT		
		OUT		
L6.0	Ax1_is_Spindle	TEMP	BOOL	
L6.1	Ax2_is_Spindle	TEMP	BOOL	
L6.2	Ax3_is_Spindle	TEMP	BOOL	
L6.3	Ax4_is_Spindle	TEMP	BOOL	
L6.4	Ax5_is_Spindle	TEMP	BOOL	
L6.5	Ax6_is_Spindle	TEMP	BOOL	
L6.6	Ax7_is_Spindle	TEMP	BOOL	
L6.7	Ax8_is_Spindle	TEMP	BOOL	
L7.0	Spindle_delay1	TEMP	BOOL	
L7.1	Spindle_delay2	TEMP	BOOL	
L7.2	Spindle_delay3	TEMP	BOOL	
L7.3	Spindle_delay4	TEMP	BOOL	
L7.4	Spindle_delay5	TEMP	BOOL	
L7.5	Spindle_delay6	TEMP	BOOL	
L7.6	Spindle_delay7	TEMP	BOOL	
L7.7	Spindle_delay8	TEMP	BOOL	
		TEMP		

图 6.1.6　子程序 Axis_enable 局部变量定义

子程序 Axis_enable（SBR233）输入变量的功能定义及输入要求如下。

LW0（Spindle1_Axis）：主轴轴号，十进制整数型（INT）输入变量（IN）。主轴轴号是主轴的 CNC 机床轴编号。例如，在 2 轴（X/Z）数控车床上，若数控系统的第 3 机床轴用于主轴控制，LW0 应定义为"3"；在 4 轴（X/Y/Z/A）数控镗铣床上，若数控系统的第 5 机床轴用于主轴控制，LW0 应定义为"5"。

L2.0（OFF1_In）：驱动模块启动信号（SV_OFF1），逻辑状态型（BOOL）输入变量（IN）。L2.0 输入为"1"时，可启动驱动器的进给/主轴驱动模块，并进入 CNC 指令脉冲（脉冲使能）控制的工作状态（控制使能）。使用样板子程序 EMG_STOP（SBR231）时，L2.0 预定义为子程序 EMG_STOP 输出的 CNC/驱动器内部接口信号控制数据块 DB9052 的驱动模块启动信号 DB9052.DBX1.1（SV_OFF1）。

L2.1（Feed_Enable_In）：进给轴启动信号，逻辑状态型（BOOL）输入变量（IN）。L2.1 输入为"0"时，进给轴将停止运动。L2.0 预定义为 MCP 面板手动操作（JOG）样板子程序（见后述）输出的、CNC/驱动器内部接口信号控制数据块 DB9053 的进给启动信号 DB9053. DBX3.3，信号可通过 MCP 面板上的进给启动/停止键【FEED START】/【FEED STOP】操作生成。

L2.2（Spindle_Enable_In）：主轴启动信号，逻辑状态型（BOOL）输入变量（IN）。L2.2 输入为"0"时，主轴将停止运动。L2.0 预定义为 MCP 面板手动操作（JOG）样板子程序（见后述）输出的、CNC/驱动器内部接口信号控制数据块 DB9053 的主轴启动信号 DB9053.DBX3.4，信号可通过 MCP 面板上的主轴启动/停止键【SPINDLE START】/【SPINDLE STOP】操作生成。

LW4（Spindle_delay_time）：主轴制动器制动延时，十进制整数型（INT）输入变量（IN），单位为 ms。

L6.0～L6.7：主轴标记，逻辑状态型（BOOL）临时变量（TEMP）。L6.0～L6.7 为"1"分别代表机床轴 1～8 为主轴。

L7.0～L7.7：主轴制动信号，逻辑状态型（BOOL）临时变量（TEMP）。L7.0～L7.7 为"1"分别代表机床轴 1～8 需要进行主轴制动动作。

子程序 Axis_enable（SBR233）的调用示例如图 6.1.7 所示。图中假设 CNC 机床轴 4 用于主轴控制、主轴制动器制动延时为 200ms，并且，利用 MCP 面板手动操作（JOG）样板子程序（见后述）输出的、CNC/驱动器内部接口信号控制数据块 DB9053 的进给启动、主轴启动信号控制进给轴、主轴的启动/停止。

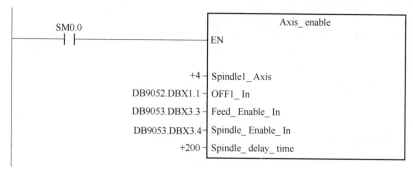

图 6.1.7　子程序 Axis_enable（SBR233）调用示例

子程序 Axis_enable（SBR233）可用于 8 轴及以下系统的机床轴驱动器启动控制，程序分驱动器启动与轴使能、主轴制动器延时两部分，说明如下。

（2）驱动器启动与轴使能

子程序 Axis_enable（SBR233）的第 1 机床轴驱动器启动与轴使能程序如图 6.1.8 所示；随后的网络 5～8 用于第 2 机床轴控制，网络 9～12 用于第 3 机床轴控制，……，网络 29～32 用于第 8 机床轴控制。第 2～8 机床轴驱动器启动与轴使能程序与第 1 机床轴只是存在比较触点操作数、局部变量地址、机床轴数据块编号的区别，其他完全相同。

例如，对于第 2 轴，网络 1 上的比较触点"LW0=+1"变为"LW0=+2"；程序中的局部变量 L6.0、L7.0 分别变为 L6.1、L7.1；机床轴数据块编号 DB3800、DB3900 分别变为 DB3801、DB3901，如网络 2 的第 1 行输出 DB3800.DBX4001.7 变为第 2 机床轴指令脉冲输入允许（脉

冲使能）信号 DB3801.DBX4001.7，第 2 行输出 DB3800.DBX2.1 变为第 2 机床轴的进给/主轴启动（控制使能）信号 DB3801.DBX2.1，等等。

Network 1   Axis1 is Spindle?

```
  SM0.0      LW0        L6.0
───┤ ├──────┤==1├───────(   )
             +1
```

Network 2   Enable Control of 1st Axis

```
  SM0.0   L2.0    DB3800.DBX4001.7
───┤ ├────┬─┤ ├───────(   )
          │
          │        L6.0                                      DB3800.DBX2.1
          ├───────┤/├──────────────────────┬──────┤P├───────( S )
          │        L6.0    DB3900.DBX0.0     │               DB3900.DBX1.4  L7.0
          │      ┌─┤ ├──────┤/├──────────────┼──────┤NOT├──────┤ ├────(   )
          │      │   DB3800.DBX4.3            │
          │      │  ┌─┤/├────────┤ ├─────── DB3900.DBX4.6
          │      │  │   DB3900.DBX2002.7
          │      │  │  ┤ ├────────┤ ├─────── DB3900.DBX4.7
          │      │  │   DB3900.DBX2002.6
          │      └──┤ ├
          │          DB3900.DBX2002.5
          │         ┤ ├
          │  L6.0    T125          DB3800.DBX2.1
          └──┤ ├────┤ ├───────────┤P├───────( R )
```

Network 3   Feed stop/spindle stop of 1st Axis

```
  SM0.0   L6.0    L2.1      DB3800.DBX4.3
───┤ ├───┬─┤/├────┤/├────────(   )
         │ L6.0    L2.2
         └─┤ ├────┤/├
```

Network 4   Override and measuring system 1 activate

```
  SM0.0   DB3800.DBX1.7
───┤ ├────┬─(   )
          │ DB3800.DBX1.5
          └─(   )
```

图 6.1.8　驱动器启动与轴使能程序

程序的第 1 网络用来产生主轴标记，当程序的主轴轴号输入变量 LW0 定义为 "1"，第 1 机床轴为主轴时，局部变量 L6.0 的状态将为 "1"。此时，机床轴启动（控制使能）将由主轴启动/停止信号控制。

程序的第 2 网络的第 1 行用来产生机床进给轴、主轴的驱动器脉冲使能信号 DB3800.DBX4001.7，使 CNC 的指令脉冲输入成为允许或禁止状态。驱动器脉冲使能信号在输入变量 L2.0 为 "1"，即子程序 EMG_STOP（SBR231）输出的驱动模块启动信号 DB9052.DBX1.1（SV_OFF1）为 "1" 时输出 "1"，使驱动器的 CNC 指令脉冲输入成为允许状态。

程序的第 2 网络的第 2~7 行的第 1 输出用来产生机床进给/主轴启动（控制使能）信号 DB3800.DBX2.1，使机床轴进入正常工作状态；第 2 输出用来产生主轴制动信号 L7.0，启动主轴制动延时程序。如果机床轴为进给轴、L6.0=0，轴启动信号可通过网络第 2 行，直接由输入变量 L2.0（驱动模块启动信号 DB9052.DBX1.1）进行控制；如果机床轴定义为主轴 L6.0=1、DB3900.DBX0.0=1，主轴启动/制动信号通过以下条件进行控制。

主轴速度控制：当主轴速度控制模式生效，主轴状态信号 DB3900.DBX2002.7=1 时，如果主轴停止信号 DB3800.DBX4.3 为 "0"，主轴可通过正反转启动信号 DB3900.DBX4.6/DB3900.DBX4.7 启动，利用 CNC 指令控制主轴转速。

主轴换挡或定位控制：当主轴自动换挡控制模式生效，主轴状态信号 DB3900.DBX2002.6=1 时，或者，当主轴定位控制模式生效，主轴状态信号 DB3900.DBX2002.5=1 时，主轴直接启动，利用 CNC 指令控制换挡抖动或定位。

主轴制动：当主轴速度、换挡、定位功能全部撤销时，如果主轴已停止，且 DB3900.DBX1.4=1，主轴制动延时信号 L7.0 将输出 1。L7.0 可启动主轴制动器延时控制定时器 T125。

程序的第 2 网络的第 8 行用于主轴停止延时控制。由于主轴制动器的动作通常需要较长的时间，因此，主轴停止时，轴启动（控制使能）信号 DB3800.DBX2.1 需要在定时器 T125 的制动器延时到达、完全制动后才能断开。

程序的第 3 网络用于机床轴停止控制。对于进给轴（L6.0=0），轴停止信号在进给轴启动信号撤销、输入变量 L2.1 为 "0" 时，输出进给停止信号 DB3800.DBX4.3；对于主轴（L6.0=1），轴停止信号在主轴启动信号撤销、输入变量 L2.2 为 "0" 时，输出主轴停止信号 DB3800.DBX4.3。

程序的第 4 网络用来生效机床轴的倍率调节、CNC 闭环控制功能，机床轴的倍率生效控制信号 DB3800.DBX1.7、CNC 闭环控制功能生效信号 DB3800.DBX1.5 直接由状态恒为 "1" 的系统标准 SM0.0 控制，功能始终有效。

（3）主轴制动器延时

主轴制动器延时控制程序如图 6.1.9 所示。只要机床轴 1~8 中有一个轴为主轴，通过前述机床轴驱动器启动与轴使能程序，局部变量 L7.0~L7.7 中必然有一个为 "1"，该信号可直接启动主轴制动器延时定时器 T125，使得主轴启动（控制使能）信号 DB3800.DBX2.1 在定时器 T125 的制动器延时到达、完全制动后断开。

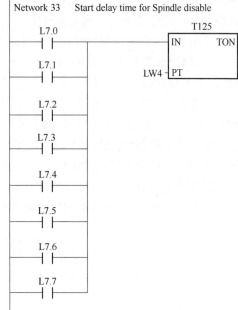

图 6.1.9　主轴制动器延时控制程序

6.2　MCP 483 面板控制程序设计

6.2.1　MCP 程序设计说明

（1）MCP 程序设计方法

MCP 483 PN 是 PROFINET 总线连接、用于水平布置 828D 系统的常用机床操作面板。

在配套 MCP 483 PN 面板的 828D 系统上，设计 PLC 程序时，可通过调用 SIEMENS 工具软件 TOOLBOX_DVD_828D 中的样板子程序 MCP 483 PN 面板基本控制 MCP_483（SBR235），以及 MCP 483 PN 面板手动操作程序 JOG_MCP 483_T_b（SBR238，车削机床面板用）或 JOG_MCP483_M_b（SBR236，镗铣机床面板用），并进行必要的优化、修改、补充，来快速完成 MCP 483 PN 面板控制 PLC 程序的设计。

USB 连接的 MCP 483 USB 面板在按键/指示灯功能、程序设计方法上与 MCP 483 PN 面板基本相同，程序设计可通过工具软件 TOOLBOX_DVD_828D 中的样板子程序 USB_MCP（基本程序）、JOG_USB_MCP_T（车削机床面板手动操作程序）、JOG_USB_MCP_M（镗铣机床面板手动操作程序）的调用、优化、修改、补充完成。MCP 483 USB 面板和 MCP 483 PN 面板的样板子程序设计思路相同、网络结构类似，但是，按键输入/指示灯输出信号的地址需要以 CNC/PLC 接口信号数据块 DB1000/DB1100 的数据寄存器替代，程序设计同样可通过样板子程序的优化、修改、补充完成，因此，本书不再对其进行专门说明。

水平布置 MCP 483 PN 面板和垂直布置 MCP 310 PN 面板的手动操作键/指示灯设计有较大的不同，因此，两种面板的 PLC 程序设计有较大区别。为了便于掌握各类机床、不同形式 MCP 面板的 PLC 程序，本章将以车削机床的 MCP 483 T PN 面板、镗铣机床的 MCP 310 M PN 面板为例，来分别说明不同类型机床、不同 MCP 面板的 PLC 程序设计方法；镗铣机床的 MCP 310 M PN 面板控制程序设计方法参见本章后述。

SIEMENS 工具软件 TOOLBOX_DVD_828D 包含 MCP 483 PN 面板基本控制样板子程序 MCP_483（SBR235）和手动操作样板子程序 JOG_MCP 483_T_b（SBR238）2 个 PLC 子程序，手动操作样板子程序需要在基本控制程序运行时才能使用，因此，两者需要同时使用（调用）。此外，828D 系统的 MCP 面板控制样板子程序与其他样板子程序的连接，需要通过系统预定义用户数据块 DB9053 进行，因此，使用 MCP 面板控制样板子程序时，必须同时使用系统预定义用户数据块 DB9053。

（2）子程序调用

在 PLC 用户程序中调用 MCP 483 PN 面板控制样板子程序的方法如图 6.2.1 所示。

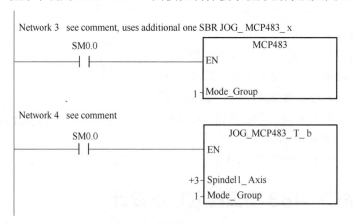

图 6.2.1 样板子程序调用

调用基本控制样板子程序 MCP_483（SBR235）时，需要通过输入参数 Mode_Group（十进制整数输入 IN_INT 型局部变量）指定 CNC 的方式组编号；调用手动操作样板子程序 JOG_MCP 483_T_b（SBR238）时，需要通过输入参数 Spindle1_Axis（十进制整数输入 IN_INT

型局部变量 LW0)、Mode_Group(1 字节整数输入 IN_BYTE 型局部变量 LB2),分别指定主轴编号、CNC 方式组编号。

对于 2 通道车削机床控制的 828 TD 系统,方式组编号输入参数 Mode_Group 可指定为 "1" 或 "2";对于单通道、单方式组控制的其他 828D 系统,方式组编号输入参数 Mode_Group 应为 "1"。

主轴编号输入参数 Spindle1_Axis 用来指定主轴的 CNC 机床轴号,例如,当 CNC 的第 1/2 轴用于伺服进给轴 X/Z 控制,第 3 轴用于主轴控制时,输入参数 Spindle1_Axis 应定义为 "3"。

(3)程序连接信号

MCP 483 PN 面板控制样板子程序中的面板按键/指示灯布置、按键/指示灯输入/输出地址以及 CNC/PLC 接口信号的功能、地址,可参见第 3 章、第 5 章。程序与其他样板子程序的连接通过系统预定义用户数据块 DB9053 进行,所涉及的主要连接信号地址、功能与用途如表 6.2.1 所示。

表 6.2.1　MCP 483 PN 面板控制程序连接信号

地　址	功能与用途	信号来源	关联程序
DB9053.DBX3.0	MCS/WCS 切换脉冲	MCP_483	JOG_MCP 483_T_b
DB9053.DBX3.2	MCP_483 运行	MCP_483	JOG_MCP 483_T_b
DB9053.DBX3.3	进给启动	JOG_MCP 483_T_b	MCP_483、Axis_Enable、HW_HHU_Mill
DB9053.DBX3.4	主轴启动	JOG_MCP 483_T_b	MCP_483、Axis_Enable
DB9053.DBX22.0	禁止 HMI 启停、复位 CNC	系统预设	MCP_483
DB9053.DBX22.2	HHU 操作有效	HW_HHU_Mill	MCP_483、JOG_MCP 483_T_b

6.2.2　MCP 483 面板基本控制程序设计

MCP 483 PN 面板基本控制子程序 MCP_483(SBR235)具有通道与方式组选择、CNC 操作方式选择、CNC 公共控制(存储器保护设定、CNC 启动/停止控制、CNC 程序单段运行、机床/工件坐标系切换等)等基本功能。执行程序可将 MCP 483 PN 面板的按键、存储器保护开关等输入信号转换为 CNC 控制所需要的 CNC/PLC 接口信号。

(1)通道与方式组选择

子程序 MCP_483 的网络 1 用来确定 MCP 483 PN 面板所控制的 CNC 方式组及通道,程序如图 6.2.2 所示。网络 1 中的 2 条功能指令 DEC_B(减 1 操作)可直接通过系统标志 SM0.0(恒为 1)启动。

第 1 行功能指令 DEC_B 输入 IN 为字节型(BYTE)局部变量 LB0,可通过 MCP_483 调用指令的 "CNC 方式组号" 输入参数 Mode_Group 赋值。指

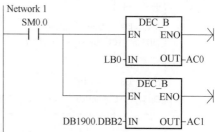

图 6.2.2　通道与方式组选择

令 DEC_B 可对输入参数 Mode_Group 进行减 "1" 操作,将 CNC 方式组号转换为 PLC 数据块间接寻址地址,并保存在 PLC 累加器 AC0 上。

第 2 行功能指令 DEC_B 用于通道选择,输入 IN 利用 PLC 数据块 DB1900.DBB2 的状态赋值。输入 DB1900.DBB2 为来自 HMI 输入的 CNC 当前有效通道号,数值可利用 LCD/CNC 基本单元的软功能键操作选择。通道号 DB1900.DBB2 同样需要利用指令 DEC_B 的减 "1" 操作,转换为 CNC

通道信号数据块的间接寻址地址；通道间接寻址地址保存在 PLC 的第 2 累加器 AC1 上。

例如，当程序 MCP_483 调用指令设定 Mode_Group=1，LCD/CNC 单元选择第 2 通道操作，DB1900.DBB2=2 时，网络 1 指令执行后，PLC 的累加器 AC0=0、AC1=1。此时，便可利用 DB3000[AC0]、DB3200[AC1]等数据块间接寻址指令，选定方式组 1 的 CNC/PLC 接口信号数据块 DB3000、通道 2 的 CNC/PLC 接口信号数据块 DB3201 等。

（2）CNC 操作方式选择

样板子程序 MCP_483 的 CNC 操作方式选择程序网络如图 6.2.3、图 6.2.4 所示。

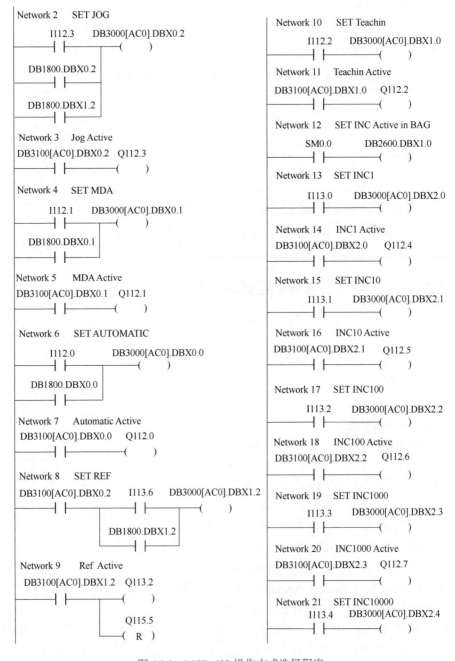

图 6.2.3　MCP_483 操作方式选择程序

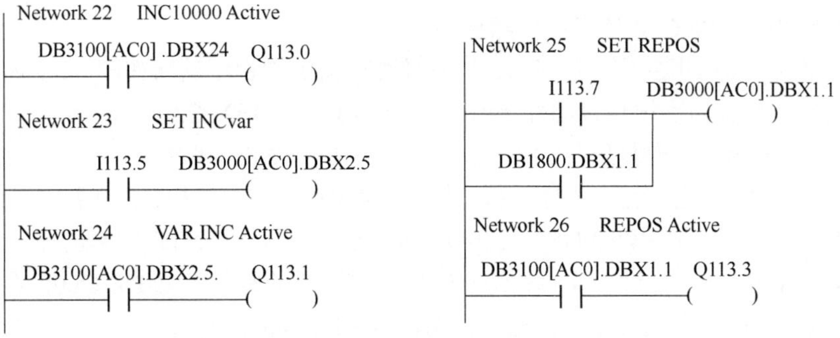

图 6.2.4　MCP_483 操作方式选择程序（续）

　　程序中的 PLC 输入/输出信号 I/Q 为 PROFINET 总线连接的 MCP 483 PN 面板的按键输入/指示灯输出信号；数据块 DB3000[AC0]为程序调用指令输入参数 Mode_Group 所确定的、间接寻址的方式组 1 或 2 的 CNC/PLC 接口信号数据块 DB3000 或 DB3001；数据块 DB3200[AC1]为 HMI 操作选定的、间接寻址的通道 1 或 2 的 CNC/PLC 接口信号数据块 DB3200 或 DB3201。

　　程序网络 2、3 用于 CNC 的手动连续进给操作（JOG）方式选择及 MCP 483 PN 面板按键的指示灯控制。操作 MCP 483 PN 面板的【JOG】键（I 112.3），或者，利用 LCD/CNC/MDI 单元选定通道号及 JOG、REF（手动回参考点，属于 JOG 操作）操作时，网络 2 可输出所选方式组的手动操作信号 DB3000[AC0].DBX0.2；网络 3 用于 MCP 483 PN 面板的【JOG】键指示灯控制，当指定通道的 JOG 操作生效，所选方式组的 CNC 操作方式为 JOG（DB3100[AC0].DBX0.2=1）时，指示灯输出 Q112.3 为“1”。

　　程序网络 4/5、6/7 及 10/11、25/26 分别用于所选 CNC 方式组和通道的 MDA（手动数据输入自动）、AUTO（自动）、Teach-in（示教）、REPOS（断点返回）操作方式选择，以及 MCP 483 PN 面板按键的指示灯控制，程序设计方法与程序网络 2/3 同。

　　程序网络 8/9 用于手动回参考点操作选择。当所选方式组的 CNC 操作方式为 JOG（DB3100[AC0].DBX0.2=1）时，可通过 MCP 483 PN 面板的【REF】键（I 113.6），或者，利用 LCD/CNC/MDI 单元选定 REF 操作（DB1800.DBX1.2=1），输出所选方式组的手动回参考点操作信号 DB3000[AC0].DBX1.2。

　　828D 的回参考点操作只能在机床坐标系（MCS）上进行，因此，当方式组的回参考点操作方式生效，DB3100[AC0].DBX1.2=1 后，可通过网络 8，在 MCP 483 PN 面板的【REF】键指示灯输出 Q113.2 上输出“1”信号；同时，可将面板的工具坐标系选择键【WCS/MCS】指示灯输出 Q115.5 置为“0”，Q115.5 可通过后述网络 39，生效机床坐标系 MCS。

　　程序网络 12 用于手动增量进给操作（简称 INC 操作）功能选择。828D 系统的 INC 操作只有在 CNC 公共控制信号 DB2600.DBX1.0=1 时才能生效，因此，网络 12 以状态恒为“1”的系统标志 SM0.0，无条件生效 INC 操作。

　　程序网络 13～24 用于 CNC 的手动增量进给距离或手轮每格移动量选择，选择 INC var 操作时，增量进给距离可通过 MDI 键盘自由设定。网络 13～24 依次为 INC×1、INC×10、INC×100、INC×1000、INC×10000 及 INC var 按键输入及指示灯输出程序，按下 MCP 483 PN 面板对应的按键，所选方式组的 INC 操作信号 DB3000[AC0].DBX2.0～2.5 将为“1”；操作生效后，对应按键的指示灯输出为“1”。

（3）通道复位、CNC 启停及存储器保护

子程序 MCP_483 的通道复位、CNC 启停及存储器保护程序网络如图 6.2.5 所示。程序中的 DB9053.DBX22.0 为系统预设的控制参数，当 DB9053.DBX22.0 设定为"1"时，将禁止 LCD/CNC/MDI 单元的通道复位、CNC 启动/停止操作（HMI 操作）。

程序网络 27/28 为通道复位程序。按下 MCP 483 PN 面板的【RESET】键（I115.7），或者，在 HMI 操作允许（DB9053.DBX22.0=0）时通过 LCD/CNC/MDI 单元选择了通道复位操作（DB1700.DBX7.7=1），此时，网络 27 可输出当前通道的复位信号 DB3200[AC1].DBX7.7，复位当前通道。当前通道被复位时，通道状态信号 DB3300[AC1].DBX3.7 将为"1"，网络 28 将使 MCP 483 PN 面板的【RESET】键指示灯 Q118.1 输出"1"。

程序网络 29～31 为 CNC 启动/停止程序。按下 MCP 483 PN 面板的【NC START】键（I 114.1），或者，在 HMI 操作允许（DB9053.DBX22.0=0）时通过 LCD/CNC/MDI 单元选择了 CNC 启动操作（DB1700.DBX7.1=1），此时，网络 29 可输出当前通道的 CNC 启动信号 DB3200[AC1].DBX7.1，启动通道运行。当前通道运行时，通道状态信号 DB3300[AC1].DBX3.5 将为"1"，网络 30 将使 MCP 483 PN 面板的【NC START】键指示灯 Q113.5 输出"1"，【NC STOP】键指示灯 Q113.4 输出"0"。

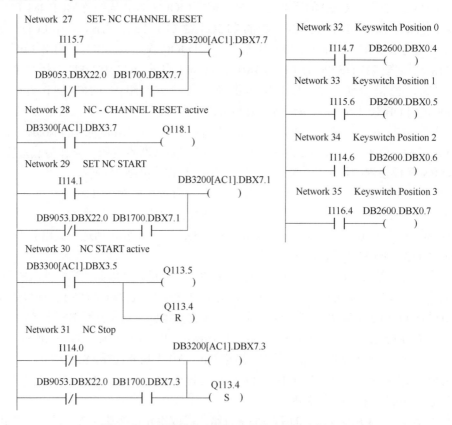

图 6.2.5　通道复位、CNC 启停及存储器保护程序

如果按下 MCP 483 PN 面板的【NC STOP】键（常闭触点，按下时 I114.0=0），或者，在 HMI 操作允许（DB9053.DBX22.0=0）时通过 LCD/CNC/MDI 单元选择了 CNC 停止操作（DB1700.DBX7.3=1），此时，网络 31 可输出当前通道的 CNC 停止信号 DB3200[AC1].DBX7.3，

停止通道运行，同时，可使 MCP 483 PN 面板的【NC STOP】键指示灯 Q113.4 输出"1"并保持这一状态，直到下次 CNC 启动。

程序网络 32～35 为 CNC 存储器保护程序。828D 系统的存储器保护分 7 级。其中，保护级 1～3 通常只允许机床生产厂家用于设计、调试或供维修人员使用，解除保护需要输入密码（出厂默认密码依次为 SUNRISE、EVENING、CUSTOMER）；保护级 7 允许机床操作人员自由使用（存储器保护开关位置 0，无需钥匙操作），无需任何操作；保护级 6～4 可通过不同颜色的钥匙（橙、绿、黑），依次选定 MCP 面板的存储器保护开关位置 3、2、1 后解除。

机床操作人员保护级 7～4 可通过 CNC 公共控制信号 DB2600.DBX0.4～0.7 选定。程序网络 32～35 中的 I 114.7、I 115.6、I 114.6、I 116.4 分别为 MCP 483 PN 面板的存储器保护开关位置 0、1、2、3 的输入信号，可依次选定存储器保护级 7～4。

（4）单段切换程序

子程序 MCP_483 的 CNC 加工程序单段运行（SINGLE BLOCK）控制程序网络如图 6.2.6 所示。

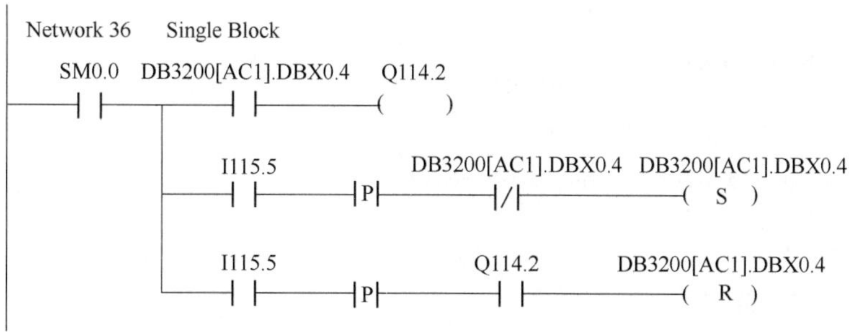

Network 36　　Single Block

SM0.0　DB3200[AC1].DBX0.4　Q114.2
　├┤├──────┤├───────（　）

I115.5　　　　　DB3200[AC1].DBX0.4　DB3200[AC1].DBX0.4
├┤P├──────────┤/├───────（ S ）

I115.5　　　　　Q114.2　　　　DB3200[AC1].DBX0.4
├┤├─┤P├────┤├───────（ R ）

图 6.2.6　单段控制程序

程序网络 36 是利用边沿检测信号控制输出交替通断的典型 PLC 程序，程序原理可参见 4.3 节。网络 36 中的 I115.5 为 MCP 483 PN 面板的【SINGLE BLOCK】键输入，Q114.2 为 MCP 483 PN 面板【SINGLE BLOCK】键指示灯输出，DB3200[AC1].DBX0.4 为 CNC 当前通道的程序单段运行控制信号。重复操作【SINGLE BLOCK】键，便可利用 I 115.5 的上升沿，控制 DB3200[AC1].DBX0.4 的交替通断。

（5）WCS/MCS 切换程序

子程序 MCP_483 的工件坐标系（workplace coordinate system，WCS）/机床坐标系（machine coordinate system，MCS）切换控制程序网络如图 6.2.7 所示。WCS/MCS 坐标系切换功能主要用于 828D 系统的几何轴（geometry axis）手动操作，有关内容可参见 5.2 节。网络 37～43 是利用程序跳转指令 JMP 控制输出交替通断的典型程序，程序原理可参见 4.4 节。

网络 37 中的 DB9053.DBX22.2 为手持单元 HHU 操作信号，信号由 HHU 单元控制子程序 HW_HHU_Mill（SBR229）输出，当 HHU 单元选择了手轮操作轴（机床轴）时，DB9053.DBX22.2 将为"1"；DB9053.DBX3.2 为网络 43 输出的状态恒为 1 的系统预设数据块 DB9053 的子程序 MCP_483 运行信号，在子程序运行的 PLC 第 2 循环之后，始终为 1；I117.4 为 MCP 483 PN 面板的【WCS/MCS】键输入；DB9053.DBX3.0 是用于交替通断控制的 I117.4 上升沿检测信号。网络 38 中的 Q115.5 为 MCP 483 PN 面板【WCS/MCS】键指示灯输出。网络 39 中的 DB1900.DBX5000.7 是用于 CNC 工件坐标系操作选择的 HMI 控制信号。

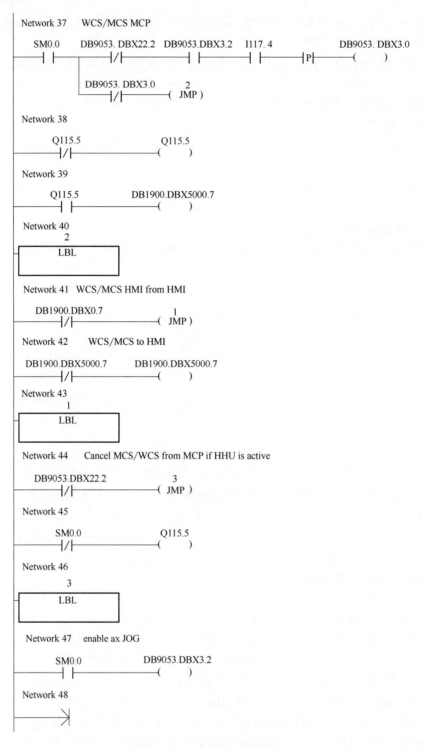

图 6.2.7　WCS/MCS 切换程序

　　因此，在子程序 MCP_483 运行的 PLC 第 2 循环之后，如果未选择手持单元 HHU 操作（DB9053.DBX22.2=0），在按下【WCS/MCS】键后的 PLC 第 1 循环中，I117.4 上升沿检测信号 DB9053.DBX3.0 为"1"，网络 38、39 的【WCS/MCS】键指示灯输出 Q115.5 及工件坐标系选择信号 DB1900.DBX5000.7 的状态将翻转。在按下【WCS/MCS】键后的 PLC 第 2 循环之后，上升沿检测信号 DB9053.DBX3.0 成为"0"，网络 38、39 将被跳过；Q115.5 及 DB1900.DBX5000.7 可保持翻转后的状态不变。

网络 41 的 DB1900.DBX0.7 为来自 HMI 的 WCS/MCS 切换上升沿脉冲信号。DB1900.DBX0.7 为 1 时，同样可利用网络 42，实现 CNC 工件坐标系选择信号 DB1900.DBX5000.7 的状态翻转。

网络 44 可在选择 HHU 单元手轮操作、DB9053.DBX22.2=1 时，继续执行网络 45，将 MCP 483 PN 面板的【WCS/MCS】键指示灯输出 Q115.5 以及网络 39 的工件坐标系选择信号 DB1900.DBX5000.7 直接置为"0"，使 HHU 单元的手轮操作在机床坐标系上进行。

网络 47 用来生成子程序 MCP_483 运行信号 DB9053.DBX3.2，在子程序 MCP_483 运行的 PLC 第 2 循环之后，信号 DB9053.DBX3.2 的状态将始终为 1。

6.2.3　手动操作程序设计

SIEMENS 工具软件 TOOLBOX_DVD_828D 提供的样板子程序 JOG_MCP 483_T_b（SBR238）是用于 MCP 483 PN 面板手动操作（JOG）的 PLC 程序，需要在 MCP 面板基本控制程序 MCP_483 运行，且信号 DB9053.DBX3.2 为"1"时才能使用。

子程序 JOG_MCP 483_T_b（SBR238）具有通道与主轴选择、进给轴手动操作、进给倍率与主轴倍率调节、进给/主轴启动等功能，说明如下。

（1）通道与主轴数据块选择

子程序 JOG_MCP 483_T_b（SBR238）的网络 1 用来确定 MCP 483 PN 面板所控制的 CNC 通道与主轴数据块，程序如图 6.2.8 所示。

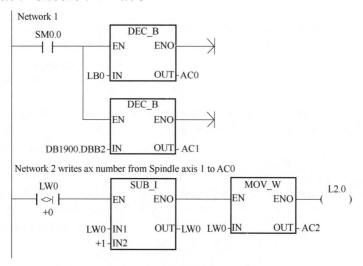

图 6.2.8　通道与主轴数据块选择

网络 1 的两条功能指令 DEC_B（减 1 操作）可直接通过系统标志 SM0.0（恒为 1）启动，指令用来确定 PLC 数据块的间接寻址地址。

网络 1 的第 1 行指令 DEC_B 原本是用于 CNC 方式组选择的指令，由于程序已定义局部变量 LW0 为主轴号输入，主轴的 PLC 数据块间接寻址地址可通过网络 2 生成，因此，该指令在实际程序中已不起任何作用。

网络 1 的第 2 行指令 DEC_B 用于通道选择，输入 IN 利用 PLC 数据块 DB1900.DBB2 的状态赋值。DB1900.DBB2 为来自 HMI 输入的 CNC 当前有效通道号，数值可利用 LCD/CNC 基本单元的软功能键操作选择。通道号执行减"1"操作后，可转换为 PLC 的第 2 累加器 AC1 的 CNC 通道信号数据块的间接寻址地址。

网络 2 的功能指令 SUB_I（减操作）可通过比较触点启动，当程序调用指令定义的主轴号输入参数 Spindle1_Axis（LW0）不为 0 时，可执行主轴号的减"1"操作，并将计算结果保存到 PLC 的第 3 累加器 AC2 中，作为机床主轴数据块的间接寻址地址。指令执行完成输出可将局部变量 L2.0 置为 1，L2.0 在 MCP 310M 面板的主轴标记（见后述），在 MCP 483_T 面板上，LB2 为指令输入参数 Mode_Group，因此，在程序优化时最好予以删除。

（2）进给轴 JOG 操作

对于子程序 JOG_MCP 483_T_b（SBR238）的进给轴手动操作设计了基本的 2 轴数控车床的进给轴手动操作及手动快速、指示灯输出控制程序。在多轴控制的车削中心等机床上，可通过同样的方法，添加其他轴控制网络。

① 进给轴手动操作程序。子程序 JOG_MCP 483_T_b（SBR238）的进给轴手动连续进给（JOG 操作）程序设计如图 6.2.9 所示。车削机床 MCP 面板的手动进给轴选择和运动方向键合一，I 117.7/I 117.1、I 117.0/I 116.2 分别为 MCP 483 PN 面板的【+X】/【-X】、【+Z】/【-Z】操作键输入，JOG 操作的条件如下。

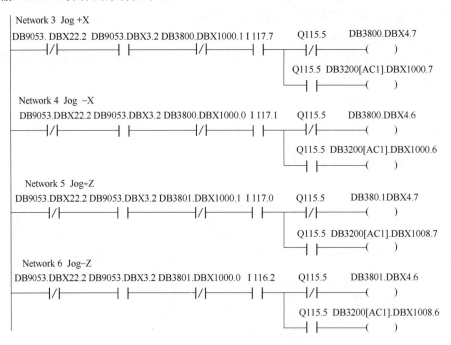

图 6.2.9　进给轴 JOG 操作程序

DB9053.DBX22.2=0：未选择手持单元 HHU 操作（见后述）。

DB9053.DBX3.2=1：MCP 面板基本控制程序 MCP_483 已运行。

DB3800.DBX1000.1/DBX1000.0、DB3801.DBX1000.1/DBX1000.0 为"0"：所选机床轴在对应的运动方向上未超程。超程信号一般利用机床行程开关输入生成；如果行程开关连接常闭触点（通常情况），需要将 DI 输入转换为常开型 CNC/PLC 接口信号。

Q115.5：工件坐标系生效信号。

程序网络的输出 DB3800.DBX4.7/DBX4.6、DB3801.DBX4.7/DBX4.6 分别为第 1、第 2 机床轴的正/负向手动信号；DB3200[AC1].DBX1000.7/DBX1000.6、DB3200[AC1].DBX1008.7/DBX1008.6 分别为 AC1 间接寻址的当前通道工件坐标系第 1、第 3 几何轴的正/负向手动信号。当机床坐标系 MCS 生效（Q115.5=0）时，【+X】/【-X】、【+Z】/【-Z】键用于机床轴 JOG 操作；如果工件坐标系 WCS 生效（Q115.5=1），按键用于工件坐标系几何轴 JOG 操作。

② 手动快速与指示灯控制。子程序 JOG_MCP 483_T_b（SBR238）的进给轴手动快速与指示灯控制程序设计如图 6.2.10 所示。

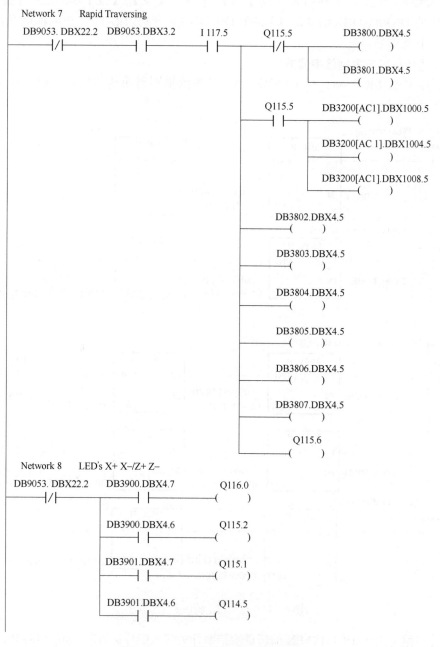

图 6.2.10 手动快速与指示灯控制程序

程序网络 7 用于手动快速操作，网络中的 I117.5、Q115.6 为 MCP 483 PN 面板的【RAPID】键输入、指示灯输出；DB3800.DBX4.5、DB3801.DBX4.5 为第 1、第 2 机床轴的手动快速信号；DB3200[AC1].DBX1000.5/DBX1004.5/DBX1008.5 分别为 AC1 间接寻址的当前通道工件坐标系 WCS 的第 1/2/3 几何轴手动快速信号；DB3802.DBX4.5～DB3807.DBX4.5 为第 3～8 机床轴手动快速信号。当机床坐标系 MCS 生效（Q115.5=0）时，【RAPID】键用于机床轴手动快速操作；工件坐标系 WCS 生效（Q115.5=1）时，【RAPID】键用于工件坐标系几何轴手动快速操作。

程序网络 8 用于 MCP 483 PN 面板【+X】/【-X】、【+Z】/【-Z】键的指示灯输出控制，网络 8 中的 DB3900.DBX4.7/4.6、DB3901.DBX4.7/4.6 分别为第 1、2 机床轴正/负向移动的 CNC 工作状态信号。

（3）进给倍率与主轴倍率调节

子程序 JOG_MCP 483_T_b（SBR238）的进给轴手动快速与指示灯控制程序设计如图 6.2.11 所示。

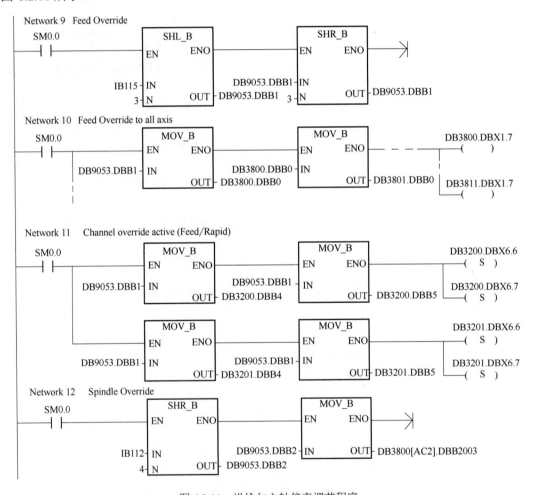

图 6.2.11　进给与主轴倍率调节程序

程序网络 9 用于 MCP 483 PN 面板进给倍率开关输入信号的读取。MCP 483 PN 面板的 5 位进给倍率调节信号 A～E 的输入地址为 I115.0～115.4，输入字节 IB115 经"空位补 0"的

SHL_B、SHR_B 指令分别左移 3 位、右移 3 位，便可在 DB9053.DBB1 中得到 I115.0～115.4 信号状态。网络 9 也可用字节"与"操作指令实现，程序更简单。

程序网络 10 用于机床轴的进给倍率信号输出，可将 DB9053.DBB1 中进给倍率调节信号依次移动到机床轴 1～12 的进给倍率控制信号 DB3800～3811.DBB0 上，并将机床轴 1～12 的进给倍率生效信号 DB3800～3811.DBX1.7 设定为"1"（有效）。

程序网络 11 用于 CNC 通道 1（DB3200）、通道 2（DB3201）的进给倍率调节信号 DBB4、快进倍率调节信号 DBB5 的输出，并将进给生效信号 DBX6.7、快进倍率生效信号 DBX6.6 设定为"1"（有效）。

程序网络 12 用于机床主轴倍率调节信号输出。MCP 483 PN 面板的 4 位主轴倍率调节信号 A～D 的输入地址为 I112.4～112.7，输入字节 IB112 经"空位补 0"的 SHR_B 指令右移 4 位，便可在 DB9053.DBB2 的低 4 位上得到 I112.4～112.7 信号状态。DB9053.DBB2 可输出到 AC2 间接寻址指定的机床轴（主轴）上，作为主轴的倍率调节信号 DB3800[AC2].DBB2003 输出。

（4）进给/主轴启动

子程序 JOG_MCP 483_T_b（SBR238）的进给/主轴启动程序设计如图 6.2.12 所示，用来产生前述驱动器启动（轴使能）子程序 Axis_enable（SBR233）的主轴启动信号 DB9053.DBX3.4、进给启动信号 DB9053.DBX3.3。

网络 13 用于主轴启动信号 DB9053.DBX3.4 的生成。程序中的 I114.5/Q114.1 为 MCP 483 PN 面板的主轴启动【SP START】键输入/指示灯输出，I114.4/Q114.0 为主轴停止【SP STOP】键输入（常闭型输入）/指示灯输出。操作【SP START】键，主轴启动信号 DB9053.DBX3.4 及按键指示灯输出 Q114.1 的状态将成为"1"，启动主轴；操作【SP STOP】键，或者，CNC 急停（DB2700.DBX0.1=1）时，主轴启动信号 DB9053.DBX3.4 及按键指示灯输出 Q114.1 的状态将成为"0"，停止主轴。

网络 14 用于进给启动信号 DB9053.DBX3.3 的生成。程序中的 I114.3/Q113.7 为 MCP 483 PN 面板的进给启动【FEED START】键输入/指示灯输出，I114.2/Q113.6 为进给停止【FEED STOP】键输入（常闭型输入）/指示灯输出。操作【FEED START】键，进给启动信号 DB9053.DBX3.3 及按键指示灯输出 Q113.7 的状态将成为"1"，启动

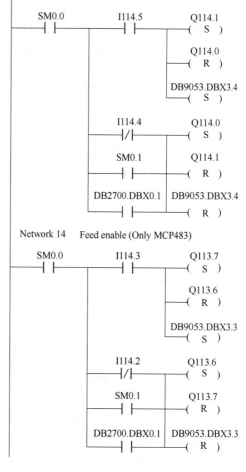

图 6.2.12　进给/主轴启动程序

进给轴；操作【FEED STOP】键，或者，CNC 急停（DB2700.DBX0.1=1）时，进给启动信号 DB9053.DBX3.3 及按键指示灯输出 Q113.6 的状态将成为"0"，停止进给轴。

6.3 MCP 310 面板控制程序设计

6.3.1 MCP 310 面板基本控制程序设计

（1）样板子程序与连接信号

为了便于掌握各类机床、不同形式 MCP 面板的 PLC 程序设计方法，本节将以镗铣机床的 MCP 310 M PN 面板为例，说明 MCP 面板的 PLC 程序设计方法。

MCP 310 PN 是 PROFINET 总线连接的、用于垂直布置 828D 系统的常用机床操作面板。在配套 MCP 310 PN 面板的 828D 系统上，设计 PLC 程序时，可通过调用 SIEMENS 工具软件 TOOLBOX_DVD_828D 中的样板子程序 MCP 310 PN 面板基本控制 MCP_310（SBR239），以及 MCP 310 PN 面板手动操作程序 JOG_MCP 310_T_b（SBR242，车削机床面板用）或 JOG_MCP310_M_b（SBR240，镗铣机床面板用），并进行必要的优化、修改、补充，来快速完成 MCP 310 PN 面板控制 PLC 程序的设计。

MCP 310 PN 的手动操作样板子程序同样需要在基本控制程序运行时才能使用，因此，两者需要同时使用（调用）。此外，828D 系统的 MCP 面板控制样板子程序与其他样板子程序的连接，需要通过系统预定义用户数据块 DB9053 进行，因此，使用 MCP 面板控制样板子程序时，必须同时使用系统预定义用户数据块 DB9053。

MCP 310 M PN 面板控制样板子程序的调用方法如图 6.3.1 所示。

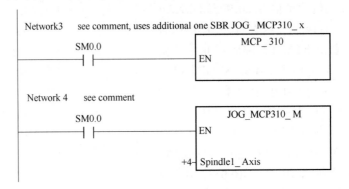

图 6.3.1 样板子程序调用

镗铣机床控制的 828D 系统目前尚无第 2 通道、第 2 方式组控制功能，因此，调用基本控制程序 MCP_310（SBR239）时，无需定义 CNC 方式组编号。但是，调用手动操作样板子程序 JOG_MCP310_M_b（SBR240）时，需要通过输入参数 Spindle1_Axis（十进制整数输入 IN_INT 型局部变量 LW0），指定主轴编号。

主轴编号输入参数 Spindle1_Axis 用来指定主轴的 CNC 机床轴号。例如，当 CNC 的第 1/2/3 轴用于伺服进给轴 X/Y/Z 控制，第 4 轴用于主轴控制时，输入参数 Spindle1_Axis 应定义为"4"。

MCP 310 M PN 面板控制样板子程序中的面板按键/指示灯布置、按键/指示灯输入/输出地址以及 CNC/PLC 接口信号的功能、地址，可参见第 3 章、第 5 章；程序与其他样板子程序的连接通过系统预定义用户数据块 DB9053 进行，所涉及的主要连接信号地址、功能与用途如表 6.3.1 所示。

表 6.3.1　MCP 310 PN 面板控制程序连接信号

地　址	功能与用途	信号来源	关联程序
DB9053.DBX3.0	MCS/WCS 切换脉冲	MCP_310	JOG_MCP 310_M_b
DB9053.DBX3.2	MCP_310 运行	MCP_310	JOG_MCP 310_M_b
DB9053.DBX3.3	进给启动	MCP_310	JOG_MCP 310_M_b、Axis_Enable、HW_HHU_Mill
DB9053.DBX3.4	主轴启动	JOG_MCP 310_M_b	Axis_Enable
DB9053.DBX22.0	禁止 HMI 启停、复位 CNC	系统预设	MCP_310
DB9053.DBX22.1	JOG 运动停止	JOG_MCP 310_M_b	JOG_MCP 310_M_b
DB9053.DBX22.2	HHU 操作有效	HW_HHU_Mill	MCP_310、JOG_MCP 310_M_b

　　镗铣机床控制的 828D 系统目前尚无第 2 通道、第 2 方式组控制功能，无需选择通道和 CNC 操作组，数据块不需要使用累加器间接寻址功能。MCP 310 PN 面板基本控制程序 MCP_310（SBR239）具有 CNC 操作方式选择、CNC 公共控制（存储器保护设定、CNC 启动/停止控制、CNC 程序单段运行、机床/工件坐标系切换等）及进给启动等基本功能，执行程序可将 MCP 310 PN 面板的按键、存储器保护开关等输入信号转换为 CNC 控制所需要的 CNC/PLC 接口信号。

（2）CNC 操作方式选择

　　样板子程序 MCP_310 的 CNC 操作方式选择程序网络如图 6.3.2 所示，程序功能与设计思路与 MCP_483 相同。

　　程序网络 1～25 依次用于 CNC 的 REF（回参考点）、JOG（手动连续进给）、MDA（手动数据输入自动）、AUTO（自动）、Teach-in（示教）、手动增量进给功能及 INC×1、INC×10、INC×100、INC×1000、INC×10000 及 INC var 操作、REPOS（断点返回）的操作方式选择及指示灯控制。IB112～125 为 MCP 310 PN 面板按键输入，DB1800.DBB0/DBB1 为 LCD/CNC/MDI 基本单元软功能键操作 HMI 输入，两者均可用来控制 CNC 操作方式选择信号 DB3000.DBB0～DBB2 输出，改变 CNC 操作方式；DB3100.DBB0～DBB2 为 CNC 当前有效的操作方式状态输入信号，用于 MCP 310 PN 面板按键的指示灯输出 QB112～119 控制。

　　828D 系统的回参考点操作只能在机床坐标系上进行，且需要同时选定 JOG 操作方式，因此，回参考点操作有效时，需要将工具坐标系选择键【WCS/MCS】的指示灯输出 Q118.3 置为"0"，Q118.3 可通过后述网络 39，生效机床坐标系 MCS。

　　程序网络 11～23 用于手动增量进给操作（INC 操作）选择。828D 系统的 INC 操作只有在 CNC 公共控制信号 DB2600.DBX1.0=1 时才能生效，因此，网络 11 以状态恒为"1"的系统标志 SM0.0，无条件生效 INC 操作。程序网络 12～23 依次为 INC×1、INC×10、INC×100、INC×1000、INC×10000 及 INC var 按键输入及指示灯输出程序，用于 CNC 的手动增量进给距离选择，选择 INC var 操作时，增量进给距离可通过 MDI 键盘自由设定。

（3）CNC 复位、启停及存储器保护

　　子程序 MCP_310 的 CNC 复位、启停及存储器保护程序网络如图 6.3.3 所示，程序功能和设计思路与 MCP_483 相同。

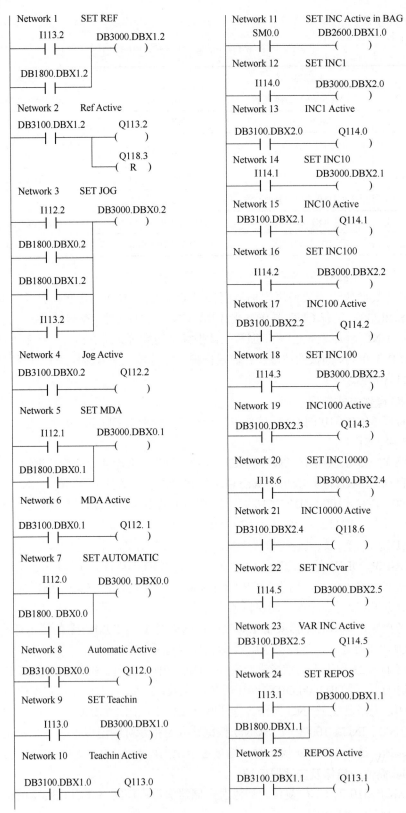

图 6.3.2　CNC 操作方式选择程序

程序中的 DB9053.DBX22.0 为系统预设的控制参数，当 DB9053.DBX22.0 设定为"1"时，将禁止 LCD/CNC/MDI 单元的 CNC 复位、启动/停止操作（HMI 操作）。程序网络 31～34 为 CNC 存储器保护程序，保护级 6～4 可通过不同颜色的钥匙（橙、绿、黑），依次选定 MCP 面板的存储器保护开关位置 3、2、1 后解除。

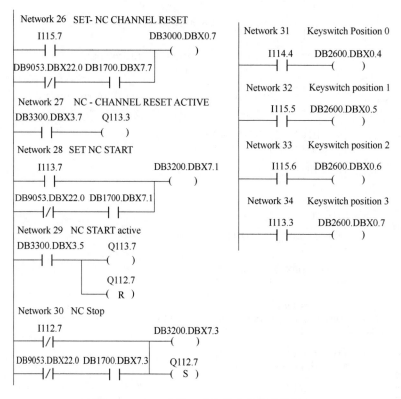

图 6.3.3　CNC 复位、启停及存储器保护程序

（4）单段、进给启动及 MCS/WCS 切换程序

子程序 MCP_310 的单段、进给启动及 MCS/WCS 切换程序如图 6.3.4 所示。

① 单段切换。程序网络 35 是利用 MCP 310 M PN 面板【SINGLE BLOCK】键输入 I112.3 的边沿信号控制输出 DB3200.DBX0.4 交替通断的典型 PLC 程序，程序原理及说明可参见 4.3 节及 MCP_483 程序。

② 进给启动。MCP 310 PN 面板的进给启动程序设计在基本控制程序 MCP_310 中，这一设计与 MCP 483 PN 面板有所不同。MCP 483 PN 的进给启动程序设计在手动操作子程序 JOG_MCP 483_T_b（SBR238）上。

网络 36 中的 I114.7/Q114.7 为面板的【FEED START】键输入/指示灯输出，I114.6/Q114.6 为面板的【FEED STOP】键输入（常闭型）/指示灯输出；DB2700.DBX0.1 为 CNC 急停状态输入；SM0.1 为 PLC 程序启动首循环脉冲（系统标志）。

③ MCS/WCS 切换。网络 37～39 是通过程序跳转指令 JMP，利用【WCS/MCS】按键输入 I118.3 控制输出 DB1900.DBX5000.7 交替通断的典型程序，程序原理及说明可参见 4.3 节及 MCP_483 程序。

网络 41 的 DB1900.DBX0.7 为来自 HMI 的 WCS/MCS 切换上升沿脉冲信号，DB1900.DBX0.7

为 1 时，同样可利用网络 42，实现 CNC 工件坐标系（WCS）选择信号 DB1900.DBX5000.7
的状态翻转。

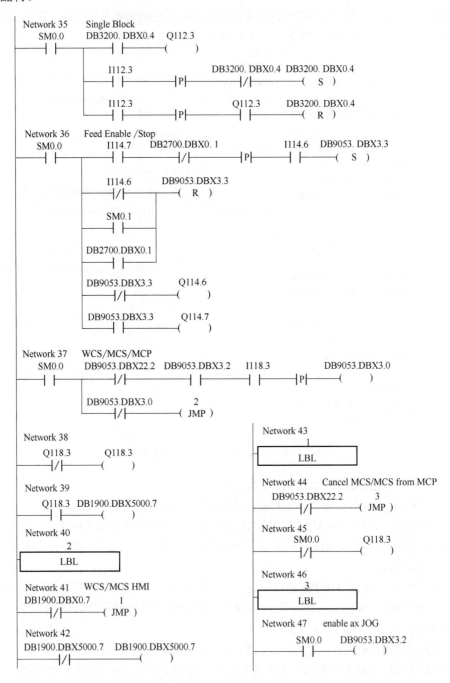

图 6.3.4　单段、进给启动及 MCS/WCS 切换程序

网络 44 可在选择 HHU 单元手轮操作、DB9053.DBX22.2=1 时，继续执行网络 45，将
MCP 483 PN 面板的【WCS/MCS】键指示灯输出 Q118.3 及网络 39 的工件坐标系（WCS）选
择信号 DB1900.DBX5000.7 直接置为 "0"，使 HHU 手轮操作在机床坐标系 MCS 上进行。

网络 47 用来生成子程序 MCP_310 运行信号 DB9053.DBX3.2，在子程序 MCP_310 运行的 PLC 第 2 循环之后，信号 DB9053.DBX3.2 的状态将始终为 1。

6.3.2　手动操作基本程序设计

镗铣机床 MCP 面板的手动操作按键/指示灯和车削机床 MCP 面板有较大的不同，垂直布置的 MCP 310 面板还设计有主轴倍率调节增减调节键，因此，镗铣机床 MCP 310 MPN 面板的手动操作程序与车削机床 MCP 483 T 面板控制程序有较大区别。

为了便于掌握各类机床、不同形式 MCP 面板的 PLC 程序，本节将以 SIEMENS 镗铣机床 MCP 310 PN 面板控制样板子程序 JOG_MCP310_M（SBR240）为例，介绍镗铣加工机床 MCP 面板的 PLC 程序设计方法。

（1）样板程序与调用

镗铣机床 MCP 310M PN 面板控制样板子程序 JOG_MCP310_M（SBR240）的调用示例如图 6.3.5 所示。由于镗铣机床控制的 828 MD 系统只能用于单通道、单方式组控制，因此，调用指令只需要通过输入参数 Spindle1_Axis（十进制整数输入 IN_INT 型局部变量 LW0）指定主轴的机床轴编号，无需考虑 CNC 方式组及通道（方式组、通道总是为 1）。

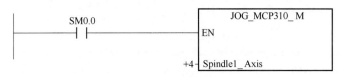

图 6.3.5　JOG_MCP310_M 子程序调用

子程序 JOG_MCP310_M（SBR240）的网络 1～网络 26 为手动操作基本程序，具有手动进给轴选择、JOG 操作、进给倍率调节等功能，与 MCP 483 PN 手动操作程序基本相同；子程序 JOG_MCP310_M 的网络 27～网络 33 为 MCP 310 面板的主轴控制程序，具有主轴倍率增减调节、主轴正反转与启停控制等功能（见后述）。

子程序 JOG_MCP310_M 的手动操作基本程序说明如下。

（2）手动进给轴选择

子程序 JOG_MCP310_M（SBR240）的手动进给轴选择程序如图 6.3.6 所示。

网络 1 用于主轴数据块间接寻址。指令 SUB_I（减操作）可通过比较触点启动，当程序调用指令定义的主轴号输入参数 Spindle1_Axis（LW0）不为 0 时，可执行主轴号的减 "1"操作，并将计算结果保存到累加器 AC0 中，作为机床主轴数据块的间接寻址地址。指令执行完成后，局部变量 L2.0 将为 "1"。L2.0 在 MCP 310 M 面板上为驱动器配置主轴的标记，信号可用于后述主轴倍率信号输出控制。

网络 2～7 用于手动进给轴选择。用于镗铣加工机床的 MCP 310 M PN 标准面板设计有【X】、【Y】、【Z】、【4】、【5】、【6】共 6 个手动进给轴选择键，程序需要设计 6 个形式相同的手动进给轴选择网络，即网络 2～7。网络 2～7 只是存在按键输入、指示灯输出地址的区别，【X】～【6】按键输入地址依次为 I117.0～117.5，指示灯输出地址依次为 Q117.0～117.5。因此，【X】选择网络 2 的按键地址为 I117.0，状态置为 "1" 的指示灯地址为 Q117.0；而【Y】选择网络 3 的按键地址为 I117.1，状态置为 "1" 的指示灯地址为 Q117.1；依此类推。网络 2～7 中 I117.6、I117.7 为轴正/负手动键，轴手动运动时，不能利用手动进给轴选择键直接切换手动轴。

网络 8 用于手动操作撤销。在以下情况下，CNC 的手动操作轴选择信号将被复位，手动进给轴需要重新选择。

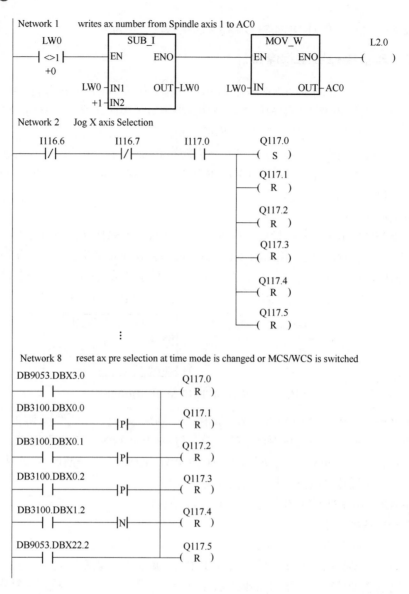

图 6.3.6　手动进给轴选择

DB9053.DBX3.0=1：DB9053.DBX3.0 为 MCP 面板基本控制程序 MCP_310（SBR239）输出的 MCS/WCS 坐标系切换脉冲信号（参见 6.3.1 节）；切换 MCS/WCS 坐标系后，手动进给轴需要重新选择。

DB3100.DBX0.0、DBX0.1、DBX0.2、DBX1.2 上升/下降沿：DB3100.DBX0.0、DBX0.1、DBX0.2、DBX1.2 为来自 CNC 的自动（AUTO）、手动数据输入自动（MDA）、手动进给（JOG）、回参考点（REF）操作方式生效信号；切换 CNC 操作方式后，手动进给轴需要重新选择。

DB9053.DBX22.2=1：选择手持单元 HHU 操作，用 HHU 单元操作时，手动进给轴可直接利用 HHU 单元的轴选择开关选择。

（3）JOG 操作

镗铣机床操作面板 MCP 310 M 的 JOG 操作需要在手动进给轴选定后，通过【+】、【-】

方向键进行；如需要，也可在按下方向键的同时，按住手动快速键【RAPID】，进行手动快速移动。子程序 JOG_MCP310_M（SBR240）的 JOG 操作程序包括进给停止、运动轴及方向选择、手动快速、运动方向指示等。

① 进给停止。JOG_MCP310_M（SBR240）的 JOG 进给停止程序如图 6.3.7 所示。

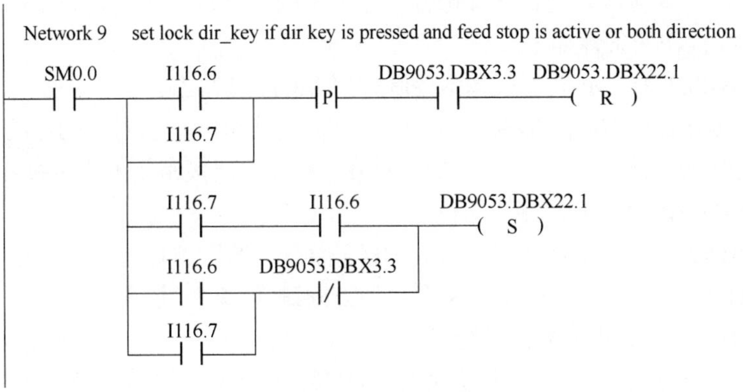

图 6.3.7　JOG 进给停止程序

在程序网络 9 中，如果 MCP 面板的方向键【+】和【-】被同时按下（I116.7 和 I116.6 同时为"1"），或者，在按下方向键【+】或【-】进行 JOG 运动的过程中进给启动信号 DB9052.DBX3.3 为"0"（CNC 急停或按下了【FEED STOP】键），则网络 9 中的系统预定义信号 DB9053.DBX22.1 将被设置为"1"，停止 JOG 进给运动。

② 运动轴及方向选择。JOG_MCP310_M（SBR240）的运动轴及方向选择程序如图 6.3.8 所示。

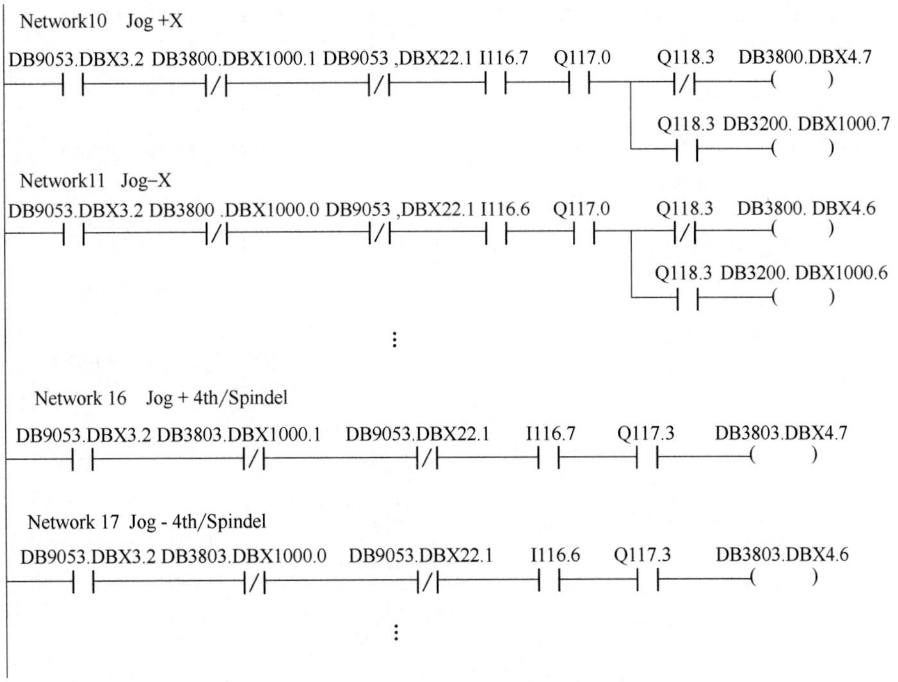

图 6.3.8　运动轴及方向选择程序

程序网络 10/11 用于机床轴 1 及工具坐标系几何轴 1 的正/负向 JOG 操作，随后的网络 12/13、14/15 分别用于机床轴 2、3 及工具坐标系几何轴 2、3 的正/负向 JOG 操作，三者只是存在轴选择信号、几何轴操作信号地址的区别，程序结构完全相同。

程序网络 16/17 用于机床轴 4 的正/负向 JOG 操作，随后的网络 18/19、20/21 分别用于机床轴 5、6 操作，三者同样只是存在轴选择信号地址的区别，程序结构完全相同。

进给轴 JOG 操作的条件如下。

DB9053.DBX3.2=1：MCP 面板基本控制程序 MCP_310 已运行。

DB3800~3805.DBX1000.1/DBX1000.0 为"0"：所选机床轴在对应的运动方向上未超程。超程信号一般利用机床行程开关输入生成，如果行程开关连接常闭触点（通常情况），需要将 DI 输入转换为常开型 CNC/PLC 接口信号。

DB9053.DBX22.2=0：未选择手持单元 HHU 操作（见后述）。

I116.7 或 I116.6：按下 MCP 310 PN 面板的方向键【+】或【−】。

Q117.0~Q117.5：手动进给轴已选择。

Q118.3：工件坐标系（WCS）生效信号。Q118.3=0（MCS 有效）为机床轴 1~3 手动；Q118.3=1（WCS 有效）为几何轴 1~3 手动。

③ 手动快速。JOG_MCP310_M（SBR240）的手动快速程序如图 6.3.9 所示。当 HHU 单元操作未选择（DB9053.DBX22.2=0），面板基本控制程序 MCP_310 运行（DB9053.DBX3.2=1）时，如果机床坐标系 MCS 有效（Q118.3=0），按下 MCP 面板的【RAPID】键（I116.5=1），便可输出机床轴 1~6 的手动快速信号 DB3800~3805.DBX4.5 和【RAPID】键指示灯信号 Q116.5；如果选择了工件坐标系 WCS（Q118.3=1），则机床轴 1~3 的手动快速输出成为几何轴 1~3 的手动快速信号 DB3200.DBX1000.5 /DBX1004.5 /DBX1008.5。

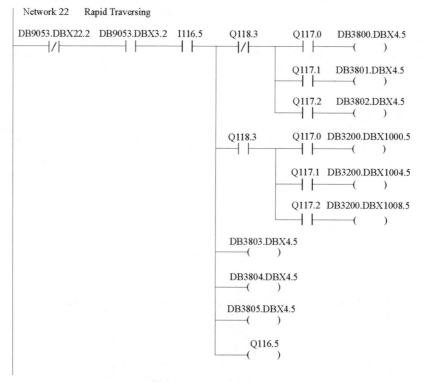

图 6.3.9　手动快速程序

④ 运动方向指示。JOG_MCP310_M（SBR240）手动方向键【+】/【-】指示灯 Q116.7/Q116.6 的输出程序如图 6.3.10 所示，Q116.7/Q116.6 输出 "1" 的基本条件如下。

DB9053.DBX3.2=1：MCP 面板基本控制程序 MCP_310 已运行。

DB9053.DBX22.2=0：未选择手持单元 HHU 操作。

DB3300.DBX3.0=0：CNC 加工程序未自动运行。

DB3300.DBX3.1=0：CNC 不为加工程序自动运行暂停状态。

DB3300.DBX3.2=0：CNC 不为加工程序自动运行停止状态。

DB3300.DBX3.3=0 或 DB3100.DBX0.2=1：CNC 不为加工程序自动运行中断（ASUP 程序运行）状态，或者，CNC 在加工程序自动运行中断后选择了 JOG 操作。

DB3800~3805.DBX5006.1=0：机床轴 1~6 不为主轴正转状态。

DB3800~3805.DBX5006.2=0：机床轴 1~6 不为主轴反转状态。

当基本条件满足时，如果机床轴 1~6 处于正向运动状态（DB3900~3905.DBX4.7=1），且手动方向键【+】输入 I116.7 为 "1"，则方向键【+】的指示灯输出 Q116.7 为 "1"；如果机床轴 1~6 处于负向运动状态（DB3900~3905.DBX4.6=1），且手动方向键【-】输入 I116.6 为 "1"，则方向键【-】的指示灯输出 Q116.6 为 "1"。

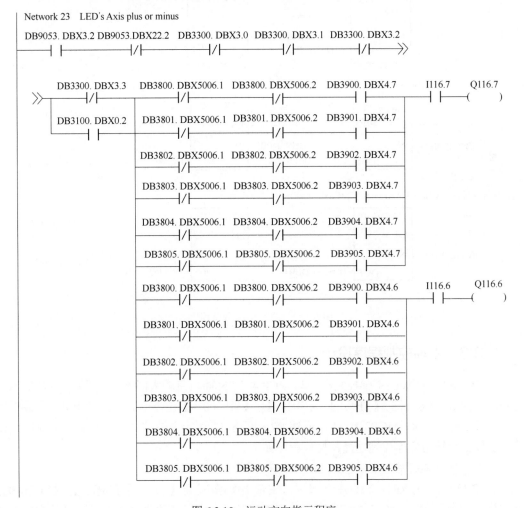

图 6.3.10　运动方向指示程序

（4）进给倍率调节

JOG_MCP310_M（SBR240）进给倍率调节程序如图 6.3.11 所示。

程序网络 24 用于 MCP 310 PN 面板进给倍率开关输入信号的读取。MCP 310 PN 面板的 5 位进给倍率调节信号 A～E 的输入地址为 I115.0～115.4，输入字节 IB115 经"空位补 0"的 SHL_B、SHR_B 指令左移 3 位、右移 3 位，便可在 DB9053.DBB1 中得到 I115.0～115.4 信号状态。网络 24 也可用字节"与"操作指令实现，程序更简单。

程序网络 25 用于机床轴的进给倍率信号输出，可将 DB9053.DBB1 中进给倍率调节信号依次移动到机床轴 1～6 的进给倍率控制信号 DB3800～3805.DBB0 上，并将机床轴 1～6 的进给倍率生效信号 DB3800～3805.DBX1.7 设定为"1"（有效）。

程序网络 26 用于 CNC 通道 1 进给倍率调节信号 DB3200.DBB4、快进倍率调节信号 DB3200.DBB5 的输出，并将进给生效信号 DB3200.DBX6.7、快进倍率生效信号 DB3200.DBX6.6 设定为"1"（有效）。

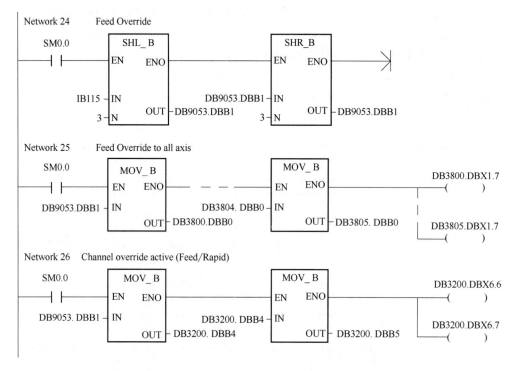

图 6.3.11　进给倍率调节程序

6.3.3　主轴控制程序设计

MCP 310 PN 面板的主轴控制程序与 MCP 483 PN 面板有较大的不同，例如，主轴倍率一般通过主轴倍率增/减键（【SP%+】/【SP%-】）、【SP 100%】键调节。MCP 310 PN 面板手动操作样板子程序 JOG_MCP310_M 的网络 27～网络 33 用于主轴控制，具有主轴倍率增减调节、主轴正反转与启停控制功能，样板程序如下。

（1）主轴倍率调节

MCP 310 PN 面板的主轴倍率一般通过主轴倍率增/减键（【SP%+】/【SP%-】）、【SP 100%】键调节。在样板子程序 JOG_MCP310_M（SBR240）上，主轴倍率调节值通过加减计数器 C63

保存，C63 的现行计数值 1～15 代表主轴倍率 10%～150%。

样板子程序 JOG_MCP310_M（SBR240）的主轴倍率调节程序网络 27、28 设计如图 6.3.12 所示。

网络 27、28 的输入 I112.4、I112.5、I112.6 分别为 MCP 310 PN 面板的按键【SP%+】、【SP 100%】、【SP%-】输入。当 C63 现行计数值小于或等于 14 时，操作按键【SP%+】，便可使 C63 加 "1"；当 C63 现行计数值大于或等于 2 时，操作按键【SP%-】，便可使 C63 减 "1"；从而使 C63 的现行计数值在 1～15 间变化。

C63 的现行计数值可在按键【SP 100%】输入 I112.5 为 "1" 时清除，并利用网络 28 强制设置为 10（100%）。

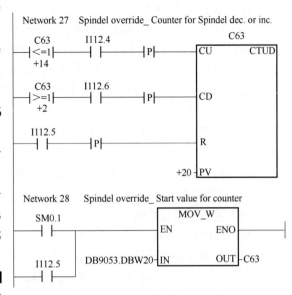

图 6.3.12　主轴倍率调节记忆程序

网络 28 用于 100%倍率选择，可通过 PLC 启动首循环脉冲 SM0.1 或按键【SP 100%】输入 I112.5，将 C63 设置为系统预定义数据块 DB9053.DBW20 所设定的值（10）。

MCP 310 PN 面板的主轴倍率调节信号及按键【SP%+】、【SP 100%】、【SP%-】指示灯输出程序如图 6.3.13 所示，网络 29 用于 CNC 主轴倍率调节编码信号 SP%-A～H 的生成。

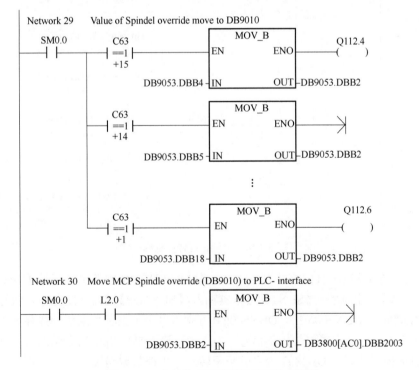

图 6.3.13　主轴倍率调节及指示灯输出程序

在样板程序中，CNC 所要求的主轴倍率 150%～10%编码信号 SP%-A～H（二进制或格雷码），依次保存在系统预定义数据块 DB9053.DBB4～DBB18 上。编码信号可根据计数器 C63 保存的倍率调节值，移动到系统预定义数据块 DB9053.DBB2 上。按键【SP%+】的指示灯信号 Q112.4 代表主轴倍率已到达最大值 150%；按键【SP%-】的指示灯信号 Q112.6 代表主轴倍率已到达最小值 10%；按键【SP 100%】的指示灯信号 Q112.5 代表主轴倍率为 100%。指示灯信号可在 C63=15、10 或 1 时输出。

网络 30 可通过网络 1 的主轴数据块间接寻址程序，将系统预定义数据块 DB9053.DBB2 的编码信号，传送到机床主轴的对应数据块上。例如，当主轴号输入参数 Spindle1_Axis 定义为 "4" 时，DB9053.DBB2 可传送到第 4 机床轴（主轴）控制数据块 DB3803 的主轴倍率控制信号 DB3803.DB2003 中。

（2）主轴正反转控制

MCP 310 PN 面板手动操作样板子程序 JOG_MCP310_M 的网络 31 用于主轴正反转控制，程序设计如图 6.3.14 所示。

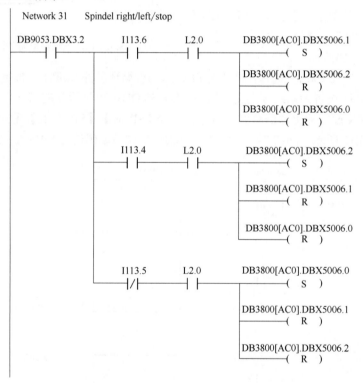

图 6.3.14　主轴正反转控制程序

网络 31 中的 I113.6、I113.5 及 I113.4 分别为 MCP 310 PN 面的主轴正转【SP CCW】、主轴反转【SP CW】及主轴停止【SP STOP】按键输入，【SP STOP】键为常闭型输入信号。DB3800[AC0].DBX5006.1、DBX5006.2 及 DBX5006.0 分别为网络 1 主轴数据块间接寻址程序确定的主轴正转、主轴反转及主轴停止控制信号。当主轴号输入参数 Spindle1_Axis 定义为 "4" 时，第 4 机床轴的控制数据块 DB3803 为主轴正反转及停止控制数据块。

（3）主轴启动/停止控制

MCP 310 PN 面板手动操作样板子程序 JOG_MCP310_M 的网络 32、33 用于主轴启动/

停止控制，程序设计如图 6.3.15 所示。

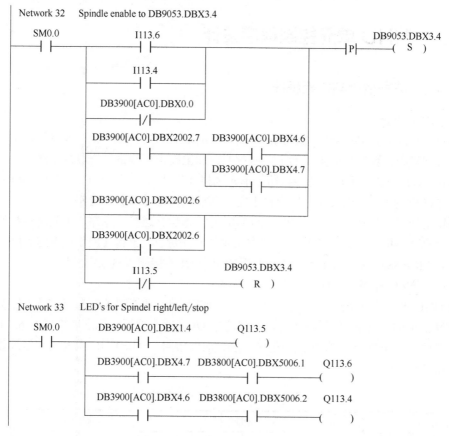

图 6.3.15　主轴启动/停止控制程序

网络 32 的输出 DB9053.DBX3.4 为主轴启动信号，同时作为驱动器启动与轴使能样板子程序 Axis_enable（SBR233）的输入参数 Spindle_Enable_In 启动主轴。

网络 32 的第 1～3 行用于主轴手动操作。如果 CNC 机床轴已生效主轴控制功能，且 DB3900[AC0].DBX0.0=1，主轴可通过 MCP 面板的主轴正转【SP CCW】、主轴反转【SP CW】按键输入启动主轴。

网络 32 的第 4、5 行用于主轴速度控制模式的启动。当主轴速度控制模式生效，主轴状态信号 DB3900[AC0].DBX2002.7=1 时，主轴可通过来自 CNC 加工程序的正/反转指令（M03/04）信号 DB3900[AC0].DBX4.6/DB3900[AC0].DBX4.7 启动，利用 CNC 指令控制转向与转速。

网络 32 的第 6、7 行程序存在错误，第 6 和第 7 行中的 DB3900[AC0].DBX2002.6、主轴自动换挡控制模式生效信号之一，应改为 DB3900[AC0].DBX2002.5、主轴定位控制模式生效信号。这样便可以在 CNC 主轴自动换挡、定位控制模式生效时，启动主轴，利用 CNC 指令控制换挡抖动或定位。

网络 32 的第 8 行程序用于主轴停止控制，操作 MCP 面板的主轴停止【SP STOP】键，将直接清除主轴启动信号。

网络 33 用于 MCP 310 PN 面板的主轴正转【SP CCW】、主轴反转【SP CW】及主轴停止【SP STOP】按键的指示灯控制。DB3900[AC0].DBX4.7、DB3900[AC0].DBX4.6、DB3900[AC0].

DBX1.4 分别为 CNC 的主轴正转、反转及停止状态输入信号。

6.4 HHU 单元控制程序设计

6.4.1 信号地址与样板程序

（1）DI 信号地址

SIEMENS 小型手持单元（hand held unit，简称 HHU）是一种悬挂式可移动手动操作部件，在大型机床、数控机床上，为了方便对刀、加工检查与测量，一般需要选配。

HHU 单元安装有手轮、急停按钮、单元选择（确认）按钮、轴选择开关，JOG 手动进给方向选择和快速键，以及 3 个用户自由定义功能的按键【F1】～【F3】。

手轮信号需要与基本单元（PPU）的手轮接口 X143 连接；急停、单元选择按钮与电气柜的安全电路连接；轴选择开关、正/负方向键和快速键、功能键【F1】/【F2】/【F3】，可直接连接到 MCP 483 PN 或 MCP 310 PN 面板的用户 DI 连接器 X51/52/55 上，成为 MCP PN 的 DI 信号，在 PLC 程序中编程。

当 HHU 单元的轴选择开关、正/负方向键和快速键、功能键【F1】/【F2】/【F3】，作为 MCP PN 面板的用户 DI 信号输入时，按键信号 DI 的输入地址和标准连接如表 6.4.1 所示，MCP 483 PN 与 MCP 310 PN 面板的连接方法、地址相同。有关 HHU 单元的信号连接要求与连接电路详见 3.4 节。

表 6.4.1　HHU 单元 DI 信号地址

信号代号	信号名称	PLC 地址	信号标准连接
Axis_A	手动操作轴选择 A	I122.0	MCP 483/310 PN 面板连接器 X51 输入 KT-IN1
Axis_B	手动操作轴选择 B	I122.1	MCP 483/310 PN 面板连接器 X51 输入 KT-IN2
Axis_C	手动操作轴选择 B	I122.2	MCP 483/310 PN 面板连接器 X51 输入 KT-IN3
+	正向手动	I122.3	MCP 483/310 PN 面板连接器 X52 输入 KT-IN4
−	负向手动	I122.4	MCP 483/310 PN 面板连接器 X52 输入 KT-IN5
Rapid	手动快速	I122.5	MCP 483/310 PN 面板连接器 X52 输入 KT-IN6
F1	用户自定义键 1	I122.6	MCP 483/310 PN 面板连接器 X55 输入 KT-IN7
F2	用户自定义键 2	I122.7	MCP 483/310 PN 面板连接器 X55 输入 KT-IN8
F3	用户自定义键 3	I123.0	MCP 483/310 PN 面板连接器 X55 输入 KT-IN9

HHU 单元的手动操作轴选择开关为 3 位格雷编码输入波段开关，可选择表 6.4.2 所示的 8 个位置，任意相邻位置都只有 1 位编码信号的状态变化。HHU 单元轴选择开关不同位置代表的手动操作轴已由 SIEMENS 公司进行图 6.4.1 所示的规定，编码位置 1、2 及 8 代表手动操作轴未选择、HHU 单元无效。

表 6.4.2　手动操作轴选择信号

位置	标记及用途	I122.2	I122.1	I122.0
0	HHU 无效	0	0	0
1	不使用	0	0	1

续表

位置	标记及用途	I122.2	I122.1	I122.0
2	0：未选择轴	0	1	1
3	Z：Z 轴手动	0	1	0
4	X：X 轴手动	1	1	0
5	Y：Y 轴手动	1	1	1
6	4：第 4 轴手动	1	0	1
7	5：第 5 轴手动	1	0	0

（2）样板程序及调用

SIEMENS 工具软件 TOOLBOX_DVD_828D 中的样板子程序 HW_HHU_Mill（SBR229）是用于 HHU 单元控制的样板子程序，可直接用于 MCP 483/310 PN 面板标准连接的 HHU 单元控制。样板子程序 HW_HHU_Mill 与其他样板子程序的连接，需要通过系统预定义用户数据块 DB9053 进行，因此，使用 MCP 面板控制样板子程序时，必须同时使用系统预定义用户数据块 DB9053。

图 6.4.1　轴选择开关标记

在 PLC 用户程序中调用 HHU 单元控制样板子程序 HW_HHU_Mill（SBR229）的方法如图 6.4.2 所示。

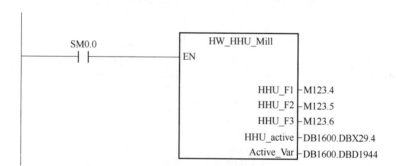

图 6.4.2　样板子程序调用

执行子程序 HW_HHU_Mill（SBR229）时，需要定义如下 5 个输出参数（局部变量）和 2 个临时变量。

HUU_F1（L0.0）：BOOL_OUT 型逻辑状态输出变量，HHU 单元用户自定义按键【F1】输出信号，系统预定义为标志 M123.4。

HUU_F2（L0.1）：BOOL_OUT 型逻辑状态输出变量，HHU 单元用户自定义按键【F2】输出信号，系统预定义为标志 M123.5。

HUU_F3（L0.2）：BOOL_OUT 型逻辑状态输出变量，HHU 单元用户自定义按键【F3】输出信号，系统预定义为标志 M123.6。

HUU_active（L0.3）：BOOL_OUT 型逻辑状态输出变量，HHU 操作使能信号，输出预定义为 PLC 报警显示信号 DB1600.DBX29.4（ALM 700236）。

Active_Var（LD4）：DWORD_OUT 型双字长正整数输出变量，HHU 手动操作轴号，系统预定义为 PLC 报警 ALM 700236 的显示变量 DB1600.DBD1994。

Active_Temp（L8.0）：BOOL_TEMP 型逻辑状态临时变量，HHU 手动操作轴切换延时信号。

Active_Index（LB9）：BYTE_TEMP 型 1 字节整数临时变量，HHU 手动操作轴选择格雷码信号。

6.4.2　HHU 切换与手轮控制程序

样板子程序 HW_HHU_Mill（SBR229）由 HHU 切换与手轮控制、JOG 操作等部分组成，HHU 切换与手轮控制程序设计如下。

（1）HHU 切换

样板子程序 HW_HHU_Mill（SBR229）的 HHU 切换控制程序设计如图 6.4.3 所示。

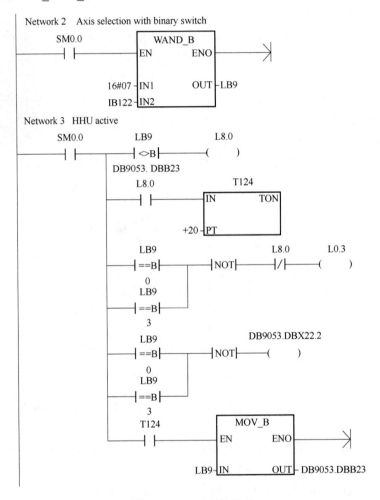

图 6.4.3　HHU 切换程序

程序中的网络 2 用于 HHU 单元手动操作轴选择信号 I122.0～I122.2 的读取，程序通过十六进制常数 16#7（00000111）和输入 IB122 的"字节与"操作，在局部变量 LB9 中得到了 3 位二进制 HHU 手动操作轴选择格雷码信号。

网络 3 的第 1、2 行指令用来产生 HHU 单元的切换延时信号 L8.0，L8.0 可通过定时器 T124 的延时控制，保持"1"状态 200ms。程序中的系统预定义数据寄存器 DB9053.DBB23 为 CNC 当前有效的 HHU 手动操作轴。当 HHU 的手动操作轴被改变时，比较触点"LB9≠

DBB23"将接通，HHU 切换延时信号 L8.0 为"1"。

网络 3 的第 3、4 行指令用来产生 HHU 单元操作使能信号 L0.3。如果 HHU 单元的手动操作轴已选择，且 LB9 的状态不为 0（格雷码 000，HHU 无效）或 3（格雷码 011，开关位置为 0），程序将在手动操作轴切换后，延时 200ms 输出 HHU 操作使能信号 L0.3，并在 LCD 上显示 PLC 报警 ALM 700236。

网络 3 的第 5、6 行指令用来产生 HHU 单元生效信号 DB9053.DBX22.2。如果 HHU 单元的手动操作轴选择信号 LB9 不为 0（格雷码 000，HHU 无效）或 3（格雷码 011，开关位置为 0），HHU 生效信号 DB9053.DBX22.2 将为"1"。DB9053.DBX22.2 用于 MCP 面板控制程序的互锁，DB9053.DBX22.2=1 时，MCP 面板控制程序中的工件/机床坐标系切换【WCS/MCS】、进给轴手动操作（JOG）等操作键均将无效。

网络 3 的第 7 行指令用于 HHU 单元切换延时控制。当 HHU 的手动操作轴被改变时，程序可在 200ms 之后，将 LB9 所读取的 HHU 手动操作轴选择信号写入到 CNC 当前有效的 HHU 手动操作轴数据寄存器 DB9053.DBB23 中，复位 HHU 单元切换延时信号 L8.0。

（2）第 1~3 轴第 1 手轮操作

手轮操作是 HHU 单元的主要功能，样板子程序 HW_HHU_Mill（SBR229）的手轮操作程序内容较多，其中，网络 4~9 用于第 1~3 机床轴或几何轴的第 1 手轮操作控制。程序如图 6.4.4 所示，信号功能如下。

DB1900.DBX1003.2/DBX1003.1/DBX1003.0：利用 LCD /CNC 基本单元软功能键操作选定的第 1 手轮操作轴二进制编码信号（HMI 输入信号）。第 1~7 轴的信号输入状态依次为 001~111，第 8 轴的输入状态为"000"。

DB1900.DBX1003.7：利用 LCD /CNC 基本单元软功能键操作选定的坐标系信号（HMI 输入信号）。"0"为工件坐标系（WCS）；"1"为机床坐标系（MCS）。

DB1900.DBX5000.7：LCD /CNC 基本单元的工件坐标系选择信号（HMI 控制信号）。"1"为选择工件坐标系（WCS）。

DB3800~3807.DBX4.0：机床坐标系第 1~8 轴的第 1 手轮选择信号（轴控制信号）。

DB3200.DBX1000.0/DBX1004.0/DBX1008.0：工件坐标系第 1/2/3 几何轴的第 1 手轮选择信号（通道控制信号）。

DB9053.DBX3.3：系统预定义进给启动信号。DB9053.DBX3.3 由 MCP 面板控制样本子程序 JOG_MCP 483_T_b（MCP 483 面板，参见 6.2 节）或 MCP_310（MCP 310 面板，参见 6.3 节）生成。

网络 4~6 为工件坐标系第 1~3 几何轴手轮操作选择及轴号 LD4（PLC 报警 ALM 700236 显示变量）输出程序。如果第 1~3 机床轴的第 1 手轮操作未选择（DB3800~3802.DBX4.0=0），且进给启动信号 DB9053.DBX3.3 为"1"，第 1~3 几何轴的手轮操作可在以下情况下生效，并在 LCD 的 PLC 报警 ALM 700236 中显示所选择的轴号。

① 将 HHU 单元的手动操作轴选择开关置于"HHU 无效"位置（LB9=0），然后，通过 LCD /CNC 基本单元的软功能键操作，选择工件坐标系（DB1900.DBX1003.7=0）及第 1 手轮操作的几何轴。

② 利用 MCP 面板的【WCS/MCS】键选定工件坐标系（DB1900.DBX5000.7=1），然后，将 HHU 单元的轴选择开关置于 X 轴（LB9=6）或 Y 轴（LB9=7）、Z 轴（LB9=2）位置，选择工件坐标系第 1 手轮操作的第 1~3 几何轴。

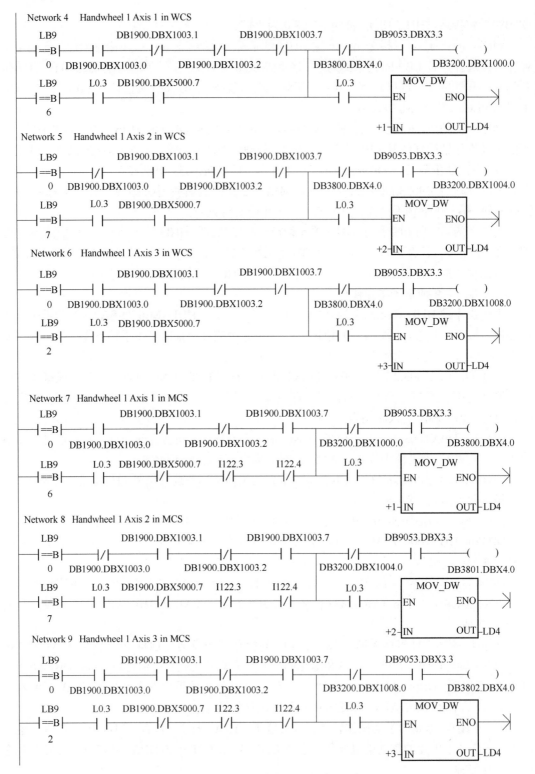

图 6.4.4　第 1~3 轴第 1 手轮操作程序

　　网络 7~9 为机床坐标系第 1~3 机床轴操作选择及轴号 LD4（PLC 报警 ALM 700236 显示变量）输出程序。如果第 1~3 几何轴的第 1 手轮操作未选择（DB3200.DBX1000.0/

DBX1004.0/DBX1008.0=0），且进给启动信号 DB9053.DBX3.3 为 "1"，第 1～3 机床轴的手轮操作可在以下情况下生效，并在 LCD 的 PLC 报警 ALM 700236 中显示所选择的轴号。

① 将 HHU 单元的手动操作轴选择开关置于 "HHU 无效" 位置（LB9=0），然后通过 LCD/CNC 基本单元的软功能键操作，选择机床坐标系（DB1900.DBX1003.7=1）及第 1 手轮操作的机床轴。

② 利用 MCP 面板的【WCS/MCS】键选定机床坐标系（DB1900.DBX5000.7=0），然后将 HHU 单元的轴选择开关置于 X 轴（LB9=6）或 Y 轴（LB9=7）、Z 轴（LB9=2）位置，选择第 1 手轮操作的第 1～3 机床轴。此时，只要不操作 HHU 单元的手动方向键【+】/【-】（I122.3/I122.4=0），便可选择第 1～3 机床轴手轮操作。

（3）第 4～8 轴第 1 手轮操作

样板子程序 HW_HHU_Mill（SBR229）的网络 10～14 用于第 4～8 轴的第 1 手轮操作控制，程序如图 6.4.5 所示。

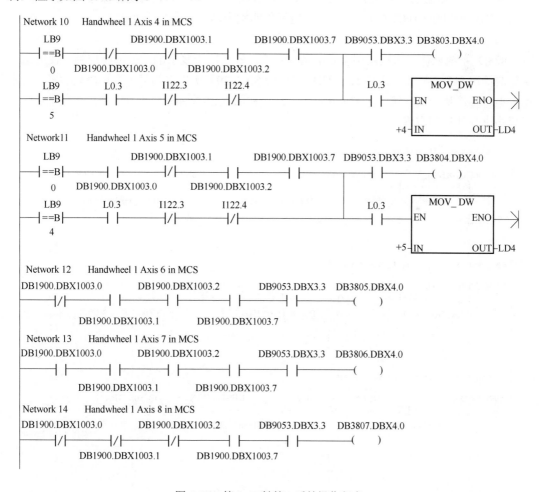

图 6.4.5　第 4～8 轴第 1 手轮操作程序

工件坐标系几何轴操作不存在第 4～8 轴的操作，因此，程序只用于第 4～8 机床轴操作。此外，由于 HHU 单元的手动操作轴选择开关不能用于 6～8 轴选择，因此，对 6～8 轴操作只能利用 LCD /CNC 基本单元的软功能键操作选择。

网络 10、11 为机床坐标系第 4、5 机床轴操作选择及轴号 LD4（PLC 报警 ALM 700236 显示变量）输出程序。程序结构与网络 7～9 相同。如果进给启动信号 DB9053.DBX3.3 为"1"，第 4、5 机床轴的手轮操作可在以下情况下生效，并在 LCD 的 PLC 报警 ALM 700236 中显示所选择的轴号。

① 将 HHU 单元的手动操作轴选择开关置于"HHU 无效"位置（LB9=0），然后通过 LCD / CNC 基本单元的软功能键操作，选择机床坐标系（DB1900.DBX1003.7=1）及第 1 手轮操作的机床轴。

② 将 HHU 单元的轴选择开关置于 4 轴（LB9=5）或 5 轴（LB9=4）位置，选择第 1 手轮操作的第 4、5 机床轴。此时，只要不操作 HHU 单元的手动方向键【+】/【−】，输入信号 I122.3/I122.4=0，便可生效第 4、5 机床轴手轮操作。

网络 12～14 为机床坐标系第 6～8 机床轴操作选择程序。HHU 单元的手动操作轴选择开关无 6～8 轴选择位置，因此，只能利用 LCD /CNC 基本单元的软功能键操作，选择机床坐标系（DB1900.DBX1003.7=1）及第 1 手轮操作的机床轴。

（4）第 2 手轮操作

828D 系统总体属于实用型全功能数控系统，较少用于复杂的大型机床控制，使用第 2 手轮的情况不多。样板子程序 HW_HHU_Mill（SBR229）所提供的第 2 手轮控制程序，只能用于不带轴选择开关的第 2 手轮简单控制，程序如图 6.4.6 所示；对于其他情况，需要对样板子程序进行补充和完善。

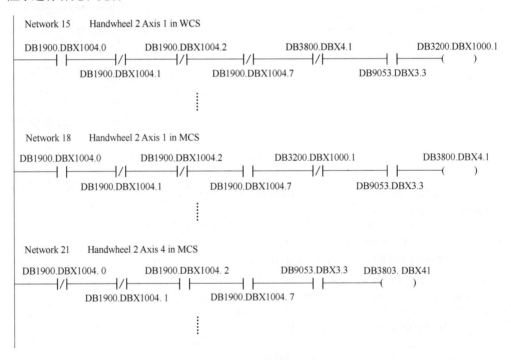

图 6.4.6　第 2 手轮操作程序

网络 15～17 分别为工件坐标系几何轴 1～3 的第 2 手轮操作程序，网络 16、17 与网络 15 只是存在轴选择信号 DB1900.DBX1004.2/DBX1004.1/DBX1004.0 输入状态、第 2 手轮控制信号输出地址的区别。

几何轴 1～3 的第 2 手轮操作需要利用 LCD /CNC 基本单元软功能键操作选定，当坐标系选择信号 DB1900.DBX1004.7=0（选择工件坐标系），轴选择信号 DB1900.DBX1004.2/DBX1004.1/DBX1004.0 输入为几何轴 1～3，并且，未选择第 2 手轮第 1～3 机床轴操作（DB3800～3802.DBX4.1=0），进给启动信号 DB9053.DBX3.3 为 "1" 时有效。

网络 18～20 分别为机床坐标系机床轴 1～3 的第 2 手轮操作程序，网络 19、20 与网络 18 同样只是存在轴选择信号 DB1900.DBX1004.2/DBX1004.1/DBX1004.0 输入状态、第 2 手轮控制信号输出地址的区别。

机床轴 1～3 的第 2 手轮操作也需要利用 LCD /CNC 基本单元软功能键操作选定，当坐标系选择信号 DB1900.DBX1004.7=1（选择机床坐标系），轴选择信号 DB1900.DBX1004.2 /DBX1004.1/DBX1004.0 输入为机床轴 1～3，并且，未选择第 2 手轮第 1～3 几何轴操作（DB3200～3202.DBX1000.1=0），进给启动信号 DB9053.DBX3.3 为 "1" 时有效。

网络 21～25 分别为机床坐标系机床轴 4～8 的第 2 手轮操作程序，网络 22～25 与网络 21 同样只是存在轴选择信号 DB1900.DBX1004.2/DBX1004.1/DBX1004.0 输入状态、第 2 手轮控制信号输出地址的区别。

机床轴 4～8 的第 2 手轮操作需要利用 LCD /CNC 基本单元软功能键操作选定，机床轴 4～8 不能用于工件坐标系几何轴操作，因此，只要坐标系选择信号 DB1900.DBX1004.7=1（选择机床坐标系），轴选择信号 DB1900.DBX1004.2 /DBX1004.1/DBX1004.0 输入为机床轴 4～8，进给启动信号 DB9053.DBX3.3 为 "1"，便可输出机床轴 4～8 的第 2 手轮操作信号。

6.4.3 HHU 撤销、复位及 JOG 操作

样板子程序 HW_HHU_Mill（SBR229）的其他网络（网络 26～36）用于 HHU 单元撤销与复位、JOG 操作、用户键输出控制，该部分程序的设计较为简单，功能不一定符合数控机床的实际控制要求，设计用户程序时需要进行补充、完善及修改。

（1）HHU 撤销与复位

样板子程序 HW_HHU_Mill（SBR229）的网络 26～30 用于 HHU 单元操作撤销与复位，程序设计如图 6.4.7 所示。

① HHU 撤销。程序网络 26～29 用于 HHU 单元操作撤销，当 HHU 单元的手动操作轴选择开关置于 "0" 或 "HHU 无效" 位置时，HHU 单元的手动操作功能将被撤销。

撤销 HHU 单元手动操作功能时，如果 CNC 的操作方式选择了 "自动（AUTO）" 或 "手动数据输入自动（MDA）"，网络 26 中的 CNC 操作方式信号 DB3100.DBX0.0（AUTO）或 DB3100.DBX0.1（MDA）将为 "1"，此时，如果将 HHU 单元的手动操作轴选择开关置于 "0" 或 "HHU 无效" 位置，HHU 操作使能信号 L0.3 将为 "0"，子程序将通过网络 29 的指令 RET 直接结束。

撤销 HHU 单元手动操作功能时，如果 CNC 的操作方式未选择 "自动（AUTO）" 或 "手动数据输入自动（MDA）"，则将 HHU 单元的手动操作轴选择开关置于 "0" 或 HHU 无效的位置时，程序中的 HHU 单元生效信号 DB9053.DBX22.2、HHU 操作使能信号 L0.3 均将成为 "0"，执行网络 27 可将 CNC 操作方式选择信号 DB3000.DBX0.2 置为 "1"，自动选择 JOG 操作方式，然后，通过网络 29 结束子程序。

② HHU 复位。程序网络 30 用于 HHU 操作复位，样板程序只具有机床轴 1～3 的剩余行程删除及第 1 手轮撤销功能，设计用户程序时，可根据数控机床的实际控制要求，进行补

充、完善及修改。

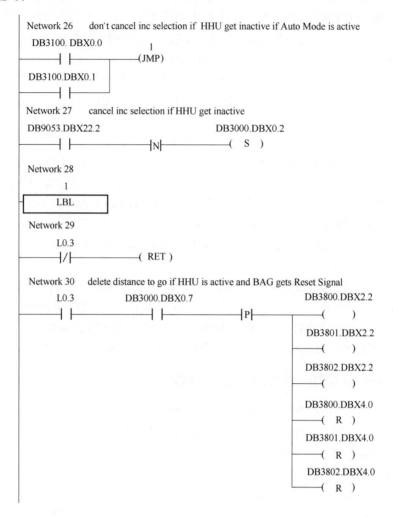

图 6.4.7　HHU 撤销与 CNC 复位程序

网络 30 可在 HHU 单元操作使能、L0.3=1 时，通过操作 MCP 面板的【RESET】键，使 CNC 复位信号 DB3000.DBX0.7 成为 "1"（参见 6.3 节）。此时，程序可输出机床轴 1～3 的剩余行程删除信号 DB3800～3802.DBX2.2，删除机床轴 1～3 的剩余行程；并复位机床轴 1～3 的第 1 手轮生效信号 DB3800～3802.DBX4.0，撤销机床轴 1～3 的第 1 手轮操作功能。

（2）手轮快速与连续进给

样板子程序 HW_HHU_Mill（SBR229）的网络 31 用于 HHU 单元的手轮快速与手动连续进给控制，程序设计如图 6.4.8 所示。使用样板程序时，HHU 单元的手动快速键【RAPID】用于手轮每格移动量（INC×1、INC×100）选择，而不能与 HHU 单元的手动方向键【+】/【-】同时操作，进行 JOG 快速运动。

在网络 31 中，如果 HHU 操作使能信号 L0.3=1，手动方向键【+】/【-】未按下，则可按住 HHU 的手动快速键【RAPID】，使手轮快速信号（每格移动量 INC×100）DB3000.DBX2.2 为 "1"；松开手动快速键【RAPID】，可恢复每格移动量为 INC×1 的手轮正常操作信号 DB3000.DBX2.0。当按下手动方向键【+】或【-】时，可产生手动连续进给信号 DB3000.DBX2.6，并通过后述的网络，进行 HHU 单元的 JOG 操作。

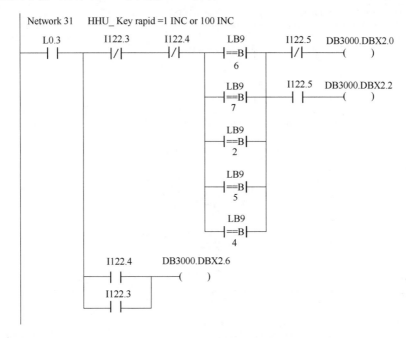

图 6.4.8　手轮快速与连续进给程序

（3）JOG 操作

样板子程序 HW_HHU_Mill（SBR229）的网络 32、33 用于 HHU 单元的手动连续进给控制，程序设计如图 6.4.9 所示。

HHU 单元的手动连续进给既可用于机床坐标系的机床轴操作，也可用于工件坐标系的几何轴操作。

当 HHU 操作使能信号 L0.3、进给启动信号 DB9053.DBX3.3 为"1"时，如果工件坐标系无效（DB1900.DBX5000.7=0），按下 HHU 单元的手动方向键【+】，输入 I122.3 为"1"，程序将输出所选手动操作机床轴 1～5 的正向手动连续进给信号 DB3800～3804.DBX4.7；按下手动方向键【-】，输入 I122.4 为"1"，程序将输出所选手动操作机床轴 1～5 的负向手动连续进给信号 DB3800～3804.DBX4.6。

如果工件坐标系有效（DB1900.DBX5000.7=1），手动操作轴 1～3 的正向、负向手动连续进给信号，将成为工件坐标系几何轴 1～3 的手动连续进给信号 DB3200.DBX1000.7/DBX1004.7/DBX1008.7、DB3200.DBX1000.6/DBX1004.6/DBX1008.6。

（4）用户键输出

样板子程序 HW_HHU_Mill（SBR229）的网络 34～36 用于 HHU 单元的用户自定义功能键【F1】/【F2】/【F3】的状态输出，程序设计如图 6.4.10 所示。

用户键输出程序非常简单，只要 HHU 操作使能信号 L0.3 为"1"，按下 HHU 单元的【F1】/【F2】/【F3】键，便可在输出变量 L0.0/L0.1/L0.2 上得到按键的状态信号。输出变量 L0.0/L0.1/L0.2 的功能，可在子程序调用指令中通过输出参数进行定义，系统预定义为标志 M123.4/M123.5/M123.6。

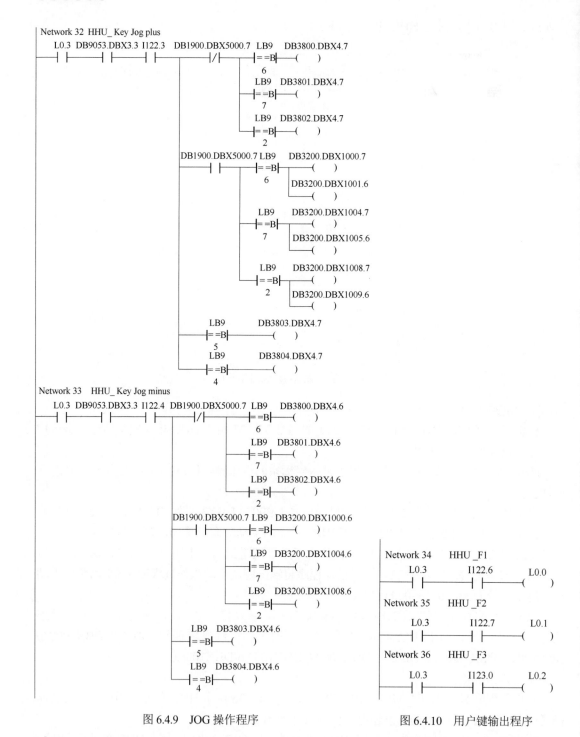

图 6.4.9　JOG 操作程序　　　　图 6.4.10　用户键输出程序

第7章　自动运行控制程序设计

07

7.1　CNC 程序运行控制程序

7.1.1　加工程序运行控制程序

SIEMENS 工具软件 TOOLBOX_DVD_828D 提供的样板子程序 Prog_Control（SBR234）是用于 CNC 加工程序自动运行控制的 PLC 程序，需要和系统预定义数据块 DB9051 配套使用。

子程序 Prog_Control（SBR234）用于"自动（AUTO）"或"手动数据输入自动（MDA）"操作方式下的 CNC 加工程序自动运行控制，可生效或撤销 CNC 的程序测试（Program Test，简称 PRT）、试运行（DRY RUN）、选择暂停（M01）、选择跳段（SKP）功能。

由于 828D 系统配套提供的 SIEMENS 标准机床操作面板 MCP 483/310/416 均未设计以上 CNC 加工程序自动运行控制功能键，因此，这些控制功能需要通过 LCD/CNC 基本单元的软功能键操作，利用自动运行的程序控制菜单选择。PLC 程序需要利用 LCD/CNC 基本单元的 HMI 信号进行编程。

样板子程序 Prog_Control 无需定义输入/输出变量，可直接以图 7.1.1 所示的格式在用户主程序 OB1 中被调用。

图 7.1.1　子程序调用

系统预定义的子程序配套数据块 DB9051 主要用于子程序状态暂存及程序自动运行方式的保存，如果需要，其他 PLC 用户程序也可使用其状态。

数据块 DB9051 的数据寄存器存储内容如表 7.1.1 所示。

表 7.1.1　DB9051 数据寄存器存储内容

数据寄存器地址	信号名称	功能说明
DB9051.DBX0.0	AUTO 程序测试	CNC 操作方式：自动（AUTO），程序测试生效
DB9051.DBX0.1	MDA 程序测试	CNC 操作方式：手动数据输入自动（MDA），程序测试生效
DB9051.DBX0.2	AUTO 试运行	CNC 操作方式：自动（AUTO），程序试运行生效
DB9051.DBX0.3	MDA 试运行	CNC 操作方式：手动数据输入自动（MDA），程序试运行生效

样板子程序 Prog_Control（SBR234）的功能如下。

（1）程序测试与试运行

子程序 Prog_Control 的网络 1～3 用于程序测试（PRT）、试运行（DRY RUN）控制，如

图 7.1.2 所示。

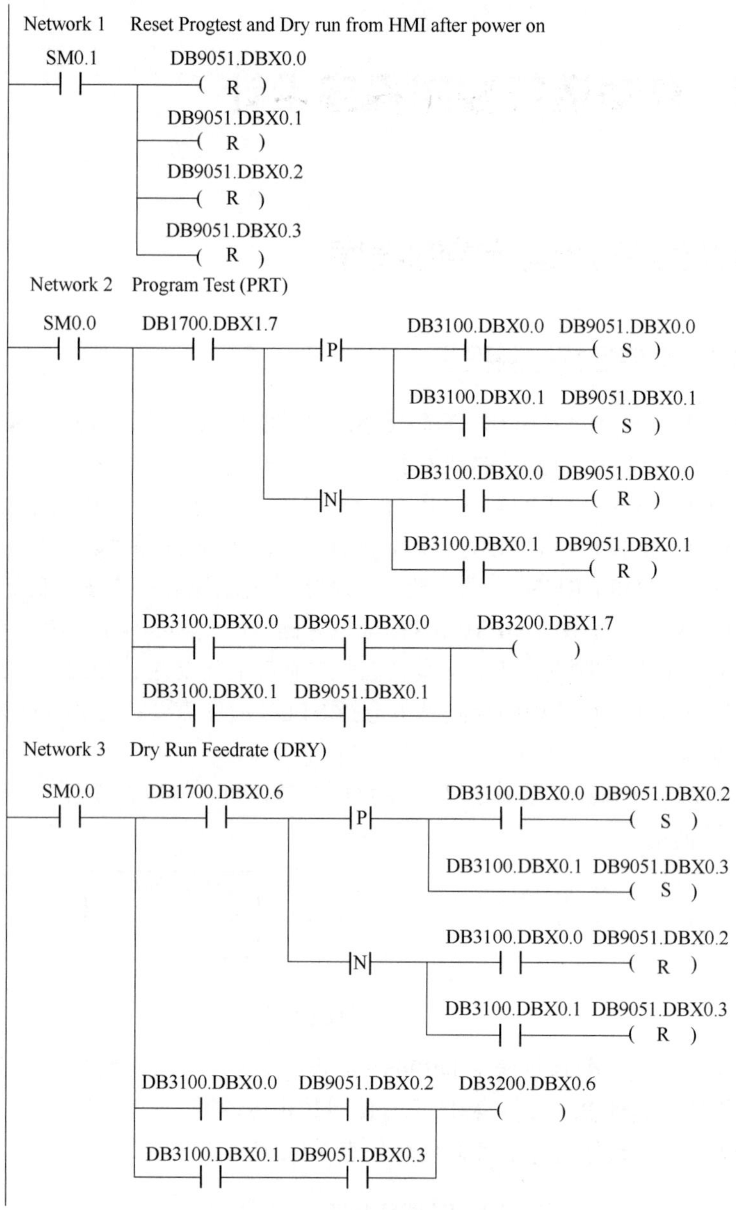

图 7.1.2　程序测试与试运行控制

　　程序网络 1 用于程序测试、试运行暂存器信号的初始化，系统启动时，可通过 PLC 的首循环脉冲置为 "0"。

　　程序网络 2 用于程序测试控制。当 CNC 操作方式选择 AUTO（DB3100.DBX0.0=1）、MDA（DB3100.DBX0.1=1）时，如果利用 LCD/CNC 基本单元的软功能键操作，在 CNC 加工程序自动运行的程序控制菜单中生效了程序测试功能，PLC 的 HMI 输入信号 DB1700.DBX1.7 将为 "1"，信号的上升沿可将程序测试暂存器信号置为 "1"，并输出加工程序测试运行控制信号 DB3200.DBX1.7；如果在自动运行菜单中撤销了测试运行操作，信号 DB1700.DBX1.7 将为 "0"，其下降沿将复位程序测试暂存器信号及加工程序测试运行控制信号 DB3200.DBX1.7。

程序网络 3 用于程序试运行控制，工作原理与网络 2 相同。

（2）M01、DRF 及 SKP

子程序 Prog_Control 的网络 4～6 用于选择暂停（M01）、手轮偏移（DRF）、选择跳段（SKP）控制，如图 7.1.3 所示。

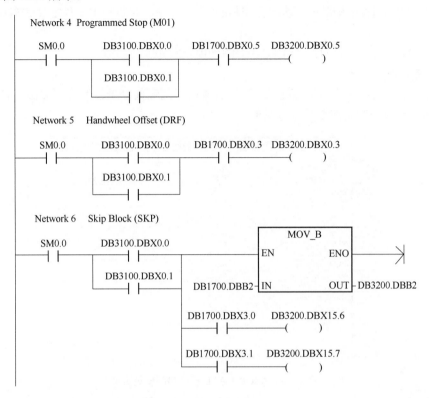

图 7.1.3　M01、DRF 及 SKP

网络 4、5 分别用于 CNC 加工程序的选择暂停、手轮偏移控制，当 CNC 操作方式选择 AUTO（DB3100.DBX0.0=1）、MDA（DB3100.DBX0.1=1）时，如果利用 LCD/CNC 基本单元的软功能键操作，在 CNC 加工程序自动运行的程序控制菜单中生效了选择暂停、手轮偏移功能，PLC 的 HMI 输入信号 DB1700.DBX0.5、DB1700.DBX0.3 将为"1"，PLC 将输出加工程序选择暂停信号 DB3200.DBX0.5、手轮偏移信号 DB3200.DBX0.3。

网络 6 用于 CNC 加工程序的选择跳段控制，828D 的选择跳段可通过"/"、"/1"～"/9"编制 10 种不同的跳过程序段。需要跳过的程序段可通过 LCD/CNC 基本单元的软功能键操作，在 CNC 加工程序自动运行的程序控制菜单中选择。所选的选择跳段信号可通过 HMI 输入信号 DB1700.DBX2.0～2.7、DB1700.DBX3.0/3.1，在 PLC 程序中读取。

由于选择跳段信号"/"、"/1"～"/7"的地址连续，因此，程序中的选择跳段"/"、"/1"～"/7"HMI 输入信号直接利用字节移动指令 MOV_B，一次性输出到 CNC；选择跳段"/8""/9"信号需要以逻辑指令进行单独处理。

7.1.2　ASUP 运行控制程序调用

"ASUP"是"中断子程序"的德文缩写，在 SIEMENS 手册中被译作"异步子程序"或

"非同步子程序"。ASUP 程序用于 CNC 加工程序的中断控制，如果 CNC 在执行加工程序（主程序）的过程中，发生了可通过 CNC 自动处理排除的故障，PLC 程序应根据 CNC 主程序中断指令 SETINT 所定义的中断信号，启动中断程序 ASUP 运行（见 5.2 节）。

SIEMENS 工具软件 TOOLBOX_DVD_828D 提供的样板子程序 ASUP_CALL（SBR249）是用于 CNC 中断程序 ASUP 自动运行控制的 PLC 程序，需要和系统预定义数据块 DB9060 配套使用。

样板子程序 ASUP_CALL（SBR249）的调用要求如下。

（1）局部变量赋值

样板子程序 ASUP_CALL 预定义了图 7.1.4 所示的局部变量，子程序被调用时，需要定义输入/输出参数，对局部变量进行赋值。

	Name	Var Type	Data Type	Comment
	EN	IN	BOOL	
L0.0	ASUP1_initialize	IN	BOOL	
L0.1	ASUP1_Start	IN	BOOL	
L0.2	ASUP2_initialize	IN	BOOL	
L0.3	ASUP2_Start	IN	BOOL	
		IN		
		IN_OUT		
L0.4	ASUP1_ini_Error_out	OUT	BOOL	
L0.5	ASUP1_ini_Done_out	OUT	BOOL	
L0.6	ASUP1_RUN_out	OUT	BOOL	
L0.7	ASUP1_Error_out	OUT	BOOL	
L1.0	ASUP1_done_out	OUT	BOOL	
L1.1	ASUP2_ini_Error_out	OUT	BOOL	
L1.2	ASUP2_ini_done_out	OUT	BOOL	
L1.3	ASUP2_RUN_out	OUT	BOOL	
L1.4	ASUP2_Error_out	OUT	BOOL	
L1.5	ASUP2_done_out	OUT	BOOL	
		OUT		
		TEMP		

图 7.1.4　ASUP_CALL 程序局部变量定义

子程序 ASUP_CALL（SBR249）的局部变量功能定义及要求如下。

L0.0/L0.2：中断程序 ASUP1/ASUP2 初始化启动信号（ASUP1_Initialize/ASUP2_Initialize），逻辑状态（BOOL）型输入变量（IN）。L0.0/L0.2 为"1"时，可启动 CNC 变量读写操作，将中断程序 ASUP1/ASUP2 所定义的 CNC 变量读入到 PLC 程序中，并进行系统预定义数据块 DB9060 的状态设定。

L0.1/L0.3：中断程序 ASUP1/ASUP2 启动信号（ASUP1_Start/ASUP2_Start），逻辑状态（BOOL）型输入变量（IN）。L0.1/L0.3 为"1"时，可启动中断程序 ASUP1/ASUP2 的自动运行。

L0.4/L1.1：中断程序 ASUP1/ASUP2 初始化出错信号（ASUP1_ini_Error_out/ASUP2_ini_Error_out），逻辑状态（BOOL）型输出变量（OUT）。L0.4/L1.1 为"1"时，代表中断程序 ASUP1/ASUP2 的 CNC 变量读入出错。

L0.5/L1.2：中断程序 ASUP1/ASUP2 初始化完成信号（ASUP1_ini_Done_out/ASUP2_ini_Done_out），逻辑状态（BOOL）型输出变量（OUT）。L0.5/L1.2 为"1"时，代表中断程序 ASUP1/ASUP2 的 CNC 变量读入完成。

L0.6/L1.3：中断程序 ASUP1/ASUP2 运行信号（ASUP1_RUN_out/ASUP2_RUN_out），逻辑状态（BOOL）型输出变量（OUT）。L0.6/L1.3 为"1"时，代表中断程序 ASUP1/ASUP2 正在自动运行中。

L0.7/L1.4：中断程序 ASUP1/ASUP2 出错信号（ASUP1_Error_out/ASUP2_Error_out），逻辑状态（BOOL）型输出变量（OUT）。L0.7/L1.4 为"1"时，代表中断程序 ASUP1/ASUP2 执行出错。

L1.0/L1.5：中断程序 ASUP1/ASUP2 执行完成信号（ASUP1_done_out/ASUP2_done_out），逻辑状态（BOOL）型输出变量（OUT）。L1.0/L1.5 为"1"时，代表中断程序 ASUP1/ASUP2 执行完成。

（2）样板程序调用

TOOLBOX_DVD_828D 预定义的样板子程序 ASUP_CALL（SBR249）调用指令如图 7.1.5 所示，输入/输出参数预定义如下。

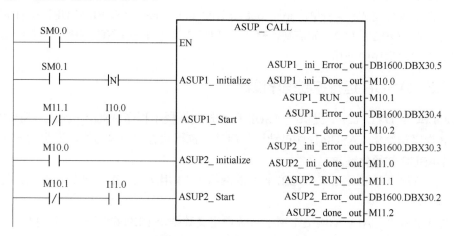

图 7.1.5　样板子程序 ASUP_CALL 调用指令

① 输入参数定义。TOOLBOX_DVD_828D 预定义的 ASUP_CALL 输入参数如下。

中断程序初始化：ASUP1_Initialize/ASUP2_Initialize。ASUP1/ASUP2 的初始化在 PLC 程序运行的第 2 循环之后始终有效。调用指令中的 ASUP1 初始化输入 ASUP1_Initialize 在 PLC 程序运行的首循环结束（系统标志 SM0.1 为 0）、系统预定义数据块 DB9060 状态清除（见下述）后，即保持"1"状态；ASUP2 初始化输入 ASUP2_Initialize 在 ASUP1 初始化完成、输出参数 ASUP1_ini_Done_out（标志为 M10.0）为"1"后，保持"1"状态。

中断程序启动：ASUP1_Start/ASUP2_Start。ASUP1/ASUP2 的启动信号预定义为 PLC 输入 I10.0/I11.0，用户需要根据 DI/DO 的实际连接情况修改。当 I10.0 或 I11.0 为"1"时，只要 CNC 当前不处在中断程序 ASUP2 或 ASUP1 的运行状态，且输出参数 ASUP2_RUN_out（标志为 M11.1）或 ASUP1_RUN_out（标志为 M10.1）为"0"，便可启动 ASUP1 或 ASUP2 程序运行。如果 I10.0、I11.0 同时为"1"，CNC 将根据中断定义指令 SETINT 所规定的优先级，自动选择优先启动的 ASUP 程序（见 5.2 节）。

② 输出参数定义。TOOLBOX_DVD_828D 预定义的 ASUP_CALL 输出参数如下。

中断程序初始化出错：ASUP1_ini_Error_out/ASUP2_ini_Error_out。ASUP1/ASUP2 初始化出错信号预定义为 PLC 报警显示信号 DB1600.DBX30.5/DBX30.3，初始化出错时，LCD 可显示 PLC 报警 ALM 700 245/ALM 700 243。

中断程序初始化完成：ASUP1_ini_Done_out/ASUP2_ini_Done_out。ASUP1 初始化完成信号预定义为标志 M10.0，并作为程序的 ASUP2 初始化启动信号 ASUP2_Initialize 输入；

SIEMENS 数控 PLC
从入门到精通

ASUP2 初始化完成信号预定义为标志 M11.0。如需要，M10.0 /M11.0 也可作为"中断程序准备好"信号，在 PLC 的其他用户程序中使用。

中断程序运行：ASUP1_RUN_out/ASUP2_RUN_out。ASUP1/ASUP2 运行信号预定义为标志 M10.1/M11.1，并作为 ASUP2/ASUP1 程序启动的互锁条件，用于程序启动信号 ASUP1_Start/ASUP2_Start 的输入控制。如需要，M10.1 /M11.1 也可作为 CNC 程序中断互锁信号，在 PLC 的其他用户程序中使用。

中断程序出错：ASUP1_Error_out/ASUP2_Error_out。ASUP1/ASUP2 出错信号预定义为 PLC 报警显示信号 DB1600.DBX30.4/DBX30.2。中断程序出错时，LCD 可显示 PLC 报警 ALM 700 244/ALM 700 242。

中断程序执行完成：ASUP1_done_out/ASUP2_done_out。ASUP1/ASUP2 执行完成信号预定义为标志 M10.2/M11.2。如需要，M10.2 /M11.2 也可作为 CNC 程序中断互锁信号，在 PLC 的其他用户程序中使用。

7.1.3 ASUP 运行控制程序设计

TOOLBOX_DVD_828D 提供的 ASUP 运行控制样板子程序 ASUP_CALL（SBR249）具有 ASUP 程序初始化、ASUP 程序自动运行启动及执行状态输出等功能，说明如下。

（1）ASUP 初始化程序

样板子程序 ASUP_CALL（SBR249）的网络 1~3 用于 ASUP 的初始化控制，程序设计如图 7.1.6 所示。

子程序 ASUP_CALL 的网络 1 用于系统预定义数据块 DB9060 的初始化，PLC 程序运行的首循环 SM0.1 为"1"时，可清除保存在系统预定义数据块 DB9060.DBB0、DB9060.DBB1 中的 2 字节 ASUP 程序控制信号、复位子程序的全部输出。

子程序 ASUP_CALL 的网络 3、2 分别用于中断程序 ASUP1、ASUP2 的初始化，执行 PLC 程序网络，可将 CNC 程序所定义的中断参数（CNC 变量）读入到 PLC 程序中。网络 2、3 所使用的信号功能依次如下。

L0.0/L0.2：由子程序调用指令输入参数定义的 ASUP1/ASUP2 初始化（CNC 变量读入）启动信号（见前述）。

DB1200.DBB4001：CNC/PLC 接口信号，需要读入的 CNC 变量类型定义。"1"为 ASUP1 中断参数；"2"为 ASUP2 中断参数。

DB9060.DBX0.0/DBX1.0：系统预定义数据块信号，ASUP1/ASUP2 初始化（CNC 变量读入）启动。

DB9060.DBX0.1/DBX1.1：系统预定义数据块信号，ASUP1/ASUP2 初始化（CNC 变量读入）出错。信号可通过预定义输出 DB1600.DBX30.5 /DBX30.3，在 LCD 上显示 PLC 报警 ALM 700 245/ALM 700 243。

DB9060.DBX0.2/DBX1.2：系统预定义数据块信号，ASUP1/ASUP2 初始化（CNC 变量读入）完成。信号预定义输出为 M10.0/M11.0，ASUP1 初始化完成信号 M10.0 预定义为 ASUP2 初始化启动输入。

DB3300.DBX3.5：CNC/PLC 接口信号，通道 1 加工程序中断时为"0"。

DB1200.DBX4000.0：CNC/PLC 接口信号，CNC 变量读入启动。状态"1"可启动 CNC 变量读入操作，将 DB1200.DBB4001 指定的 CNC 变量读入到 PLC 中。

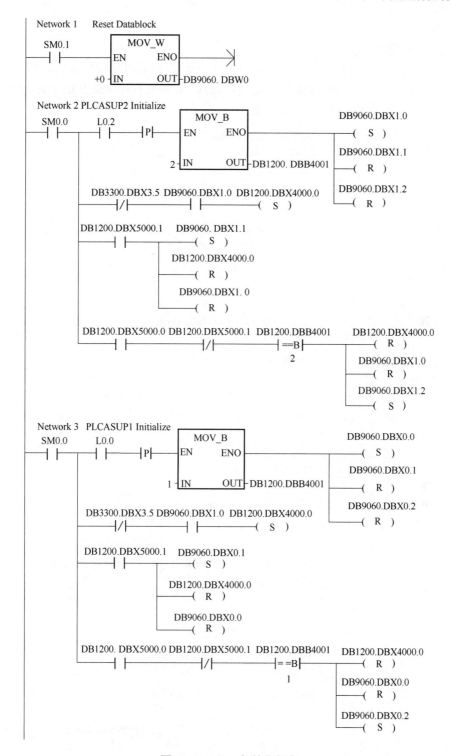

图 7.1.6　ASUP 初始化程序

DB1200.DBX5000.0：CNC/PLC 接口信号，CNC 变量读入完成。状态"1"代表 CNC 变量读入完成。

DB1200.DBX5000.1：CNC/PLC 接口信号，CNC 变量读入出错。状态"1"代表 CNC 变

量读入出错。

（2）ASUP 程序启动

子程序 ASUP_CALL 的网络 4、5 分别用于中断程序 ASUP1、ASUP2 的启动控制，程序设计如图 7.1.7 所示。执行 PLC 程序网络，可启动 CNC 中断程序 ASUP1、ASUP2 的自动运行。网络 4、5 中所使用的信号功能依次如下。

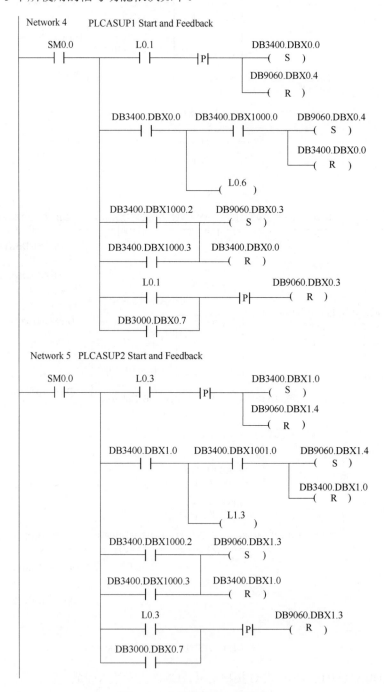

图 7.1.7　中断程序 ASUP 启动

L0.1/L0.3：由子程序调用指令输入参数定义的 ASUP1/ASUP2 程序启动信号（见前述）。

DB3400.DBX0.0/DBX1.0：CNC/PLC 接口信号，启动 CNC 中断程序 ASUP1/ASUP2 自动运行。

DB9060.DBX0.4/DBX1.4：系统预定义数据块信号，ASUP1/ASUP2 执行完成。预定义输出为 M10.2/M11.2。M10.2/M11.2 可作为 CNC 程序中断互锁信号，在 PLC 的其他用户程序中使用。

DB3400.DBX1000.0/DBX1001.0：CNC/PLC 接口信号，ASUP1/ASUP2 执行完成。

L0.6/L1.3：系统预定义数据块信号，中断程序 ASUP1/ASUP2 运行。预定义输出为 M10.1/M11.1。信号作为 ASUP2/ASUP1 程序启动的互锁条件，用于中断程序 ASUP1/ASUP2 启动信号输入控制。

DB3400.DBX1000.2/DBX1001.2：CNC/PLC 接口信号，ASUP1/ASUP2 执行错误 1。

DB3400.DBX1000.3/DBX1001.3：CNC/PLC 接口信号，ASUP1/ASUP2 执行错误 2。

DB9060.DBX0.3/DBX1.3：系统预定义数据块信号，ASUP1/ASUP2 执行出错。信号可通过预定义输出 DB1600.DBX30.4/DBX30.2，在 LCD 上显示 PLC 报警 ALM 700 244/ALM 700 242。

DB3000.DBX0.7：CNC/PLC 接口信号，CNC 复位。

（3）ASUP 执行状态输出

样板子程序 ASUP_CALL 的网络 6 用于 ASUP 程序执行状态输出，程序设计如图 7.1.8 所示。

ASUP 程序的执行状态保存在系统预定义数据块

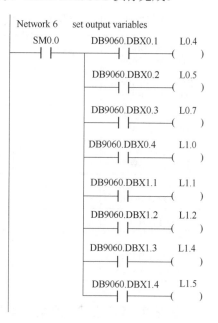

图 7.1.8　ASUP 输出变量赋值

DB9060 上，信号可直接输出到子程序调用指令定义的输出变量上。如果需要，用户程序可通过这些信号，检查 ASUP 程序的执行情况，或进行相关动作的互锁控制。

7.2　CNC 变量读写控制程序

CNC 变量读写功能用于 CNC 与 PLC 的数据交换。利用这一功能，PLC 程序可将所需要的 CNC 变量（参数）读入到 PLC，或者利用 PLC 程序生成的数据改写 CNC 变量（参数），实现 CNC 和 PLC 的数据自动交换。

CNC 变量读写操作可通过数据块 DB1200 的 CNC/PLC 接口信号进行控制。进行 PLC 程序设计时，可通过调用 TOOLBOX_DVD_828D 提供的样板子程序 Read_NC_Parameter（SBR253，变量读入）、Write_NC_Parameter（SBR252，变量改写），以及系统预定义数据块 DB9063，实现 CNC 变量（参数）读入、改写功能。

数控系统的 CNC 变量（参数）众多，因此，PLC 程序设计必定义需要读写的 CNC 变量数量、类型、区域等基本参数，选定 CNC 变量（参数）。但是，变量读写样板子程序的使用方法与其他样板子程序有所不同，执行子程序所需的 CNC 变量数量、类型、区域等基本参数不能通过子程序的输入参数定义，而是需要在 PLC 主程序 OB1 上编制专门的读写准备程序。因此，在 PLC 主程序 OB1 调用读写子程序前，需要根据 CNC 变量（参数）的属性及读写要求，在子程序配套的系统预定义数据块 DB9063 上，事先进行表 7.2.1 所示的控制数据定义。

表 7.2.1　CNC 变量读写控制数据定义要求

控制数据	名　称	作　用　与　功　能
DB9063.DBX0.0	变量改写启动	子程序 Write_NC_Parameter 变量改写启动信号，仅改写需要
DB9063.DBX0.2	变量读入启动	子程序 Read_NC_Parameter 变量读入启动信号，仅读入需要
DB9063.DBB1	读写数量	需读写的 CNC 变量（参数）数量，调用 1 次子程序最大可读写 8 个变量；超过时需要增加 OB1 的子程序调用指令及准备程序
DB9063.DBB2～ DB9063.DBB9	变量类型	变量类型定义。2—刀具参数；3—刀补号；4—零点偏置值；5—机床轴数量；6—R 参数；7—位置数据类别；8—位置值；9—特殊刀具号
DB9063.DBB10～ DB9063.DBB17	变量区域	变量 1～8 区域定义，仅多区域变量需要
DB9063.DBW18～ DB9063.DBW32	变量列号	多列数组型 CNC 变量 1～8 的列号，单列定义 1
DB9063.DBW34～ DB9063.DBW48	变量行号	多行数组型 CNC 变量 1～8 的行号，单列定义 1
DB9063.DBD52～ DB9063.DBD80	改写值	CNC 变量 1～8 需要改写的数值，仅改写需要
DB9063.DBD92～ DB9063.DBD120	读入值（实数）	子程序输入参数 Read_Word 定义"1"（2 字长实数型数值）时的 CNC 变量 1～8 读入值，系统预留存储器，无需定义
DB9063.DBW124～ DB9063.DBW138	读入值（整数）	子程序输入参数 Read_Word 定义"0"（1 字长正整数型数值）时的 CNC 变量 1～8 读入值，系统预留存储器，无需定义

7.2.1　CNC 变量读入程序设计

CNC 变量读入样板子程序 Read_NC_Parameter（SBR253）的调用方法及程序设计如下。变量改写样板子程序 Write_NC_Parameter（SBR252）的使用方法见 7.2.2 节。

（1）子程序调用

利用 PLC 输入 I10.5 启动 CNC 变量读入样板子程序 Read_NC_Parameter（SBR253），读取 CNC 参数 R0 的 PLC 主程序 OB1 示例如图 7.2.1 所示。

示例中的网络 3 为 CNC 参数 R0 读入准备程序，OB1 预定义的变量读入启动信号为 PLC 输入 I10.5，信号地址可根据实际需要修改。

828D 系统的 R 参数为单区域、单数值变量，因此，调用子程序前，只需要在 OB1 上对需读取的 CNC 变量数、变量类型及列号、行号等基本控制数据进行定义，DB9063 的其他控制数据可使用系统默认值。子程序 Read_NC_Parameter 每调用一次，最多可读入 8 个 CNC 变量。如果需要一次性读入多个 CNC 变量（最大 8 个），指令行后应增加其他变量的控制数据定义指令。

变量读写控制数据设定完成后，需要将变量读入启动信号 DB9063.DBX0.2 置为"1"，启动子程序的变量读入操作。

示例中的网络 4 为变量读入子程序 Read_NC_Parameter 调用指令。子程序输入参数 Read_Word 为逻辑状态型输入变量（IN_BOOL），用于 CNC 读入变量的数据格式选择，取"0"时为 1 字长正整数，取"1"时为 2 字长实数。子程序输出参数 Done、Error 为逻辑状态型输出变量（OUT_BOOL），用于 CNC 变量读入状态输出。Done 预定义为标志 M30.0，M30.0=1

代表变量读入完成；Error 预定义为 PLC 报警信号 DB1600.DBX30.7，DB1600.DBX30.7=1 代表变量读入操作出错，此时，可在 LCD 上显示 PLC 报警 ALM 700 247。

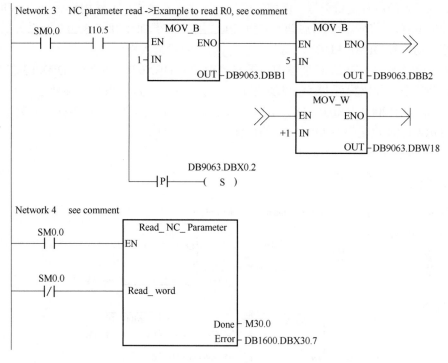

图 7.2.1　变量读入样板子程序调用示例

（2）子程序设计

CNC 变量读入样板子程序 Read_NC_Parameter（SBR253）包括读入启动、变量保存、完成处理 3 部分。

① 读入启动。子程序 Read_NC_Parameter 的网络 1、2 为 CNC 变量读入启动程序，程序设计如图 7.2.2 所示。

网络 1 用来设定 CNC 变量的数据格式、选择变量保存区域。当子程序调用指令定义的输入参数 Read_Word（L0.0）为 "0" 时，需读入的 CNC 变量为 1 字长正整数，变量 1～8 的数值将依次保存到系统预定义数据块 DB9063 的 DBW124～DBW138 上；L0.0 为 "1" 时，需读入的 CNC 变量为 2 字长实数，变量 1～8 的数值将依次保存到数据块 DB9063 的 DBD92～DBD120 上。

网络 2 用来选择 CNC 变量及读入操作。网络 2 按一次读入 8 个 CNC 变量的要求设计，程序共有 8 行，每 1 行可选择 1 个 CNC 变量。由于网络的显示宽度过大，图 7.2.2 中对程序进行了分段处理（下同）。

网络 2 的起始段（图 7.2.2 的网络 2 第 1 行）为变量选择启动条件。DB9063.DBX0.2 为 PLC 主程序 OB1 生成的读入启动信号（见前述）；DB9063.DBX0.1 为 CNC 变量改写子程序 Write_NC_Parameter（SBR252，见后述）生成的变量改写启动信号。

CNC 变量读入启动时，首先可将 PLC 主程序 OB1 设定的读入变量数（DB9063.DBB1），传送到 CNC/PLC 接口信号 DB1200.DBB1 上，通知 CNC。然后，通过由 4 条移动指令组成的 8 个并联程序段，依次将 PLC 主程序 OB1 设定的变量 1～8 的变量类型（DB9063.DBB2～DBB9）、区域（DB9063.DBB10～DBB17）、列号（DB9063.DBW18～DBW32）、行号

（DB9063.DBW34~DBW48），传送到变量 1~8 对应的 CNC/PLC 接口信号数据块 DB1200~DB1207 上，选定 CNC 变量。

当需要读入的所有变量类型、区域、列号、行号设定完成后，利用最后一条移动指令执行完成输出 ENO，将变量读/写启动的 CNC/PLC 接口信号 DB1200.DBX0.0 及系统预定义的变量保存启动信号 DB9063.DBX0.3 置为"1"，启动变量读入操作。

如果实际需要读入的 CNC 变量数小于 8，DB1200.DBX0.0、DB9063.DBX0.3 置为"1"的读入启动指令编程位置可上移，以加快程序执行。例如，如果 PLC 只需要读入 1 个变量，图 7.2.2 中的 DB1200.DBX0.0、DB9063.DBX0.3 置为"1"指令，可直接移至变量 1 的行号 DB1200.DBW1004 设定指令 MOV_W 的执行完成输出 ENO 上。

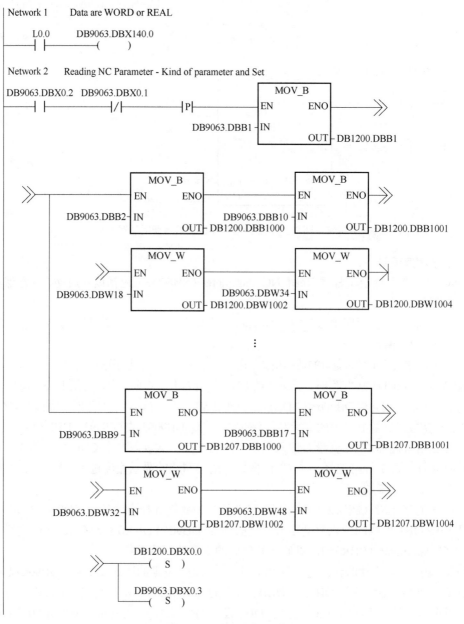

图 7.2.2　变量读入启动程序

② 变量保存。子程序 Read_NC_Parameter 的网络 3 为 CNC 变量读入的变量保存程序，程序设计如图 7.2.3 所示。

从 CNC 中所读取的变量 1～8 的值可通过 CNC/PLC 接口信号数据块 DB1200～DB1207 传送至 PLC，信号地址为 DBB3004～3007（4 字节）。为了便于使用，样板子程序可通过调用指令定义的输入参数 Read_Word，将 1 字长正整数变量保存到系统预定义数据块 DB9063 的存储区 DBW124～DBW138 中，将 2 字长实数变量保存到系统预定义数据块 DB9063 的存储区 DBD92～DBD120 中。

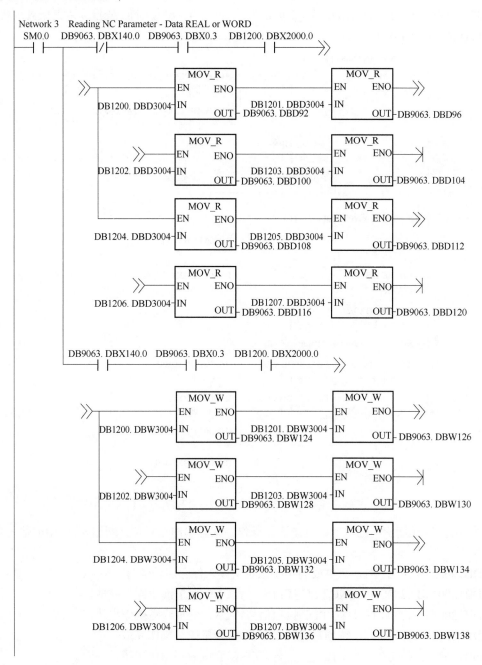

图 7.2.3　变量读入保存程序

网络 3 中的 DB9063.DBX140.0 为网络 1 生成的子程序输入参数 Read_Word 的状态，DB9063.DBX0.3 为网络 2 生成的系统预定义的变量保存启动信号；DB1200.DBX2000.0 为来自 CNC 的变量读入完成信号。

当 DB9063.DBX140.0=1 时，所读入的 CNC 变量为 2 字长实数，程序可将 CNC/PLC 接口信号数据块 DB1200～DB1207.DBD3004 中的变量 1～8 读入数据，保存到系统预定义数据块的 DBD92～DBD120 上；当 DB9063.DBX140.0=0 时，所读入的 CNC 变量为 1 字长正整数，变量 1～8 的读入数据可保存到系统预定义数据块的 DBW124～DBW138 上。

③ 完成处理。子程序 Read_NC_Parameter 的网络 4～6 为 CNC 变量读入完成处理程序，程序设计如图 7.2.4 所示。

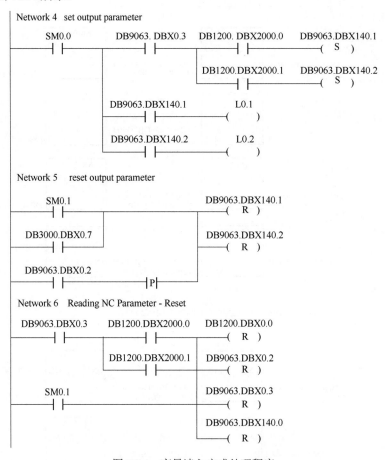

图 7.2.4　变量读入完成处理程序

读入完成处理程序用于 CNC 变量读入操作的状态输出与复位，网络 4～6 中的信号功能依次如下。

DB9063.DBX0.3：网络 2 生成的系统预定义读入保存启动信号。

DB1200.DBX2000.0：CNC/PLC 接口信号，CNC 变量读写操作完成。

DB1200.DBX2000.1：CNC/PLC 接口信号，CNC 变量读写操作出错。

DB9063.DBX140.1：系统预定义信号，CNC 变量读写操作完成。

DB9063.DBX140.2：系统预定义信号，CNC 变量读写操作出错。

L0.1：子程序输出参数 Done，预定义为标志 M30.0。

L0.2：子程序输出参数 Error，预定义为 PLC 报警信号 DB1600.DBX30.7（PLC 报警 ALM 700 247）。

DB3000.DBX0.7：CNC/PLC 接口信号，CNC 复位。

DB9063.DBX0.2：主程序 OB1 生成的系统预定义读入启动信号。

DB1200.DBX0.0：CNC/PLC 接口信号，CNC 变量读写启动。

DB9063.DBX140.0：系统预定义信号，网络 1 生成的子程序输入参数 Read_Word 状态。

7.2.2　CNC 变量改写程序设计

（1）子程序调用

TOOLBOX_DVD_828D 提供的样板子程序 Write_NC_Parameter（SBR252）用于 CNC 变量改写操作，执行子程序，可将 PLC 程序生成的刀具参数、刀补号、零点偏置值、R 参数、坐标轴位置等数据写入到 CNC 中。

样板子程序 Write_NC_Parameter（SBR252）的使用条件与前述变量读入子程序 Read_NC_Parameter（SBR253）相同，执行子程序时同样需要在 PLC 主程序 OB1 上编制专门的读写准备程序，在子程序配套的系统预定义数据块 DB9063 上，事先定义 CNC 变量数量、类型、区域等基本参数（见表 7.2.1）。

利用 PLC 输入 I10.6 启动样板子程序 Write_NC_Parameter（SBR252）的变量改写操作，将 CNC 参数 R0 改写为"99"的 PLC 主程序 OB1 示例如图 7.2.5 所示。

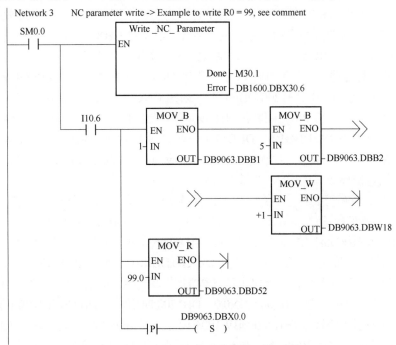

图 7.2.5　变量改写样板子程序调用示例

示例程序的第 1 行为变量改写子程序 Write_NC_Parameter 调用指令。子程序输出参数 Done、Error 为逻辑状态型输出变量（OUT_BOOL），用于 CNC 变量改写状态输出。Done 预定义为标志 M30.1，M30.1=1 代表变量改写完成；Error 预定义为 PLC 报警信号 DB1600.DBX30.6，DB1600.DBX30.6=1 代表变量改写程序执行出错，此时，可在 LCD 上显示 PLC 报警 ALM 700 246。

示例程序的第 2 行用于变量读写操作的控制数据定义。828D 系统的 R 参数为单区域、单数值变量，因此，调用子程序前，只需要在 OB1 上对需读取的 CNC 变量数、变量类型及列号等基本控制数据进行定义，DB9063 的其他控制数据可使用系统默认值。子程序 Write_NC_Parameter 每调用一次，最大可改写 8 个 CNC 变量，如果需要一次性改写多个变量（最大 8 个），需要在指令行后增加其他变量的控制数据定义指令。

示例程序的第 3 行用于变量改写赋值。需要写入到 CNC 的变量 1～8 的值，应通过主程序 OB1 保存到系统预定义数据块 DB9063 的控制数据存储区 DB9063.DBD52～DBD80 上。如果需要一次性改写多个变量（最大 8 个），需要在 MOV_R 指令的执行完成输出 ENO 之后，增加其他变量的赋值指令。

变量改写操作的控制数据设定完成后，主程序 OB1 需要将变量改写启动信号 DB9063.DBX0.0 置为 "1"，启动子程序 Write_NC_Parameter 的变量改写操作。

（2）子程序设计

CNC 变量改写样板子程序 Write_NC_Parameter（SBR252）包括改写启动、变量赋值、完成处理 3 部分。

① 改写启动。子程序 Write_NC_Parameter 的网络 1 为 CNC 变量改写的启动程序，程序设计如图 7.2.6 所示。

网络按一次改写 8 个 CNC 变量的要求设计，程序共有 8 行，每 1 行可选择 1 个 CNC 变量。由于网络的显示宽度过大，图 7.2.6 中对程序进行了分段处理（下同）。

网络 1 的起始段（图 7.2.6 的网络 1 第 1 行）为变量改写启动条件，DB9063.DBX0.0 为 PLC 主程序 OB1 生成的改写启动信号（见前述），DB9063.DBX0.3 为 CNC 变量读入子程序 Read_NC_Parameter（SBR253，见前述）生成的变量读取启动信号。

CNC 变量改写启动时，首先可将 PLC 主程序 OB1 设定的改写变量数（DB9063.DBB1），传送到 CNC/PLC 接口信号 DB1200.DBB1 上，通知 CNC。然后，通过由 4 条移动指令组成的 8 个并联程序段，依次将 PLC 主程序 OB1 设定的、变量 1～8 的变量类型（DB9063.DBB2～DBB9）、区域（DB9063.DBB10～DBB17）、列号（DB9063.DBW18～DBW32）、行号（DB9063.DBW34～DBW48），传送到变量 1～8 对应的 CNC/PLC 接口信号数据块 DB1200～DB1207 上，指定需要改写的 CNC 变量。

当需要改写的所有变量类型、区域、列号、行号设定完成后，利用最后一条移动指令执行完成输出 ENO，将变量读/写启动的 CNC/PLC 接口信号 DB1200.DBX0.0、读/写选择信号 DB1200.DBX0.1 及系统预定义的变量赋值启动信号 DB9063.DBX0.1 置为 "1"，启动变量改写操作。

如果实际需要改写的 CNC 变量数小于 8，DB1200.DBX0.0、DB1200.DBX0.1、DB9063.DBX0.1 置为 "1" 的改写启动指令编程位置可上移，以加快程序执行速度。例如，如果 PLC 只需要读入 1 个变量，图 7.2.6 中的 DB1200.DBX0.0、DB1200.DBX0.1、DB9063.DBX0.1 置为 "1" 指令，可直接移至变量 1 的行号 DB1200.DBW1004 设定指令 MOV_W 的执行完成输出 ENO 上。

② 变量赋值。子程序 Write_NC_Parameter 的网络 2 为 CNC 变量改写的变量赋值程序，程序设计如图 7.2.7 所示。

CNC 变量改写的变量赋值指令在系统预定义变量改写赋值启动信号 DB9063.DBX0.1、变量读/写启动的 CNC/PLC 接口信号 DB1200.DBX0.0 为 "1" 时执行。需要改写的 CNC 变量值应通过主程序 OB1，保存到系统预定义数据块 DB9063 的控制数据存储区 DB9063.DBD52～DBD80 上；变量 1～8 的值可通过 CNC/PLC 接口信号数据块 DB1200～DB1207 传送至 PLC，信号地址为 DBB1008～1011（4 字节）。

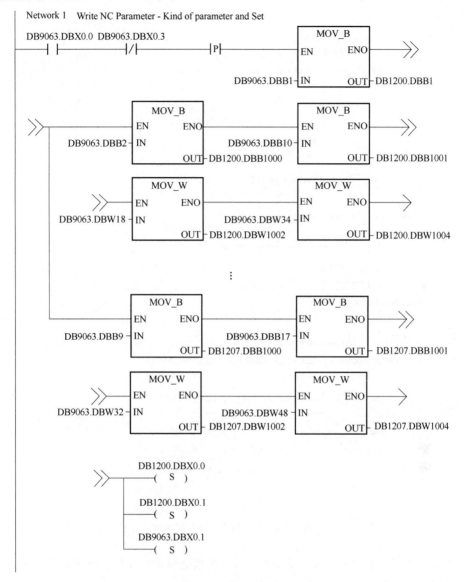

图 7.2.6　变量改写启动程序

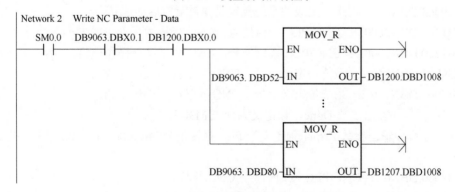

图 7.2.7　变量赋值程序

③ 完成处理。子程序 Read_NC_Parameter 的网络 3～5 为 CNC 变量读入完成处理程序，程序设计如图 7.2.8 所示。

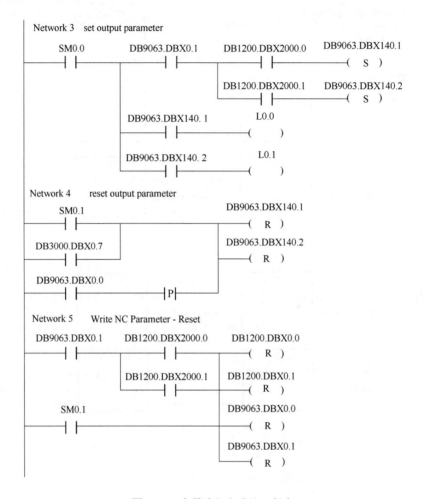

图 7.2.8 变量读入完成处理程序

改写完成处理程序用于 CNC 变量改写操作的状态输出与复位，网络均为简单逻辑指令程序，信号功能依次如下。

DB9063.DBX0.1：网络 1 生成的系统预定义变量赋值启动信号。

DB1200.DBX2000.0：CNC/PLC 接口信号，CNC 变量读写操作完成。

DB1200.DBX2000.1：CNC/PLC 接口信号，CNC 变量读写操作出错。

DB9063.DBX140.1：系统预定义信号，CNC 变量读写操作完成。

DB9063.DBX140.2：系统预定义信号，CNC 变量读写操作出错。

L0.1：子程序输出参数 Done，预定义为标志 M30.1。

L0.2：子程序输出参数 Error，预定义为 PLC 报警信号 DB1600.DBX30.6（PLC 报警 ALM 700 246）。

DB3000.DBX0.7：CNC/PLC 接口信号，CNC 复位。

DB9063.DBX0.0：主程序 OB1 生成的系统预定义改写启动信号。

7.3　机床轴 PLC 控制程序设计

7.3.1　进给轴 PLC 定位控制

（1）功能说明

SIEMENS 数控系统的 PLC 轴是由 PLC 控制位置、速度的机床轴，机床生产厂家可根据需要，将一个或多个数控机床轴定义为 PLC 轴。PLC 轴可以是进给轴，也可以是主轴。

PLC 进给轴/主轴本质上是由 CNC 控制速度、位置的机床轴，因此，需要占用数控系统的进给/主轴控制轴数，总数受数控系统控制轴数的限制。在硬件方面，PLC 进给轴/主轴需要通过 SIEMENS Drive-CliQ 总线与 CNC 基本单元连接，并采用 SINAMICS S120 Combi 或 SINAMICS S120 CliQ 专用驱动器驱动，驱动器的连接、调试方法都与系统的其他机床轴完全相同。

PLC 进给轴/主轴与 CNC 进给轴/主轴只是存在位置/速度控制指令输入方式上的区别。采用 CNC 控制时，进给轴/主轴的位置/速度指令来自 CNC 加工程序；采用 PLC 控制时，进给轴/主轴的位置/速度指令来自 PLC 程序，PLC 程序可通过 CNC/PLC 接口信号（数据块 DB38**、DB39**）向 CNC 发送 PLC 轴的定位位置、速度等控制指令。但是，PLC 进给轴/主轴不能参与其他坐标轴的插补运算，只能进行定位（绝对或增量）、速度控制。

PLC 进给轴具有与其他数控进给轴同样的位置、速度控制性能，轴定位可达到与数控机床轴同样的精度，运动速度可通过 PLC 程序任意设定，因此，可用于回转工作台的高精度分度定位及车削机床刀架或加工中心刀库的高速、高精度回转定位等运动控制。

（2）子程序调用

TOOLBOX_DVD_828D 提供的样板子程序 Pos_Ax（SBR254）可用于机床进给轴的 PLC 定位控制，预定义了图 7.3.1 所示的局部变量，被调用时，需要定义输入/输出参数，对局部变量进行赋值。

子程序 Pos_Ax（SBR254）的局部变量功能定义及要求如下。

LW0：PLC 进给轴号（Ax_No），十进制正整数（INT）型输入变量（IN）。

L2.0：PLC 定位启动信号（Start），逻辑状态型（BOOL）输入变量（IN）。L2.0 为 "1" 时，可启动 PLC 定位运动。

	Name	Var Type	Data Type	Comment
	EN	IN	BOOL	
LW0	Ax_No	IN	INT	
L2.0	Start	IN	BOOL	
L2.1	Inc	IN	BOOL	
L2.2	Inch	IN	BOOL	
LD4	Pos	IN	REAL	
LD8	FRate	IN	REAL	
		IN_OUT		
L12.0	InPos	OUT	BOOL	
L12.1	Error	OUT	BOOL	
LB13	State	OUT	BYTE	
		OUT		
		TEMP		

图 7.3.1　局部变量定义表

L2.1：PLC 定位方式选择信号（Inc），逻辑状态型（BOOL）输入变量（IN）。L2.1 为 "0" 时，PLC 轴为绝对位置定位；L2.1 为 "1" 时，PLC 轴为增量位置定位。

L2.2：PLC 定位位置/速度单位（Inch），逻辑状态型（BOOL）输入变量（IN）。L2.2 为"0"时，位置值单位为 mm，速度单位为 mm/min；L2.2 为"1"时，位置值单位为 in（英寸），速度单位为 in/min。

LD4：定位位置（Pos），实数型（REAL）输入变量（IN），单位由 L2.2 定义（mm 或 in）。

LD8：定位速度（FRate），实数型（REAL）输入变量（IN），单位由 L2.2 定义（mm/min 或 in/min）。

L12.0：PLC 定位完成信号（InPos），逻辑状态型（BOOL）输出变量（OUT）。L12.0 为"1"，表明 PLC 定位完成、机床轴到达定位点。

L12.1：PLC 定位出错信号（Error），逻辑状态型（BOOL）输出变量（OUT）。L12.1 为"1"，表明 PLC 定位出错。

LB13：PLC 定位出错代码（State），字节型（BYTE）输出变量（OUT）。PLC 定位出错时输出出错代码。

系统预定义的样板子程序 Pos_Ax（SBR254）调用指令及输入/输出参数如图 7.3.2 所示。

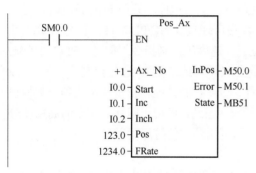

图 7.3.2　子程序调用指令

子程序调用指令预定义的轴号、输入/输出参数只是为了避免程序编译、保存出错而添加的基本参数，轴号、信号地址等与其他子程序调用指令重复，使用用户程序时，必须按实际要求进行修改。

（3）子程序设计

样板子程序 Pos_Ax（SBR254）由机床轴选择及速度/位置给定、控制切换、PLC 定位等部分组成，程序设计如下。

① 轴选择及速度/位置给定。子程序 Pos_Ax 的网络 1、2 为 PLC 定位控制的机床轴选择及速度/位置给定程序，程序设计如图 7.3.3 所示。

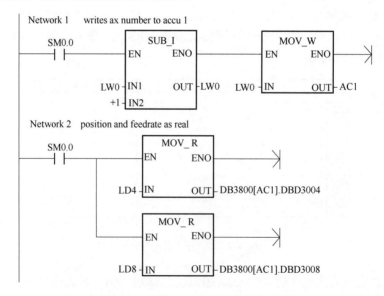

图 7.3.3　进给轴选择及速度/位置给定程序

网络 1 为 PLC 定位的机床轴选择程序，通过对 LW0 输入轴号的减"1"运算，可在累加器 ACC1 中得到轴信号的间接寻址地址。

网络 2 为速度/位置给定程序，通过 ACC1 的间接寻址，可将 LD4、LD8 输入的 PLC 定位位置、速度，传送到指定机床轴的 CNC/PLC 接口信号 DBD3004、DBD3008 上。

② 控制切换。子程序 Pos_Ax 的网络 3～5 为 CNC/PLC 控制切换程序，程序设计如图 7.3.4 所示。

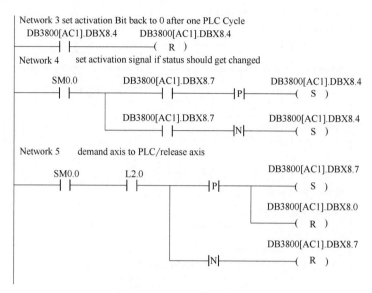

图 7.3.4 控制切换程序

PLC 进给轴 CNC/PLC 控制切换程序采用的是上升、下降沿同时检测标准程序，可生成图 7.3.5 所示的机床进给轴 CNC/PLC 控制切换信号，利用 PLC 定位启动信号 L0.2 的上升、下降沿，完成机床进给轴的 CNC/PLC 控制切换。

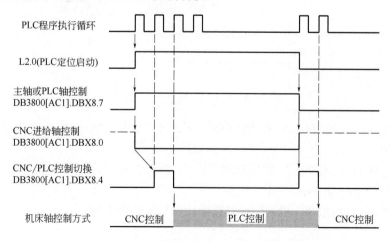

图 7.3.5 机床进给轴 CNC/PLC 控制切换信号

③ PLC 定位。子程序 Pos_Ax 的网络 6～12 为进给轴 PLC 定位控制切换程序，程序设计如图 7.3.6 所示。

网络 6～12 均为简单逻辑指令程序。CNC/PLC 接口信号数据块通过累加器 ACC1 的间接寻址选定；局部变量的功能及系统预定义的输入/输出参数见前述。信号功能依次如下。

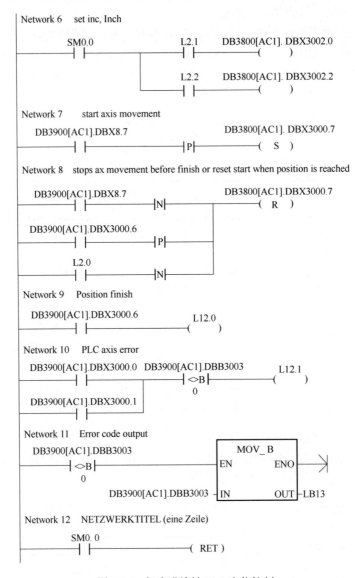

图 7.3.6　机床进给轴 PLC 定位控制

DB3800[AC1].DBX3002.0：机床轴控制信号。PLC 定位方式选择："0"为绝对位置定位；"1"为增量位置定位。

DB3800[AC1].DBX3002.2：机床轴控制信号。PLC 定位位置/速度单位选择："0"为 mm，mm/min；"1"为 in，in/min。

DB3900[AC1].DBX8.7：机床轴状态信号。"1"为进给轴的 PLC 控制或主轴控制功能已生效。

DB3800[AC1].DBX3000.7：机床轴控制信号。"1"为启动 PLC 定位运动。

DB3900[AC1].DBX3000.6：机床轴状态信号。"1"为 PLC 定位完成。

DB3900[AC1].DBX3000.0：机床轴状态信号，进给/主轴的 PLC 控制功能无法启动。

DB3900[AC1].DBX3000.1：机床轴状态信号，进给/主轴的 PLC 控制运动出错。

DB3900[AC1].DBB3003：机床轴状态信号，进给/主轴 PLC 控制出错代码。"00" 为正常工作、无故障。

7.3.2　主轴 PLC 速度控制程序设计

（1）子程序功能与调用

TOOLBOX_DVD_828D 提供的样板子程序 Turn_PLC_Spindle（SBR255）可用于机床主轴的 PLC 速度控制。如果需要对主轴转速进行倍率调节，子程序需要与系统预定义的数据块 DB9010 配套使用，然后利用 PLC 程序，将主轴倍率开关的倍率调节信号 SP% A～H 传送到数据块 DB9010.DBB2 上。

子程序 Turn_PLC_Spindle（SBR255）预定义了图 7.3.7 所示的局部变量，被调用时，需要定义输入/输出参数，对局部变量进行赋值。

	Name	Var Type	Data Type	Comment
	EN	IN	BOOL	
LW0	AX_No	IN	INT	
L2.0	Start	IN	BOOL	
L2.1	Direction	IN	BOOL	
LD4	Speed	IN	REAL	
		IN		
		IN_OUT		
L8.0	Error	OUT	BOOL	
LB9	State	OUT	BYTE	
		OUT		
		TEMP		

图 7.3.7　局部变量定义表

子程序 Turn_PLC_Spindle（SBR255）的局部变量功能定义及要求如下。

LW0：PLC 主轴号（Ax_No），十进制正整数型（INT）输入变量（IN）。

L2.0：PLC 主轴启动信号（Start），逻辑状态型（BOOL）输入变量（IN）。L2.0 为 "1" 时，可启动 PLC 主轴旋转。

L2.1：PLC 主轴转向信号（Direction），逻辑状态型（BOOL）输入变量（IN）。L2.1 为 "1" 时，主轴反转。

LD4：PLC 主轴转速（Speed），实数型（REAL）输入变量（IN）。

L8.0：PLC 主轴出错信号（Error），逻辑状态型（BOOL）输出变量（OUT）。L8.0 为 "1"，表明 PLC 主轴出错。

LB9：PLC 主轴出错代码（State），字节型（BYTE）输出变量（OUT）。PLC 主轴出错时输出出错代码。

系统预定义的样板子程序 Turn_PLC_Spindle（SBR255）调用指令及输入/输出参数如图 7.3.8 所示。调用指令预定义的轴号、输入/输出参数只是为了避免程序编译、保存出错而添加的基本参数，轴号、信号地址等与其他子程序调用指令重复，用户使用时，必须按实际要求修改。

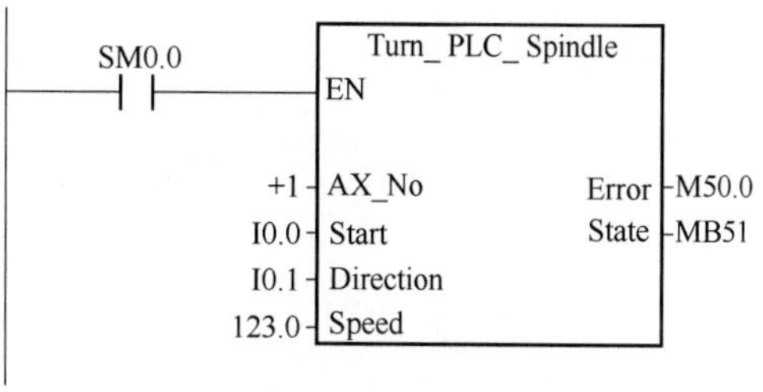

图 7.3.8　子程序调用指令

（2）子程序设计

样板子程序 Turn_PLC_Spindle（SBR255）的设计与 PLC 进给轴控制基本相同，程序由机床轴选择及转速给定、控制切换、PLC 主轴转向及启停控制等部分组成，程序设计如下。

① 轴选择及速度给定。子程序 Turn_PLC_Spindle（SBR255）的网络 1、2 为 PLC 控制的机床轴选择及转速给定程序，程序设计如图 7.3.9 所示。

网络 1 为 PLC 主轴选择程序，通过对 LW0 输入轴号的减"1"运算，可在累加器 ACC1 中得到轴信号的间接寻址地址。

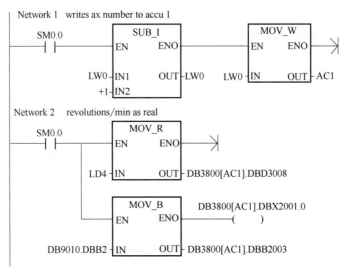

图 7.3.9　主轴选择及速度给定程序

网络 2 的第 1 行为转速给定程序，通过 ACC1 的间接寻址，可将 LD4 输入的转速传送到 PLC 主轴的 CNC/PLC 接口信号 DBD3800[AC1].DBD3008 上。网络 2 的第 2 行为主轴倍率调节程序，当 PLC 主轴的转速需要进行倍率调节时，可将数据块 DB9010.DBB2 上的主轴倍率调节信号 SP% A～H 传送到 CNC/PLC 接口信号 DB3800[AC1].DBD2003 上，并将 PLC 主轴倍率生效信号 DB3800[AC1].DBX2001.0 置为"1"。

② 控制切换。子程序 Turn_PLC_Spindle（SBR255）的网络 3～5 为 CNC/PLC 控制切换程序，程序设计如图 7.3.10 所示。

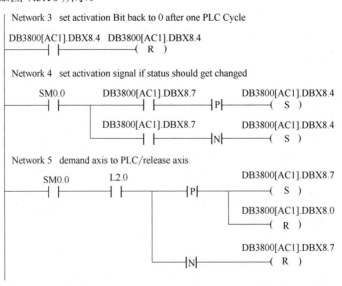

图 7.3.10　控制切换程序

　　PLC 主轴 CNC/PLC 控制切换程序与图 7.3.4 所示的 PLC 进给轴 CNC/PLC 控制切换程序完全相同，程序说明可参见前述。

　　③ 转向及启停控制。子程序 Turn_PLC_Spindle（SBR255）的网络 6～10 为 PLC 主轴转向及启停控制程序，程序设计如图 7.3.11 所示。

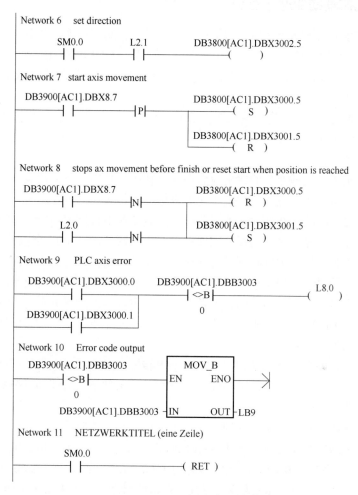

图 7.3.11　主轴转向及启停控制程序

　　网络 5～11 均为简单逻辑指令程序。CNC/PLC 接口信号数据块通过累加器 ACC1 的间接寻址选定；局部变量的功能及系统预定义的输入/输出参数见前述。信号功能如下。

　　DB3800[AC1].DBX3002.5：机床轴控制信号。主轴转向选择："0" 为正转（CCW）；"1" 为反转（CW）。

　　DB3900[AC1].DBX8.7：机床轴状态信号。"1" 为进给轴 PLC 控制或主轴控制功能已生效。

　　DB3800[AC1].DBX3000.5：机床轴控制信号。"1" 为启动主轴旋转。

　　DB3800[AC1].DBX3001.5：机床轴控制信号。"1" 为停止主轴旋转。

　　DB3900[AC1].DBX3000.0：机床轴状态信号，进给/主轴的 PLC 控制功能无法启动。

　　DB3900[AC1].DBX3000.1：机床轴状态信号，进给/主轴的 PLC 控制运动出错。

　　DB3900[AC1].DBB3003：机床轴状态信号，进给/主轴 PLC 控制出错代码。"00" 为正常工作、无故障。

7.4　主轴换挡控制程序设计

7.4.1　机械辅助变速与控制

主轴换挡又称主轴传动级交换，这是一种用于机械辅助变速主传动系统主轴速度控制的常用功能，几乎所有的数控系统都具备这一功能。但是，TOOLBOX_DVD_828D 工具软件目前尚未安装主轴换挡样板子程序，因此，当机床主传动系统带有机械辅助变速装置时，需要用户自行设计主轴换挡控制程序。

为了便于读者使用，本节将对主轴换挡功能的作用、程序设计方法进行较为详细的介绍，并提供实际机床使用的示例程序。

（1）主轴换挡的作用

与电气调速相比，机械变速的突出优点是具有转矩（扭矩）放大功能。这是因为电气调速只能通过改变电机频率、电压等方式实现，电机绕组的最大电流受电机、驱动器温升的限制，不能无限增加，因此，在任何转速下，电机的连续输出转矩都不能超过额定值。

但是，当数控车床需要进行大直径工件车削，或者数控镗铣床需要进行大直径镗铣、钻孔、攻螺纹等加工时，机床主轴必须具有低速、大扭矩输出特性。另一方面，由于金属切削机床单位时间切除的材料体积与机床主轴的输出功率成正比，为了保证机床加工效率，就希望主轴能够在不同转速下具有恒定的输出功率。由于主轴输出功率 P 与输出转矩 M、转速 n 的乘积成正比（$P=Mn/9550$），因此，如果需要保证输出功率不变，主轴输出转矩同样必须随着转速的降低而增加。

对于固定传动比的主传动系统，提高主轴输出转矩就必须增加电机的电枢电流，但电枢电流受到电机、驱动器温升的限制，因此，在现有技术条件下，只能通过机械变速（减速）来降低转速、提高输出转矩。

数控机床使用机械辅助变速（减速）后，可成倍提高低速时的主轴输出转矩和恒功率调速范围。例如，FANUC αiI22 主轴电机的输出特性如图 7.4.1 所示，电机的额定输出功率为 22kW，额定输出转矩为 140N·m，额定转速为 1500 r/min，最高转速为 6000 r/min；电机在额定转速以下具有 140N·m 恒转矩输出特性，在额定转速以上具有 22kW 恒功率输出特性。如果这一主轴电机和机床主轴间通过 1∶1 和 4∶1 两级机械变速进行连接，便可得到图 7.4.1 所示的主轴输出转矩和功率曲线。

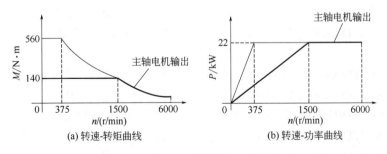

图 7.4.1　两级变速转矩/功率曲线

当电机与主轴为 1∶1 连接时，主轴的输出与电机相同，因此，主轴最高转速可保持

6000r/min 不变；当主轴转速低于 1500 r/min 时，可通过机械变速，使电机与主轴为 4∶1 减速连接，主轴在 1500 r/min 以下转速的输出转矩便可提高 4 倍，主轴的恒功率调速范围将由原来的 4∶1（1500～6000 r/min）扩大到 16∶1（375～6000 r/min）。

（2）主传动系统结构

数控机床的主轴机械变速通常采用气动、液压控制。图 7.4.2 为数控镗铣加工机床常用的滑移齿轮变速的主轴箱结构图。

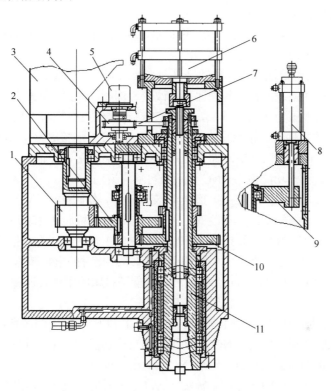

图 7.4.2　齿轮变速主轴箱结构

1—齿轮；2—双联滑移齿轮；3—主电机；4—同步带轮；5—主轴编码器；6—松刀气缸；7—同步带；

8—换挡气缸；9—拨叉；10—双联齿轮；11—主轴

图 7.4.2 中，主轴 11 为中空结构，前端外侧通过 7（4+3）只角接触球轴承作为主支承，内侧用来安装刀具松夹机构，前端内侧加工有连接刀具的定位锥孔；主轴中部的 2 只变速齿轮用来带动主轴旋转；主轴后端用来连接松刀气缸、主轴位置检测编码器及进行主轴辅助支承。由于主轴电机和主轴间的传动比不固定，因此，位置检测编码器 5 需要通过同步带与主轴 1∶1 连接，直接检测主轴位置。

主传动系统的机械辅助变速通过双联滑移齿轮 2、气缸 8、拨叉 9 实现。安装在主轴电机输出轴上的齿轮 1 始终与双联滑移齿轮 2 的上部大齿轮啮合。当主轴低速运行时，可通过气动系统控制气缸 8 的活塞杆伸出，拨叉 9 将带动双联滑移齿轮 2 下移，使得双联滑移齿轮 2 的下部小齿轮与主轴的大齿轮啮合，主轴将进入减速运行状态。当主轴高速运行时，可通过气动系统控制气缸 8 的活塞杆缩回，拨叉 9 将带动双联滑移齿轮 2 上移，使得双联滑移齿轮 2 的上部大齿轮与主轴上的小齿轮啮合，主轴将进入增速运行状态。

（3）机械变速控制

在数控机床上，CNC 加工程序中的 S 代码用来指定机床的主轴转速。当主传动系统使用机械辅助变速时，由于传动比的变化，同样的主轴转速在不同传动比时要求主轴电机有不同的转速。

例如，对于前述具有 1：1 和 4：1 两级机械变速的主传动系统，如果 CNC 加工程序指令了 S1500，当主电机和主轴 1：1 连接时，主电机转速应为 1500 r/min；当主电机和主轴 4：1 减速连接时，主电机转速必须为 6000 r/min。

假设 CNC 的主轴转速输出为 0～10V 模拟量，为了满足以上主电机机械变速的转速控制要求，数控系统可采用如下 2 种方法。

① CNC 控制。利用数控系统的传动级自动交换功能，使 CNC 的主轴转速输出指令（模拟电压）能根据主传动系统的机械传动比自动改变。例如，如果主电机转速 1500 r/min 所对应的驱动器速度给定电压为 2.5V，那么，只要 CNC 能保证主电机和主轴在 1：1 连接时，加工程序指令 S1500 的主轴转速指令输出为 2.5V，而在 4：1 连接时，S1500 指令的主轴转速指令输出为 10V，便可在不改变驱动器任何控制条件的情况下，保证机床的主轴转速和加工程序的 S 指令一致。这一功能称为 CNC 传动级自动交换功能。

② 驱动器控制。利用驱动器的传动级自动交换功能，使同样速度、给定电压下的主电机转速能够根据主传动系统传动比自动改变。例如，如果主电机转速 1500 r/min 所对应的驱动器速度给定电压为 2.5V，数控系统执行 S1500 指令时的主轴转速指令输出始终为 2.5V；但驱动器可以通过相关控制信号，保证主电机和主轴 1：1 连接时的电机转速为 1500r/min，而在 4：1 连接时的电机转速为 6000r/min，也同样能够保证机床的主轴转速和加工程序的 S 指令一致。这一功能称为驱动器传动级自动交换功能。

CNC 传动级自动交换和驱动器传动级自动交换在 PLC 程序上的区别，只是主轴实际传动级信号输出对象的区别。使用 CNC 传动级自动交换功能时，主轴实际传动级信号应通过 PLC 的 CNC/PLC 接口信号，直接传送到 CNC 上，由 CNC 自动改变主轴转速指令的输出值；使用驱动器传动级自动交换功能时，主轴实际传动级信号应通过 CNC/PLC 接口信号，输出到总线连接的主轴驱动器上，或者，直接利用 PLC 的输出信号连接变频器、主轴驱动器的传动级控制信号。

7.4.2 主轴换挡方式

数控系统的主轴传动级交换（换挡）通常可选择 M 代码自由换挡和 S 代码自动换挡 2 种控制方式，其功能分别如下。

（1）M 代码自由换挡

M 代码自由换挡在 FANUC 系统上称为 T 型换挡，主轴变速挡一般通过加工程序的辅助功能代码 M41～M45 进行自由选择。

以主轴模拟量输出为例，CNC 的自由换挡特性如图 7.4.3 所示，各挡位的主轴转速输出特性（极限转速 $S_{max[n]}$、$S_{min[n]}$），可由后述的 CNC 机床参数（MD）设定。

选择 M 代码自由换挡时，变速挡一经 M 代码选定，如果不执行新的变速指令（M41～M45），CNC 将始终按照当前变速挡的传动比输出主轴转速，而不管 S 代码编程转速是否已超过该挡位的转速范围。因此，当编程转速 S 超过指定挡位的最高转速时，主轴实际转速将无法达到编程值。

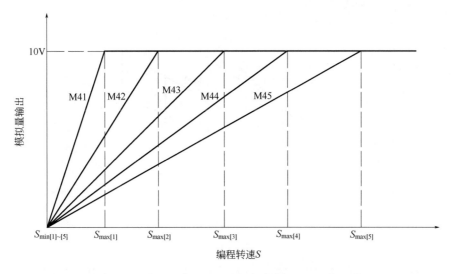

图 7.4.3　自由换挡特性

为了避免出现这一现象，在 828D 系统上，当主轴转速超过当前挡位最高转速，或者低于当前挡位最低转速时，PLC 程序可利用 CNC/PLC 接口信号"转速超过"或"转速过低"等，进行主轴换挡。

例如，对于图 7.4.3 所示的 M 代码自由换挡，挡位 n 在不同编程转速 S 下的 CNC 主轴模拟量输出分别如下。

$S_{min[n]} \leqslant S \leqslant S_{max[n]}$：模拟量输出在 $0 \sim V_{max[n]}$ 范围内线性变化，"转速过高"或"转速过低"信号均输出 0。

$S > S_{max[n]}$：输出 10V 及"转速过高"信号。

选择 M 代码自由换挡时，CNC 执行 M41～M45 指令不仅可输出 M 代码信号，还可向 PLC 发送传动级交换命令信号和挡位选择信号；PLC 程序可根据挡位选择信号启动换挡，换挡完成后，PLC 程序需要将当前的实际挡位告知 CNC，并发送换挡结束信号；随后，CNC 便可按该挡位的传动比，输出对应的主轴转速。

（2）S 代码自动换挡

S 代码自动换挡在 FANUC 系统上称为 M 型换挡，主轴传动级一般可通过加工程序中的 S 代码自动选择，但 828D 系统需要指定 M40 代码，主轴自动换挡指令的格式为"M40 S□□□"。

S 代码自动换挡功能生效时，CNC 可根据加工程序的编程转速 S，自动向 PLC 发送传动级交换命令和传动级选择信号，PLC 程序需要按 CNC 传动级选择信号的要求进行换挡。换挡完成后，PLC 程序同样需要通过主轴附加控制信号，将当前变速挡告知 CNC，并结束换挡。CNC 在确认实际变速挡和传动级选择信号要求一致时，将生效当前传动级，并按该挡位的传动比，输出主轴转速指令值。

以主轴模拟量输出、3 挡主轴自动变速（M41/M42/M43）为例，828D 系统的 S 代码自动换挡特性如图 7.4.4 所示，对于 4、5 挡变速，M43/M44、M44/M45 的换挡特性可接续于 M43 之后。

S 代码自动换挡的主轴转速输出特性同样由 CNC 机床参数（MD）在高/低速极限参数（$S_{max[n]}/S_{min[n]}$）上设定，但 S 代码编程转速受到挡位最大/最小转速（$G_{max[n]}/G_{min[n]}$）参数的限制（见后述）。如果编程转速大于当前挡位最大转速 $G_{max[n]}$，或者小于当前挡位最小转速 $G_{min[n]}$，CNC 将自动输出换挡命令信号和传动级选择信号，强制启动 PLC 换挡程序。

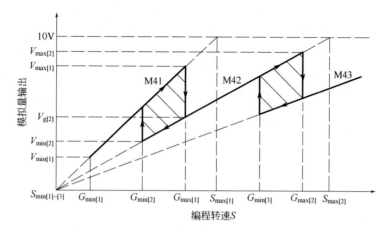

图 7.4.4　自动换挡特性

S 代码自动换挡可通过编程转速选择挡位，为了避免主电机在极限转速下工作以及在挡位切换转速附近频繁换挡，相邻挡位的主轴转速允许有重叠。

图 7.4.4 中的 $G_{min[1]}$、$G_{max[1]}$ 和 $G_{min[2]}$、$G_{max[2]}$ 分别为挡位 M41 和 M42 允许的 S 代码编程极限值，对于不同的 S 代码，CNC 自动换挡要求和主轴模拟量输出特性分别如下。

① 低挡切换至高挡。如主轴当前挡位为 M41，CNC 将根据 S 代码自动进行如下处理。

$S<G_{min[1]}$：主轴无需换挡，模拟量输出限制为 $V_{min[1]}$，CNC 不发送换挡命令，传动级选择信号保持 M41。

$G_{min[1]}\leqslant S\leqslant G_{max[1]}$：主轴无需换挡，模拟量输出在 $V_{min[1]}\sim V_{max[1]}$ 范围内线性变化；CNC 不发送换挡命令，传动级选择信号保持 M41。

$G_{max[1]}<S<G_{max[2]}$：CNC 输出换挡命令、M42 传动级选择信号，强制 PLC 执行 M42 换挡程序；换挡完成后，模拟量输出在 $V_{g[2]}\sim V_{max[2]}$ 范围内线性变化。

$S>G_{max[2]}$：自动比较 M43、M44、M45 挡位所设定的最高转速 $G_{max[3]}$、$G_{max[4]}$、$G_{max[5]}$，强制选择所需要的挡位。例如，当 $G_{max[2]}<S<G_{max[3]}$ 时，输出换挡命令和 M43 传动级选择信号，强制 PLC 切换至 M43；如果 $G_{max[3]}<S<G_{max[4]}$ 或 $G_{max[4]}<S$，则输出换挡命令及 M44 或 M45 传动级选择信号，强制 PLC 切换至 M44 或 M45。换挡完成后，模拟量输出在所选择的挡位范围内按比例变化。

② 中挡切换至高挡或中挡切换至低挡。如主轴当前挡位为 M42，CNC 将根据 S 代码自动进行如下处理。

$G_{min[2]}\leqslant S\leqslant G_{max[2]}$：主轴无需换挡，模拟量输出在 $V_{min[2]}\sim V_{max[2]}$ 范围内线性变化；CNC 不发送换挡命令，传动级选择信号保持 M41。

$S<G_{min[2]}$：切换至低挡，CNC 输出换挡命令、M41 传动级选择信号，强制 PLC 执行 M41 换挡程序，切换至低挡；换挡完成后，按 M41 传动级设定输出模拟量。

$S>G_{max[2]}$：自动比较 M43、M44、M45 挡位设定的最高转速 $G_{max[3]}$、$G_{max[4]}$、$G_{max[5]}$，自动输出换挡命令和 M43 或 M44、M45 传动级选择信号，强制 PLC 执行换挡程序，切换至要求的挡位。换挡完成后，按所选择的传动级设定输出模拟量。

（3）挡位设定

在使用主轴传动级交换功能的数控系统上，不同挡位的主轴传动比可通过 CNC 机床参数（MD）进行设定。数控系统允许使用的传动级（挡位）一般为 4～5 级（挡），实际传动级小于系统允许值时，应使用低挡参数，并将多余的挡位参数设定为与高速挡同样的值。

例如，828D 系统最大可用于 5 级主轴机械变速控制，如果实际机床只使用 0～1500r/min、0～6000r/min 两级变速，挡位 1 的主轴最高转速应设定为 1500r/min，挡位 2 的主轴最高转速应设定为 6000r/min；不使用的挡位 3～5 的最高转速可设定为 6000r/min。

828D 系统主轴的每一挡位都可设定如下两组传动级交换参数。

① GEAR_STEP_MAX_VELO_LIMIT[n]/GEAR_STEP_MIN_VELO_LIMIT[n]：挡位 n 的主轴极限转速（$S_{max[n]}$、$S_{min[n]}$）。该组参数用来设定主轴传动比、确定主轴转速的输出特性，对 M 代码自由换挡和 S 代码自动换挡均有效。对于模拟量输出的主轴，极限转速的设定值应为 CNC 模拟量输出达到极限值（DC10V）所对应的编程转速 S。

例如，如果主轴模拟量输出 10V 对应主电机最高转速 7000r/min，机床主轴实际使用 4∶1（低速）、1∶1（高速）2 级变速，此时，系统的低速挡极限转速应设定为 $S_{max[1]}=1750$、$S_{min[1]}=0$；高速挡的极限转速应设定为 $S_{max[2]}=7000$，$S_{min[2]}=0$；不使用挡位 3～5 设定为与高速挡同样的值：$S_{max[3]}\sim S_{max[5]}=7000$，$S_{min[3]}\sim S_{min[5]}=0$。

② GEAR_STEP_MAX_VELO [n]/GEAR_STEP_MIN_VELO [n]：挡位 n 的主轴最高/最低转速（$G_{max[n]}/G_{min[n]}$）。该组参数用于 S 代码自动换挡控制，最高/最低转速可在极限转速的设定范围内根据实际需要设定。当系统的 CNC 自动换挡功能生效时，为了防止主轴电机在极限转速下工作，可在电机转速达到极限转速前，提前切换挡位。

例如，如果主轴模拟量输出 10V 对应主电机最高转速 7000r/min，机床主轴实际使用 4∶1（低速）、1∶1（高速）2 级变速，为了避免主电机在 6000～7000r/min 的高速区工作和 1500r/min 附近的频繁换挡，系统的低速挡转速可设定为 $G_{max[1]}/G_{min[1]}=1500/0$，高速挡转速可设定为 $G_{max[2]}/G_{min[2]}=6000/1200$，不使用挡位 3～5 设定为与高速挡同样的值。

7.4.3　主轴换挡程序设计要求

（1）换挡控制信号

主轴换挡的 PLC 程序设计要求与 CNC 辅助功能处理相同。PLC 程序需要根据 CNC 的传动级交换命令，控制 CNC、主轴驱动器、机床电磁元件动作；主轴换挡程序执行期间，应通过 CNC 的读入禁止、进给使能禁止信号，使 CNC 进入辅助功能执行等待状态；换挡完成后，需要向 CNC 发送现行挡位信号和换挡完成信号，并撤销 CNC 的读入禁止、进给使能禁止信号，使 CNC 继续执行随后的加工程序。

使用 M 代码自由换挡时，PLC 程序需要利用 CNC 通道信号的辅助功能代码 M41～M45，选择挡位，启动换挡；使用 S 代码自动换挡时，PLC 程序需要通过机床主轴附加状态信号启动换挡，选择挡位。

828D 用于主轴换挡的主要控制信号地址与功能如表 7.4.1 所示。

表 7.4.1　主轴传动级交换控制命令信号一览表

类别		信号地址	信号名称	作用与功能
PLC 输入	通道信号	DB2500.DBX4.0～4.4	M 代码修改 1～5	CNC 执行 M 指令
		DB2500.DBX1005.0～1005.5	M40 指令脉冲	M40～M45 代码输出（脉冲信号）
	轴信号	DB390*.DBX1.4	机床轴停止	1：机床轴已停止
		DB390*.DBX2000.0	挡位选择 A	挡位自动选择二进制编码信号

续表

类别		信号地址	信号名称	作用与功能
PLC 输入	轴信号	DB390*.DBX2000.1	挡位选择 B	001：M41。010：M42。011：M43。100：M44。101：M45
		DB390*.DBX2000.2	挡位选择 C	
		DB390*.DBX2000.3	主轴换挡命令	1：主轴需要换挡
		DB390*.DBX2001.1	速度过高	1：主轴转速超过当前挡位上限
		DB390*.DBX2001.2	速度过低	1：主轴转速低于当前挡位下限
		DB390*.DBX2002.6	主轴换挡	1：主轴换挡功能已生效
PLC 输出	轴信号	DB380*.DBX4.3	机床轴停止	1：机床轴停止
		DB380*.DBX2000.0	主轴实际挡位 A	主轴实际挡位二进制编码信号 001：M41。010：M42。011：M43。100：M44。101：M45
		DB380*.DBX2000.1	主轴实际挡位 B	
		DB380*.DBX2000.2	主轴实际挡位 C	
		DB380*.DBX2000.3	换挡完成	1：主轴传动级交换完成
		DB380*.DBX2002.4	换挡抖动方式	1：PLC 控制抖动。0：CNC 控制抖动
		DB380*.DBX2002.5	输出抖动转速	1：输出抖动转速
		DB380*.DBX2002.6	反转抖动	1：主轴反转（用于 PLC 换挡抖动控制）
		DB380*.DBX2002.7	正转抖动	1：主轴正转（用于 PLC 换挡抖动控制）
		DB380*.DBX3000.4	换挡启动	1：启动主轴换挡
		DB380*.DBX3001.4	换挡停止	1：停止主轴换挡
		DB380*.DBX3002.7	挡位自动选择	1：S 代码自动换挡
		DB380*.DBX5006.0	主轴停止	1：主轴停止
		DB380*.DBX5006.3	自动换挡	1：主轴自动换挡

用于主轴换挡控制的 PLC 信号主要有以下 2 类，需要 PLC 程序生成，并输出到 CNC/PLC 接口信号上。

① 换挡抖动信号。数控机床一般使用滑移齿轮、齿牙盘离合器变速，为了防止齿轮啮合时产生"顶齿"，滑移齿轮、齿牙盘离合器啮合时，主电机需要有低速、间隙正反转的"换挡抖动"动作。换挡抖动控制信号主要包括主轴抖动控制选择、抖动转速输出（换挡启动）、转向控制（PLC 控制抖动）等。

② 换挡完成与实际挡位信号。主轴换挡实际上就是执行辅助功能 M41～M45 的过程，主轴换挡时，加工程序一般需要进入程序段执行等待状态。换挡完成后，CNC 将撤销换挡转速输出、换挡抖动动作，并根据实际挡位输出主轴转速指令，恢复主轴正常控制，继续执行加工程序。

（2）PLC 程序设计要求

主轴换挡的动作如图 7.4.5 所示，PLC 程序的设计要求如下。

① 使用 M 代码自由换挡时，CNC 输出辅助功能代码 M40～M45，PLC 程序可通过主轴换挡方式选择、换挡抖动转速输出、换挡抖动启动等信号，使得主电机进入间隙正反转状态，然后按常规的辅助功能处理方法，执行 M 代码，进行主轴换挡。使用 S 代码自动换挡时，CNC 自动向 PLC 发送主轴换挡命令和挡位选择信号，PLC 程序应利用主轴换挡程序，按 CNC

挡位信号及换挡要求进行主轴换挡。

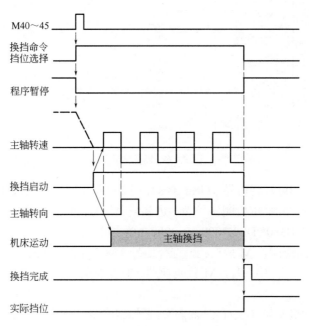

图 7.4.5　主轴换挡动作

② PLC 收到主轴换挡命令后，利用读入禁止、进给使能禁止信号，使 CNC 加工程序进入辅助功能执行等待状态。

③ PLC 确认主轴为停止状态，如果主轴处于运行状态，则通过 PLC 程序停止主轴。

④ 主轴停止后，PLC 程序向 CNC 发送换挡抖动方式选择、换挡启动信号，使得主电机进入间隙正反转状态。选择 CNC 换挡控制时，CNC 可根据 CNC 机床参数（MD）设定的换挡转速、正转/反转时间，控制主电机间隙正反转；如果选择 PLC 控制换挡，则应通过 PLC 程序，向 CNC 输出控制主轴正、反转抖动的转向信号。

⑤ 通过 PLC 程序，控制换挡电磁元件动作，进行换挡运动。

⑥ 滑移齿轮、离合器啮合后，PLC 程序向 CNC 发送主轴实际挡位信号和换挡完成信号，结束主轴换挡动作。

⑦ PLC 程序撤销 CNC 的读入禁止、进给使能禁止信号，继续执行 CNC 加工程序。

7.4.4　CNC 主轴换挡程序设计

主轴换挡是通用型数控机床普遍使用的功能，但是，TOOLBOX_DVD_828D 工具软件暂时未提供主轴换挡的样板子程序，因此，需要用户自行设计主轴换挡程序。以下为 CNC 控制主轴换挡的基本程序设计示例，可供读者进行 PLC 程序设计时参考。

主轴换挡程序同样可用子程序调用的形式设计，用户可自定义一个子程序名称（子程序号），如 Spindle_Gear_Change（SBR100）等。示例程序预定义了图 7.4.6 所示的局部变量，子程序被调用时，需要定义输入/输出参数，对局部变量进行赋值。

子程序 Spindle_Gear_Change（SBR100）的局部变量功能定义及要求如下。

LW0：主轴号（Spindle_Ax_No），十进制正整型（INT）输入变量（IN），用于指定主轴的机床轴编号。

	Name	Var Type	Data Type	Comment
	EN	IN	BOOL	
LW0	Spindle_AX_No	IN	INT	
LB2	Gear_Pos	IN	BYTE	
L3.0	M_Type_change	IN	BOOL	
		IN_OUT		
L3.1	Gear_Change	OUT	BOOL	
LB4	Gear_Select	OUT	BYTE	
LB5	NC_Gear_out	TEMP	BYTE	
LB6	Gear_buffer	TEMP	BYTE	
L7.0	M_Change_start	TEMP	BOOL	
L7.1	T_Change_start	TEMP	BOOL	
L7.2	Gear_change_start	TEMP	BOOL	

图 7.4.6　局部变量定义表

LB2：主轴实际挡位检测信号（Gear_Pos），字节型（BYTE）输入变量（IN）。为了节省篇幅，示例程序假设实际挡位检测信号为二进制编码信号，挡位 M41～45 检测信号的编码与 CNC 实际挡位信号 DB380*.DBX2000.0～2000.2 要求的一致。

L3.0：S 代码自动换挡（M 型换挡）选择信号（M_Type_change），逻辑状态型（BOOL）输入变量（IN）。L3.0 为"0"时，M 代码换挡（T 型换挡）有效；L3.0 为"1"时，S 代码自动换挡有效。

L3.1：启动传动级交换（Gear_Change），逻辑状态型（BOOL）输出变量（OUT）。L3.1 为"1"时，启动换挡电磁元件动作。

LB4：主轴挡位选择信号（Gear_Select），字节型（BYTE）输出变量（OUT）。为了节省篇幅，示例程序假设主轴挡位选择信号为二进制编码信号，挡位 M41～45 选择信号的编码与 CNC 实际输出信号 DB390*.DBX 2000.0～2000.2 一致。

LB5：S 代码自动换挡的 CNC 挡位选择信号（NC_Gear_out），字节型（BYTE）临时变量（TEMP）。

LB6：主轴挡位选择信号缓冲存储器（Gear_buffer），字节型（BYTE）临时变量（TEMP）。

L7.0：S 代码自动换挡（M 型换挡）启动信号（M_Change_start），逻辑状态型（BOOL）临时变量（TEMP）。

L7.1：M 代码换挡（T 型换挡）启动信号（T_Change_start），逻辑状态型（BOOL）临时变量（TEMP）。

L7.2：主轴换挡启动信号（Gear_change_start），逻辑状态型（BOOL）临时变量（TEMP）。L7.2 为 S 代码自动换挡、M 代码换挡、CNC 自动换挡的综合启动信号。

示例子程序 Spindle_Gear_Change（SBR100）的调用指令格式如图 7.4.7 所示。调用指令预定义的轴号、输入/输出参数只是为了避免程序编译、保存出错而添加的基本参数，使用用户程序时，可按实际要求进行修改。

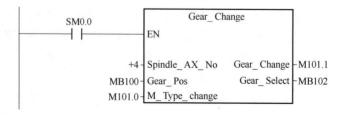

图 7.4.7　子程序调用格式

示例子程序 Spindle_Gear_Change（SBR100）由主轴换挡设定与选择、换挡控制、完成处理 3 部分组成，说明如下。

（1）换挡设定与选择

主轴换挡设定与选择程序示例如图 7.4.8 所示。

网络 1 为主轴接口信号选择程序。程序通过对 LW0 输入轴号的减 "1" 运算，可在累加器 ACC1 中得到主轴接口信号的间接寻址地址。

网络 2 为开机挡位选择程序。为了防止系统启动时产生主轴换挡动作，程序可通过 PLC 的首循环脉冲 SM0.1，将系统启动时的主轴实际挡位直接作为子程序的主轴挡位选择信号输出，使主轴保持上次关机时的挡位，避免系统启动时产生换挡运动。

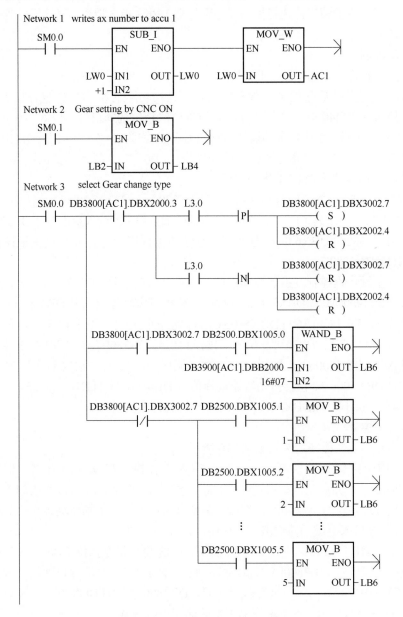

图 7.4.8　主轴换挡设定与选择程序

网络 3 为换挡方式选择及指令挡位设定程序。当主轴换挡完成，信号 DB3800[AC1].DBX2000.3 为 "1" 时，可通过子程序输入变量 L3.0 定义的信号，选择 S 代码自动换挡（DB3800 [AC1].DBX3002.7=1）或 M 代码换挡（DB3800 [AC1].DBX3002.7=0），并生效 CNC 换挡功能（DB3800 [AC1].DBX2002.4=0）。

当 DB3800 [AC1].DBX3002.7=1，S 代码自动换挡功能生效时，执行加工程序的 M40 代码，可将 CNC/PLC 接口信号 DB3900[AC1].DBB2000 与十六进制数 07（0000 0111）进行 "位与" 运算，从而在主轴挡位选择信号缓冲存储器 LB6（指令挡位）上得到来自 CNC 的挡位选择信号。

当 DB3800 [AC1].DBX3002.7=0，M 代码自由换挡功能生效时，执行加工程序的 M41～M45 代码，程序可将主轴挡位选择信号缓冲存储器 LB6（指令挡位）直接设定为 1～5，作为子程序挡位选择信号输出。

（2）换挡控制

主轴换挡控制程序示例如图 7.4.9 所示。

网络 4 为主轴换挡启动程序。当 S 代码自动换挡功能生效，CNC 执行加工程序上的 S 代码自动换挡指令 "M40 S□□□" 时，如果 CNC 的挡位选择信号（LB6）与主轴实际挡位检测信号（LB2）不符，S 代码自动换挡启动信号 L7.0 将为 "1"。当 M 代码自由换挡功能生效时，如果 M41～M45 代码指定的挡位选择信号（LB6）与主轴实际挡位检测信号（LB2）不符，M 代码换挡启动信号 L7.1 将为 "1"。

L7.0、L7.1 及来自 CNC 的自动换挡信号 DB3900 [AC1].DBX2000.3，均可产生程序中的换挡启动信号 L7.2。L7.2 为 "1" 时，程序可将 CNC 加工程序的读入禁止信号 DB3200.DBX6.1、进给保持信号 DB3200.DBX6.0 置为 "1"，暂停加工程序运行，并复位主轴换挡完成信号 DB3800[AC1].DBX2000.3。

网络 5 为主轴停止控制及换挡控制程序。当换挡启动信号 L7.2 为 "1" 时，如果主轴不为停止状态（DB3900[AC1].DBX1.4=0），程序将输出机床轴停止信号 DB3800 [AC1].DBX4.3 及主轴停止信号 DB3800[AC1].DBX5006.0，首先停止主轴。当主轴停止，信号 DB3900 [AC1].DBX1.4 为 "1" 后，程序可复位机床轴停止信号 DB3800 [AC1].DBX4.3 及主轴停止信号 DB3800[AC1].DBX5006.0，重新启动主轴；同时，可输出主轴自动换挡方式选择信号 DB3800[AC1].DBX5006.3、换挡抖动转速选择信号 DB3800[AC1].DBX2002.5，并通过换挡抖动启动信号 DB3800 [AC1].DBX5006.0 启动主电机进行换挡抖动。

（3）完成处理

主轴换挡完成处理程序示例如图 7.4.10 所示。

网络 6 用于主轴换挡控制。当 CNC 进入主轴换挡抖动控制方式，信号 DB3900 [AC1].DBX2000.6=1，并启动抖动后，程序可将指令挡位缓冲存储器 LB6 输出到输出参数 LB4 定义的主轴挡位选择信号上，同时，将输出参数 L3.1 定义的主轴传动级交换启动信号置为 "1"，PLC 可通过机床电磁元件输出控制程序，执行换挡动作。

当电磁元件动作完成后，主轴实际挡位输入 LB2 将与指令挡位 LB6 一致，此时，程序可将主轴换挡完成信号 DB3800[AC1].DBX2000.3 置为 "1"，并清除自动换挡方式选择信号 DB3800 [AC1].DBX5006.3、抖动转速选择信号 DB3800 [AC1].DBX2002.5 及抖动启动信号 DB3800 [AC1].DBX5006.0，使主轴恢复正常的速度控制方式。

网络 7 用于主轴换挡完成处理。当主轴换挡结束后，可复位 CNC 加工程序的读入禁止信号 DB3200.DBX6.1、进给保持信号 DB3200.DBX6.0，继续加工程序运行。

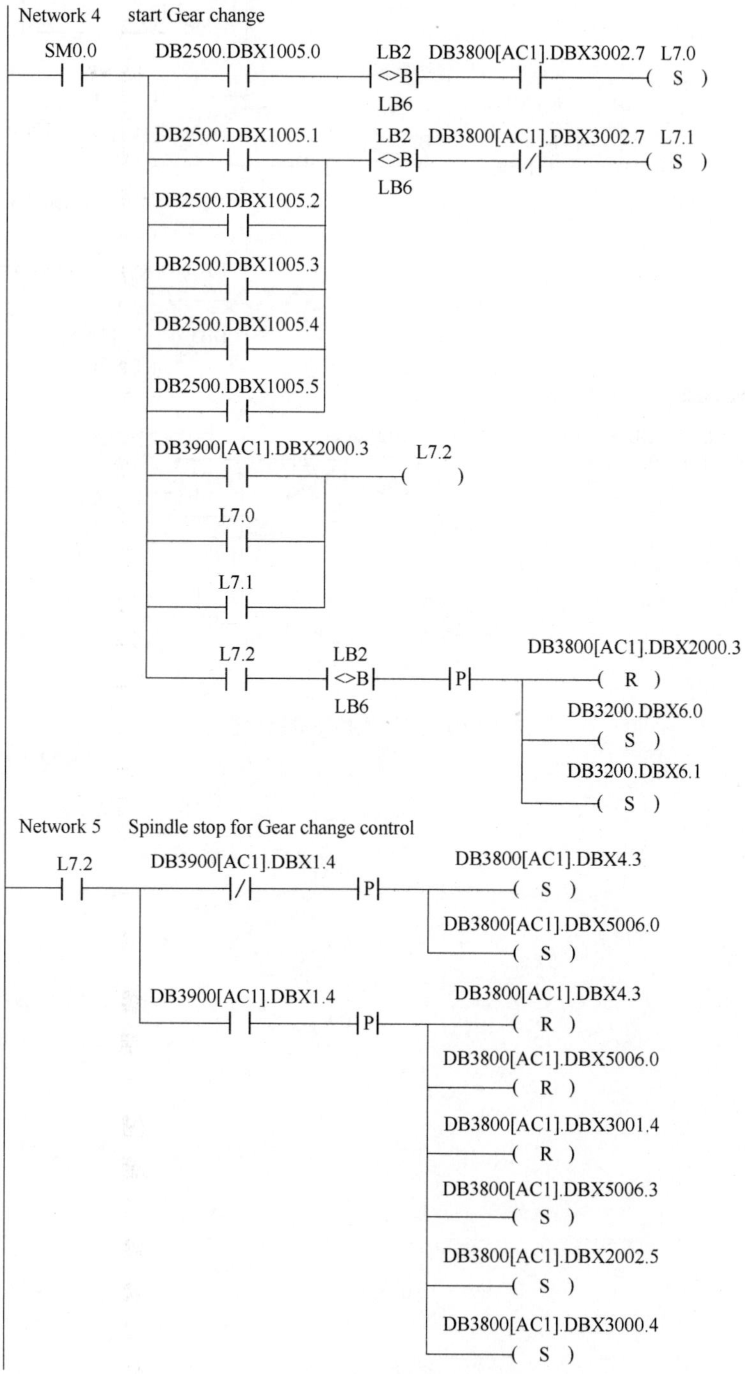

图 7.4.9　主轴换挡控制程序

Network 6   Gear change

```
  L7.2   DB3900[AC1].DBX2002.6  DB3800[AC1].DBX3000.4        ┌──────────────┐
──┤ ├─────────┤ ├──────────────────┤ ├──────────────┤  MOV_B       ├──────┤/
         │                                            ┤EN        ENO├
         │                                            │             │
         │                                        LB6─┤IN        OUT├─LB4
         │                                            └──────────────┘
         │                                              L3.1
         │                                             ─( S )
         │
         │     L3.1        LB2                       DB3800[AC1].DBX2000.3
         └────┤ ├──────┤ ==B ├──────┤P├──────────────( S )
                         LB6
                                                    DB3800[AC1].DBX5006.3
                                                     ─( R )
                                                    DB3800[AC1].DBX3000.4
                                                     ─( R )
                                                    DB3800[AC1].DBX2002.5
                                                     ─( R )
```

Network 7   Gear change end

```
  L7.2   DB3800[AC1].DBX2000.3   LB2                  DB3200.DBX6.0
──┤ ├─────────┤ ├──────────────┤ ==B ├──────┤P├────────( R )
                                 LB6                  DB3200.DBX6.1
                                                      ─( R )
                                                       L7.0
                                                      ─( R )
                                                       L7.1
                                                      ─( R )
                                                       L3.1
                                                      ─( R )
```

图 7.4.10   主轴换挡完成处理程序

第8章 自动换刀程序设计

8.1 电动刀架控制程序设计

8.1.1 电动刀架原理与控制

自动换刀速度直接决定了机床的效率和可靠性，因此，高速高精度复杂数控车床、车削中心的自动换刀装置形式众多，结构原理区别十分大；但是，大多数普通型数控车床一般采用专业生产厂家生产的通用型换刀装置。

数控车床通用型自动换刀装置主要有电动刀架、液压刀架 2 类，这 2 类产品均有专业生产厂家进行生产和销售，机床生产厂家可直接选配，同类产品的结构原理、控制要求基本相同。电动刀架的结构原理与控制要求如下，液压刀架的结构原理与控制要求见后述 8.2.1 节。

（1）电动刀架结构原理

电动刀架具有结构简单、控制容易、价格低廉等特点，它是国产普及型数控车床使用最广泛的车床自动换刀装置。

普及型数控车床常用的 4 刀位电动刀架的外观及机械结构如图 8.1.1 所示。

电动刀架由图 8.1.1 所示的驱动电机 1、蜗轮蜗杆副 3 及 4、底座 5、刀架体 7、转位套 9、刀位检测盘 13、中心轴 14、齿牙盘 16 等基本部件组成。方柄车刀可通过刀架体 7 上部的 9 个固定螺钉夹紧；刀架位置可通过刀位检测盘 13 上的霍尔元件检测；中心轴 14 用于刀架体的回转支承；刀架的精确定位利用齿牙盘 16 实现。

驱动电机 1 正转时，可通过联轴器 2、蜗杆 3，使得蜗轮轴 4 转动。蜗轮轴 4 的内孔与固定在底座 5 上的中心轴 14 外圆动配合，蜗轮轴上部加工有与刀架体 7 结合的内螺纹，顶面与转位套 9 连接。在蜗轮轴 4 正转的开始阶段，转位套 9 和刀架体 7 处于松开状态，刀架体 7 上的齿牙盘 16 处在啮合状态，转位套 9 的回转不能带动刀架体 7 转动，因此，蜗轮轴 4 的转动将通过结合螺纹，使刀架体 7 向上抬起。

当刀架体 7 抬起到齿牙盘 16 脱开位置后，与蜗轮轴 4 连接的转位套 9 将转过 160° 左右，此时，转位套 9 上的定位槽正好移动至与球头销 8 对准的位置，因此，球头销 8 将在弹簧力的作用下插入到转位套 9 的定位槽中，从而使得转位套 9 和刀架体 7 啮合，转位套的继续回转将带动刀架体 7 转位。

粗定位盘 6 的上端面加工有倾斜向下的定位槽，当刀架正转时，定位槽的回转方向为粗定位销 15 沿斜面退出方向，因此，刀架体 7 的正转将使粗定位销 15 向上压缩，而不影响刀架体的正转运动。

刀架体 7 转动时，将带动刀位检测的发信磁体 11 转动，当发信磁体转到需要的位置时，数控系统将撤销刀架正转信号，输出刀架反转信号，使得驱动电机 1 反转。

在驱动电机反转的起始阶段，转位套 9 将带动刀架体 7 反向回转，使得粗定位销 15 沿粗定位盘 6 上端面定位槽倾斜进入，在定位槽的终点，刀架体 7 的反转运动被禁止，刀架体 7 停止转动，实现粗定位。此时，蜗轮轴 4 的继续回转，将通过结合螺纹使刀架体 7 垂直落下、球头销 8 从转位套 9 的定位槽中退出。随后，随着驱动电机 1 继续反转，刀架体 7 的齿牙盘将与底座 5 啮合并锁紧；电机被堵转停止；数控系统撤销刀架反转信号，结束换刀动作。

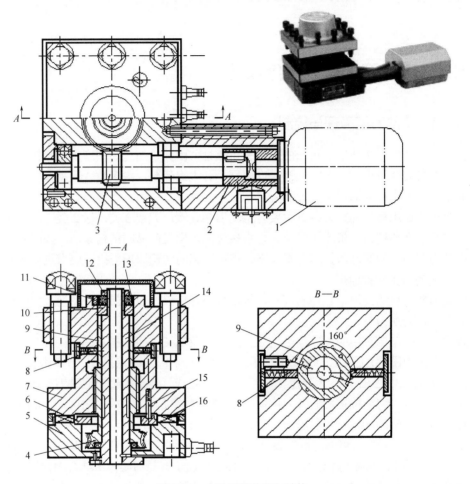

图 8.1.1   电动刀架外观与结构

1—驱动电机；2—联轴器；3—蜗杆；4—蜗轮轴；5—底座；6—粗定位盘；7—刀架体；8—球头销；9—转位套；

10—检测盘安装座；11—发信磁体；12—固定螺母；13—刀位检测盘；14—中心轴；15—粗定位销；16—齿牙盘

（2）换刀控制

电动刀架的换刀一般直接通过 CNC 的 T 代码指令控制，PLC 自动换刀程序的设计要求如图 8.1.2 所示。

① 刀架抬起。CNC 执行换刀指令 T 时，如现行刀位与 T 指令要求的位置不符，PLC 程序应输出刀架正转信号 TL+，控制刀架驱动电机正转；驱动电机正转启动后，刀架可通过前述的机械结构，使刀架体自动完成向上抬起、齿牙盘脱开动作。出于安全的考虑，普及型数控车床换刀时通常应暂停 CNC 加工程序的自动运行。

② 刀架转位。当刀架体抬到齿牙盘脱开位置后，驱动电动机的继续正转，可自动带动刀架体及安装在刀架体上的刀具转位，并带动刀位检测的霍尔元件发信磁体转动。

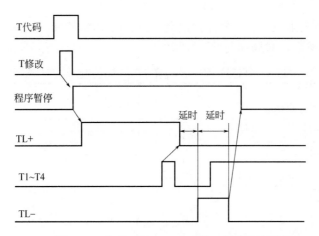

图 8.1.2　电动刀架 PLC 自动换刀程序设计要求

③ 刀架定位。当刀架体带动霍尔元件发信磁体转到 T 指令要求的刀位时，PLC 程序应撤销刀架正转信号 TL+，并输出刀架反转信号 TL-，使刀架电动机反转。为了减少刀架冲击，在正转信号撤销与反转信号输出之间，也可适当增加延时。

由于刀架体的回转存在惯性，而刀架位置检测信号的发信范围较窄，因此，刀架在正转到反转的过程中，刀位检测信号的状态可能存在"1"→"0"→"1"的变化。

④ 刀架锁紧。驱动电动机反转后，将通过前述的机械结构，使得刀架自动进行粗定位、落下锁紧运动。

简单电动刀架一般无夹紧检测信号，因此，PLC 程序可通过延时控制，撤销刀架反转信号 TL-，结束换刀动作，恢复 CNC 程序自动运行。

8.1.2　电动刀架换刀程序设计

（1）基本说明

828D 系统的自动换刀可采用传统换刀和通过刀具管理功能换刀 2 种换刀方式，两者的 CNC 加工程序指令、PLC 程序设计的要求存在很大不同。

刀具管理功能属于 828D 系统附加功能，使用时要安装相应的软件和编制专门的 CNC 自动换刀宏程序（参数编程子程序），并涉及多刀库刀具预选、刀具缓冲、刀具寿命管理等诸多问题，其动作相对比较复杂，有关内容可参见 SIEMENS 手册。

采用传统换刀方式时，对于绝大多数数控车削机床，只需要在 CNC 加工程序中编制指令"T□□"或"T=□□"，CNC 便可直接向 PLC 发送刀号，然后，利用 PLC 程序控制刀架进行松开/夹紧、回转选刀等动作。刀具的刀具偏置值可通过 CNC 加工程序的 D 代码（刀补号）进行指定。

传统方式换刀是通用型数控机床普遍使用的功能，但是，TOOLBOX_DVD_828D 工具软件提供的样板子程序是用于刀具管理功能换刀的 PLC 程序，因此，当机床使用传统方式换刀时，需要用户自行设计自动换刀 PLC 程序。以下为电动刀架换刀程序设计示例，可供读者进行 PLC 程序设计时参考。

（2）子程序调用

电动刀架换刀程序同样可用子程序调用的形式设计，用户可自定义一个子程序名称（子程序号），如 Motor_Tur_ATC（SBR101）等。示例程序 Motor_Tur_ATC（SBR101）按常用的

4 刀位电动刀架控制要求设计，子程序预定义了图 8.1.3 所示的局部变量，子程序被调用时，需要定义输入/输出参数，对局部变量进行赋值。

	Name	Var Type	Data Type	Comment
	EN	IN	BOOL	
LW0	T_max	IN	INT	
LW2	Clamp_Time	IN	INT	
L4.0	T1_Pos	IN	BOOL	
L4.1	T2_Pos	IN	BOOL	
L4.2	T3_Pos	IN	BOOL	
L4.3	T4_Pos	IN	BOOL	
L4.4	JOG_Rota	IN	BOOL	
L4.5	Motor_OL_nc	IN	BOOL	
		IN_OUT		
L4.6	Turret_CCW	OUT	BOOL	
L4.7	Turret_CW	OUT	BOOL	
L5.0	Motor_OL	OUT	BOOL	
L5.1	Tnc_Error	OUT	BOOL	
L5.2	T_NC_Error	OUT	BOOL	
LD8	T_No	OUT	DINT	
L12.0	Auto_Rota	TEMP	BOOL	
L12.1	in_Pos	TEMP	BOOL	
L12.2	ATC_End	TEMP	BOOL	
LD16	T_NC_No	TEMP	DINT	
LD20	T_max_DINT	TEMP	DINT	

图 8.1.3　子程序局部变量定义

示例程序 Motor_Tur_ATC（SBR101）的局部变量功能与定义要求部分如下。

LW0：刀架刀位数（T_max），1 字长正整数型（INT）输入变量（IN）。

LW2：刀架反转夹紧时间（Clamp_Time），1 字长正整数型（INT）输入变量（IN）。

L4.0～L4.3：刀位 1～4 检测信号（T1_Pos～T4_Pos），逻辑状态型（BOOL）输入变量（IN）。

L4.4：刀架手动回转信号（JOG_Rota），逻辑状态型（BOOL）输入变量（IN）。

L4.5：刀架电机过载信号（Motor_OL_nc），逻辑状态型（BOOL）输入变量（IN），常闭触点输入。

L4.6：刀架正转信号（Turret_CCW，即 TL+），逻辑状态型（BOOL）输出变量（OUT）。

L4.7：刀架反转信号（Turret_CW，即 TL-），逻辑状态型（BOOL）输出变量（OUT）。

L5.0：刀架电机过载信号（Motor_OL），逻辑状态型（BOOL）输出变量（OUT）。

L5.1：CNC 指令刀号出错信号（Tnc_Error），逻辑状态型（BOOL）输出变量（OUT）。

LD8：当前加工位刀号（T_No），2 字长正整数型（DINT）输出变量（OUT）。

L12.0：刀架自动回转信号（Auto_Rota），逻辑状态型（BOOL）临时变量（TEMP）。

L12.1：刀架回转到位信号（in_Pos），逻辑状态型（BOOL）临时变量（TEMP）。

L12.2：换刀完成信号（ATC_End），逻辑状态型（BOOL）临时变量（TEMP）。

LD16：CNC 指令刀号（T_NC_No），2 字长正整数型（DINT）临时变量（TEMP）。

LD20：刀架刀位数（T_max_DINT），2 字长正整数型（DINT）临时变量（TEMP）。

示例程序 Motor_Tur_ATC（SBR101）的调用格式如图 8.1.4 所示。

为了增加程序的通用性，调用格式中的刀架刀位数 T_max 与反转夹紧时间 Clamp_Time 的输入，使用了 CNC 机床参数 MD14510[n]（PLC 用户数据）设定方式，MD14510[n] 可利用 CNC 参数设定操作直接设定与修改、断电保持，设定值可通过数据块 DB4500 读取（参见 5.3 节）。图 8.1.4 中的 DB4500.DBW40、DB4500.DBW42 分别为 MD14510[20]、MD14510[21]

的设定值，数据格式为 1 字长整数（INT），设定范围为 0～65 535。

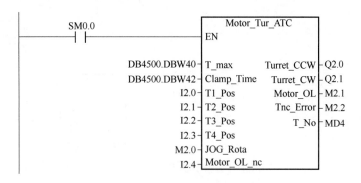

图 8.1.4　子程序调用格式

调用格式中的刀位检测开关、电机过载、刀架手动回转等输入信号地址及刀架正/反转信号、当前刀号及电机过载、CNC 指令刀号出错等输出信号地址，可根据实际需要修改。

（3）子程序设计

示例程序 Motor_Tur_ATC（SBR101）由 T 代码处理、刀架回转控制、程序互锁 3 部分组成，说明如下。

① T 代码处理。T 代码处理程序如图 8.1.5 所示。

网络 1 用于刀位检测信号、刀架刀位数设定数据的格式转换。电动刀架的刀位检测一般使用霍尔元件，每一刀位都有独立的检测开关，为了便于比较和运算，PLC 程序通常需要将其转换为数值。由于 828D 系统 T 代码的 CNC/PLC 接口信号为 2 字长正整数（DINT），因此，刀位信号需要转换为 2 字长正整数格式，CNC 机床参数 MD14510[n]的输入（1 字长整数），需要通过累加器操作，转换为 2 字长正整数。

网络 2 用于 CNC 加工程序指令的 T 代码判别。当 CNC 执行加工程序 T 指令时，T 代码修改信号 DB2500.DBX8.0 将为"1"，并在 DB2500.DBD2000 上输出 32 位 T 代码。在换刀前后刀具安装位置保持不变的车床刀架、加工中心刀库等机床上，为了便于操作、编程，通常将刀号与刀位定义成同一值，即 1 号刀位安装的刀具为 T1，2 号刀位安装的刀具为 T2，等等。因此，在 PLC 程序中，可直接将刀架刀位号作为刀号处理。

执行网络 2，可在 T 代码指令刀号超过刀架刀位数时，输出 CNC 指令刀号出错信号 L5.1；在 T 指令刀号与当前加工位刀号一致时，将换刀完成信号 L12.2 置为"1"；如果 T 指令正确，程序中的刀架自动回转信号 L12.0 将为"1"。

② 刀架回转控制。刀架回转控制程序如图 8.1.6 所示，网络 3 用于刀架正转换刀控制，网络 4 用于刀架反转锁紧延时控制。L4.5 为刀架电机过载信号，正常工作时为"1"。

网络 3 第 1 行用于回转到位判别。当刀架自动回转信号 L12.0 为"1"，刀架正转换刀时，如果当前加工位刀号与指令刀号一致，回转到位信号 L12.1 将置为"1"。

网络 3 第 2、3 行用于刀架正转信号输出。利用 T 代码指令换刀时，如果刀架自动回转信号 L12.0 为"1"，且回转到位信号 L12.1 为"0"，刀架正转信号 L4.6 将输出"1"，启动刀架正转，直至回转到位。刀架手动（JOG）操作时，只要手动信号 L4.4 为"1"（如按住手动换刀键），刀架正转信号 L4.6 也将输出"1"，启动刀架正转；L4.4 为"0"（如松开手动换刀键），可立即断开刀架正转信号。

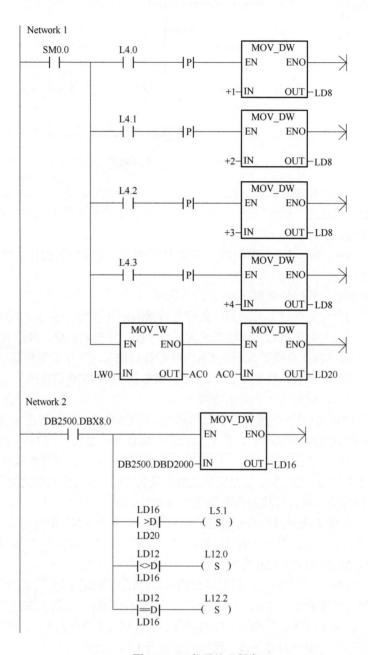

图 8.1.5　T 代码处理程序

　　网络 3 第 4 行用于刀架无延时正/反转切换的反转信号输出控制。无论是 T 指令换刀还是手动换刀，只要刀架正转信号 L4.6 断开，信号的下降沿都将立即使刀架反转信号 L4.7 输出"1"，启动刀架反转锁紧。

Network 3

```
SM0.0      L12.0    L12.2      LD16     L12.1
 ─┤├─┬──────┤├──────┤/├──────┤==D├──────( S )
         │                     LD20

         │  L12.0    L12.1      L4.5      L4.6
         ├──┤├──────┤/├───────┤├────────( )
         │
         │  L4.4   DB3100.DBX0.2
         ├──┤├────────┤├──────┘
         │
         │  L4.6     L4.5                 L4.7
         └──┤├──────┤├──────────┤N├──────( S )
```

Network 4

```
SM0.0      L4.7           T101
 ─┤├─┬──────┤├────────┤IN      TON├
     │                 │          │
     │             LW2─┤PT        │
     │
     │  T101      L4.7
     └──┤├───┬────( R )
         │
         │    L12.0
         ├────( R )
         │
         │    L12.1
         ├────( R )
         │
         │    L12.2
         └────( R )
```

图 8.1.6　刀架回转控制程序

网络 4 为反转锁紧延时控制，刀架反转信号 L4.7 输出"1"时，将启动定时器 T101；延时时间到达后，程序可清除刀架反转信号 L4.7、自动回转信号 L12.0、回转到位信号 L12.1 及换刀完成信号 L12.2，结束换刀动作。

③ 程序互锁。程序互锁网络如图 8.1.7 所示。当刀架自动回转信号 L12.0 为"1"，执行自动换刀动作时，程序将通过进给保持信号 DB3200.DBX6.0、读入禁止信号 DB3200.DBX6.1，暂停 CNC 加工程序运行；换刀结束，L12.0 撤销时，可复位读入禁止信号、进给保持信号，继续加工程序运行。对 CNC 指令刀号出错信号 L5.1，可利用 CNC 复位信号 DB3000.DBX0.7 清除；刀架电机过载输出信号 L5.0 直接由输入 L4.5 控制。

Network 5

```
SM0.0      L12.0                    DB3200.DBX6.0
 ─┤├─┬──────┤├──────┤P├─────┬───────( S )
     │                      │      DB3200.DBX6.1
     │                      └───────( S )
     │
     │  DB3000.DBX0.7    L5.1
     ├──┤├───────────────( R )
     │
     │    L12.0                     DB3200.DBX6.0
     ├──────┤├──────┤N├─────┬───────( R )
     │                      │      DB3200.DBX6.1
     │                      └───────( R )
     │
     │    L4.5       L5.0
     └──────┤/├──────( )
```

图 8.1.7　程序互锁网络

8.2 液压刀架控制程序设计

8.2.1 液压刀架原理与控制

（1）刀架结构

液压刀架结构紧凑、控制容易、分度精度较高、换刀速度较快，是中小规格普通型全功能数控车床常用的自动换刀装置。目前，我国生产的数控车床所使用的液压刀架，一般为专业生产厂家生产的通用型产品，刀架可安装的刀具数量一般为 8～12 把，可双向回转、捷径选刀。

8 刀位通用型液压刀架的外观与结构原理如图 8.2.1 所示。

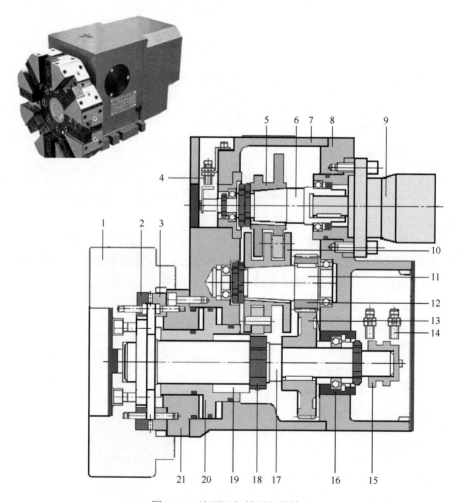

图 8.2.1　液压刀架外观与结构

1—刀塔；2—上齿盘；3—下齿盘；4—计数开关；5—共轭凸轮；6—凸轮轴；7—箱体；

8—后盖；9—回转油缸；10—滚轮盘；11—滚轮轴；12，13—齿轮；14—松夹开关；15—发信盘；

16—轴套；17—芯轴；18—螺母；19—隔套；20—松夹油缸（活塞）；21—缸盖

液压刀架一般采用共轭凸轮分度、液压松夹、齿牙盘定位结构。图 8.2.1 中，刀塔松夹油缸 20 位于刀架前侧，缸体直接加工在箱体 7 上；刀塔分度驱动机构位于侧面；刀塔松夹和分度均通过液压油缸实现。用来安装车削刀具的刀塔 1 安装在芯轴 17 上；刀塔内侧安装上齿盘 2，上齿盘 2 和安装在箱体前盖 21 上的下齿盘 4 啮合时，可实现刀塔的准确定位。

芯轴 17 的前侧（左侧），通过隔套 19、锁紧螺母 18 和松夹油缸的活塞 20 连接，芯轴 17 可在活塞 20 的驱动下，带动刀塔 1 进行抬起（松开）和落下（夹紧）运动。刀塔 1 需要分度回转时，活塞 20 的右腔进油，推动活塞向左移动，刀塔 1 抬起，齿牙盘 2 和 3 脱开，刀塔便可在齿轮 12 和 13 的驱动下进行回转选刀。当活塞 20 的左腔进油时，活塞将向右移动，刀塔 1 落下，齿牙盘 2 和 3 啮合，刀塔准确定位。

芯轴 17 的后侧（右侧），安装有驱动刀塔分度的齿轮 13 及轴套 16、支承轴承、轴承隔套、锁紧螺母、松夹开关、发信盘等。芯轴 17 可在齿轮 13 的驱动下回转，带动刀塔分度回转选刀。

芯轴 17 上的齿轮 13 与安装在滚轮轴 11 上的齿轮 12 啮合。滚轮轴 11 的前侧（左侧）安装有驱动轴回转的滚轮盘 10，轴前、后支承轴承分别安装在箱体 7、后盖 8 上。

滚轮盘 10 的回转由安装在凸轮轴 6 上的共轭凸轮 5 驱动，凸轮轴 6 连接回转油缸 9。当油缸 9 回转时，凸轮轴将带动共轭凸轮 5 连续回转；共轭凸轮 5 回转时，将驱动滚轮盘 10、滚轮轴 11 间隙回转，并通过齿轮 12、13，驱动刀塔实现间隙回转分度运动。

（2）分度原理

共轭凸轮分度是一种用于偶数分度的机械间隙运动机构，这一机构可通过 1 对共轭凸轮和滚轮盘，产生分度回转、定位静止 2 个运动，实现刀塔分度回转和粗定位。

以 8 位置分度为例，共轭凸轮、滚轮盘的结构如图 8.2.2 所示。

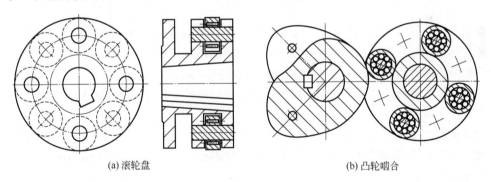

(a) 滚轮盘　　　　　　　　　　　　　　(b) 凸轮啮合

图 8.2.2　共轭凸轮分度原理图

图 8.2.2（a）所示的滚轮盘为分度机构的输出，用来驱动刀塔等负载的分度回转与定位。滚轮盘上均匀布置有与分度位置数相等的滚柱；滚柱分上、下两层错位均布；上下层滚柱可分别与共轭凸轮的上下凸轮交替啮合，以驱动滚轮盘实现间隙分度运动；共轭凸轮每转动一周（360°），滚轮盘可转过一个分度角。因此，只要改变滚轮盘尺寸和滚柱安装数量，便可改变分度位置数，但是，由于滚柱需要在滚轮盘的上下层均布，所以这种分度机构只能用于偶数位置的分度。

共轭凸轮分度机构的分度定位原理如图 8.2.3 所示。

驱动滚轮盘回转的共轭凸轮由上下两个形状完全一致、对称布置的凸轮组成，两凸轮的夹角为 90°。当共轭凸轮回转时，上、下凸轮可交替与滚轮盘的上、下层啮合，实现平稳的加减速和间隙分度定位运动；当共轭凸轮正、反转时，滚轮盘具有完全相同的分度运动轨迹。

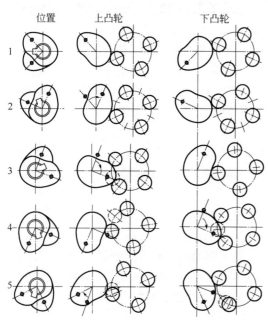

图 8.2.3 中，假设位置 1 为共轭凸轮的起始位置，当凸轮顺时针回转到位置 2 时，由于上、下凸轮的半径均保持不变，滚轮盘不产生回转，刀塔处于粗定位的静止状态。

当凸轮从位置 2 继续顺时针回转时，上凸轮将拨动滚轮盘的上层滚柱，使滚轮盘逆时针旋转到位置 3。在从位置 2 到位置 3 的过程中，下凸轮的半径保持不变，不起驱动作用。

凸轮到达位置 3 继续顺时针回转时，下凸轮开始拨动滚轮盘的下层滚柱，带动滚轮盘继续逆时针旋转到位置 4。在从位置 3 到位置 4 的过程中，上凸轮不起驱动作用。

凸轮到达位置 4 继续顺时针回转时，上凸轮将再次拨动滚轮盘的上层滚柱、带动滚轮盘继续逆时针旋转到位置 5。在从位置 4 到位置 5 的过程中，下凸轮不起驱动作用。

凸轮到达位置 5 后，从位置 5 直到位置 2 的整个过程中，上、下凸轮的半径均保持不变，滚轮盘不再回转，刀塔将处于静止的粗定位状态。

图 8.2.3　共轭凸轮分度定位原理

以上共轭凸轮分度机构保证了滚轮盘的每一个位置都有加/减速、回转分度、到位停顿动作，即使回转油缸的停止位置存在少量偏差，也不会改变刀塔的定位位置。此外，还可通过共轭凸轮曲线的合理设计，使滚轮盘能自动实现平稳加/减速。滚轮盘的连续运动区间比传统的槽轮分度机构更大，多刀位连续分度无明显的中间停顿，分度回转和加/减速平稳，粗定位准确。

（3）控制要求

液压刀架的换刀同样可直接通过 CNC 的 T 代码指令控制，PLC 自动换刀程序的设计要求如图 8.2.4 所示。

① 刀塔抬起。刀塔抬起通过液压松夹油缸实现，刀塔抬起后定位齿牙盘脱开，松开检测开关发信，此时，刀塔可在液压回转油缸的驱动下进行双向回转、捷径选刀。

② 回转选刀。刀塔的回转选刀通过液压回转油缸驱动的共轭凸轮分度机构实现，凸轮每回转 360°，刀塔可转过一个刀位。刀塔加/减速、回转分度、到位停顿动作由分度机构自动实现。液压刀架的刀位检测一般通过安装在共轭凸轮驱动轴上的计数开关实现，刀塔每转一个刀位，开关将输出 1 个计数脉冲信号。

③ 刀塔夹紧。刀塔夹紧通过液压松夹油缸实现，刀塔回转到位后，共轭凸轮分度机构位于回转停顿位置，刀塔可通过松夹油缸实现落下、夹紧动作，使准确定位齿牙盘啮合并夹紧，刀塔被精确定位。

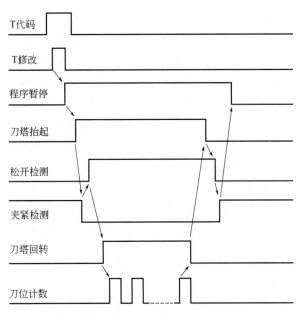

图 8.2.4　液压刀架 PLC 程序设计要求

8.2.2　通用回转控制程序设计

通用型液压刀架、加工中心斗笠刀库是专业生产厂家标准化生产的产品，在数控机床上使用十分普遍。通用型液压刀架、加工中心斗笠刀库一般可双向回转、捷径选刀，刀位（刀座）通常以计数的方式检测。由于自动换刀装置无机械手等中间环节，通用型液压刀架、加工中心斗笠刀库一般不能使用刀具预选功能，因此，换刀前后的刀具在刀架、刀库上的安装位置始终保持不变。为了便于操作编程，使用机床时，一般将刀架、刀库的刀座号直接定义为刀具号，即 1 号刀座安装刀具 T1，2 号刀座安装刀具 T2，……。

通用型液压刀架、加工中心斗笠刀库大都允许双向回转、捷径选刀，其转向选择、到位预减速及到位判别等 PLC 程序的设计方法相同，程序可通用。但 TOOLBOX_DVD_828D 工具软件提供的样板子程序是用于刀具管理功能换刀的 PLC 程序，因此，当机床使用传统方式换刀时，需要用户自行设计自动换刀 PLC 程序。

为了增加程序的通用性，使用传统方式换刀时，可将自动换刀的回转控制、自动换刀运动控制设计成 2 个独立的子程序，回转控制程序用于转向选择、到位预减速、到位判别，自动换刀运动控制程序用于不同类别的刀架、刀库运动控制，从而使得回转控制程序成为车床刀架、加工中心斗笠刀库无机械手换刀通用的 PLC 控制程序。

车床刀架、加工中心斗笠刀库无机械手换刀的回转控制程序设计示例如下。

（1）子程序调用

回转控制程序同样可用子程序调用的形式设计，用户可自定义一个子程序名称（子程序号），如 Rota_Contrl（SBR102）等。示例程序 Rota_Contrl 预定义了图 8.2.5 所示的局部变量，对于数控车床液压刀架，调用子程序时，可定义如下输入/输出参数，对子程序中的局部变量赋值。

LW0：刀架刀位数（T_max），1 字长正整数型（INT）输入变量（IN）。

LW2：预设刀号（PreSet_Tno），1 字长正整数型（INT）输入变量（IN）。在安装有参考点位置检测开关的刀架上，预设刀号应为参考点位置的刀号（通常为1或刀架的最大刀号）。

L4.0：刀号预设指令（Preset_Cmd），逻辑状态型（BOOL）输入变量（IN）。在安装有参考点位置检测开关的刀架上，刀号预设指令也可直接使用参考点开关的输入。

L4.1：刀架正转计数信号（Tno_CCW_Cou），逻辑状态型（BOOL）输入变量（IN）。

L4.2：刀架反转计数信号（Tno_CW_Cou），逻辑状态型（BOOL）输入变量（IN）。

L4.3：刀架正转（Turret_Dir_CCW），逻辑状态型（BOOL）输出变量（OUT）。

L4.4：刀架反转（Turret_Dir_CW），逻辑状态型（BOOL）输出变量（OUT）。

L4.5：刀架减速（Turret_Redu），逻辑状态型（BOOL）输出变量（OUT）。

L4.6：回转结束（Rota_End），逻辑状态型（BOOL）输出变量（OUT）。

L4.7：指令刀号出错（Tnc_Error），逻辑状态型（BOOL）输出变量（OUT）。

	Name	Var Type	Data Type	Comment
	EN	IN	BOOL	
LW0	T_max	IN	INT	刀架（刀库）容量
LW2	PreSet_Tno	IN	INT	预设刀号
L4.0	Preset_Cmd	IN	BOOL	刀号预设命令
L4.1	Tno_CCW_Cou	IN	BOOL	刀架（刀库）正转计数
L4.2	Tno_CW_Cou	IN	BOOL	刀架（刀库）反转计数
		IN_OUT		
L4.3	Turret_Dir_CCW	OUT	BOOL	刀架（刀库）正转
L4.4	Turret_Dir_CW	OUT	BOOL	刀架（刀库）反转
L4.5	Turret_Redu	OUT	BOOL	刀架（刀库）减速
L4.6	Rota_End	OUT	BOOL	回转结束
L4.7	Tnc_Error	OUT	BOOL	刀号出错
L5.0	ATC_Start	OUT	BOOL	换刀启动
LD8	Act_Tno	OUT	DINT	实际刀号
LD12	Calc_Tno	TEMP	DINT	计算用刀号
LD16	Comp_Var1	TEMP	DINT	比较值1
LD20	Comp_Var2	TEMP	DINT	比较值2
LD24	Rot_Dis	TEMP	DINT	回转距离
LD28	Tmax_DINT	TEMP	DINT	刀库容量（双字长）

图 8.2.5　子程序局部变量定义

L5.0：换刀启动（ATC_Start），逻辑状态型（BOOL）输出变量（OUT）。

LD8：实际刀号（Act_Tno），2字长正整数型（DINT）输出变量（OUT）。

LD12：回转距离计算刀号（Calc_Tno），2字长正整数型（DINT）临时变量（TEMP）。

LD16：比较参数1（Comp_Var1），2字长正整数型（DINT）临时变量（TEMP）。

LD20：比较参数2（Comp_Var2），2字长正整数型（DINT）临时变量（TEMP）。

LD24：回转距离（Rot_Dis），2字长正整数型（DINT）临时变量（TEMP）。

LD28：刀架刀位数（Tmax_DINT），2字长正整数型（DINT）临时变量（TEMP）。

回转控制示例子程序 Rota_Contrl（SBR102）的调用格式如图 8.2.6 所示。

子程序调用格式中的第1、2行用来生成刀架正、反转计数脉冲信号，程序中假设控制刀架正、反转的 PLC 输出控制信号地址为 Q2.0（正转）、Q2.1（反转），刀位计数检测开关的 PLC 输入地址为 I2.0。这样，便可分别在标志 M20.0、M20.1 上得到刀架正转、反转计数脉冲信号。刀架正/反转输出、计数检测开关输入、计数脉冲信号的 PLC 地址，也可根据实际需要修改。

为增加程序通用性，子程序调用格式中的刀架刀位数 T_max 及预设刀号（PreSet_Tno）输入变量使用了 CNC 机床参数 MD14510[n]（PLC 用户数据）设定方式，MD14510[n]可利用 CNC 参数设定操作直接设定与修改、断电保持，设定值可通过数据块 DB4500 读取（参见 5.3 节）。图 8.2.6

中的 DB4500.DBW40、DB4500.DBW44 分别为 MD14510[20]、MD14510[22]的设定值，数据格式为 1 字长整数（INT），设定范围为 0～65535。子程序调用格式中的刀号预设指令（Preset_Cmd）输入假设为 CNC 辅助功能 M16，对应的 CNC/PLC 接口信号地址为 DB2500.DBX1002.0。

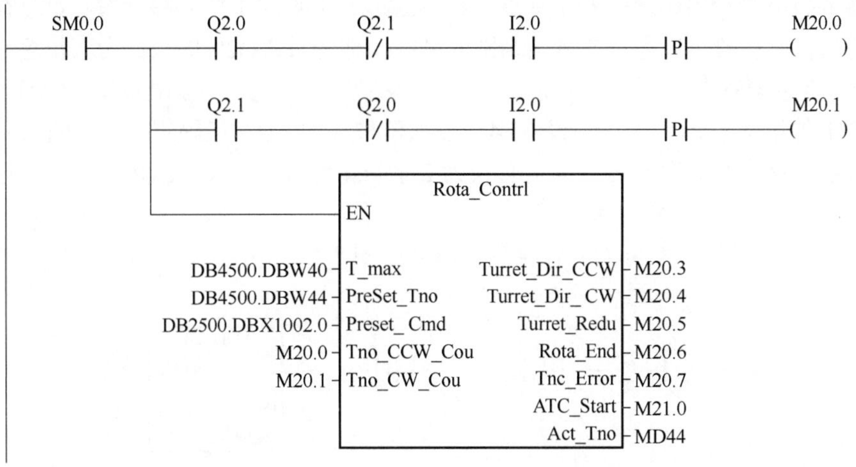

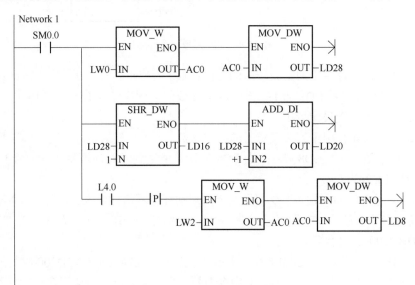

图 8.2.6 子程序调用格式

子程序执行完成后，标志 M20.3、M20.4、M20.5 可分别输出刀架正转、反转和减速信号；标志 M20.6、M20.7、M21.0 可分别输出换刀结束、指令刀号出错及换刀启动信号；标志 MD44 可输出刀架实际刀位信号（2 字长正整数）。

（2）子程序设计

回转控制示例程序 Rota_Contrl 由变量计算及刀号预设、实际刀号计算、指令刀号及转向判别、回转减速与结束处理等程序网络组成。

① 变量计算及刀号预设。变量计算及刀号预设的程序网络如图 8.2.7 所示。

图 8.2.7 变量计算及刀号预设程序

网络 1 的第 1 行用于刀位数设定数据的格式转换。由于 828D 系统 T 代码的 CNC/PLC 接口信号为 2 字长正整数（DINT），而刀架刀位数输入变量 LW0 的格式为 1 字长整数，因此，PLC 程序需要通过累加器操作，将输入变量 LW0 转换为 2 字长正整数格式的临时变量 LD28。

网络 1 的第 2 行用于比较变量计算。程序通过刀位数的 1 位右移操作，可以在 LD16 上得到数值为刀位总数二分之一的转向判别变量；局部变量 LD20 的数值为刀位总数加 1，此变量用于刀架正转时的 1 号刀位判别。

网络 1 的第 3 行用于刀号预设，L4.0 输入信号（如 M16 代码或参考点输入）的上升沿可直接将输入变量 LW2（预设刀号）转换为 2 字长正整数（DINT），并写入到实际刀号变量 LD8 上。

② 实际刀号计算。实际刀号计算程序网络如图 8.2.8 所示。

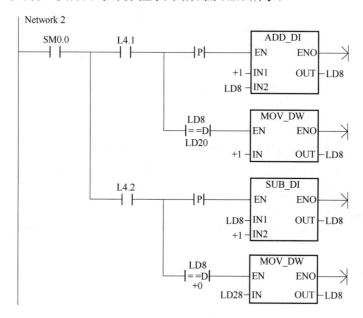

图 8.2.8　实际刀号计算程序

网络 2 的第 1、2 行用于刀架正转时的刀位计数。刀架正转时，每一次正转计数脉冲 L4.1 的输入，都可使实际刀号 LD8 加 1；当 LD8 的计数值达到比较值 LD20（刀位总数加 1）时，可将实际刀号 LD8 直接设定为 1。

网络 2 的第 3、4 行用于刀架反转时的刀位计数。刀架反转时，每一次反转计数脉冲 L4.2 的输入，都可使实际刀号 LD8 减 1；当 LD8 的计数值达到 0 时，可将实际刀号 LD8 直接设定为最大刀号 LD28。

③ 指令刀号及转向判别。指令刀号及转向判别程序网络如图 8.2.9 所示，网络 3 在 CNC 执行 T 代码指令、输出 T 代码修改信号 TF（DB2500.DBX8.0）及 32 位 T 代码指令（DB2500.DBD2000）时执行。

网络 3 的第 1 行用于 CNC 加工程序中的 T 代码指令（DB2500.DBD2000）与刀架现行刀号 LD8 相同时的处理，由于现行刀号与指令刀号一致，无需进行刀架回转运动，子程序将直接结束。

网络 3 的第 2 行用于指令刀号（T 代码）编程出错检测。当来自 CNC 加工程序中的 T

代码指令值（DB2500.DBD2000）大于刀架的最大刀位数 LD20 时，指令刀号出错信号 L4.7 将输出"1"，L4.7 的输出可通过其他 PLC 程序在 LCD 上显示报警信息。

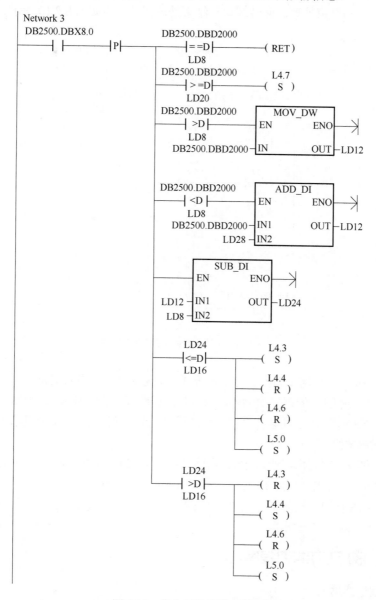

图 8.2.9 指令刀号及转向判别程序

网络 3 的第 3 行用来生成计算回转距离的目标刀号。如果 T 代码的指令值（DB2500.DBD2000）大于刀架现行刀号 LD8，目标刀号 LD12 直接设定为 T 代码指令值（DB2500.DBD2000）；如果 T 代码指令值小于刀架现行刀号 LD8，目标刀号 LD12 为 T 代码指令值加上刀架刀位数后的值。

网络 3 的第 4 行用于刀架回转距离的计算。刀架需要回转的距离 LD24 为目标刀号 LD12 减去刀架现行刀号 LD8 后的值（正整数）。

网络 3 的第 5～12 行用于转向判别。当刀架回转距离 LD24 小于或等于刀位总数二分之一（LD16）时，刀架正转信号 L4.3 及换刀启动信号 L5.0 输出"1"，可启动刀架正转换刀动作；当刀架回转距离 LD24 大于刀位总数二分之一（LD16）时，刀架反转信号 L4.4 及换刀启动信号 L5.0 输出"1"，可启动刀架反转换刀动作。

④ 回转减速与结束处理。回转减速与结束处理程序网络如图 8.2.10 所示。

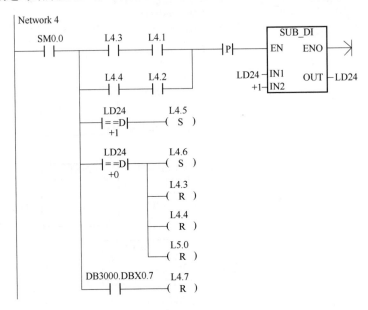

图 8.2.10　回转减速与结束处理程序

网络 4 的第 1～3 行用于刀架、刀库回转减速信号的生成。当刀架正转或反转时，刀位计数脉冲信号 L4.1 或 L4.2 的每一次输入，都可将回转距离 LD24 减去 1；当回转距离 LD24 为"1"时，刀架减速信号 L4.5 将输出"1"。如需要，L4.5 的输出可用来控制刀架回转减速阀等，使刀架进行减速定位。

网络 4 的第 4～7 行用于到位处理。当回转距离 LD24 为 0 时，程序将输出回转结束信号 L4.6，并清除正、反转输出 L4.3、L4.4 及换刀启动信号 L5.0。

网络 4 的第 8 行用于指令刀号出错信号 L4.7 的复位，当 PLC 的复位信号 DB3000.DBX0.7 为"1"时，可清除 L4.7 输出。

8.2.3 液压刀架换刀程序设计

（1）子程序调用

液压刀架同样可采用传统换刀方式换刀，即：利用 CNC 加工程序指令"T□□"或"T=□□"向 PLC 发送刀号，然后利用 PLC 程序控制刀架进行松开/夹紧、回转选刀等动作，不同刀具的刀具偏置值可通过 CNC 加工程序的 D 代码（刀补号）进行指定。

TOOLBOX_DVD_828D 工具软件提供的样板子程序同样是用于刀具管理功能换刀的 PLC 程序，因此，当液压刀架使用传统方式换刀时，需要用户自行设计自动换刀 PLC 程序。以下为液压刀架换刀程序设计示例，可供读者进行 PLC 程序设计时参考。

液压刀架换刀程序同样可用子程序调用的形式设计，用户可自定义一个子程序名称（子程序号），如 Hyd_Tur_ATC（SBR103）等。示例子程序 Hyd_Tur_ATC 预定义了图 8.2.11 所示的局部变量，子程序被调用时，需要定义输入/输出参数，对局部变量进行赋值。

	Name	Var Type	Data Type	Comment
	EN	IN	BOOL	
LW0	Uncl_Delay	IN	INT	松开延时
LW2	Clam_Delay	IN	INT	夹紧延时
L4.0	Up_Pos	IN	BOOL	刀架抬起
L4.1	Down_Pos	IN	BOOL	刀架落下
L4.2	ATC_Start	IN	BOOL	换刀启动
L4.3	Turret_Dir_CCW	IN	BOOL	刀架正转
L4.4	Turret_Dir_CW	IN	BOOL	刀架反转
L4.5	Rota_End	IN	BOOL	回转结束
L4.6	Turret_Redu	IN	BOOL	刀架减速
		IN_OUT		
L4.7	Turret_Up	OUT	BOOL	刀架抬起
L5.0	Turret_Down	OUT	BOOL	刀架落下
L5.1	Turret_CCW	OUT	BOOL	刀架正转
L5.2	Turret_CW	OUT	BOOL	刀架反转
L5.3	Rota_Low	OUT	BOOL	减速回转
L5.4	Turret_Clamp	TEMP	BOOL	刀架夹紧

图 8.2.11 子程序局部变量定义

示例子程序 Hyd_Tur_ATC（SBR103）的局部变量功能与定义要求如下。

LW0：刀架松开延时（Uncl_Delay），1 字长正整数型（INT）输入变量（IN）。

LW2：刀架夹紧延时（Clam_Delay），1 字长正整数型（INT）输入变量（IN）。

L4.0：刀架抬起松开检测开关（Up_Pos），逻辑状态型（BOOL）输入变量（IN）。

L4.1：刀架落下夹紧检测开关（Down_Pos），逻辑状态型（BOOL）输入变量（IN）。

L4.2：换刀启动信号（ATC_Start），逻辑状态型（BOOL）输入变量（IN）。

L4.3：刀架正转信号（Turret_Dir_CCW），逻辑状态型（BOOL）输入变量（IN）。

L4.4：刀架反转信号（Turret_Dir_CW），逻辑状态型（BOOL）输入变量（IN）。

L4.5：回转结束信号（Rota_End），逻辑状态型（BOOL）输入变量（IN）。

L4.6：刀架减速信号（Turret_Redu），逻辑状态型（BOOL）输入变量（IN）。

L4.7：刀架抬起松开（Turret_Up），逻辑状态型（BOOL）输出变量（OUT）。

L5.0：刀架落下夹紧（Turret_Down），逻辑状态型（BOOL）输出变量（OUT）。

L5.1：刀架正转（Turret_CCW），逻辑状态型（BOOL）输出变量（OUT）。

L5.2：刀架反转（Turret_CW），逻辑状态型（BOOL）输出变量（OUT）。

L5.3：低速回转（Rota_Low），逻辑状态型（BOOL）输出变量（OUT）。

L5.4：刀架夹紧（Turret_Clamp），逻辑状态型（BOOL）临时变量（TEMP）。

如果液压刀架换刀示例子程序 Hyd_Tur_ATC（SBR103）结合前述的回转控制示例子程序 Rota_Contrl（SBR102）使用，子程序的调用格式如图 8.2.12 所示。

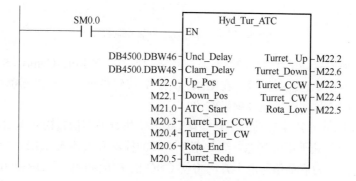

图 8.2.12 子程序调用格式

为增加程序通用性，子程序调用格式中的刀架松开延时（Uncl_Delay）及刀架夹紧延时（Clam_Delay）输入变量使用了 CNC 机床参数 MD14510[*n*]（PLC 用户数据）设定方式，MD14510[*n*]可利用 CNC 参数设定操作直接设定与修改、断电保持，设定值可通过数据块 DB4500 读取（参见 5.3 节）。图中的 DB4500.DBW46、DB4500.DBW48 分别 MD14510 [23]、MD14510[24]的设定值，数据格式为 1 字长整数（INT），设定范围为 0~65535。

子程序调用指令中的刀架抬起松开（Up_Pos）、落下夹紧（Down_Pos）检测开关信号的输入，需要通过其他 PLC 程序转换为标志 M22.0、M22.1 的状态；换刀启动、刀架转向、刀架减速、回转结束信号的输入，可直接使用回转控制示例子程序 Rota_Contrl（SBR102）的输出。子程序执行完成后，标志 M22.2~M22.6 可分别输出刀架抬起、正转、反转、减速和落下夹紧信号。

（2）子程序设计

示例程序 Hyd_Tur_ATC（SBR103）由刀架启动及回转控制、刀架落下夹紧与结束处理 2 部分组成，说明如下。

① 刀架启动及回转控制。刀架启动及回转控制程序的设计如图 8.2.13 所示，网络 1 在换刀启动信号 L4.2 为"1"时执行。

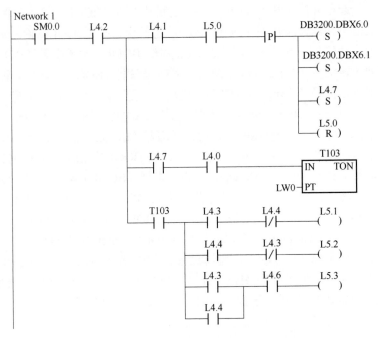

图 8.2.13　刀架启动及回转控制程序

示例程序的换刀启动信号（L4.2）为来自回转控制子程序 Rota_Contrl（SBR102）的输出 ATC_Start（M21.0）。ATC_Start 信号在 CNC 执行 T 代码指令、刀架需要执行自动换刀动作时，将与刀架转向信号同时输出（参见前述）。

网络 1 的第 1~4 行用来启动刀架自动换刀动作，执行刀架抬起松开运动。当换刀启动信号输入时，如果刀架处于正常状态，刀架落下夹紧的检测开关输入 L4.1、电磁阀输出 L5.0 均为"1"。此时，换刀启动信号的上升沿将使 CNC 的进给保持信号 DB3200.DBX6.0、读入禁止信号 DB3200.DBX6.1 为"1"，CNC 加工程序暂停运行；同时，可将刀架抬起松开电磁阀输出 L4.7 置为 "1"，将刀架落下夹紧电磁阀输出 L5.0 复位，执行刀架抬起运动。

网络 1 的第 5 行用于刀架松开延时控制。由于刀架抬起的检测开关动作通常有所超前，因此，实际控制时一般需要在抬起检测开关（L4.0）发信后，利用定时器（T103）延时 CNC 机床参数 MD14510 [23]（LW0）设定的时间（通常为 0.2～0.5s），确保齿牙盘完全脱开后，才能执行刀架的回转运动。

网络 1 的第 6～9 行用于刀架回转控制。刀架松开延时到达后，程序可根据子程序调用指令的正转（L4.3）或反转（L4.4）、减速（L4.6）信号输入，输出相应的刀架正转（L5.1）或反转（L5.2）、低速回转（L5.3）的电磁阀控制信号。

② 刀架落下夹紧与结束处理。刀架落下夹紧与结束处理程序的设计如图 8.2.14 所示，网络 2 在回转结束信号 L4.5 为 "1" 时启动执行。

示例程序的回转结束信号（L4.5）为来自回转控制子程序 Rota_Contrl（SBR102）的输出 Rota_End（M20.6）。Rota_End 信号在刀架回转距离为 "0"、刀架现行刀号与 T 指令刀号一致时输出 1（参见前述）。

网络 2 的第 1～3 行用于刀架落下夹紧控制。刀架回转时，刀架抬起的检测开关输入 L4.0、电磁阀输出 L4.7 均为 "1"；回转到位时，低速回转电磁阀输出 L5.3 为 "1"，此时，回转结束信号 L4.5 的上升沿，可使刀架夹紧临时变量 L5.4 成为 "1"。L5.4 为 "1" 将使刀架落下夹紧的电磁阀输出 L5.0 置为 "1"、刀架抬起松开的电磁阀输出 L4.7 复位，使得刀架执行落下夹紧运动。

网络 2 的第 4 行用于刀架夹紧延时控制。刀架夹紧检测开关的动作同样有所超前，因此，实际控制时一般需要在夹紧检测开关（L4.1）发信后，利用定时器（T104）延时 CNC 机床参数 MD14510 [24]（LW2）设定的时间（通常为 0.2～0.5s），确保齿牙盘完全啮合后，才能结束自动换刀动作，执行 CNC 的刀具加工程序。

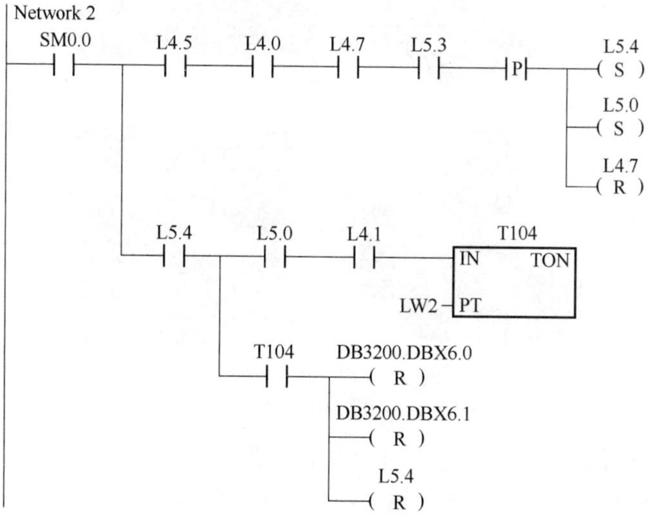

图 8.2.14 刀架落下夹紧及结束处理程序

网络 2 的第 5～7 行用于自动换刀结束处理。刀架夹紧延时到达后，程序可复位 CNC 的进给保持信号 DB3200.DBX6.0、读入禁止信号 DB3200.DBX6.1 及刀架夹紧临时变量 L5.4，结束自动换刀动作，继续执行 CNC 加工程序。

8.3　斗笠刀库控制程序设计

8.3.1　结构原理与控制要求

在镗铣类数控机床中，加工中心必须具有刀具自动交换功能。为了实现自动换刀，需要有安放刀具的刀库及进行刀具自动交换的部件。加工中心的自动换刀性能直接决定了机床的效率和可靠性，因此，高速高精度复杂加工中心的自动换刀装置通常由机床生产厂家设计、制造，其结构区别很大；但是，对于我国生产的普通型加工中心，为了降低设计制造要求、节省成本，大多数采用专业生产厂家生产的通用型自动换刀装置。

普通型加工中心的通用型自动换刀装置主要有斗笠刀库、机械手换刀装置2类，产品多为中国台湾生产，同类产品的结构原理、控制要求基本相同，因此，通常可采用相同的PLC程序进行控制。

斗笠刀库的结构原理与控制要求如下。机械手换刀装置的结构原理与控制要求见后述。

（1）刀库特点

斗笠刀库的外形如图8.3.1所示，刀具悬挂或侧插在圆形的安装盘上，刀库形状类似于斗笠，俗称斗笠刀库。

斗笠刀库的自动换刀（刀具装卸）可直接利用刀库和主轴的相对运动实现，无须机械手，刀具在刀库中的安装位置保持不变。自动换刀装置结构简单、控制容易、动作可靠，在中小型普通加工中心上应用十分广泛。

(a) 立式

(b) 卧式

图 8.3.1　斗笠刀库换刀加工中心

斗笠刀库无机械手换刀时，刀库相对于主轴需要有垂直于主轴轴线、平行于主轴轴线的2个基本运动。利用垂直于主轴轴线的运动，可使得刀库卡爪和主轴上的刀具啮合（抓刀），然后利用平行于主轴轴线的运动，将刀具从主轴锥孔中取下；接着，通过刀库的回转，将新刀具回转到主轴下方，再通过平行于主轴轴线的运动，将新刀具装入主轴锥孔；最后，利用垂直于主轴轴线的运动，使刀库卡爪和主轴刀具分离，完成换刀动作。

在普通型立式加工中心上，刀库垂直于主轴轴线的运动一般通过气动、液压控制的刀库移动实现；平行于主轴轴线的运动可采用气动、液压控制的刀库移动或机床的Z轴移动实现。

在普通型卧式加工中心上，垂直于主轴轴线的运动一般通过机床的 Y 轴移动实现，而平行于主轴轴线的运动则可采用 Z 轴移动或气动、液压控制的刀库移动实现。

斗笠刀库的回转选刀一般都采用电机驱动的槽轮分度定位机构实现回转和定位，刀库回转为非连续的间隙运动。刀库换刀时，首先需要将主轴上的刀具取回刀库，然后进行刀库回转选刀、将新刀具装入主轴等动作，这一过程通常需要 5s 以上，换刀速度较慢。此外，斗笠刀库必须与主轴平行安装，换刀时刀库需要进行运动，其刀具数量、长度、重量等均受到一定限制，特别是在全封闭的机床上，刀具装卸、更换较不方便。因此，斗笠刀库多用于 20 把刀以下、对换刀速度要求不高的普通中小规格加工中心。

（2）典型结构

立式加工中心斗笠刀库的前后移动、回转定位和刀具安装盘的典型结构如图 8.3.2 所示，对于平行于主轴轴线运动采用气动或液压控制的刀库，需要增加刀库整体升降机构。

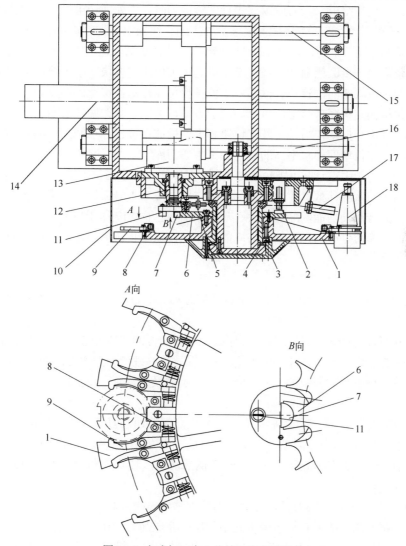

图 8.3.2　立式加工中心斗笠刀库典型结构

1—刀盘；2，5，17—接近开关；3—端盖；4—平面轴承；6—定位盘；7—定位块；8—弹簧；9—卡爪；

10—罩壳；11—滚珠；12—联轴器；13—回转电机；14—气缸；15，16—导向杆；18—刀具

刀库的前后移动机构主要由导向杆和气缸组成。刀库通过安装座悬挂在导向杆 15、16 上，通过气缸 14 的控制，整个刀库可在导向杆上进行垂直于主轴的前后移动。

刀具安装盘组件用来安装刀具，它主要由刀盘 1、端盖 3、平面轴承 4、弹簧 8、卡爪 9 等部件组成。平面轴承 4 是刀盘的回转支承，它与刀库轴连接成一体；刀盘 1 和定位盘 6 连成一体，定位盘 6 回转时，可带动刀盘 1、端盖 3 绕刀库轴回转；刀盘 1 和弹簧 8、卡爪 9 用来安装和固定刀具。

刀具 18 垂直悬挂在刀盘 1 上，并可利用刀柄上的 V 形槽和键槽进行上下和左右定位。刀盘的每一个刀爪上都安装有一对卡爪 9 和弹簧 8，卡爪可在弹簧 8 的作用下张开和收缩。当刀具 18 插入刀盘 1 时，卡爪 9 通过插入力和刀柄上的圆弧面强制张开；刀具安装到位后，卡爪的自动收缩能防止刀具在刀盘回转过程中由于离心力的作用产生位置偏移。

刀库的回转定位机构主要由回转电机 13、联轴器 12 以及由定位盘 6、滚珠 11、定位块 7 组成的槽轮定位机构组成。当刀库需要进行回转选刀时，刀库回转电机 13 通过联轴器 12 带动槽轮回转，槽轮上的滚珠 11 将插入定位盘 6 上的直线槽中，拨动定位盘回转。槽轮每回转一周，定位盘将拨过一个刀位。当滚珠 11 从定位盘的直线槽中退出时，槽轮上的半圆形定位块 7 将与定位盘上的半圆槽啮合，使得定位盘定位。由于定位块 7 与定位盘上的半圆槽为圆弧配合，即便定位块 7 的位置稍有偏移，定位盘也可保持定位位置的不变。

槽轮定位机构结构简单、定位可靠、制造容易，但定位盘的回转为间隙运动，回转开始和结束时存在冲击和振动，另外，其定位块和半圆槽的定位也存在间隙，因此，它只能用于转位速度慢、对定位精度要求不高的普通加工中心刀库。

接近开关 5 用于刀位计数，槽轮转动 1 周、刀库转过 1 个刀位，开关输出 1 个计数信号。接近开关 2 用于刀库的计数参考位置检测，该位置一般为 1 号刀位，如果刀库刀号采用与液压刀架同样的刀号预设功能，可省略接近开关 2。接近开关 17 用于换刀位刀具检测，安装检测开关时，如果换刀位有刀，可禁止刀库的前移运动以防止碰撞，通用型标准刀库通常不安装此接近开关。

（3）换刀动作

以立式加工中心为例，利用刀库上下移动装卸刀具的自动换刀过程如图 8.3.3 所示，换刀动作如下。

① 换刀准备。机床正常加工时，刀库处于左侧上方的初始位置（后上位）；执行自动换刀指令前，首先需要进行主轴的定向准停，使主轴刀具的键槽和刀库刀爪的定位键方向一致；同时，主轴箱（Z 轴）需要移动到图 8.3.3（a）所示的换刀位置，使主轴和刀库的刀具处于水平等高位置，为刀库前移做好准备。

② 刀库前移抓刀。换刀开始后，刀库前移电磁阀接通，刀库移动到图 8.3.3（b）所示的主轴下方（前上位），使刀库刀爪插入主轴刀具的 V 形槽中，完成抓刀动作。

③ 刀具松开。刀库完成抓刀后，用于刀柄清洁的主轴吹气和刀具松开电磁阀接通，松开主轴刀具。

④ 刀库下移卸刀。主轴刀具松开后，刀库下移电磁阀接通，刀库下移到图 8.3.3（c）所示的前下位，将主轴上的刀具从主轴锥孔中取出，完成卸刀动作。

⑤ 回转选刀。刀库下移到位后，驱动刀库回转的电动机启动，并通过槽轮分度机构，驱动刀库回转分度，将需要更换的新刀具回转到主轴下方的换刀位上。斗笠刀库可双向回转、捷径选刀，刀库能利用槽轮机构自动定位。

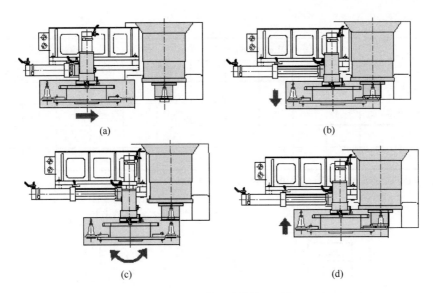

图 8.3.3　斗笠刀库的换刀过程

⑥ 刀库上移装刀。选刀完成后，刀库上移电磁阀接通，刀库重新上升到图 8.3.3（d）所示的前上位，将新刀具装入到主轴的锥孔内，完成装刀动作。

⑦ 刀具夹紧。刀库装刀完成后，主轴吹气和刀具松开电磁阀断开，主轴上的刀具通过蝶形弹簧进行自动夹紧。

⑧ 刀库后移。刀具夹紧后，刀库后移电磁阀接通，刀库返回到图 8.3.3（a）所示的初始位置，结束换刀动作。随后，主轴箱（Z 轴）便可向下运动，进行下一工序的加工。

上述整个换刀过程中，Z 轴（主轴箱）无需移动，所有换刀运动都可通过刀库移动实现，因此，自动换刀的全过程都由 PLC 程序控制，可以不使用 CNC 换刀程序。

如果主轴的刀具装卸通过机床的 Z 轴移动实现，上述换刀动作的第④步、第⑥步可以通过下述动作代替，其他完全相同。

第④步：Z 轴上移卸刀。主轴上的刀具松开后，Z 轴正向移到卸刀点+Z1，将主轴上的刀具从主轴锥孔中取出，完成卸刀动作。

第⑥步：Z 轴下移装刀。回转选刀完成后，Z 轴向下返回到 Z 轴换刀起始点，将新刀具装入到主轴的锥孔。

（4）控制要求

斗笠刀库的运动一般采用气动或液压系统控制，换刀时的电磁元件动作如表 8.3.1 所示，图 8.3.4 为刀库上下移动装卸刀具的典型气动控制系统原理图。

表 8.3.1　斗笠刀库换刀的电磁元件动作表

序号	换刀动作	电磁阀动作						检测开关动作					
		Y1	Y2	Y3	Y4	Y5	Y6	S1	S2	S3	S4	S5	S6
1	初始位置	−	−	−	+	−	+	+	−	+	−	+	−
2	刀库前移	−	−	+	−	−	+	+	−	−	+	+	−
3	刀具松开、吹气	+	+	+	−	−	+	−	+	−	+	+	−
4	刀库下移	+	+	+	−	+	−	−	+	−	+	−	+

续表

序号	换刀动作	电磁阀动作						检测开关动作					
		Y1	Y2	Y3	Y4	Y5	Y6	S1	S2	S3	S4	S5	S6
5	回转选刀	+	+	+	−	+	−	−	+	−	+	−	+
6	刀库上移	+	+	+	−	+	+	−	+	−	+	+	−
7	刀具夹紧	−		+				+			+	+	
8	刀库后移	−	−	−	+	−	+	+	−	+	−	+	−

注：+表示电磁阀接通或开关发信；−表示电磁阀断开或开关不发信。

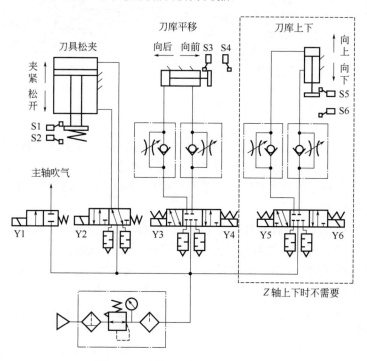

图 8.3.4　斗笠刀库气动系统原理图

如果刀具装卸通过 Z 轴上下移动实现，气动或液压系统只需要在图 8.3.4 上去掉刀库上下移动部分，在表 8.3.1 上去掉 Y5 和 Y6，开关 S5、S6 作为 Z 轴卸刀、装刀位置检测信号便可同样使用。

8.3.2　刀库移动换刀程序设计

刀库移动装卸刀具的斗笠刀库一般可采用传统换刀方式换刀，即：直接利用 CNC 加工程序指令 "T□□ M06" 进行自动换刀；指令中的 T 代码用来指定刀号，辅助功能指令 M06 用来启动换刀动作；刀具的长度、半径补偿可通过 CNC 加工程序的 D 代码（刀补号）进行指定。

由于 TOOLBOX_DVD_828D 工具软件所提供的样板子程序同样是用于刀具管理功能换刀的 PLC 程序，因此，当斗笠刀库使用传统的 "T□□ M06" 指令换刀方式时，需要用户自行设计自动换刀的 PLC 控制程序。

为了增加程序通用性，采用传统方式换刀的斗笠刀库换刀程序可直接调用前述的通用回转控制程序确定刀库转向，然后通过自动换刀子程序启动换刀动作。斗笠刀库的刀库移动自动换刀程序设计示例如下，可供读者进行 PLC 程序设计时参考。

（1）刀库回转控制程序调用

斗笠刀库的槽轮分度机构可双向回转、定位，具备捷径选刀功能。如果刀库不使用图 8.3.2 中的计数参考位置检测接近开关，刀库的刀位计数、回转控制要求与液压刀架完全相同，因此，可直接使用前述的通用回转控制示例子程序 Rota_Contrl（SBR102）来计算实际刀号、判别回转方向、启动自动换刀运动。

斗笠刀库的回转控制子程序 Rota_Contrl 调用格式如图 8.3.5 所示。子程序调用前同样需要编制刀库刀位计数脉冲生成程序，图中的 PLC 输入/输出信号功能如下，PLC 地址可根据实际需要修改。

Q2.0、Q2.1：控制刀库回转电机正、反转接触器的 PLC 输出信号。

I2.0：刀库刀位计数检测开关输入。

M20.0、M20.1：刀库刀位正、反转计数脉冲信号。

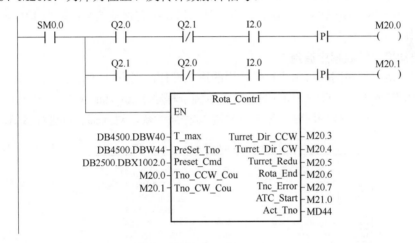

图 8.3.5　回转控制子程序调用格式

斗笠刀库调用回转控制子程序 Rota_Contrl 时，需要定义输入/输出变量，示例如下。

T_max：刀库容量（刀位数），1 字长正整数（INT）型输入变量（IN）。刀库容量可通过 CNC 机床参数 MD14510[20]（PLC 用户数据）设定，设定值可通过数据块 DB4500.DBW40 读取。

PreSet_Tno：现在换刀位预设刀号，1 字长正整数（INT）型输入变量（IN）。预设刀号可通过 CNC 机床参数 MD14510[22]（PLC 用户数据）设定，设定值可通过数据块 DB4500.DBW44 读取。在安装有参考点位置检测开关的刀架上，预设刀号应为参考点位置的刀号（通常为 1 或刀库的最大刀号）。

Preset_Cmd：刀号预设指令，逻辑状态型（BOOL）输入变量（IN）。刀号预设可通过用户自定义的辅助功能进行，例如，使用 M16 时，对应的 CNC/PLC 接口信号地址为 DB2500.DBX1002.0 等。在安装有参考点位置检测开关的刀库上，刀号预设指令可直接使用刀库参考点位置检测开关输入。

Tno_CCW_Cou /Tno_CW_Cou：刀库正/反转刀位计数信号，逻辑状态型（BOOL）输入变量（IN），由子程序调用指令前的刀库刀位计数脉冲生成程序生成。

Turret_Dir_CCW /Turret_Dir_CW：刀库正/反向回转信号，逻辑状态型（BOOL）输出变量（OUT），用于后述自动换刀子程序的刀库转向控制。

Turret_Redu：刀库回转减速信号，逻辑状态型（BOOL）输出变量（OUT）。斗笠刀库一般不使用减速信号，可任意定义一个未使用的标志。

Rota_End：刀库回转结束信号，逻辑状态型（BOOL）输出变量（OUT），用于后述自动换刀子程序的刀库回转结束控制。

Tnc_Error：指令刀号出错信号，逻辑状态型（BOOL）输出变量（OUT），用于 PLC 报警输出。

ATC_Start：换刀启动信号，逻辑状态型（BOOL）输出变量（OUT）。T 代码处理完成，允许执行自动换刀动作。

Act_Tno：现在换刀位实际刀号，2 字长正整数型（DINT）输出变量（OUT），可用于操作面板的刀号显示等。

子程序执行完成后，标志 M20.3、M20.4 可分别输出刀库正转、反转信号；标志 M20.6、M20.7、M21.0 可分别输出回转结束、指令刀号出错及换刀启动信号；标志 MD44 可输出刀库现在换刀位刀号。

（2）自动换刀控制程序调用

斗笠刀库换刀程序同样可用子程序调用的形式设计，用户可自定义一个子程序名称（子程序号），如 Bam_Hat_ATC（SBR104）等。示例子程序 Bam_Hat_ATC 预定义了图 8.3.6 所示的局部变量，子程序被调用时，需要定义输入/输出参数，对局部变量进行赋值。

	Name	Var Type	Data Type	Comment
	EN	IN	BOOL	
LW0	MG_Forw_Delay	IN	INT	刀库向前到位延时
LW2	SP_CL_Delay	IN	INT	主轴刀具夹紧、松开延时
L4.0	ATC_Comd	IN	BOOL	自动换刀启动命令
L4.1	MG_Forw_Pos	IN	BOOL	刀库前位检测信号
L4.2	MG_Back_Pos	IN	BOOL	刀库后位检测信号
L4.3	MG_Up_Pos	IN	BOOL	刀库上位检测信号
L4.4	MG_Down_Pos	IN	BOOL	刀库下位检测信号
L4.5	SP_Clamp	IN	BOOL	主轴刀具夹紧信号
L4.6	SP_Unclam	IN	BOOL	主轴刀具松开信号
L4.7	MG_Dir_CCW	IN	BOOL	刀库正转控制信号
L5.0	MG_Dir_CW	IN	BOOL	刀库反转控制信号
L5.1	Rota_End	IN	BOOL	刀库回转到位控制信号
L5.2	ATC_Start	IN	BOOL	T代码处理完成、允许换刀启动信号
		IN_OUT		
L5.3	ATC_Error	OUT	BOOL	自动换刀出错输出，换刀不允许
L5.4	MG_Forw_Col	OUT	BOOL	刀库向前电磁阀控制信号
L5.5	MG_Back_Col	OUT	BOOL	刀库向后电磁阀控制信号
L5.6	MG_Up_Col	OUT	BOOL	刀库向上电磁阀控制信号
L5.7	MG_Down_Col	OUT	BOOL	刀库向下电磁阀控制信号
L6.0	SP_Clam_Col	OUT	BOOL	主轴刀具夹紧控制信号
L6.1	SP_Unclam_Col	OUT	BOOL	主轴刀具松开控制信号
L6.2	MG_CCW_Col	OUT	BOOL	刀库正转接触器控制信号
L6.3	MG_CW_Col	OUT	BOOL	刀库反转接触器控制信号
		TEMP		
L6.4	ATC_Start_Cond	TEMP	BOOL	自动换刀启动条件
L6.5	ATC_Move_Start	TEMP	BOOL	自动换刀运动开始
L6.6	MG_Rota_Start	TEMP	BOOL	刀库回转启动
L6.7	MG_Rota_Mem	TEMP	BOOL	刀库回转完成记忆

图 8.3.6 子程序局部变量定义

示例子程序 Bam_Hat_ATC（SBR104）的局部变量功能与定义要求部分如下。

LW0：刀库向前到位延时（MG_Forw_Delay），1 字长正整数型（INT）输入变量（IN）。

LW2：主轴刀具夹紧、松开延时（SP_CL_Delay），1 字长正整数型（INT）输入变量（IN）。

L4.0：自动换刀启动命令（ATC_Comd），逻辑状态型（BOOL）输入变量（IN）。

L4.1：刀库前位检测开关（MG_Forw_Pos），逻辑状态型（BOOL）输入变量（IN）。

L4.2：刀库后位检测开关（MG_Back_Pos），逻辑状态型（BOOL）输入变量（IN）。

L4.3：刀库上位检测开关（MG_Up_Pos），逻辑状态型（BOOL）输入变量（IN）。

L4.4：刀库下位检测开关（MG_Down_Pos），逻辑状态型（BOOL）输入变量（IN）。

L4.5：主轴刀具夹紧信号（SP_Clamp），逻辑状态型（BOOL）输入变量（IN）。

L4.6：主轴刀具松开信号（SP_Unclam），逻辑状态型（BOOL）输入变量（IN）。

L4.7：刀库正转信号（MG_Dir_CCW），逻辑状态型（BOOL）输入变量（IN）。

L5.0：刀库反转信号（MG_Dir_CW），逻辑状态型（BOOL）输入变量（IN）。

L5.1：刀库回转结束信号（Rota_End），逻辑状态型（BOOL）输入变量（IN）。

L5.2：T 代码处理完成、允许换刀启动信号（ATC_Start），逻辑状态型（BOOL）输入变量（IN）。

L5.3：自动换刀出错信号（ATC_Error），逻辑状态型（BOOL）输出变量（OUT）。

L5.4：刀库向前电磁阀控制信号（MG_Forw_Col），逻辑状态型（BOOL）输出变量（OUT）。

L5.5：刀库向后电磁阀控制信号（MG_Back_Col），逻辑状态型（BOOL）输出变量（OUT）。

L5.6：刀库向上电磁阀控制信号（MG_Up_Col），逻辑状态型（BOOL）输出变量（OUT）。

L5.7：刀库向下电磁阀控制信号（MG_Down_Col），逻辑状态型（BOOL）输出变量（OUT）。

L6.0：主轴刀具夹紧电磁阀控制信号（SP_Clam_Col），逻辑状态型（BOOL）输出变量（OUT）。

L6.1：主轴刀具松开电磁阀控制信号（SP_Unclam_Col），逻辑状态型（BOOL）输出变量（OUT）。

L6.2：刀库正转接触器控制信号（MG_CCW_Col），逻辑状态型（BOOL）输出变量（OUT）。

L6.3：刀库反转接触器控制信号（MG_CW_Col），逻辑状态型（BOOL）输出变量（OUT）。

如果斗笠刀库换刀示例子程序 Bam_Hat_ATC（SBR104）结合前述的回转控制示例子程序 Rota_Contrl（SBR102）使用，子程序的调用格式如图 8.3.7 所示。

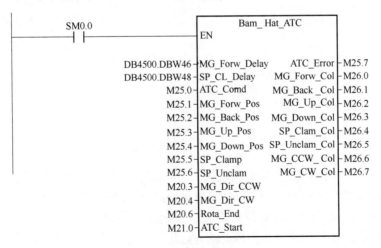

图 8.3.7　子程序调用格式

为增加程序通用性，子程序调用格式中的刀具向前到位延时（MG_Forw_Delay）及主轴刀具夹紧、松开延时（SP_CL_Delay）输入变量使用了 CNC 机床参数 MD14510[n]（PLC 用户数据）设定方式，MD14510[n]可利用 CNC 参数设定操作直接设定与修改、断电保持，设定值可通过数据块 DB4500 读取（见 5.3 节）。图 8.3.7 中的 DB4500.DBW46、DB4500.DBW48 分别为 MD14510 [23]、MD14510[24]的设定值，数据格式为 1 字长整数（INT），设定范围为 0～65 535。

子程序调用格式中的自动换刀启动命令输入信号 M25.0（ATC_Comd）需要通过其他 PLC 程序生成，M25.0 应包括来自 CNC 加工程序中的自动换刀指令 M06（CNC/PLC 接口信号 DB2500.DBX1000.6）与 M 代码修改（CNC/PLC 接口信号 DB2500.DBX4.0），以及机床的主轴定位完成、Z 轴到达自动换刀位置等自动换刀启动条件。调用格式中的刀库前后、上下位置及主轴刀具夹紧、松开检测信号输入，既可以使用其他 PLC 程序处理后的标志 M25.1～M25.6 状态，也可直接使用对应的检测开关输入。调用格式中的刀库转向、回转到位、T 代码处理完成（换刀启动）信号的输入，可使用前述回转控制示例子程序 Rota_Contrl（SBR102）的输出。

子程序 Bam_Hat_ATC（SBR104）执行完成后，将在标志 M26.0～M26.7 上分别输出刀库前/后、上/下移动与主轴刀具夹紧、松开的电磁阀控制信号及刀库正转、反转的接触器控制信号。如果刀库位置不正确，程序将在标志 M25.7 上输出自动换刀出错信号 ATC_Error，此信号可用来产生 PLC 报警等。

（3）自动换刀控制程序设计

示例程序 Bam_Hat_ATC（SBR104）由刀库启动、移动卸刀、回转选刀、装刀与结束 4 部分组成，说明如下。

① 刀库启动。刀库运动的启动控制程序设计如图 8.3.8 所示。

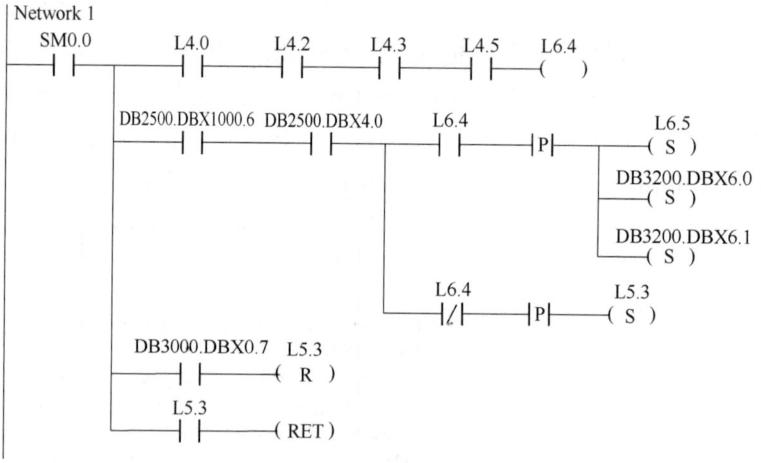

图 8.3.8　刀库启动程序

网络 1 的第 1 行用来检测刀库的自动换刀启动条件。当程序中的自动换刀启动命令输入 L4.0 为"1"时，如果刀库处于后、上位（L4.2、L4.3=1），且主轴上的刀具为夹紧状态（L4.5=1），刀库满足自动换刀启动条件（起始位置要求），临时变量 L6.4 的状态为"1"。

网络 1 的第 2～4 行用来产生刀库运动开始信号。刀库满足自动换刀启动条件，且 L6.4 为"1"时，如果 CNC 加工程序中的自动换刀指令 M06 代码信号 DB2500.DBX1000.6、M 修改信号 DB2500.DBX4.0 为 "1"，程序中的刀库运动开始信号 L6.5 将为 "1"；同时，可通过进给保持信号 DB3200.DBX6.0、读入禁止信号 DB3200.DBX6.1，使 CNC 加工程序运行进入换刀等待状态（暂停）。

网络 1 的第 5～7 行用来产生自动换刀出错信号。当刀库自动换刀启动的位置要求未满足，L6.4 的状态为 "0" 时，如果 CNC 加工程序中的自动换刀指令 M06 代码信号 DB2500.DBX1000.6、M 修改信号 DB2500.DBX4.0 为 "1"，程序中的自动换刀出错信号 L5.3 将为 "1"，并直接结束子程序运行。自动换刀出错信号 L5.3，可通过 CNC 复位信号清除。

② 移动卸刀。刀库移动卸刀的程序设计如图 8.3.9 所示，网络 2 只能在刀库回转完成前，回转完成记忆信号 L6.7=0 时执行。

网络 2 的第 1 行用来产生刀库前移输出信号。当满足刀库运动条件（L6.4=1），运动开始信号 L6.5 为 "1" 时，如果 T 代码处理完成，且输入 L5.2 为 "1"，则刀库前移输出信号 L5.4 将输出 "1"。

刀库前移到位后，前位检测信号输入 L4.1 将为 "1"。此时，可启动前位延时定时器 T104，延长机床参数 MD14510 [23]（LW0）设定的时间，然后，输出主轴刀具松开控制信号（L6.1=1，L6.0=0）。

主轴刀具松开到位后，松开检测信号输入 L4.6 将为 "1"。此时，可启动刀具延时定时器 T105，延长机床参数 MD14510 [24]（LW2）设定的时间，然后，输出刀库下移控制信号（L5.7=1，L5.6=0）。

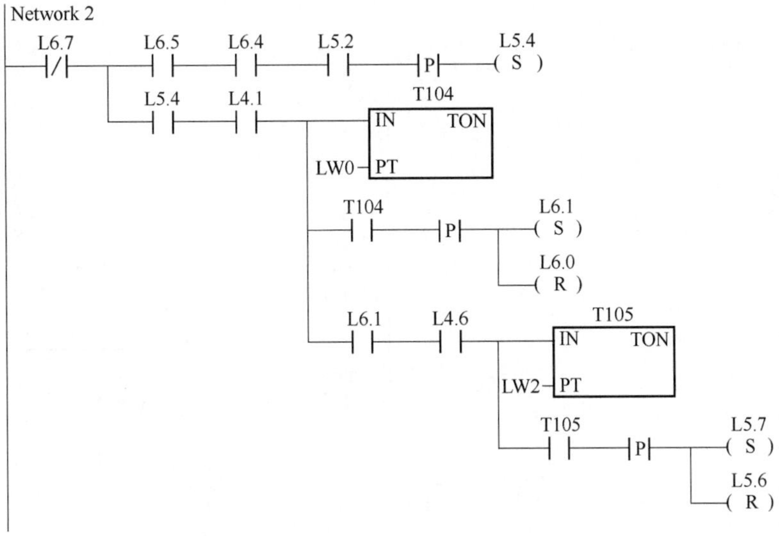

图 8.3.9　刀库移动卸刀程序

③ 回转选刀。刀库回转选刀的程序设计如图 8.3.10 所示。

当刀库位于前位（T104=1），主轴刀具松开（T105=1）时，如果刀库回转完成记忆信号 L6.7=0，只要刀库向下运动到位（L5.7=1，L4.4=1），刀库回转启动信号 L6.6 将为 "1"。此时，程序可根据来自回转控制子程序的转向输入正转（L4.7）或反转信号（L5.0），输出相应的刀库回转控制信号 L6.2 或 L6.3，控制刀库正反转。

当刀库回转到达指定刀位时，来自回转控制子程序的回转结束输入信号 L5.1 将为 "1"，程序将复位刀库回转信号 L6.6，并将刀库回转完成记忆信号 L6.7 置为 "1"。一旦 L6.6 复位，在随后的 PLC 循环中，刀库回转控制信号 L6.2 或 L6.3 的输出将为 "0"，刀库可停止旋转。

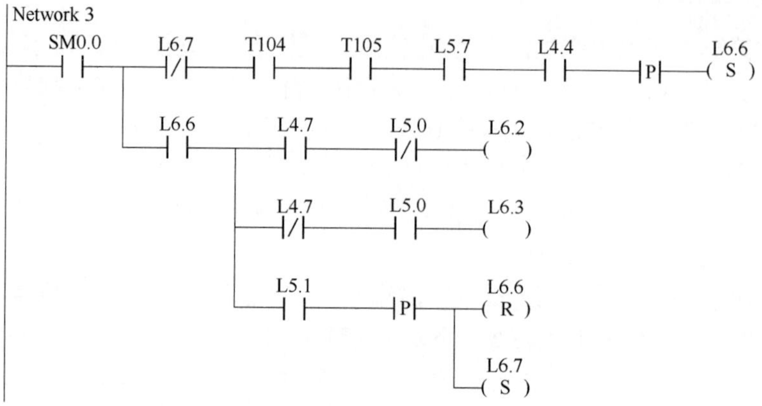

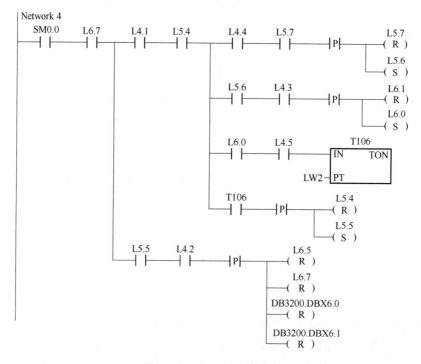

图 8.3.10　刀库回转选刀程序

④ 装刀与结束。刀库装刀与结束程序的设计如图 8.3.11 所示。

刀库回转到位，回转完成记忆信号 L6.7 为 "1" 时，如果刀库位于前位（L4.1、L5.4 为 "1"）、下位（L4.4 及 L5.7 为 "1"），便可利用 L6.7 的上升沿，复位刀库向下输出控制信号 L5.7，并将刀库向上输出控制信号 L5.6 置为 "1"，将新刀具装入主轴锥孔。

图 8.3.11　装刀与结束程序

刀库向上到位，L5.6 及 L4.3 为 "1" 后，程序将复位主轴刀具松开输出控制信号 L6.1，并将主轴刀具夹紧输出控制信号 L6.0 置为 "1"，夹紧新刀具。刀具夹紧检测开关输入为 "1" 后，经机床参数 MD14510 [24]（LW2）设定的时间，可复位刀库向前输出控制信号 L5.4，并将刀库向后输出控制信号 L5.5 置为 "1"，使得刀库向后退回至起始位置。

刀库后退到位，L5.5 及 L4.2 为 "1" 后，程序将复位刀库运动开始信号 L6.5、回转完成记忆信号 L6.7；同时，可复位 CNC 的进给保持信号 DB3200.DBX6.0 和读入禁止信号 DB3200.DBX6.1，继续运行后续的加工程序。

8.3.3　Z 轴移动换刀程序设计

（1）自动换刀 CNC 程序设计

当加工中心配套的斗笠刀库无上下运动的气动或液压系统时，主轴上的刀具装卸运动需要通过 Z 轴的移动实现。由于 TOOLBOX_DVD_828D 工具软件所提供的样板子程序同样是用于刀具管理功能换刀的 PLC 程序，因此，当斗笠刀库使用传统换刀方式时，需要用户自行设计自动换刀的 PLC 控制程序。

传统的 Z 轴移动自动换刀动作一般通过 PLC 程序控制的气动或液压运动及 CNC 控制的 Z 轴移动联合实现，设计程序时一般需要编制特定的 CNC 子程序，然后通过主程序的子程序调用指令来调用子程序，执行自动换刀动作。

例如，当自动换刀子程序名称设定为 "ATC_PROG" 时，主程序的自动换刀指令可以编制如下：

```
……
G74 Z=0 M19;          //换刀准备 (Z 轴回参考点、主轴定向准停)
T 02;                 //指定刀号，处理 T 代码
ATC_PROG;             //调用自动换刀子程序 ATC_PROG
……
```

在自动换刀 CNC 子程序（如 ATC_PROG）上，刀库的前后、回转运动及主轴刀具的夹紧、松开动作，可通过用户自定义的特殊 M 功能进行控制，然后，组成一个依次执行 M 功能及 Z 轴移动的自动换刀 CNC 子程序。

例如，对于立式加工中心 Z 轴移动装卸刀具的斗笠刀库换刀，可以设定以下换刀控制专用 M 代码。

M80：刀库前移抓刀。

M81：主轴刀具松开，吹气。

M82：刀库回转选刀。

M83：主轴刀具夹紧，吹气关闭。

M84：刀库后移退出。

为了防止自动换刀程序中的 Z 轴换刀位置被非调试、维修人员修改，通常而言，自动换刀时的 Z 轴起始点一般可定义为 Z 轴参考点，Z 轴上移卸刀点可定义为机床的固定定位点（固定点）。参考点、固定定位点的位置都需要调试、维修人员通过 CNC 的机床参数进行设定，坐标轴的定位需要通过特殊的 CNC 指令实现。其中，参考点定位指令为 G74，固定点定位指令为 G75（或 G751）。固定点定位是 SIEMENS 系统的特殊功能，执行 G75 指令，可使机床直接定位到 CNC 机床参数 MD30600 \$MA_FIX_POINT_POS[n] 设定的位置，而无需考虑刀具补偿、工件坐标系等其他因素的影响。

斗笠刀库 Z 轴移动自动换刀的 CNC 子程序示例如下，G75 指令中的 Z0 只是编程格式的需要，与实际定位位置无关。

```
ATC_PROG;                        //自动换刀子程序名称
G74 Z=0 M19;                     // 确保 Z 轴回参考点,主轴定向准停
M80;                             //刀库前移
M81;                             //主轴刀具松开,吹气
G75 Z0;                          //Z 轴固定点定位,上移至卸刀点卸刀
G04 X0.5;                        //Z 轴上位延时 0.5s
M82;                             //刀库回转选刀
G74 Z=0;                         //Z 轴返回至参考点,装刀
G04 X0.5;                        //Z 轴下位延时 0.5s
M83;                             //主轴刀具夹紧,吹气关闭
M84;                             //刀库后移退出
M17(或 RET);                     //子程序结束返回
```

（2）自动换刀 PLC 子程序调用

采用传统方式的斗笠刀库 Z 轴移动换刀同样可通过前述的通用回转控制示例子程序 Rota_Contrl(SBR102)来计算实际刀号、判别回转方向、启动自动换刀运动,子程序 Rota_Contrl 的调用格式与刀库移动换刀相同（参见图 8.3.5）。子程序执行完成后,标志 M20.3、M20.4 可分别输出刀库正转、反转信号;标志 M20.6、M20.7、M21.0 可分别输出回转结束、指令刀号出错及换刀启动信号;标志 MD44 可输出刀库现在换刀位刀号。

斗笠刀库 Z 轴移动换刀 PLC 程序同样可用子程序调用的形式设计,用户可自定义一个子程序名称（子程序号）,如 Z_move_ATC（SBR105）等。示例子程序 Z_move_ATC 预定义了图 8.3.12 所示的局部变量,子程序被调用时需要对局部变量进行赋值。

	Name	Var Type	Data Type	Comment
	EN	IN	BOOL	
LW0	MG_Forw_Delay	IN	INT	刀库向前到位延时
LW2	SP_CL_Delay	IN	INT	主轴刀具夹紧、松开延时
L4.0	ATC_Comd	IN	BOOL	自动换刀启动命令
L4.1	MG_Forw_Pos	IN	BOOL	刀库前位检测信号
L4.2	MG_Back_Pos	IN	BOOL	刀库后位检测信号
L4.3	Z_0_Pos	IN	BOOL	Z轴起始位置检测信号
L4.4	Z_Up_Pos	IN	BOOL	Z轴卸刀位置检测信号
L4.5	SP_Clamp	IN	BOOL	主轴刀具夹紧信号
L4.6	SP_Unclam	IN	BOOL	主轴刀具松开信号
L4.7	MG_Dir_CCW	IN	BOOL	刀库正转控制信号
L5.0	MG_Dir_CW	IN	BOOL	刀库反转控制信号
L5.1	Rota_End	IN	BOOL	刀库回转到位控制信号
L5.2	ATC_Start	IN	BOOL	T代码处理完成、允许换刀启动信号
		IN_OUT		
L5.3	ATC_Error	OUT	BOOL	自动换刀出错输出,换刀运动不允许
L5.4	MG_Forw_Col	OUT	BOOL	刀库向前电磁阀控制信号
L5.5	MG_Back_Col	OUT	BOOL	刀库向后电磁阀控制信号
L5.6	SP_Clam_Col	OUT	BOOL	主轴刀具夹紧控制信号
L5.7	SP_Unclam_Col	OUT	BOOL	主轴刀具松开控制信号
L6.0	MG_CCW_Col	OUT	BOOL	刀库正转接触器控制信号
L6.1	MG_CW_Col	OUT	BOOL	刀库反转接触器控制信号
		TEMP		
L6.2	ATC_Start_Cond	TEMP	BOOL	自动换刀启动条件
L6.3	MG_Rota_Start	TEMP	BOOL	刀库回转启动
L6.4	MG_Rota_Mem	TEMP	BOOL	刀库回转记忆
L6.5	MG_Forw_Cond	TEMP	BOOL	刀库向前条件
L6.6	Sp_Unclam_Cond	TEMP	BOOL	主轴刀具松开条件
L6.7	MG_Rote_Cond	TEMP	BOOL	刀库回转条件
L7.0	Sp_Clamp_Cond	TEMP	BOOL	主轴刀具夹紧条件
L7.1	MG_Back_Cond	TEMP	BOOL	刀库向后条件

图 8.3.12　子程序局部变量定义

Z轴移动换刀示例子程序 Z_move_ATC（SBR105）与刀库移动换刀子程序 Bam_Hat_ATC（SBR104）的局部变量区别如下。

① 输入变量。子程序 Z_move_ATC（SBR105）需要以 Z 轴换刀起始位置（参考点）及卸刀位置（固定点）检测开关信号 Z_0_Pos（L4.3）、Z_Up_Pos（L4.4），代替刀库移动换刀子程序 Bam_Hat_ATC（SBR104）的刀库上、下位检测开关信号 MG_Up_Pos、MG_Down_Pos。

② 输出变量。子程序 Z_move_ATC（SBR105）无需进行刀库上、下运动，需要取消刀库移动换刀子程序 Bam_Hat_ATC（SBR104）中的刀库上、下移动电磁阀控制信号 MG_Up_Col（L5.6）、MG_Down_Col（L5.7）。

③ 临时变量。为了便于程序设计，子程序 Z_move_ATC（SBR105）增加了自动换刀 M 代码执行条件检测信号 L6.5～L7.1。

如果 Z 轴移动换刀示例子程序 Z_move_ATC（SBR105）结合前述的回转控制示例子程序 Rota_Contrl（SBR102）使用，子程序的调用格式如图 8.3.13 所示。

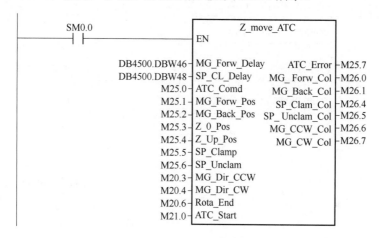

图 8.3.13　子程序调用格式

子程序 Z_move_ATC 调用格式中的 M25.3、M25.4 应为 Z 轴换刀起始位置（参考点）及卸刀位置（固定点）检测开关信号，其他信号的含义均与刀库移动换刀子程序 Bam_Hat_ATC（SBR104）相同。如果刀库位置不正确，换刀控制专用 M 代码 M80～M84 不允许执行，程序同样可在标志 M25.7 上输出自动换刀出错信号 ATC_Error，用来产生 PLC 报警等。

（3）自动换刀 PLC 子程序设计

示例程序 Z_move_ATC（SBR105）由刀库前移抓刀（M80）、主轴刀具松开（M81）、刀库回转选刀（M82）、主轴刀具夹紧（M83）、刀库后移退出（M84）5 部分组成，程序设计如下。

① 刀库前移抓刀。刀库前移抓刀程序实际上就是执行 CNC 辅助机能 M80 的程序，程序设计如图 8.3.14 所示。

网络 1 的第 1 行为自动换刀基本条件。当其他 PLC 程序中与自动换刀相关的条件已满足，换刀启动命令输入 L4.0 为 "1"，且 T 代码已处理完成，机床执行自动换刀动作（L5.2=1）时，程序中的自动换刀运动启动条件 L6.2 为 "1"，PLC 可执行后述的自动换刀 M 指令。

网络 1 的第 2 行为换刀出错输出清除程序，当 CNC/PLC 接口信号 DB3000.DBX0.7（CNC 复位）为 "1" 时，可清除自动换刀程序的换刀出错信号 ATC_Error 输出 L5.3。

网络 2 为刀库前移 M 辅助功能代码 M80 的 PLC 控制程序。网络 2 的第 1 行为刀库前移抓刀条件，当自动换刀运动启动条件 L6.2 为 "1"，并且，刀库处于后位（L4.2=1），Z 轴处于换刀起始位（L4.3=1），主轴刀具为夹紧状态（L4.5=1）时，刀库前移抓刀条件满足，L6.5 为 "1"。

网络 2 的第 2～6 行为刀库前移指令 M80 的控制程序。当刀库前移抓刀条件满足，L6.5 为 "1" 时，CNC 执行 M80 指令，接口信号 DB2500.DBX1010.0（M80 代码输出）与 DB2500.DBX4.0（M 代码修改）的上升沿，将使得刀库前移电磁阀输出控制信号 L5.4 输出 "1"，后移电磁阀输出控制信号 L5.5 为 "0"，使刀库进行前移运动；同时，可通过进给保持信号 DB3200.DBX6.0、读入禁止信号 DB3200.DBX6.1，使 CNC 换刀子程序运行进入 M 代码执行等待状态（暂停）。当刀库前移抓刀条件不满足，L6.5 为 "0" 时，CNC 执行 M80 指令，换刀出错信号 L5.3 将被置为 "1"，LCD 可显示换刀出错报警。

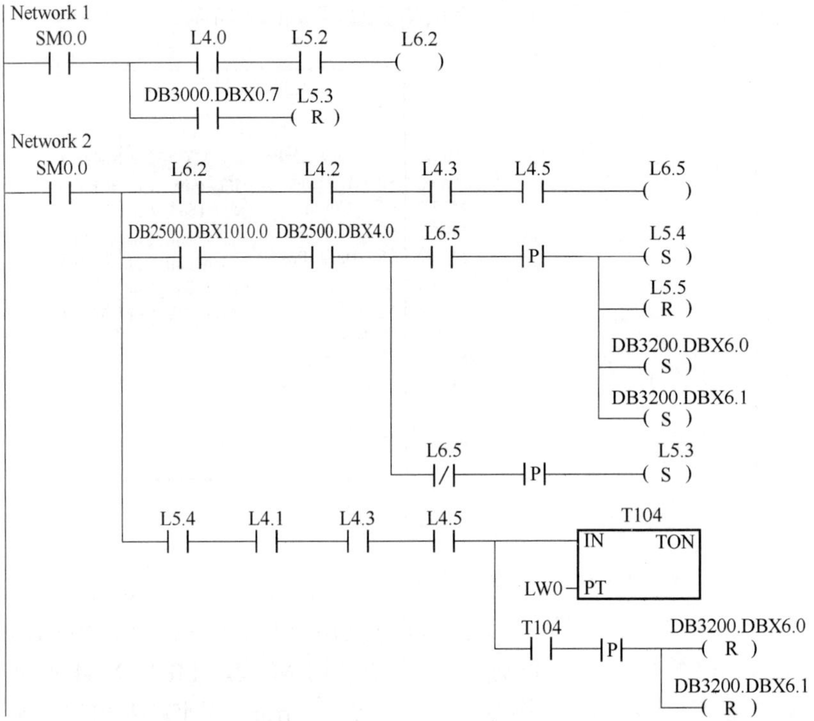

图 8.3.14　刀库前移抓刀程序

网络 2 的第 7～9 行为刀库前移指令 M80 执行完成处理程序。当刀库前移电磁阀输出控制信号 L5.4 输出 "1" 时，如果刀库到达前位（L4.1=1），定时器 T104 将启动；T104 触点经输入变量 MG_Forw_Delay（LW0）设定的延时后接通，其上升沿将复位进给保持信号 DB3200.DBX6.0、读入禁止信号 DB3200.DBX6.1，使 CNC 换刀子程序继续执行下一指令。

② 主轴刀具松开。主轴刀具松开程序实际上就是执行 CNC 辅助机能 M81 的程序，程序设计如图 8.3.15 所示。

网络 3 的第 1 行为主轴刀具松开条件，当自动换刀运动启动条件 L6.2 为 "1"，并且，刀库处于前位（L4.1=1），Z 轴处于换刀起始位（L4.3=1），前移电磁阀输出接通（L5.4=1）时，主轴刀具松开条件满足，L6.6 为 "1"。

网络 3 的第 2～6 行为主轴刀具松开指令 M81 的控制程序。当主轴刀具松开条件满足，

L6.6 为 "1" 时，CNC 执行 M81 指令，接口信号 DB2500.DBX1010.1（M81 代码输出）与 DB2500.DBX4.0（M 代码修改）的上升沿，将使得主轴刀具松开电磁阀输出控制信号 L5.7 输出 "1"，主轴刀具夹紧电磁阀输出控制信号 L5.6 为 "0"，松开主轴刀具；同时，可通过进给保持信号 DB3200.DBX6.0、读入禁止信号 DB3200.DBX6.1，使 CNC 换刀子程序运行进入 M 代码执行等待状态（暂停）。当主轴刀具松开条件不满足，L6.6 为 "0" 时，CNC 执行 M81 指令，换刀出错信号 L5.3 将被置为 "1"，LCD 可显示换刀出错报警。

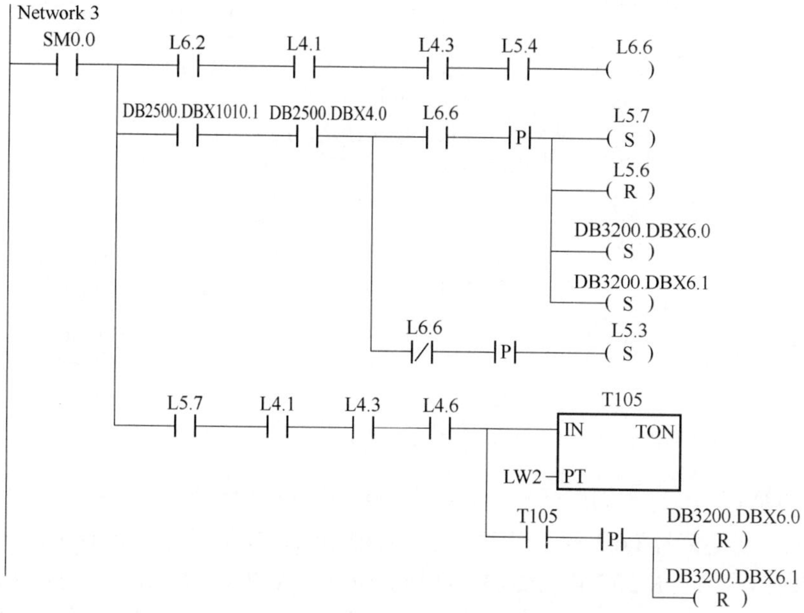

图 8.3.15　主轴刀具松开程序

网络 3 的第 7～9 行为主轴刀具松开指令 M81 执行完成处理程序。当主轴刀具松开电磁阀输出控制信号 L5.7 输出 "1" 时，如果主轴刀具松开（L4.6=1），定时器 T105 将启动；T105 触点经输入变量 SP_CL_Delay（LW2）设定的延时后接通，其上升沿将复位进给保持信号 DB3200.DBX6.0、读入禁止信号 DB3200.DBX6.1，使 CNC 继续执行换刀子程序下一指令。

主轴刀具松开后，CNC 自动换刀子程序 ATC_PROG 将执行 Z 轴固定点定位指令 "G75 Z0"，上移至卸刀点卸刀，然后，执行程序暂停指令 G04，确保 Z 轴到位；程序暂停结束后，执行辅助功能 M82，PLC 继续执行下述的刀库回转选刀程序。

③ 刀库回转选刀。刀库回转选刀程序实际上就是执行 CNC 辅助机能 M82 的程序，程序设计如图 8.3.16 所示。

网络 4 的第 1 行为刀库回转选刀条件。当自动换刀运动启动条件 L6.2 为 "1"，并且，刀库处于前位（L4.1=1），Z 轴位于卸刀位（L4.4=1），主轴刀具处于松开状态（L5.7=1，L4.6=1）时，刀库回转选刀条件满足，L6.7 为 "1"。

网络 4 的第 2～5 行为刀库回转选刀指令 M82 的启动程序。当刀库回转选刀条件满足，L6.7 为 "1" 时，CNC 执行 M82 指令，接口信号 DB2500.DBX1010.2（M82 代码输出）与 DB2500.DBX4.0（M 代码修改）的上升沿，将使得刀库回转选刀启动信号 L6.3 为 "1"；同时，可通过进给保持信号 DB3200.DBX6.0、读入禁止信号 DB3200.DBX6.1，使 CNC 换刀子程序运行进入 M 代码执行等待状态（暂停）。当刀库回转选刀条件不满足，L6.7 为 "0" 时，

CNC 执行 M82 指令，换刀出错信号 L5.3 将被置为 "1"，LCD 可显示换刀出错报警。

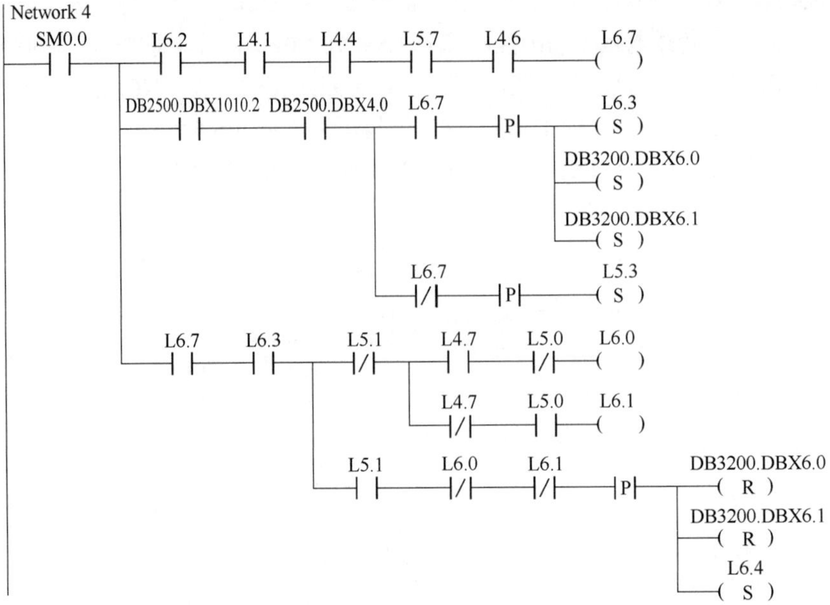

图 8.3.16　回转选刀程序

网络 4 的第 6～10 行为刀库回转选刀指令 M82 执行控制程序。当刀库回转选刀条件满足（L6.7=1），回转启动信号 L6.3 为 "1" 时，程序可根据回转控制子程序 Rota_Contrl（SBR102）所生成的转向信号输入 M20.3 或 M20.4、回转到位信号 M20.6，启动刀库的回转选刀运动。

当刀库回转到位信号 M20.6（L5.1）为 "0" 时，程序可输出转向信号 M20.3、M20.4（L4.7、L5.0）对应的刀库正转或反转接触器控制信号 L6.0 或 L6.1，控制刀库执行回转选刀运动。刀库回转到位后，L5.1 为 "1"，其上升沿将复位进给保持信号 DB3200.DBX6.0、读入禁止信号 DB3200.DBX6.1，使 CNC 继续执行换刀子程序下一指令；同时，将程序中的刀库回转完成记忆信号 L6.4 置为 "1"。

刀库回转到位后，CNC 自动换刀子程序 ATC_PROG 将执行 Z 轴返回至参考点装刀指令 "G74 Z0"，下移至起始点装刀，然后，执行程序暂停指令 G04，确保 Z 轴到位；程序暂停结束后，执行辅助功能 M83，PLC 继续执行下述的主轴刀具夹紧程序。

④ 主轴刀具夹紧程序。主轴刀具夹紧程序实际上就是执行 CNC 辅助机能 M83 的程序，程序设计如图 8.3.17 所示。

网络 5 的第 1 行为主轴刀具夹紧条件。当自动换刀运动启动条件 L6.2 为 "1"，并且，刀库处于前位（L4.1=1，L5.4=1），Z 轴位于起始点（L4.3=1），刀库回转完成记忆信号 L6.4 为 "1" 时，主轴刀具夹紧条件满足，L7.0 为 "1"。

网络 5 的第 2～6 行为主轴刀具夹紧指令 M83 的控制程序。当主轴刀具夹紧条件满足，L7.0 为 "1" 时，CNC 执行 M83 指令，接口信号 DB2500.DBX1010.3（M83 代码输出）与 DB2500.DBX4.0（M 代码修改）的上升沿，将使得主轴刀具夹紧电磁阀输出控制信号 L5.6 输出 "1"，主轴刀具松开电磁阀输出控制信号 L5.7 为 "0"，夹紧主轴刀具；同时，可通过进给保持信号 DB3200.DBX6.0、读入禁止信号 DB3200.DBX6.1，使 CNC 换刀子程序运行进入 M 代码执行等待状态（暂停）。当主轴刀具夹紧条件不满足，L7.0 为 "0" 时，CNC 执行 M83

指令，换刀出错信号 L5.3 将被置为"1"，LCD 可显示换刀出错报警。

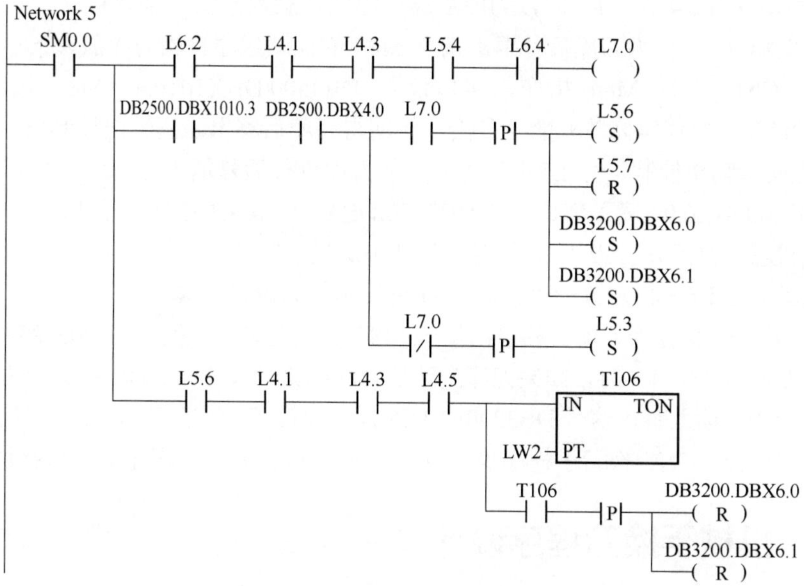

图 8.3.17　主轴刀具夹紧程序

网络 5 的第 7～9 行为主轴刀具夹紧指令 M83 执行完成处理程序。当主轴刀具夹紧电磁阀输出控制信号 L5.6 输出"1"时，如果主轴刀具夹紧（L4.5=1），定时器 T106 将启动；T106 触点经输入变量 SP_CL_Delay（LW2）设定的延时后接通，其上升沿将复位进给保持信号 DB3200.DBX6.0、读入禁止信号 DB3200.DBX6.1，使 CNC 继续执行换刀子程序下一指令。

⑤ 刀库后移退出。刀库后移退出程序实际上就是执行 CNC 辅助机能 M84 的程序，程序设计如图 8.3.18 所示。

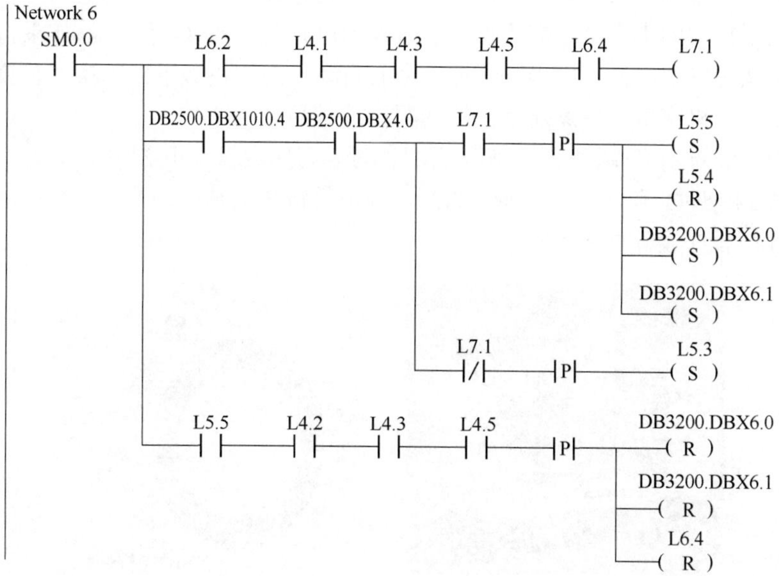

图 8.3.18　刀库后移退出程序

网络 6 的第 1 行为刀库后移退出条件。当自动换刀运动启动条件 L6.2 为"1"，并且刀库

处于后位（L4.1=1），Z轴处于换刀起始位（L4.3=1），主轴刀具为夹紧状态（L4.5=1），刀库回转完成记忆信号 L6.4 为"1"时，刀库后移退出条件满足，L7.1 为"1"。

网络 6 的第 2～6 行为刀库后移退出指令 M84 的控制程序。当刀库后移条件满足，L7.1 为"1"时，CNC 执行 M84 指令，接口信号 DB2500.DBX1010.4（M84 代码输出）与 DB2500.DBX4.0（M 代码修改）的上升沿，将使得刀库后移电磁阀输出控制信号 L5.5 输出"1"、前移电磁阀输出控制信号 L5.4 为"0"，使刀库进行后移退出运动；同时可通过进给保持信号 DB3200.DBX6.0、读入禁止信号 DB3200.DBX6.1，使 CNC 换刀子程序运行进入 M 代码执行等待状态（暂停）。当刀库后移退出条件不满足，L7.1 为"0"时，CNC 执行 M84 指令，换刀出错信号 L5.3 将被置为"1"，LCD 可显示换刀出错报警。

网络 6 的第 7～9 行为刀库后移退出指令 M84 执行完成处理程序。当刀库后移电磁阀输出控制信号 L5.5 输出"1"时，如果刀库到达后位（L4.2=1），其上升沿将复位进给保持信号 DB3200.DBX6.0、读入禁止信号 DB3200.DBX6.1，同时，清除刀库回转完成记忆信号 L6.4，完成全部换刀动作。CNC 换刀子程序执行返回指令 M17，返回主程序继续执行加工程序。

8.4 机械手换刀程序设计

8.4.1 机械手换刀动作

（1）换刀装置组成

斗笠刀库的自动换刀可通过刀库、主轴移动实现，无需使用机械手，故又称无机械手换刀方式。无机械手换刀的自动换刀装置结构简单、动作可靠、控制容易，但由于不具备刀具预选功能，换刀时，必须先将主轴上的刀具放回刀库原刀位，然后才能进行刀库回转选刀、装刀等动作。其换刀时间较长（通常大于 5s），因此，在加工效率、换刀速度要求较高的加工中心上，需要采用具有刀具预选功能的机械手换刀方式。

采用机械手换刀的中小规格立式加工中心及刀库外观如图 8.4.1 所示，如果将刀库以机械手轴线呈水平状态安装，便可用于卧式加工中心自动换刀。机械手自动换刀装置目前已有专业生产厂家生产，机床生产厂家通常直接选配标准产品。

机械手换刀装置由刀库、机械手两大部件组成。刀库容量小于 24 把时，刀库通常采用圆盘结构；超过 24 把时，可采用椭圆形、方形、异形等链传动结构。不同刀库只是存在刀库外形的不同，PLC 程序设计并无区别。

(a) 机床

(b) 刀库外观

图 8.4.1 机械手换刀立式加工中心

机械手运动有机械凸轮、气动（或液压）2 种驱动形式，两者需要选配不同的驱动装置。凸轮驱动的机械手结构紧凑、换刀快捷，但其装配调试要求高、承载能力较小，多用于中小规格通用型加工中心；液压、气动系统控制的机械手动作可靠、承载能力强、调试方便，但需要配套液压、气动系统，多用于大中型通用加工中心。

机械手凸轮换刀装置的基本组成如图 8.4.2 所示，刀盘后侧为机械手驱动装置，用来连接机械手驱动电机和机械手。

刀库包括刀盘、刀套翻转机构、回转电机、减速器、蜗杆凸轮分度定位机构等部件，可实现刀盘回转选刀及刀套翻转动作。机械手由机械手本体、驱动装置、驱动电机、机械手回转及刀臂伸缩凸轮机构等部件组成，用来实现刀具抓取、机械手回转、刀臂伸缩等运动，进行刀库换刀位和主轴的刀具交换。

机械手换刀时，主轴和刀库不需要进行相对运动，因此，可用于工作台移动、立柱移动、主轴箱移动等各种结构的加工中心。机械手换刀的另一优点是可通过刀具预选，在换刀前将需要更换的下一刀具提前回转到刀库的换刀位上，因此，自动换刀只需要进行机械手回转、伸缩等运动，其换刀速度远高于斗笠刀库换刀。因此，它是目前高速加工中心常用的自动换刀方式。

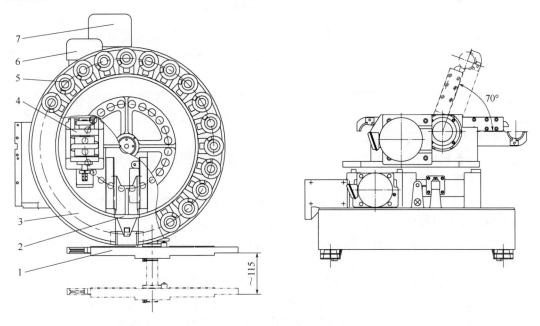

图 8.4.2　凸轮换刀装置的组成

1—刀臂；2—刀套翻转机构；3—刀盘；4—分度定位机构；5—刀套；6—回转电机；7—机械手电机

（2）换刀动作

机械手自动换刀装置的换刀动作如图 8.4.3 所示，PLC 程序应根据换刀动作，按以下步骤控制刀库、驱动装置运动。

① 刀具预选。在刀具交换前，机械手位于上方 0°初始位置，CNC 加工程序可在当前刀具加工时，事先利用 T 代码指定下一把需要加工的刀具，然后，通过 PLC 程序启动刀库回转运动，将下一把刀具回转到刀库的刀具交换位置，完成刀具预选动作，做好换刀准备。

当机床完成当前刀具加工及主轴定向准停、Z 轴运动到换刀位置等换刀准备后，便可通过加工程序的换刀指令（一般为 M06），立即启动换刀。

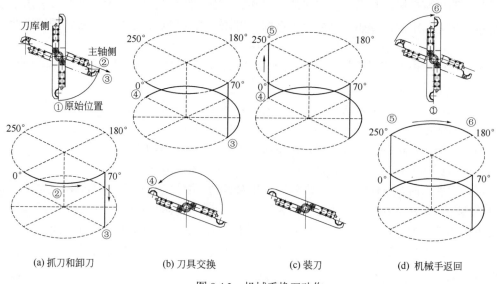

图 8.4.3　机械手换刀动作

② 机械手回转抓刀。换刀启动后，一般需要进行刀库换刀位的刀套 90°翻转运动，使刀具轴线和主轴轴线平行。如果刀库换刀位刀具的翻转不影响机床正常加工，为了加快换刀速度，这一动作也可包含在刀具预选中，在刀库回转选刀结束时进行。

PLC 程序确认主轴定向准停、Z 轴位置及刀套翻转等准备工作完成后，便可启动机械手进行 70°左右（或 60°左右，不同产品稍有区别）的回转运动，使两侧的手爪同时夹持刀库换刀位和主轴上的刀具刀柄，完成抓刀（又称扣刀）动作。

③ 卸刀。机械手完成抓刀后，可利用气动或液压系统松开刀库换刀位及主轴上的刀具，并启动主轴吹气。

刀具完全松开后，进行机械手伸出运动（SK 40 刀柄尺寸大致为 115mm 左右），同时取出刀库和主轴上的刀具。

④ 刀具交换。刀具取出（卸刀完成）后，进行机械手 180°回转运动，将刀库和主轴侧的刀具互换。

⑤ 装刀。刀具交换完成后，进行刀臂缩回运动，将两侧手爪上的刀具同时装入刀库和主轴。接着，利用气动（或液压）系统夹紧刀库、主轴上的刀具，关闭主轴吹气。

⑥ 机械手返回。刀具夹紧完成后，进行机械手 70°（或 60°）左右的返回运动，使机械手回到 180°位置，结束换刀动作。由于机械手左右两侧的手爪结构完全相同，并可无限回转，因此，180°位置与 0°位置的状态相同，故可在 180°位置上重复换刀动作，继续进行下一刀具的交换。

机械手返回 180°（0°）位置后，可利用气动或液压系统，将刀库刀具交换位的刀套连同刀具向上翻转 90°，回到水平位置；接着，进行下一把刀具的预选动作。

机械手的以上运动需要利用机械手驱动装置驱动，通用型自动换刀装置常用的驱动装置主要有气动（或液压）、机械凸轮驱动 2 种。气动与液压驱动装置需要利用气缸、液压缸，驱动机械手实现图 8.4.3 所示的换刀动作；机械凸轮驱动装置需要利用机械手驱动电机的启动、停止，驱动凸轮、连杆的运动，实现图 8.4.3 所示的换刀动作。

8.4.2 机械手换刀装置结构

（1）气动机械手驱动装置

气动或液压机械手具有动作可靠、控制容易、调整方便、承载能力强等优点，是大中型加工中心常用的机械手驱动装置。以气动机械手驱动装置为例，其典型结构如图 8.4.4 所示。液压机械手驱动装置和气动机械手驱动装置的结构原理基本相同。在不同的产品上，图中的70°回转气缸、齿条也可能为60°回转气缸、齿条。机械手换刀装置的换刀机械手一般为独立的部件，其结构详见后述。

气动机械手驱动装置由图 8.4.4 所示的输出轴（手臂）1、安装座 2、手臂伸缩气缸 8 与连接套 6、70°回转齿条 11 与回转气缸 12、180°回转齿条 3 与回转气缸 13，以及机械手位置检测开关、缓冲弹簧等主要部件组成。

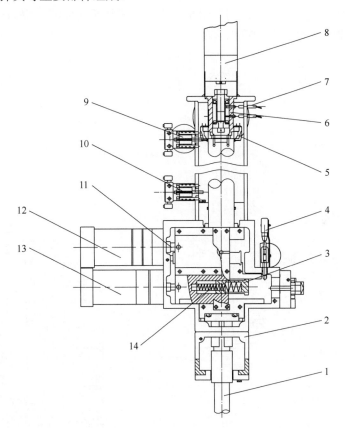

图 8.4.4　气动机械手驱动装置结构

1—输出轴（手臂）；2—安装座；3—180°回转齿条；4—180°检测开关；5—发信盘；6—连接套；

7—0°与 70°检测开关；8—伸缩气缸；9，10—伸缩检测开关；11—70°回转齿条；

12—70°回转气缸；13—180°回转气缸；14—缓冲弹簧

换刀机械手安装在驱动装置输出轴（手臂）1 的下方，当输出轴在气缸的驱动下进行伸缩、回转运动时，机械手便可进行卸刀、装刀及抓刀、换刀等动作。

驱动机械手上、下运动的伸缩气缸 8 安装在输出轴（手臂）1 的上方，气缸和输出轴（手臂）通过连接套 6 连接，输出轴可在伸缩气缸的驱动下，进行上下滑移运动。对输出轴的上、

下位置，可通过发信盘 5 及检测开关 9（上位）、10（下位）进行检测。

输出轴 1 的下部为花键轴，用来实现输出轴的回转运动。当输出轴位于上位（缩回）时，花键轴可与 70°回转齿条 11 啮合，与 180°回转齿条 3 脱开。这时，可通过 70°回转气缸 12、齿条 11，带动花键轴回转，使输出轴（手臂）进行 70°回转或返回运动，完成机械手扣刀、返回动作。输出轴 1 的 0°、70°位置，可利用检测开关 6、7 检测。当输出轴伸出到下位时，花键轴将与 70°回转齿条 11 脱开，与 180°回转齿条 3 啮合。这时，可通过 180°回转气缸 13、齿条 3 带动花键轴回转，使输出轴（手臂）进行 180°回转或返回运动，完成机械手换刀动作。输出轴的 180°位置，可利用检测开关 4 进行检测。

（2）凸轮机械手驱动装置

凸轮机械手驱动装置结构紧凑、换刀快捷，但其装配调试要求高、承载能力较小，因此，多用于中小规格通用型加工中心。

凸轮机械手驱动装置的典型结构如图 8.4.5 所示，机械手的伸缩、回转运动均通过电机驱动的凸轮运动及相应的连杆驱动机构实现。

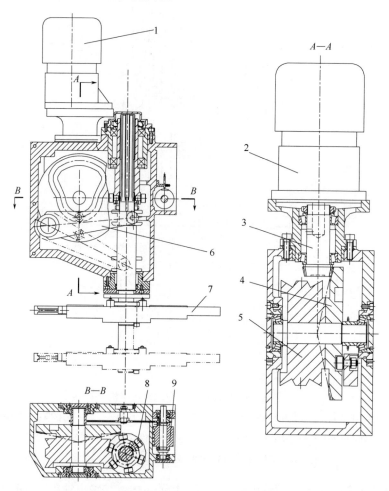

图 8.4.5 凸轮机械手换刀装置结构

1—驱动电机；2—减速器；3—齿轮轴；4—平面凸轮；5—弧面凸轮；

6—连杆；7—机械手；8—分度盘；9—发信盘

凸轮机械手驱动装置由伸缩、回转两组凸轮运动机构组成。图 8.4.5 所示中，平面凸轮 4 和连杆 6 所组成的机构用来实现机械手的伸缩动作，弧面凸轮 5 和分度盘 8 所组成的机构用来实现机械手的回转动作。两组凸轮的运动统一由驱动电机 1 通过减速器 2、圆锥齿轮轴 3 及弧面凸轮上的圆锥齿牙盘驱动。当驱动电机 1 回转时，利用平面凸轮、弧面凸轮机构，可将电机的连续回转运动转化为机械手运动所需的间隙换刀动作。

平面凸轮 4 用来控制连杆 6 的上下位置，驱动输出轴（手臂）垂直滑移，实现机械手 7 的伸缩运动，完成卸刀、装刀动作。弧面凸轮 5 和平面凸轮 4 相连，凸轮回转时，可通过分度盘 8 上的 6 个滚珠带动花键轴，使输出轴（手臂）回转，实现机械手的回转运动，完成扣刀、换刀、返回动作。发信盘 9 中安装有多个凸轮位置接近开关，可检测凸轮（机械手）的实际位置，提供电气控制条件。

以上机械手换刀装置的刀臂回转（弧面凸轮驱动）、刀臂伸缩（平面凸轮驱动）及驱动电机启动/停止、主轴上刀具松开/夹紧的动作配合曲线如图 8.4.6 所示，图中的角度均为参考值，在不同的产品上稍有区别（下同）。

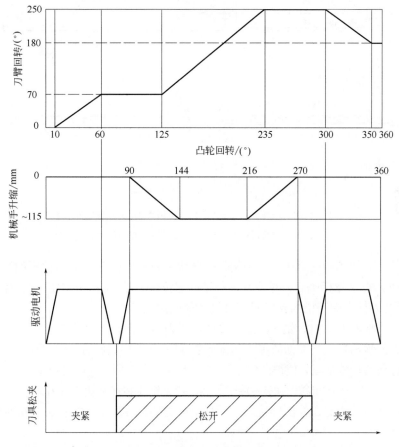

图 8.4.6　机械手换刀动作配合曲线

换刀开始前，弧面/平面凸轮停止在 ±10° 的范围内，机械手处于上位、0°的初始位置。换刀开始后，启动驱动电机，使凸轮转过 70°左右，机械手将在弧面凸轮的驱动下，完成 70°转位动作。回转到位后，驱动电机立即停止，保证凸轮停止在 70°～90°范围内。此时，可通过气动（或液压）系统松开主轴上的刀具。

刀具松开完成后，需要再次启动驱动电机，机械手将在平面凸轮、弧面凸轮的联合驱动下，连续执行机械手伸出、180°回转和机械手缩回装刀动作，实现主轴和刀库侧的刀具交换。当凸轮回转到 270° 时，驱动电机再次停止，并通过气动（或液压）系统夹紧主轴上的刀具。

刀具夹紧完成后，第 3 次启动机械手驱动电机，使凸轮转到 360°±10° 位置，弧面凸轮将驱动机械手完成 70° 返回动作，回到 180° 位置，结束换刀动作。

以上整个动作一般可以在 1～2s 内完成。由于换刀前刀库已经完成了刀具的预选动作，因此，采用了凸轮驱动装置的立式加工中心换刀十分快捷。

（3）机械手结构

气动（或液压）驱动装置和凸轮驱动装置所使用的机械手结构并无区别，其典型结构如图 8.4.7 所示。机械手可安装在驱动装置输出轴（手臂）的下方，然后通过弹性锥环 12、压盖 5 锁紧，与输出轴（手臂）连成一体。

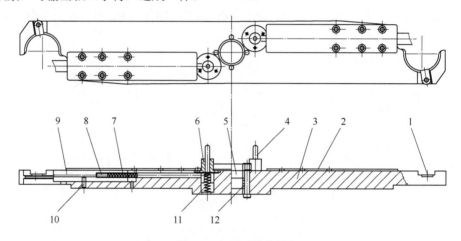

图 8.4.7 机械手结构图

1—刀具定位键；2—盖板；3—手臂体；4—锁紧销；5—压盖；6—套；

7, 11—弹簧；8, 10—销；9—锁紧块；12—锥环组

机械手的左右两侧为完全相同的结构。手臂体 3 的两端加工有 V 形截面的半圆环，V 形圆环可与刀柄上的 V 形槽啮合，对刀具进行轴向定位。V 形半圆环的中位安装有刀具定位键 1，定位键可与刀柄上的键槽啮合，对刀具进行径向定位。

锁紧销 4、弹簧 7 及 11、销 8、锁紧块 9 用于刀柄夹持。当手臂缩回时，锁紧销 4 将与驱动装置下方的输出轴安装端面碰撞，压缩弹簧 11，并下移。此时，锁紧块 9 可以在弹簧 7 的作用下进行前后伸缩运动，使得两侧手爪能卡入或退出刀柄，进行机械手扣刀、返回动作。如果手臂伸出，锁紧销 4 与输出轴安装端面脱离，锁紧销 4 将在弹簧 11 的作用下恢复到上位，此时，锁紧块 9 将被固定在伸出位置，使手爪上的刀柄始终处于夹持状态，从而避免机械手运动时的刀具脱落。

锥环组 12、压盖 5 用来连接驱动装置输出轴（手臂）。当机械手装入输出轴后，拧紧压盖，可使锥环组中的内锥环径向收缩、外锥环径向胀大，从而在输出轴和机械手的接合面上产生很大的接触压力，固定机械手。

（4）刀盘定位装置

中小容量的圆盘刀库一般采用图 8.4.8 所示的蜗杆凸轮分度定位机构进行回转与定位。

图中的蜗杆凸轮与刀库回转电机的减速器输出轴连接，可在驱动电机的带动下回转。凸轮的圆柱面上加工有驱动滚轮移位、带动滚轮盘回转的凸轮槽。

滚轮盘通常与刀库的刀具安装盘连接成一体。滚轮盘上均匀安装有数量与刀库刀位数一致的滚轮，其中的 2 个滚轮应与蜗杆凸轮的凸轮槽啮合。因此，当蜗杆凸轮回转时，凸轮槽将推动滚轮移位，带动滚轮盘及刀库回转。

蜗杆凸轮槽的中间段为封闭的螺旋升降槽，两端为敞开的定位保持段。当蜗杆凸轮进行图 8.4.8 所示的顺时针旋转时，滚轮 A 将进入凸轮的螺旋升降段，并在凸轮槽的推动下移动到滚轮 B 的位置，使得滚轮盘顺时针转过一个刀位；与此同时，下一滚轮 C 将被移动到滚轮 A 的位置，为下一刀位的回转做好准备。

当滚轮 A 到达滚轮 B 的位置后，滚轮 A 和 C 都将进入螺旋槽的保持段，此时，凸轮的回转将不会产生滚轮的移动，滚轮盘与刀库刀盘均进入定位

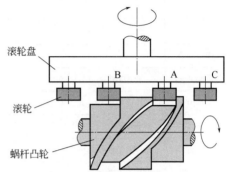

图 8.4.8　蜗杆凸轮分度原理

保持状态，因此，即使蜗杆凸轮的停止位置稍有偏差，也不会影响刀盘定位。如果凸轮继续运动，则又可推动滚轮 C 到滚轮 B 的位置，继续转一个分度位置，如此循环。

8.4.3　刀具表初始化及更新程序设计

由于 TOOLBOX_DVD_828D 工具软件所提供的样板子程序同样是用于刀具管理功能换刀的 PLC 程序，因此，当机械手换刀加工中心使用传统换刀方式时，需要用户自行设计自动换刀的 PLC 控制程序，并创建刀库刀座的刀具安装表（简称刀具表）。换刀程序通常应包括刀具表初始化、刀具检索、刀具预选、机械手换刀、刀具表更新 5 部分，为了便于使用，5 部分程序都可以设计成独立的子程序，由 OB1 进行调用。

（1）刀库刀具变化规律

在具有刀具预选功能的机械手换刀加工中心上，为了加快换刀速度、避免刀库的二次回转，从主轴上取下的刀具将被直接装入安装到主轴的新刀具刀座中。加工完成后，主轴上通常也会保留最后一把加工的刀具。因此，刀库刀座上所安装的刀具号将随着刀具交换的进行而不断改变。

例如，假设刀具号为 T□□，刀座号为 P□□，如果刀库初始状态为刀座号与刀号一致，即：P01 安装 T01，P02 安装 T02，……，主轴上无刀。首次执行如下 CNC 加工程序 O0010 时，其换刀过程及刀库刀座上的刀具变化如表 8.4.1 所示。

```
O 0010;
N01 T01;                        //预选刀具 T01
……
N10 M06;                        //更换刀具 T01
N11 T02;                        //预选下一把刀具 T02
……                            //刀具 T01 加工程序
N20 M06;                        //更换刀具 T02
N21 T10;                        //预选下一把刀具 T10
……                            //刀具 T02 加工程序
```

```
N30 M06;                              //更换刀具 T10
……                                   //刀具 T10 加工程序
M30;
```

表 8.4.1 首次执行 O0010 的刀具变化表

程序段	换刀动作	主轴刀具	刀库换刀位刀座	刀库刀具安装		
				刀座 P01	刀座 P02	刀座 P10
初始状态	—	空	任意	T01	T02	T10
N01	预选 T01	空	P01	T01	T02	T10
N10	更换 T01	T01	P01	空	T02	T10
N11	预选 T02	T01	P02	空	T02	T10
N20	更换 T02	T02	P02	空	T01	T10
N21	预选 T10	T02	P10	空	T01	T10
N30	更换 T10	T10	P10	空	T01	T02
加工完成	—	T10	P10	空	T01	T02

O0010 程序执行完成后，如果再次执行程序进行加工，其换刀过程及刀库刀座上的刀具变化将如表 8.4.2 所示。

表 8.4.2 第 2 次执行 O0010 的刀具变化表

程序段	换刀动作	主轴刀具	刀库换刀位刀座	刀库刀具安装		
				刀座 P01	刀座 P02	刀座 P10
初始状态	—	T10	P10	空	T01	T02
N01	预选 T01	T10	P02	空	T01	T02
N10	更换 T01	T01	P02	空	T10	T02
N11	预选 T02	T01	P10	空	T10	T02
N20	更换 T02	T02	P10	空	T10	T01
N21	预选 T10	T02	P02	空	T10	T01
N30	更换 T10	T10	P02	空	T02	T01
加工完成	—	T10	P02	空	T02	T01

（2）初始化刀具表创建

由上可见，在具有刀具预选功能的机械手换刀加工中心上，为了在刀库刀座上找到所需要的刀具，需要建立一个数据表，以指明刀具在刀库上的安装位置，然后将这一刀座回转到刀库换刀位，由机械手进行换刀动作。这一数据表称为刀具安装表或随机刀具表，简称刀具表。

刀具表需要有断电保持功能，在 SINUMERIK 828D 等数控系统上，一般设置在 PLC 的可读写断电保持数据块 DB1400 中。DB1400 的数据存储容量为 128 字节，数据可为字节、字、双字格式。对于刀具号不超过 T127 的绝大多数普通加工中心，DB1400 的数据可选择字节存储格式，每一个字节存储一个刀具号。

828D 系统数据块 DB1400 的数据不能通过 LCD/MDI 面板进行设定与修改，为此，需要编制专门的 PLC 程序，创建与更新 DB1400 的数据。例如，通过刀具表初始化程序，确定刀库刀座和刀具号的初始对应关系；在自动换刀完成后，利用刀具表更新程序，重新设定刀库刀座和刀具号的初始对应关系。

刀具表初始化 PLC 程序的设计示例如下。为了便于编程，刀具表初始化示例程序对 DB1400 数据块的数据存储器地址、含义、初始化设定值及刀具初始化安装有规定的要求。以容量为 12 把刀的刀库为例，执行刀具表初始化示例程序时，主轴与刀库刀座需要按照表 8.4.3 的规定安装刀具；如果刀库容量超过 12 把，可继续对 DBB13 及以后的数据存储器依次设定刀具号 T13、T14……

表 8.4.3　DB1400 刀具表初始化要求

存储器地址	存储器含义	初始设定	说　　明
DBB0000	主轴	0	创建刀具安装表时，主轴上不安装刀具
DBB0001	刀库 1 号刀座	1	创建刀具安装表时，刀库 1 号刀座安装刀具 T1
DBB0002	刀库 2 号刀座	2	创建刀具安装表时，刀库 2 号刀座安装刀具 T2
……	……	……	……
DBB0012	刀库 12 号刀座	12	创建刀具安装表时，刀库 12 号刀座安装刀具 T12
DBB0013 …… DBB0127	不使用	0	不使用的存储器设定为 0

刀具按照表 8.4.3 的要求安装后，可选择调试操作，调用刀具初始化 PLC 程序，然后，通过 CNC 的特殊 M 代码指令（如 M16），启动刀具表初始化程序，一次性完成刀库刀座上的刀具设定。

（3）刀具表初始化程序设计

假设刀具表初始化示例子程序为 MG_Tool_Ini（SBR110），刀具初始化程序调用信号为 M30.0，刀具表初始化指令为 M16，则初始化 PLC 子程序设计示例如图 8.4.9 所示。

图 8.4.9（a）为刀具表初始化子程序 MG_Tool_Ini（SBR110）调用指令。调用子程序前，刀库的所有刀座（刀座 1～12）必须依次安装所有的刀具（T1～T12），主轴上应无刀。当刀具按要求安装完成后，程序中的 M30.0 应为"1"，使得 PLC 调用子程序 MG_Tool_Ini。刀具表初始化完成后，子程序的输出 MG_Ini_Fin 将为"1"，M30.1 可作为 PLC 程序的刀具表初始化完成互锁信号，用于 CNC 加工程序自动运行控制等。

图 8.4.9（b）为 12 把刀刀库的刀具表初始化程序 MG_Tool_Ini（SBR110）。执行程序后，数据块 DB1400 中代表刀库刀座的数据存储器 DBB1～DBB12 将被依次设定为 1～12，代表主轴的数据存储器 DBB0 将被设定为"0"，并将输出变量 L0.0 置为"1"状态。如果刀库容量超过 12 把，可在第 2 行程序之后继续添加移动指令 MOV_B，将 DB1400.DBB13 及以后的数据存储器依次设定为 13、14……

一旦子程序 MG_Tool_Ini（SBR110）被调用（M30.0=1），只要 CNC 执行刀具表初始化

指令 M16，CNC/PLC 接口信号 DB2500.DBX1002.0 及 M 代码修改信号 DB2500.DBX4.0 将为 "1"，此时，刀具号 1～12 将被写入刀具表 DB1400 的 DBB1～DBB12 中，刀具号 0（无刀）将被写入 DBB0 中。指令执行完成后，输出变量 L0.0 成为 "1"。

(a) 子程序调用

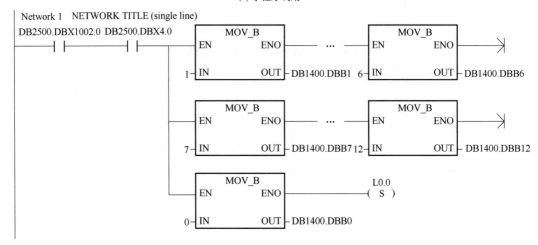

(b) 子程序设计

图 8.4.9　刀具表初始化程序设计

（4）刀具表更新程序设计

刀具表更新程序用于机械手换刀完成后的刀库刀座、主轴的刀具号更改。加工中心经过机械手换刀，原来安装在主轴上的刀具将被装入刀库换刀位的刀座中，而原来安装在刀库换刀位的刀具将被装入主轴，因此，原 DB1400.DBB0 中存储的刀具号需要与刀库换刀位存储器中的刀具号互换。

刀具表更新子程序的设计示例如图 8.4.10 所示，应在机械手换刀动作完成后立即调用、执行子程序 Tool_Updata（SBR111）。

图 8.4.10（a）所示为子程序 Tool_Updata 的局部变量定义表，调用子程序时，需要对输入/输出变量进行赋值；图 8.4.10（b）为 12 把刀刀库的刀具表更新程序。

刀具表更新程序的第 1～12 行为刀库换刀位刀具号更新程序。当机械手换刀完成，输入变量 L8.0 为 "1" 时，如果刀库换刀位刀座号（输入变量 LD0）为 "1"，比较触点 "LD0=1" 接通，刀具表中的原主轴刀号（DB1400.DBB0）将被写入到刀具表的 1 号刀座刀具号存储器 DB1400.DBB1 中；如果刀库换刀位刀座号（输入变量 LD0）为 "2"，比较触点 "LD0=2" 接通，刀具表中的原主轴刀号（DB1400.DBB0）将被写入到刀具表的 12 号刀座刀具号存储器 DB1400.DBB2 中；以此类推。

刀库换刀位刀具号更新完成后，临时变量 L8.2 为 "1"，其上升沿可将当前的 CNC 指令刀号（输入变量 LD4）写入到刀具表的主轴刀具号存储器 DB1400.DBB0 中，完成刀具表的更新。由于 CNC 指令刀号 LD4 的数据格式为 2 字长正整数，数据需要通过累加器 AC0 的操作，将有效数据位转换为字节格式。主轴刀具号更新完成后，可输出刀具表更新完成信号 L8.1，以结束自动换刀动作。

	Name	Var Type	Data Type	Comment
	EN	IN	BOOL	
LD0	Act_Tno	IN	DWORD	刀库现在换刀位刀座号
LD4	CNC_Tno	IN	DWORD	当前CNC指令刀号
L8.0	Arm_ATC_End	IN	BOOL	机械手换刀完成
		IN_OUT		
L8.1	All_Updata_Fin	OUT	BOOL	刀具表更新完成
		OUT		
L8.2	MG_Updata_Fin	TEMP	BOOL	刀库刀具更新完成

(a) 局部变量定义表

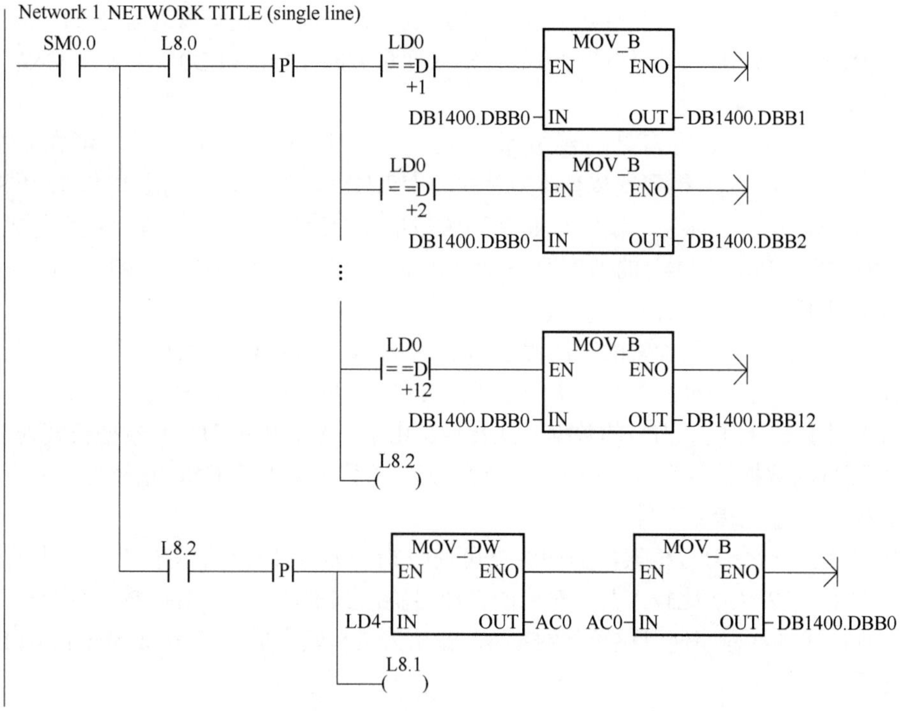

(b) 更新程序

图 8.4.10　刀具表更新程序设计

8.4.4　刀具检索及预选程序设计

加工中心的刀具预选需要通过刀库的运动实现。在机械手换刀的加工中心上，刀具在刀库刀座上的安装位置随着自动换刀的进行在不断改变，刀具预选时首先需要检索安装有 CNC 指令刀具的刀座号，然后，将此刀座回转到刀库的换刀位，才能完成刀具的预选动作。因此，机械手换刀加工中心的刀具预选程序应包括刀具检索、刀库回转两部分内容。

刀具检索及预选程序的设计示例如下。考虑到程序的通用性，下述的刀具检索程序采用了子程序的形式设计，对于特定的机床，此程序也可以直接编制在刀具预选程序中。

（1）刀具检索程序设计

刀具检索程序以子程序形式设计时，需要定义子程序号及输入/输出变量。示例程序 Tool_Search（SBR112）的子程序局部变量定义如图 8.4.11 所示。

	Name	Var Type	Data Type	Comment
	EN	IN	BOOL	
LD0	CNC_Tno	IN	DWORD	CNC指令刀号
		IN_OUT		
LD4	CNC_Tno_Pos	OUT	DWORD	指令刀号所在的刀座号
L8.0	No_Tool_Error	OUT	BOOL	指令刀具不存在
L8.1	Tool_Sea_Fin	OUT	BOOL	刀具检索完成
LB9	CNC_Tno_Byte	TEMP	BYTE	指令刀号

图 8.4.11　局部变量定义表

采用传统方式换刀时，刀具检索程序一般通过 CNC 的 T 代码修改信号 TF（接口信号 DB2500.DBX8.0）调用，调用程序时需要在输入变量 CNC_Tno（LD0）中定义 CNC 指令刀号（DB2500.DBD2000）。

如果 CNC 所指定的刀具已经安装在刀库中，程序执行完成后，可在输出变量 CNC_Tno_Pos（LD4）上得到安装有该刀具的刀库刀座号，同时，在输出变量 Tool_Sea_Fin（L8.1）上输出检索完成标记；如果 CNC 指定的刀具在刀库中未安装，程序执行完成后，输出变量 CNC_Tno_Pos（LD4）的刀库刀座号输出将为"0"，同时，在输出变量 No_Tool_Error（L8.0）上输出检索出错标记。

用于 12 把刀刀库刀具检索的示例程序 Tool_Search（SBR112）设计如图 8.4.12 所示，如果刀库容量大于 12 把，可在网络 2 中继续添加 T13 及以后的刀具检索指令。

网络 1 用于 CNC 指令刀号的数据格式转换。由于刀具表中的刀具号数据长度为 1 字节、CNC 指令刀号的数据长度为 2 字长（4 字节），刀具检索前需要将 CNC 指令刀号的有效数据转换为 LB9 的 1 字节指令刀号。

网络 2 用于指令刀号检索，程序网络可通过指令刀号 LB9 与现行刀具表中的刀具号 DB1400.DBB1～12 依次比较，并将对应的刀座号输出到变量 CNC_Tno_Pos（LD4）上。指令刀具一旦被找到，程序便可跳转到网络 4，输出刀具检索完成信号 Tool_Sea_Fin（L8.1），结束子程序。

如果指令刀具在刀库上未安装，程序将执行网络 3，将刀座号输出到变量 CNC_Tno_Pos（LD4）置为 0，同时，输出刀具检索出错信号 No_Tool_Error（L8.0），结束子程序。

（2）刀具预选程序与调用

机械手换刀加工中心的刀具预选程序用于刀库回转选刀控制，程序可将 CNC 程序中 T 代码指定的、需要使用的下一把刀具，提前回转到刀库的换刀位，以便通过机械手的换刀运动，在取下主轴刀具的同时，将预选刀具安装到主轴上。由于刀具预选可以在当前刀具加工的同时进行，因此，可大幅度节省自动换刀时间。

刀具预选程序可采用子程序形式编程，其设计示例如下。示例子程序的名称为 Tool_Pre_Select（SBR113），可用于 12 把刀刀库的刀具预选控制。

子程序 Tool_Pre_Select（SBR113）的局部变量定义如图 8.4.13 所示，程序同时具有刀库换刀位刀座号计算、设定功能，变量的作用及定义要求部分如下。

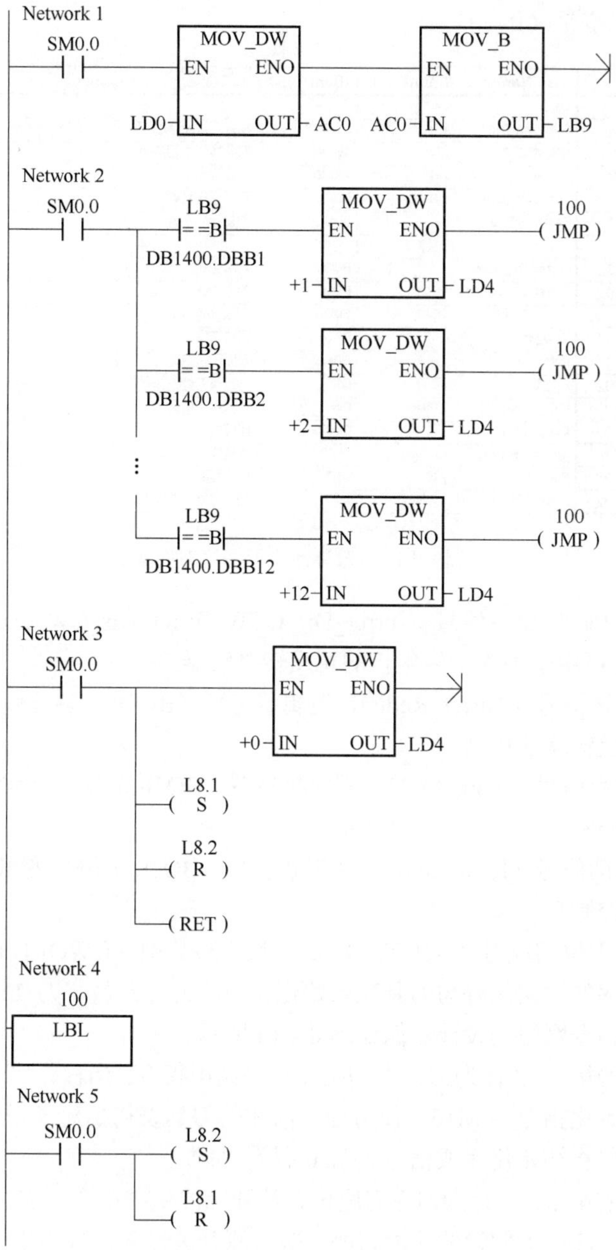

Network 1

```
SM0.0          MOV_DW              MOV_B
├─┤ ├──────┤EN    ENO├──────────┤EN    ENO├──────────>
              │           │        │           │
         LD0─┤IN   OUT├─AC0   AC0─┤IN   OUT├─LB9
```

Network 2

```
SM0.0      LB9          MOV_DW              100
├─┤ ├────┤==B├────────┤EN    ENO├────────( JMP )
      DB1400.DBB1       │           │
                    +1─┤IN   OUT├─LD4

           LB9          MOV_DW              100
         ┤==B├────────┤EN    ENO├────────( JMP )
      DB1400.DBB2       │           │
                    +2─┤IN   OUT├─LD4

             ⋮

           LB9          MOV_DW              100
         ┤==B├────────┤EN    ENO├────────( JMP )
      DB1400.DBB12      │           │
                   +12─┤IN   OUT├─LD4
```

Network 3

```
SM0.0                  MOV_DW
├─┤ ├──────┬──────────┤EN    ENO├──────────>
           │           │           │
           │       +0─┤IN   OUT├─LD4
           │
           │    L8.1
           ├───( S )
           │
           │    L8.2
           ├───( R )
           │
           └───( RET )
```

Network 4

```
  100
┌───────┐
│  LBL  │
└───────┘
```

Network 5

```
SM0.0      L8.2
├─┤ ├──────( S )
           │
           │ L8.1
           └─( R )
```

图 8.4.12 刀具检索程序设计

LD0：刀库回转定位目标，即安装有指令刀具的刀库刀座号（CNC_Tno_Pos），2 字长正整数型（DWORD）输入变量（IN）。输入变量 LD0 应为刀具检索子程序 Tool_Search（SBR112）的执行结果。

LD4：刀具预选程序执行前的刀库换刀位刀座号（MG_ATC_Pos），2 字长正整数型（DWORD）输入变量（IN）。

LW8：刀库容量（T_max），1 字长正整数型（WORD）输入变量（IN）。刀库容量一般可通过 CNC 机床参数 MD14510[n]（PLC 用户数据）进行设定。

L10.0/L10.1：刀库正/反转刀座计数脉冲输入（Tno_CCW_Cou/Tno_CW_Cou），逻辑状

态型（BOOL）输入变量（IN）。

	Name	Var Type	Data Type	Comment
	EN	IN	BOOL	
LD0	CNC_Tno_Pos	IN	DWORD	指令刀号所在的刀座号
LD4	MG_ATC_Pos	IN	DWORD	刀库换刀位刀座号
LW8	T_max	IN	WORD	刀库容量
L10.0	Tno_CCW_Cou	IN	BOOL	刀库正转计数
L10.1	Tno_CW_Cou	IN	BOOL	刀库反转计数
		IN_OUT		
L10.2	Turret_Dir_CCW	OUT	BOOL	刀库正转
L10.3	Turret_Dir_CW	OUT	BOOL	刀库反转
L10.4	Turret_Redu	OUT	BOOL	刀库减速
L10.5	Rota_End	OUT	BOOL	回转结束
L10.6	Rota_Start	OUT	BOOL	刀库回转启动
LD12	Act_Tno	OUT	DINT	刀库换刀位刀座号
LD16	Calc_Tnc	TEMP	DINT	计算用刀座号
LD20	Comp_Var1	TEMP	DINT	比较值1
LD24	Comp_Var2	TEMP	DINT	比较值2
LD28	Rot_Dis	TEMP	DINT	回转距离
LD32	Tmax_DINT	TEMP	DINT	刀库容量（双字长）

图 8.4.13　刀具预选程序局部变量定义

L10.2/L10.3：刀库正/反转信号（Turret_Dir_CCW/Turret_Dir_CW），逻辑状态型（BOOL）输出变量（OUT），可用于刀库回转电机的正反转接触器控制。

L10.4：刀库减速信号（Turret_Redu），逻辑状态型（BOOL）输出变量（OUT），可用于刀库回转电机的正反转减速控制。

L10.5：回转结束信号（Rota_End），逻辑状态型（BOOL）输出变量（OUT），可用于刀库回转电机的停止控制。

L10.6：回转启动信号（Rota_Start），逻辑状态型（BOOL）输出变量（OUT），可用于刀库回转电机的启动控制。

LD12：刀库换刀位刀座号（Act_Tno），2 字长正整数型（DWORD）输出变量（OUT）。

刀具预选子程序的调用最好与刀具表初始化、刀库刀座计数、刀具检索子程序的调用同时考虑，程序调用指令网络的设计示例如图 8.4.14 所示。

程序调用网络的第 1、2 行为刀具表初始化程序调用指令。当程序启动信号 M30.0 为"1"时，执行刀具表初始化指令为 M16，便可通过前述的刀具表初始化子程序 MG_Tool_Ini，完成刀具表的创建，并将初始化完成信号 M32.0 置为"1"。

程序调用网络的第 3、4 行为刀库刀座位置计数脉冲生成指令。Q2.0、Q2.1 为假设的刀库正反转控制输出，I2.0 为假设的刀库刀座计数检测开关输入；标志 M20.0、M20.1 为刀库正反转计数脉冲信号。

程序调用网络的第 5 行为刀具检索程序调用指令。如果刀具表初始化已完成（M32.0 为1），CNC 执行 T 指令时，可通过 T 代码修改信号 TF（接口信号 DB2500.DBX8.0）调用前述的刀具检索子程序 Tool_Search（SBR112），在标志 MD48 中得到 CNC 指令刀号（接口信号 DB2500.DBD2000）所在的刀库刀座号，并输出刀具检索完成信号 M32.2。

程序调用网络的第 6 行用于刀库换刀位当前刀座号的缓存。因为在刀具预选过程中，随着刀库的回转，刀库换刀位刀座号（MD44）将不断变化，为避免由此带来的程序执行出错，一般应在刀具检索完成后，利用完成信号 M32.2 的上升沿，将刀库换刀位的当前刀座号写入到 MD52 缓存。

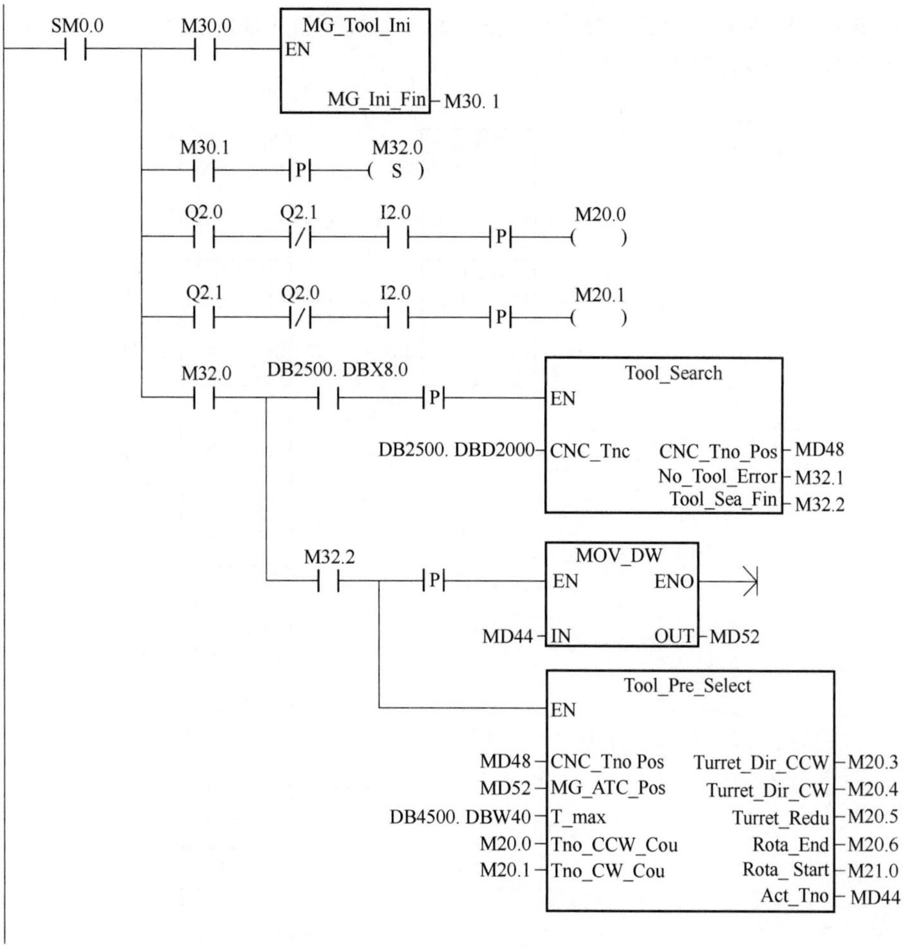

图 8.4.14　子程序调用格式

程序调用网络的第 7 行为刀具预选子程序调用指令，子程序 Tool_Pre_Select（SBR113）可通过刀具检索完成信号 M32.2 启动，并将刀具检索子程序输出的 CNC 指令刀号所在的刀库刀座号 MD48 以及刀库换刀位当前的刀座号 MD52，分别作为刀具预选程序的刀库回转定位目标及当前位置输入参数。执行子程序后，便可以在标志 M20.3～M21.0 上输出刀库转向、回转减速及回转启动、停止等控制信号，用户可通过其他 PLC 程序控制刀库的回转运动，完成刀具预选。

（3）刀具预选程序设计

刀具预选示例子程序 Tool_Pre_Select（SBR113）由临时变量生成及换刀位刀座号计算、转向判别、回转减速与结束处理等程序网络组成。

① 临时变量生成及换刀位刀座号计算。临时变量生成及实际刀号计算程序网络的设计如图 8.4.15 所示。

网络 1 的第 1 行用于刀库容量设定数据的格式转换，可将 CNC 机床参数 MD14510[n]（PLC 用户数据）设定的刀库容量（T_max），由 1 字长正整数（WORD）转换为 2 字长正整数格式的临时变量 LD32。

网络 1 的第 2 行用于比较变量计算。程序通过刀库容量的 1 位右移操作，可以在 LD20

上得到数值为刀库容量二分之一的转向判别变量。局部变量 LD24 的数值为刀库容量加 1，此变量用于刀库正转时的 1 号刀座判别。

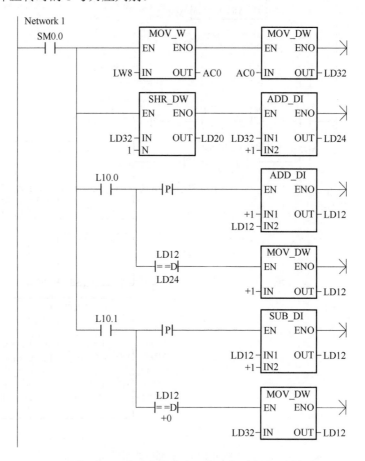

图 8.4.15 临时变量生成及换刀位刀座号计算程序

网络 1 的第 3、4 行用于刀库正转时的换刀位刀座号计算。刀库正转时，每一次正转计数脉冲 L10.0 的输入，都可使刀库换刀位刀座号 LD12 加 1；当 LD12 的计数值达到比较值 LD24（刀库容量加 1）时，可将换刀位刀座号 LD12 直接设定为 1。

网络 1 的第 5、6 行用于刀库反转时的换刀位刀座号计算。刀库反转时，每一次反转计数脉冲 L10.1 的输入，都可使刀库换刀位刀座号 LD12 减 1；当 LD12 的计数值达到 0 时，可将换刀位刀座号 LD12 直接设定为最大刀座号 LD32。

② 转向判别。转向判别程序设计如图 8.4.16 所示。

网络 2 的第 1、2 行为指令刀号所在的刀座号（LD0）与刀库换刀位当前刀座号（LD4）一致时的处理。此时，无需进行刀库回转预选运动，程序可直接输出回转结束信号 L10.5，结束刀具预选子程序。

网络 2 的第 3、4 行用来生成计算回转距离的目标刀座号。如果指令刀号所在的刀座号（LD0）大于刀库换刀位当前刀座号（LD4），目标刀座号 LD16 直接设定为指令刀号所在的刀座号；如果指令刀号所在的刀座号（LD0）小于刀库换刀位当前刀座号（LD4），目标刀座号 LD16 为指令刀号所在的刀座号加上刀库容量后的值。

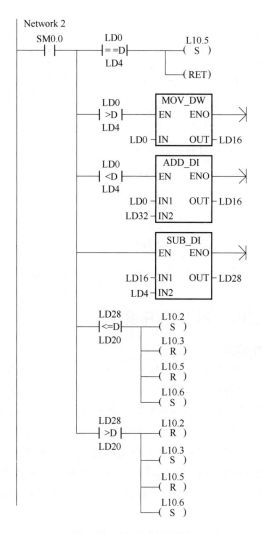

图 8.4.16　转向判别程序

　　网络 2 的第 5 行用于刀库回转距离计算。刀库需要回转的距离 LD28 为目标刀座号 LD16 减去刀库换刀位当前刀座号 LD4 后的值（正整数）。

　　网络 2 的第 6～13 行用于转向判别。当刀库回转距离 LD28 小于或等于刀库容量二分之一（LD20）时，刀架正转信号 L10.2 及回转启动信号 L10.6 输出 "1"，可启动刀库正转选刀动作；当刀库回转距离 LD28 大于刀库容量二分之一（LD20）时，刀库反转信号 L10.3 及回转启动信号 L10.6 输出 "1"，可启动刀库反转选刀动作。

　　③ 回转减速与结束处理。回转减速与结束处理程序网络如图 8.4.17 所示。

　　网络 3 的第 1～3 行用于刀库回转减速信号的生成。当刀库正转或反转时，刀座计数脉冲信号 L10.0 或 L10.1 的每一次输入，都可将回转距离 LD28 减去 1。当回转距离 LD28 为 1 时，刀库减速信号 L10.4 将输出 1。如需要，L10.4 的输出可用来控制刀库回转电机的低速运行，使刀库进行减速定位。

　　网络 3 的第 4～7 行用于到位处理。当回转距离 LD28 为 0 时，程序将输出回转结束信号 L10.5，并清除正、反转输出 L10.2、L10.3 及回转启动信号 L10.6。

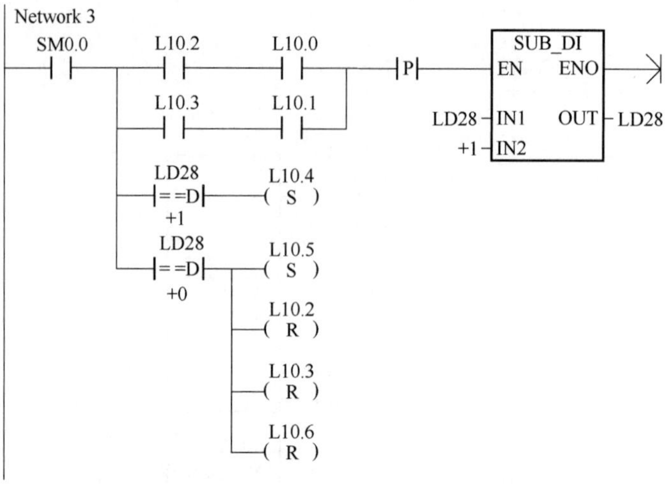

图 8.4.17　回转减速与结束处理程序

8.4.5　气动/液压机械手换刀程序设计

（1）机械手换刀程序调用

采用传统方式换刀时，加工中心的机械手换刀动作一般通过 M06 指令启动，机械手动作完成后，随即执行刀具表更新程序更新刀具表，完成自动换刀的全部动作。

机械手换刀程序的设计与机械手驱动装置密切相关。采用气动或液压驱动装置驱动时，机械手的每一步换刀动作都有对应的执行和检测器件，程序只需要按照机械手的动作要求依次执行。采用机械凸轮驱动时，机械手的所有运动都统一由驱动电机进行控制，只要驱动电机运行，驱动装置便可通过凸轮机构，连续、依次完成机械手的全部动作，但刀库换刀位刀套翻转、主轴刀具的松开/夹紧动作，仍需要通过气动或液压进行控制。有关凸轮驱动机械手换刀程序的设计见后述。

气动或液压机械手换刀子程序 Arm_ATC（SBR114）定义了图 8.4.18 所示的局部变量，其中的输入/输出变量需要在子程序调用指令中赋值。

子程序 Arm_ATC 的输入变量 SP_CL_Delay（LW0）为主轴刀具的夹紧、松开延时，延时时间一般通过 CNC 机床参数 MD14510[n]（PLC 用户数据）进行设定，以便通过 CNC 参数设定操作进行设定与修改。

子程序 Arm_ATC 的机械手换刀动作可在输入变量 Rota_End（L2.0）为"1"时执行，变量 Rota_End 应使用刀具预选子程序 Tool_Pre_Select（SBR113）的完成输出。机械手换刀运动开始后，子程序 Arm_ATC 的机械手运行信号 Arm_ATC_Run（L4.5）始终为"1"，输出变量可用于 PLC 程序的动作互锁控制。机械手换刀的全部动作执行完成后，可输出机械手换刀完成信号 Arm_ATC_End（L4.6），该信号可用于刀具表更新程序的调用等控制。

气动或液压机械手换刀子程序 Arm_ATC（SBR114）的调用示例如图 8.4.19 所示。程序中的 DB4500.DBW48 为 CNC 机床参数 MD14510[24]（PLC 用户数据）的设定值，M32.0 为刀具表初始化完成信号，M20.6 为刀具预选子程序 Tool_Pre_Select（SBR113）输出的刀具预选完成信号（见图 8.4.14）。机械手换刀动作一旦完成，便可通过标志 M62.1 调用刀具表更新子程序 Tool_Updata（SBR111），更新刀具表数据，子程序 Tool_Updata 的设计可参见 8.4.3 节。

	Name	Var Type	Data Type	Comment
	EN	IN	BOOL	
LW0	SP_CL_Delay	IN	INT	主轴刀具夹紧、松开延时
L2.0	Rota_End	IN	BOOL	刀库回转到位(预选完成)
L2.1	Seat_0_Pos	IN	BOOL	刀套原位检测信号
L2.2	Seat_90_Pos	IN	BOOL	刀套翻转位置检测信号
L2.3	Arm_70Back_Pos	IN	BOOL	机械手70°返回位置检测信号
L2.4	Arm_70_Pos	IN	BOOL	机械手70°回转到位检测信号
L2.5	Arm_180_Pos	IN	BOOL	机械手180°回转到位检测信号
L2.6	Arm_180Back_Pos	IN	BOOL	机械手180°返回检测信号
L2.7	Arm_Up_Pos	IN	BOOL	机械手上位检测信号
L3.0	Arm_Down_Pos	IN	BOOL	机械手下位检测信号
L3.1	SP_Unclam	IN	BOOL	主轴刀具松开信号
L3.2	SP_Clam	IN	BOOL	主轴刀具夹紧信号
		IN	BOOL	
		IN_OUT		
L3.3	Seat_90_Col	OUT	BOOL	刀套90°翻转控制信号
L3.4	Seat_0_Col	OUT	BOOL	刀套复位控制信号
L3.5	Arm_70_Col	OUT	BOOL	机械手70°回转控制信号
L3.6	Arm_70Back_Col	OUT	BOOL	机械手70°返回控制信号
L3.7	Arm_Down_Col	OUT	BOOL	机械手伸出控制信号
L4.0	Arm_Up_Col	OUT	BOOL	机械手缩回控制信号
L4.1	Arm_180_Col	OUT	BOOL	机械手180°回转控制信号
L4.2	Arm_180Back_Col	OUT	BOOL	机械手180°返回控制信号
L4.3	SP_Clam_Col	OUT	BOOL	主轴刀具夹紧控制信号
L4.4	SP_Unclam_Col	OUT	BOOL	主轴刀具松开控制信号
L4.5	Arm_ATC_Run	OUT	BOOL	机械手换刀中
L4.6	Arm_ATC_End	OUT	BOOL	机械手换刀完成信号
L4.7	Arm_Pos_Error	OUT	BOOL	机械手初始位置出错
		OUT		
L5.0	M06_Start	TEMP	BOOL	机械手换刀开始
L5.1	Arm_Start_Con	TEMP	BOOL	机械手换刀开始条件
L5.2	Arm_180Mem	TEMP	BOOL	180°回转记忆

图 8.4.18　局部变量定义

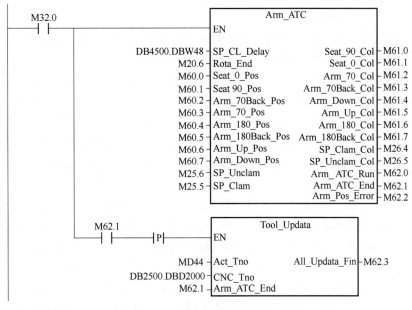

图 8.4.19　机械手换刀子程序调用

（2）机械手换刀程序设计

气动或液压机械手换刀示例子程序 Arm_ATC（SBR114）由机械手启动、卸刀、装刀及完成处理等部分组成。

① 机械手启动。机械手启动程序设计如图 8.4.20 所示。

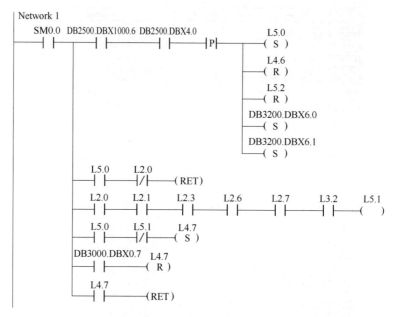

图 8.4.20　机械手启动程序

网络 1 的第 1～5 行用于 M06 指令启动。CNC 执行 M06 指令时，CNC/PLC 接口的 M06 代码信号 DB2500.DBX1000.6 及 M 代码修改信号 DB2500.DBX4.0 为 "1"，程序中的机械手换刀启动信号 L5.0 将置为 "1"，换刀完成信号 L4.6 及 180° 回转记忆信号 L5.2 将置为 "0"，同时，可将 CNC 进给保持信号 DB3200.DBX6.0、读入禁止信号 DB3200.DBX6.1 置为 "1"，使 CNC 加工程序进入暂停状态。

M06 启动信号 L5.0 为 "1" 后，如果刀库的刀具预选动作尚未完成（L2.0=0），网络 1 的第 6 行将直接结束子程序，等待刀具预选完成。

网络 1 的第 7～10 行用于机械手运动起始条件检查。起始条件包括刀具预选完成 L2.0、刀库换刀位刀套（L2.1）、机械手 70° 回转气缸（L2.3）及 180° 回转气缸（L2.6）均处于初始位置，机械手处于上位（L2.7），主轴刀具处于夹紧状态（L3.2）。如果初始条件不满足，程序将在输出换刀出错信号 L4.7 后直接结束。L4.7 可通过 CNC 复位信号 DB3000.DBX0.7 清除。

② 卸刀。机械手卸刀程序设计如图 8.4.21 所示。网络 2 用于机械手抓刀（扣刀）控制，网络 3 用于卸刀与刀具交换控制。

在网络 2 中，如果刀具预选已完成，且 L2.0 为 "1"，机械手换刀启动信号 L5.0 的上升沿将使得 L3.3=1，L3.4=0，启动刀库换刀位刀套 90° 翻转动作；同时，将机械手运行信号 L4.5（Arm_ATC_Run）置为 "1"。刀套 90° 翻转到位后（L3.3=1，L2.2=1），可立即输出机械手 70° 回转控制信号（L3.5=1，L3.6=0），启动机械手 70° 回转抓刀动作。

在网络 3 中，当机械手 70° 回转到位后（L3.5=1，L2.4=1），如果机械手处于上位（L2.7=1，L4.0=1），可立即输出主轴刀具松开控制信号（L4.4=1，L4.3=0），松开主轴刀具。主轴松开到位后（L4.4=1，L3.1=1），经 CNC 机床参数 MD14510[24]设定的延时，将输出机械手伸出控制信号（L3.7=1，L4.0=0），启动卸刀动作，同时取出主轴及刀库换刀位的刀具。机械手伸出时，两侧手爪上的刀柄将通过锁紧块自动夹持（参见图 8.4.7）。机械手伸出到位后（L3.7=1，L3.0=1），程序可输出机械手 180° 回转控制信号（L4.1=1，L4.2=0），启动刀具交换动作，使抓有从主轴中取出刀具的刀爪与抓有从刀库换刀位刀套中取出刀具的刀爪互换位置。

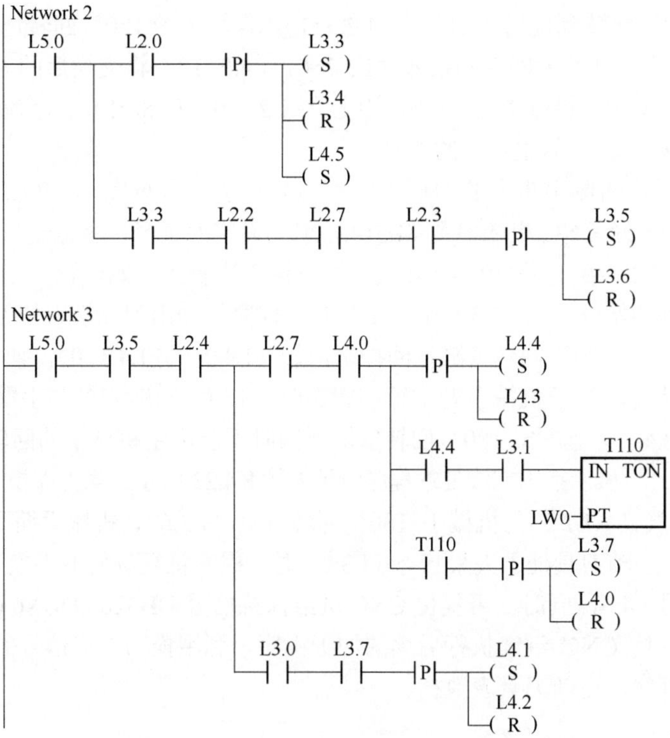

Network 2

Network 3

图 8.4.21 机械手卸刀程序

③ 装刀。机械手装刀程序设计如图 8.4.22 所示。

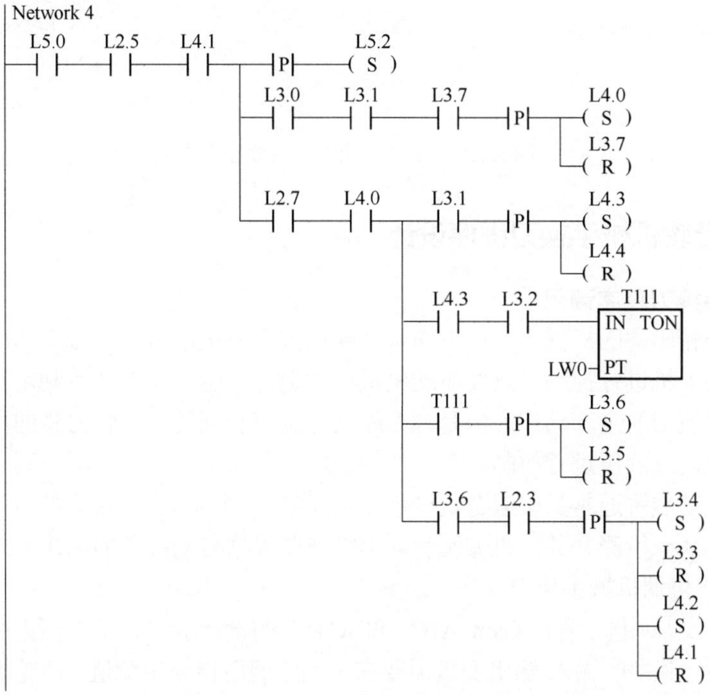

Network 4

图 8.4.22 机械手装刀程序

当机械手 180° 回转到位后（L4.1=1，L2.5=1），程序中的 180° 回转记忆信号 L5.2 将为"1"，同时，可输出机械手缩回控制信号（L3.7=0，L4.0=1），将交换后的刀具同时装入到主轴及刀库换刀位刀套中。机械手缩回动作完成后（L2.7=1，L4.0=1），可启动主轴刀具夹紧动作（L4.3=1，L4.4=0），夹紧主轴中的刀具。

机械手缩回后，两侧手爪上的刀柄将解除锁紧状态（参见图 8.4.7）。主轴夹紧到位后（L4.3=1，L3.2=1），经 CNC 机床参数 MD14510[24]设定的延时，将输出机械手 70° 返回控制信号（L3.6=1，L3.5=0），将 70° 回转气缸及机械手恢复到起始位置。

机械手退出到初始位置后（L3.6=1，L2.3=1），程序将输出刀库换刀位刀套复位控制信号（L3.4=1，L3.3=0）及 180° 回转气缸返回控制信号（L4.2=1，L4.1=0），使得刀套、180° 回转气缸回到初始状态。由于机械手处于缩回状态时，180° 回转齿条与手臂上的花键轴已脱离啮合（参见图 8.4.7），因此，180° 回转气缸返回时不会产生机械手的回转运动。

④ 完成处理。机械手换刀完成处理程序设计如图 8.4.23 所示。当刀库换刀位刀套（L2.1）、机械手 70° 回转气缸（L2.3）、机械手 180° 回转气缸（L2.6）、机械手缩回气缸（L2.7）均返回到初始位置，主轴刀具处于夹紧状态（L3.2）时，程序将复位机械手换刀启动信号 L5.0，输出换刀完成信号 L4.6，同时，可复位 CNC 进给保持信号 DB3200.DBX6.0、读入禁止信号 DB3200.DBX6.1，使 CNC 继续执行后续的加工程序。利用换刀完成信号的输出，可立即启动刀具表更新子程序，更新刀具表数据。

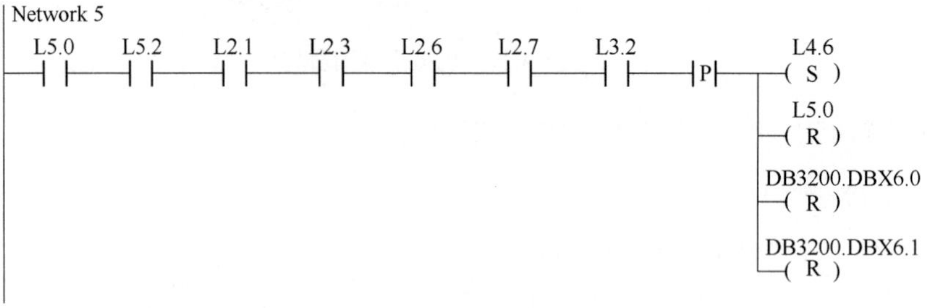

图 8.4.23　机械手换刀完成处理程序

8.4.6　凸轮机械手换刀程序设计

（1）机械手换刀程序调用

采用机械凸轮驱动的机械手（以下简称凸轮机械手）运动时，机械手的所有换刀运动都通过机械手驱动电机进行控制，只要驱动电机启动运行，驱动装置便可利用凸轮机构连续、依次完成机械手换刀的全部动作。但是，刀库换刀位刀套翻转、主轴刀具的松开/夹紧动作，仍然需要通过气动或液压进行控制。

机械凸轮驱动装置通常只安装有机械手原位（0°，上位）、机械手抓刀（70°，上位）及驱动电机停止 3 个检测开关，机械手驱动电机需要根据自动换刀的动作要求启动、停止，并通过 PLC 程序协调机械手换刀动作。

凸轮机械手换刀示例子程序 Cam_ATC（SBR115）的设计示例如下。子程序定义了图 8.4.24所示的局部变量，其中的输入/输出变量需要在子程序调用指令中赋值。凸轮机械手换刀子程序的机械手位置检测开关输入一般只有机械手原位、70° 抓刀、驱动电机停止 3 个。机械手运动只需要驱动电机启动输出信号控制，刀套翻转、主轴刀具夹紧与松开的检测开关及控制信号与气动、液压驱动机械手相同。

凸轮机械手换刀子程序 Cam_ATC（SBR115）的调用示例如图 8.4.25 所示。程序中的 DB4500.DBW48 为 CNC 机床参数 MD14510[24]（PLC 用户数据）的设定值，M32.0 为刀具表初始化完成信号，M20.6 为刀具预选子程序 Tool_Pre_Select（SBR113）输出的刀具预选完成信号（见图 8.4.14）。机械手换刀动作一旦完成，便可通过标志 M62.1 调用刀具表更新子程序 Tool_Updata（SBR111），更新刀具表数据，子程序 Tool_Updata 的设计可参见 8.4.3 节。

	Name	Var Type	Data Type	Comment
	EN	IN	BOOL	
LW0	SP_CL_Delay	IN	INT	主轴刀具夹紧、松开延时
L2.0	Rota_End	IN	BOOL	刀库回转到位(预选完成)
L2.1	Seat_0_Pos	IN	BOOL	刀套原位检测信号
L2.2	Seat_90_Pos	IN	BOOL	刀套翻转位置检测信号
L2.3	Arm_0_Pos	IN	BOOL	机械手原位检测信号
L2.4	Arm_70_Pos	IN	BOOL	机械手70°回转到位检测信号
L2.5	Moor_Stop	IN	BOOL	机械手驱动电信停止检测信号
L2.6	SP_Unclam	IN	BOOL	主轴刀具松开信号
L2.7	SP_Clam	IN	BOOL	主轴刀具夹紧信号
		IN_OUT		
L3.0	Seat_90_Col	OUT	BOOL	刀套90°翻转控制信号
L3.1	Seat_0_Col	OUT	BOOL	刀套复位控制信号
L3.2	Motor_Start	OUT	BOOL	机械手驱动电机启动
L3.3	SP_Clam_Col	OUT	BOOL	主轴刀具夹紧控制信号
L3.4	SP_Unclam_Col	OUT	BOOL	主轴刀具松开控制信号
L3.5	Arm_ATC_Run	OUT	BOOL	机械手换刀中
L3.6	Arm_ATC_End	OUT	BOOL	机械手换刀完成信号
L3.7	Arm_Pos_Error	OUT	BOOL	机械手初始位置出错
		OUT		
L4.0	M06_Start	TEMP	BOOL	机械手换刀开始
L4.1	Arm_Start_Con	TEMP	BOOL	机械手换刀开始条件
L4.2	Sp_Unclam_Mem	TEMP	BOOL	刀具松开记忆

图 8.4.24　局部变量定义

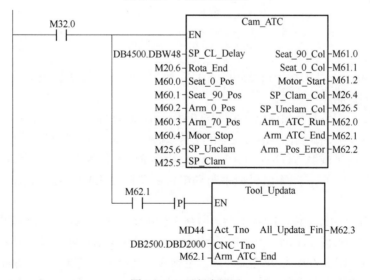

图 8.4.25　子程序调用

机械手换刀动作可在输入变量 Rota_End（L2.0）为"1"时执行，变量 Rota_End 应使用刀具预选子程序 Tool_Pre_Select（SBR113）的完成输出；机械手换刀运动开始后，子程序 Cam_ATC 的机械手运行信号 Arm_ATC_Run（L3.5）始终为"1"，输出变量可用于 PLC 程序的动作互锁控制；机械手换刀的全部动作执行完成后，可输出机械手换刀完成信号 Arm_ATC_End（L3.6），此信号可用于刀具表更新程序的调用等控制。

（2）机械手换刀程序设计

凸轮机械手换刀示例子程序 Cam_ATC（SBR115）同样由机械手启动、卸刀、换刀及完成处理等部分组成。

① 机械手启动。机械手启动程序设计如图 8.4.26 所示。程序的设计思路与气动、液压机械手相同，有关内容可参见前述。

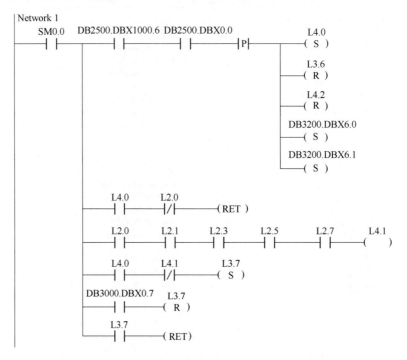

图 8.4.26　机械手启动程序

② 卸刀。机械手卸刀程序设计如图 8.4.27 所示。网络 2 用于机械手抓刀控制，网络 3 用于机械手拔刀控制。

在网络 2 中，如果刀具预选已完成（L2.0=1），但尚未执行主轴刀具松开动作（L4.2=0），机械手换刀启动信号 L4.0 的上升沿可使输出变量 L3.0=1，L3.1=0，启动刀库换刀位刀套 90°翻转动作；同时，将机械手运行信号 L3.5（Arm_ATC_Run）置为"1"。刀套 90°翻转到位后（L3.0=1，L2.2=1），可立即输出机械手驱动电机启动信号 L3.2，执行机械手 70°回转抓刀动作。

当机械手 70°回转到位，L2.4=1 后，网络 3 的第 1 行程序将立即清除机械手驱动电机启动信号 L3.2，暂停机械手运动。当机械手运动停止，L2.5=1 后，可立即输出主轴刀具松开控制信号（L3.4=1，L3.3=0），松开主轴刀具。主轴松开到位后（L3.4=1，L2.6=1），经 CNC 机床参数 MD14510[24]设定的延时，可将主轴刀具松开动作记忆信号 L4.2、机械手驱动电机启动信号 L3.2 置为"1"，机械手将通过凸轮联动机构，连续执行伸出卸刀、180°回转换刀、机械手缩回装刀等动作。机械手伸出时，两侧手爪上的刀柄将通过锁紧块自动夹持（参见图 8.4.7）。

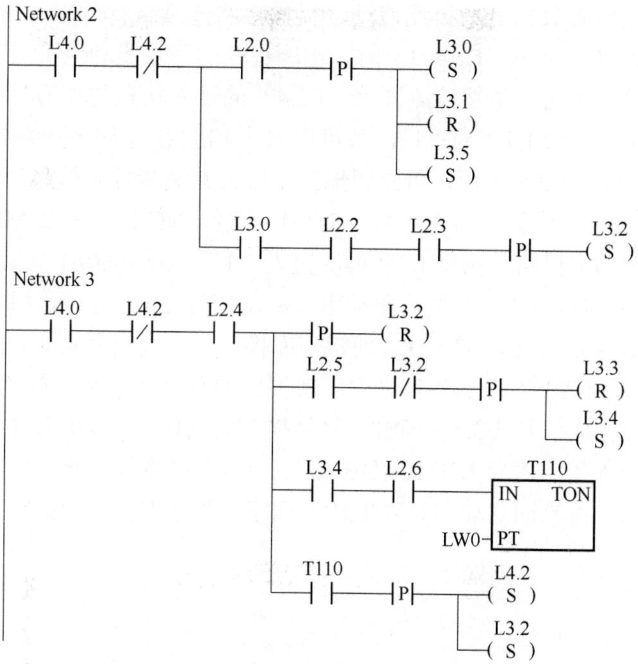

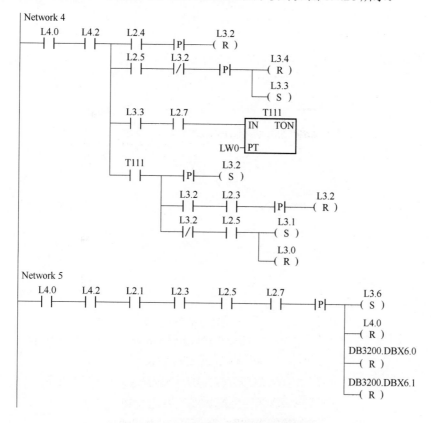

图 8.4.27　机械手卸刀程序

③ 换刀及完成处理。机械手换刀及完成处理程序设计如图 8.4.28 所示。

图 8.4.28　机械手换刀及完成处理程序

机械手驱动在主轴刀具松开后再次启动，机械手将连续执行伸出、180°回转、缩回动作，当机械手返回到 70°上位（L2.4=1）时，程序将立即清除驱动电机启动信号 L3.2，停止机械手运动。机械手停止后，虽然检测开关（L2.4）的输入状态与抓刀时相同，但是，由于此时主轴刀具松开记忆信号 L4.2 为"1"，故可以阻止 PLC 执行程序网络 3。

驱动电机一旦停止，L2.5=1 后，可立即输出主轴刀具夹紧控制信号（L3.4=0，L3.3=1），夹紧主轴刀具。主轴夹紧到位后（L3.3=1，L2.7=1），经 CNC 机床参数 MD14510[24]设定的延时，可将机械手驱动电机启动信号 L3.2 再次置为"1"，驱动机械手返回到初始位置。

机械手到达初始位置，L2.3=1 后，驱动电机启动信号 L3.2 复位，机械手运动完成；同时，输出刀套复位信号 L3.0=0，L3.1=1，使得刀库换刀位刀套返回初始位置。

机械手运动完成（L2.3=1，L2.5=1），刀库换刀位刀套返回初始位置（L2.1=1）后，网络 5 可输出机械手换刀完成信号 L3.6，同时，复位换刀启动信号 L4.0 及 CNC 进给保持信号 DB3200.DBX6.0、读入禁止信号 DB3200.DBX6.1，使 CNC 继续执行后续的加工程序。利用换刀完成信号的输出，可立即启动刀具表更新子程序，更新刀具表数据。

第 9 章　集成 PLC 操作

09

9.1　工具软件安装与使用

9.1.1　工具软件包 Toolbox 安装

（1）安装要求与软件功能

828D 集成 PLC 编程软件包含在随 828D 系统所提供的工具软件包 Toolbox 中，PLC 用户进行程序编辑及 CNC 与 PLC 的通信、程序下载、运行监控等操作，都需要在调试计算机中安装 Toolbox 工具软件。

安装 Toolbox 工具软件的调试计算机需要满足以下基本软硬件要求。早期的 Windows XP 及较新的 Windows 10 操作系统通常不能直接安装 Toolbox 工具软件。

操作系统：Windows 7（旗舰版 32 /64bit）或 Windows 8。

硬盘/内存容量：>100GB/2GB。

通信接口：RJ45 以太网接口（用于计算机与 CNC 连接）。

SINUMERIK 828D 数控系统集成 PLC 的编程软件是在 SIEMENS 公司 SIMATIC S7-200 通用型 PLC 编程软件 STEP7-Micro/WIN32 基础上所开发的 CNC 集成 PLC 专用编程软件，增加了 CNC 的 PLC 用户报警、CNC 变量与数据保存等功能与指令，但 PLC 程序的编辑、监控等操作受以下限制（见图 9.1.1）。

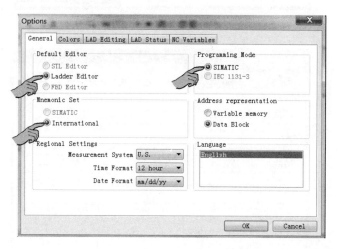

图 9.1.1　集成 PLC 编程软件功能

编程语言：828D 集成 PLC 编程软件的 PLC 程序只能使用梯形图编辑器（LAD Editor）编制，不能使用 STEP7-Micro/WIN32 通用软件的指令表（STL Editor）、功能图（FBD Editor）编程语言，但是，编制完成的程序可用指令表的形式显示。

指令系统：828D 集成 PLC 的编程模式（Programming Mode）只能选择 SIEMENS 指令系统 SIMATIC，不能使用 IEC 1131-3 标准指令系统。

梯形图格式：828D 集成 PLC 只能采用国际标准（International）指令助记符（Mnemonic），不能使用 SIEMENS 特殊 SIMATIC 符号。

数据存储器地址：数据存储器地址（Address representation）可选择 828D、840Dsl 系统的 PLC 数据块 DB（Data Block），或 808D、802D/C/S 系统的 PLC 变量存储器 V（Variable memory），两者可自动转换。

（2）软件安装步骤

计算机安装 828D 系统 Toolbox 软件的基本步骤如下。

① 将 828D 数控系统随机提供的 Toolbox 软件复制到调试计算机，解压缩。

② 打开 TOOLBOX_DVD_828D 文件夹，并双击 Setup.exe 图标，便可启动软件安装，系统默认的安装目录为 "C:\Program Files\Siemens\Toolbox 828D"，用户原则上不应更改安装路径。

③ 当计算机的软硬件符合前述基本要求时，可显示图 9.1.2（a）所示的 Toolbox 828D 欢迎安装页面，该页面可显示 Toolbox 软件的版本号，如图中的 V04.07.02.01 等。

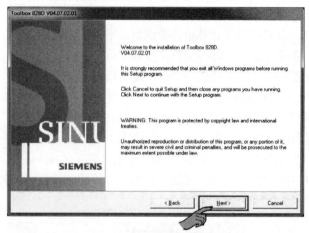

(a) 欢迎安装

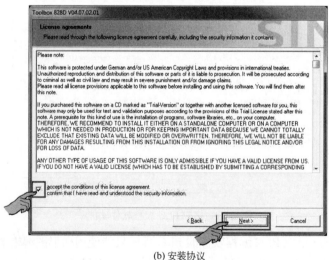

(b) 安装协议

图 9.1.2　Toolbox 软件安装显示

④ 点击"Next〉",可继续显示软件安装协议,点击"Cancel"可退出软件安装操作。

⑤ 在图9.1.1(b)所示的软件安装协议页上,点击勾选"I accept the conditions of license agreement…",接受协议后,点击"Next〉",便可进入软件安装操作。

⑥ 软件安装开始后,系统首先显示图9.1.3(a)所示的语言选择页。操作者可根据要求点击勾选"English"(英文)、"Chinese"(中文)或更多的语言。一般而言,选择中文时,英文(English)或德文(German)仍然需要选择其中之一。

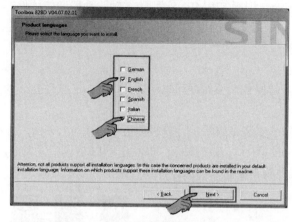

(a) 语言选择

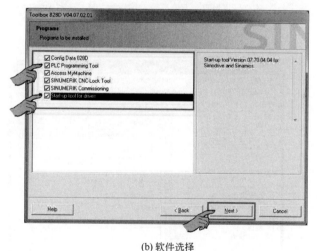

(b) 软件选择

图9.1.3 语言及软件选择显示

⑦ 语言选定后,点击"Next〉",系统可显示图9.1.3(b)所示的 Toolbox 工具软件清单,操作者可全部选定,或者根据实际使用情况,仅选择 PLC 编程与调试必需的工具软件与数据文件。Toolbox 工具软件的功能如下。

Config Data 828D:828D 基本配置数据,该文件包含有 SIEMENS 公司提供的 828D PLC 样板程序、基本数据等样板文件。为了便于 PLC 编程与系统安装调试,PLC 编程与调试计算机需要安装该文件。

PLC Programming Tool:PLC 编程软件,需要进行 PLC 程序编制、程序检查、程序监控的计算机必须安装该软件。

Access MyMachine：通信协议，用于调试计算机与 828D 系统的通信连接，进行文件、数据传输。用于 CNC 调试或进行 PLC 程序、数据传输的计算机必须安装该文件。

SINUMERIK Commissioning：新版 SIEMENS 伺服/主轴驱动器通信软件，计算机与 CNC 连接后，可进行驱动器配置、参数设定、信号检测、参数优化等调试操作。如果计算机需要用于 SIEMENS 伺服/主轴驱动器调试操作，需要安装该软件。SINUMERIK Commissioning 软件可用于 828D 系统 V04.07 及以上版本的伺服驱动器设定、调试、监控。

Start-up tool for drives：旧版 SIEMENS 伺服/主轴驱动器通信软件，该软件用于早期 828D 等数控系统（V04.07 以下版本）的伺服/主轴驱动器设定、调试、监控，但不能用于 V04.07 及以上版本 828D 系统。

⑧ 安装软件选定后，点击 "Next〉"，系统可启动软件安装操作，操作者只需要根据系统提示进行确认、下一步等操作，系统便可自动完成 Toolbox 软件安装的全过程。

（3）操作界面

工具软件包 Toolbox 安装完成后，计算机便可显示图 9.1.4（a）所示的 PLC 程序编辑器（PLC Programming Tool）图标。双击图标，即可打开 PLC 程序编辑器，显示图 9.1.4（b）所示的系统默认 PLC 程序编辑器操作界面。操作界面的显示内容如下。

(a) 选择

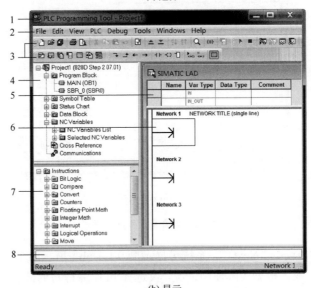

(b) 显示

图 9.1.4 PLC 程序编辑器操作界面

1—标题；2—下拉菜单；3—工具条；4—项目目录；5—局部变量；

6—输入显示区；7—指令目录；8—信息显示区

① 标题。应用窗的第一行为标题栏，可显示当前打开的 PLC 用户程序（项目）名称，如 Project1 等，如果打开或创建了一个新项目，标题栏可切换为其他项目名称。

② 下拉菜单。显示区的第二行为下拉菜单（主菜单），菜单栏有 File（文件）、Edit（编辑）、View（视图）、PLC、Debug（调试）、Tools（工具）、Windows（窗口）、Help（帮助）8 个主菜单，每一个下拉菜单都有操作选项（操作命令），点击相应的操作选项即可执行相应的操作，下拉菜单的具体内容详见 9.1.2 节。

③ 工具条。下拉菜单栏下方为工具条，工具条由若干快捷按钮组成，常用的操作命令可直接通过点击快捷按钮选择。工具条除文件打开、保存、打印、打印预览等标准按钮外，还有梯形图编辑、窗口变换、通信设定等功能。工具条可通过视图（View）下拉菜单的工具条（Toolbars）操作选项中的标准（Standard）、调试（Debug）、浏览（Navigation）、指令（Instruction）选项显示或隐藏。

④ 目录。工具条下方左侧为文件目录显示，上方目录为 PLC 用户程序文件（项目）目录（Project Tree），下方目录为 PLC 程序指令目录（Instruction Tree）。

项目目录包括程序块（Program Block）、符号表（Symbol Table）、状态表（Status Chart）、数据块（Data Block）、CNC 变量（NC Variable）、交叉引用（Cross Reference）、通信设定（Communication）等文件夹，点击文件夹可直接切换到对应的编辑、显示页面。

指令目录包含有 PLC 的全部编程指令分类文件夹，双击文件夹，可显示各类指令的具体内容，点击选定的指令可自动插入到梯形图程序中。

⑤ 输入显示区。目录右侧为输入显示区，用于 PLC 用户程序的输入、编辑与显示；输入显示区的内容可通过视图（View）下拉菜单中的操作选项选择，如梯形图程序、符号表、数据块、状态表等。

系统默认的输入显示区为程序块（Program Block）显示，可直接进行梯形图、局部变量的输入与编辑。梯形图程序的网络编号、局部变量的类型（Var Type）等参数由操作系统自动生成，用户不需要（不能）改变。

⑥ 信息显示区。窗口最下方为信息显示区，信息显示区又称输出窗，该区可显示 PLC 程序编译、比较等操作的执行结果及出错位置、错误代码等信息。

9.1.2　PLC 程序编辑器主菜单

PLC 程序编辑器的操作可通过下拉式主菜单选择，下拉菜单有 File（文件）、Edit（编辑）、View（视图）、PLC、Debug（调试）、Tools（工具）、Windows（窗口）、Help（帮助）8 个。点击下拉菜单可显示对应的操作选项（操作命令），点击操作选项便可进行相应的操作。下拉菜单中的部分常用操作选项，可直接点击后述工具条上的快捷按钮，或者利用计算机键盘的快捷操作键（如 Ctrl+N 等）直接选定。

下拉菜单的功能和操作选项如下。

（1）File（文件）

File（文件）菜单主要用于文件的打开、保存、输出等操作，点击打开后可显示图 9.1.5 所示的操作选项，菜单可选择的操作如下。

New：新建，可创建一个新的 PLC 用户程序（项目），显示程序编辑器初始操作界面。

Open…：打开，可打开一个已保存的 PLC 用户程序（项目），进行编辑与检查。

Close：关闭当前项目显示，但不退出 PLC 程序编辑器；关闭后仅保留下拉菜单 File（文件）、Help（帮助），操作者可利用 File（文件）操作选项"New""Open…"重新创建、打开 PLC 用户程序（项目）。

Save：保存，保存当前项目的编辑、修改结果。

Save As…：另存为，将当前项目的编辑、修改结果以其他的项目名称保存。

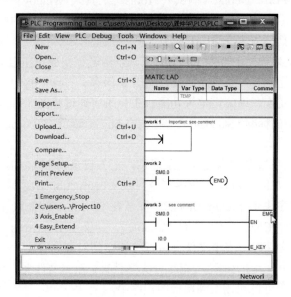

图 9.1.5 文件菜单操作

Import…：导入，从 ".ard" ".pte" 文件中导入 PLC 用户程序。

Export…：导出，将 PLC 用户程序保存为 ".ard" 等格式的文件。

Upload…：上载，从联机的 CNC 集成 PLC 中读取 PLC 用户程序。

Download…：下载，将 PLC 用户程序发送到联机的 CNC 集成 PLC 中。

Compare…：比较，进行 PLC 用户程序的比较操作。

Page Setup…：页面设置，设置 PLC 用户程序的打印页面。

Print Preview：打印预览，预览 PLC 用户程序的打印页。

Print…：打印，将 PLC 用户程序输出到打印机打印。

（Recent File）：显示最近打开的 PLC 用户程序（项目），如 "1 Emergency_Stop" 等。

Exit：退出 PLC 程序编辑器。

（2）Edit（编辑）

Edit（编辑）菜单用于 PLC 用户程序的剪切、复制、粘贴等编辑操作，点击打开后可显示图 9.1.6 所示的操作选项，菜单可选择的操作如下。

Undo：撤销，撤销最近一次编辑操作。

Cut：剪切，将光标选定的内容剪切到粘贴板中，删除原内容。

Copy：复制，将光标选定的内容复制到粘贴板中，保留原内容。

Paste：粘贴，将剪切、复制操作所得到的粘贴板内容粘贴到光标所在位置。

Select All：全选，选择梯形图编辑区的全部内容。

Insert：插入，可添加程序块（子程序）、符号表、状态表、数据块等项目文件，或者，对编辑中的程序块、符号表、状态表、数据块添加梯形图网络（Network）、指令行（Row）、水平连线（Column）、垂直（Vertical）连线或表格行。

Delete：删除，删除光标选定的内容。

Find...：查找，查找指定的编程元件、网络等。

Replace...：替换，以新的编程元件替换原编程元件等。

Go To...：跳转，直接跳转到指定网络。

Rewire...：修改，一次性变更编程元件地址。

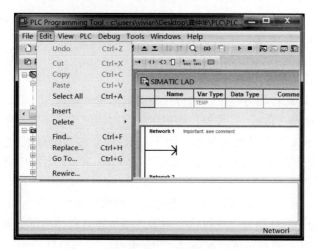

图 9.1.6　编辑菜单操作

（3）View（视图）

View（视图）菜单用于编辑器输入显示区的内容变更，点击打开后可显示图 9.1.7 所示的操作选项，菜单可选择的操作如下。

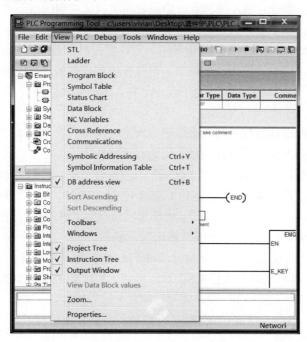

图 9.1.7　视图菜单操作

STL：指令表，指令表形式的梯形图程序。指令表程序只能显示，不能修改。

Ladder：梯形图，梯形图形式的 PLC 用户程序。

Program Block：程序块，显示程序块编辑界面。

Symbol Table：符号表，显示符号表编辑界面。

Status Chart：状态表，显示状态表编辑界面。

Data Block：数据块，显示数据块编辑界面。

NC Variables：CNC 变量，显示 CNC 变量编辑界面。

Cross Reference：交叉表，显示交叉表。

Communications：通信，显示通信设定界面。

Symbolic Addressing：符号地址，编程元件可显示符号地址。

Symbol Information Table：符号表，梯形图程序网络可显示相关符号表。

DB address view：数据块地址显示，用于 CNC/PLC 接口信号地址格式的转换，可进行 828D、840Dsl 系统的数据块 DB（Data Block）格式与 808D 系统变量存储器 V（Variable memory）格式的转换。

Sort Ascending：升序排列，进行符号表等表格编辑时将按字母 A 到 Z 的次序排列。

Sort Descending：降序排列，进行符号表等表格编辑时将按字母 Z 到 A 的次序排列。

Toolbars：工具条，可显示或隐藏标准（Standard）、调试（Debug）、浏览（Navigation）、指令（Instruction）工具条及快捷按钮。

Windows：窗口，选择"Reset All"，可复位窗口，并在输入显示区层叠显示全部输入显示窗。

Project Tree：项目目录，可显示或隐藏程序编辑区左侧的项目目录。

Instruction Tree：指令目录，可显示或隐藏程序编辑区左侧的指令目录。

Output Window：输出窗，可显示或隐藏程序编辑区下方的信息显示区。

View Data Block values：数据块数值显示，程序监控时可显示数据块数值。

Zoom…：缩放，梯形图图形比例调节，可改变编程元件的显示比例。

Properties…：属性，可显示、设定子程序名称、编号等属性参数。

（4）PLC

PLC 菜单用于 PLC 运行控制与状态显示，大部分操作只有在 CNC 联机时才能使用，点击打开后可显示图 9.1.8 所示的操作选项，可选择的操作如下。

RUN：运行，连接 CNC 后，可将 PLC 置于运行（RUN）模式，启动用户程序运行。

STOP：停止，连接 CNC 后，可将 PLC 置于停止（STOP）模式，停止用户程序运行。

Compile：编译，编译 PLC 用户程序，将梯形图转换为 CPU 可执行代码，并对程序语法、格式等检查，编译结果可在信息显示区（输出窗）显示。

Clear…：清除，连接 CNC 后，可清除集成 PLC 中的用户程序。

Information…：PLC 信息，连接 CNC 后，可显示集成 PLC 规格、版本等信息。

Compare…：比较，进行 PLC 用户程序（项目）比较操作。

Type…：型号，显示、设置 CNC 集成 PLC 型号规格和通信参数。

（5）Debug（调试）

Debug（调试）菜单用于 PLC 程序调试，大部分操作只有在计算机和 828D 系统联机时才能使用，点击打开后可显示图 9.1.9 所示的操作选项，菜单可选择的操作如下。

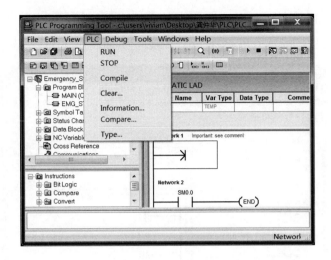

图 9.1.8 PLC 菜单操作

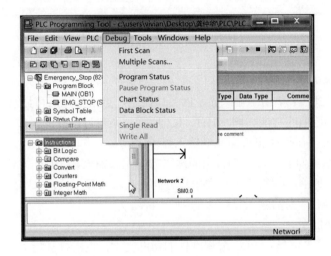

图 9.1.9 调试菜单操作

First Scan：首次扫描，仅执行一次 PLC 用户程序扫描。

Multiple Scans…：指定次扫描，可设定、执行指定次数（1～65535）的 PLC 用户程序循环扫描。

Program Status：梯形图监控，可显示 PLC 用户程序的实际执行状态。

Pause Program Status：监控暂停，暂停 PLC 程序动态监控。

Chart Status：状态表，以表格的形式动态监控编程元件的实际状态。

Data Block Status：数据块状态，动态监控数据块的数据寄存器实际值。

Single Read：采样，可获得并保持编程元件的瞬间状态。

Write All：全部写入，用于仿真操作，可一次性写入状态表、数据块设定的强制值。

（6）Tools（工具）

Tools（工具）菜单用于工具条和快捷按钮设定，点击打开后可显示图 9.1.10 所示的操作选项，菜单可选择的操作如下。

Customize…：用户，用户可自定义工具条和快捷按钮。

Options…：选项，可显示 PLC 程序编辑器设定页面，并进行相关设定（详见 9.2 节）。

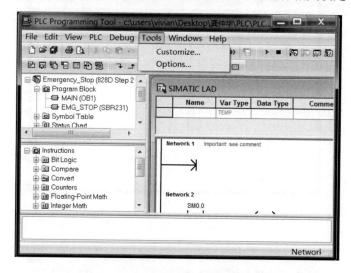

图 9.1.10　工具菜单操作

（7）Windows（窗口）

Windows（窗口）菜单用于输入显示区窗口调整，点击打开后可显示图 9.1.11（a）所示的操作选项，操作选项的功能如图 9.1.11（b）所示，菜单可选择的操作如下。

Cascade：满屏，使得编辑页面充满输入显示区。

Horizontal：水平伸展，使得编辑页面水平方向充满输入显示区。

Vertical：垂直伸展，使得编辑页面垂直方向充满输入显示区。

1 SIMATIC LAD：当前输入显示区的编辑内容。

（8）Help（帮助）

Help（帮助）菜单可显示 PLC 编程软件的帮助文本，点击打开后可显示软件的操作、说明文件。

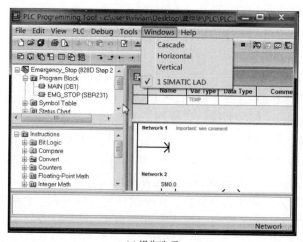

(a) 操作选项

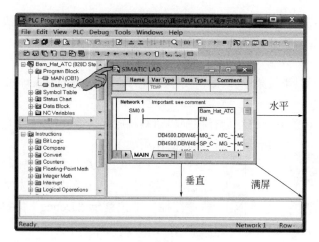

(b) 功能

图 9.1.11　窗口菜单操作

9.1.3　工具条与快捷键

PLC 程序编辑器的工具条用于快捷操作，点击工具条上的快捷按钮，可直接执行对应的下拉菜单操作选项（命令）。工具条可通过视窗（View）下拉菜单的工具条（Toolbars）操作选项勾选或隐藏，系统默认的工具条有标准（Standard）、调试（Debug）、浏览（Navigation）、指令（Instruction）4 种，内容分别如下。

（1）标准工具条

标准（Standard）工具条用于文件管理、程序编辑的快捷操作，工具条的显示如图 9.1.12 所示，快捷按钮的作用如下。

图 9.1.12　标准工具条

：新建，下拉菜单"File"中操作选项"New"快捷键。

：打开，下拉菜单"File"中操作选项"Open…"快捷键。

：保存，下拉菜单"File"中操作选项"Save"快捷键。

：打印，下拉菜单"File"中操作选项"Print…"快捷键。

：打印预览，下拉菜单"File"中操作选项"Print Preview"快捷键。

：剪切，下拉菜单"Edit"中操作选项"Cut"快捷键。

：复制，下拉菜单"Edit"中操作选项"Copy"快捷键。

：粘贴，下拉菜单"Edit"中操作选项"Paste"快捷键。

：撤销，下拉菜单"Edit"中操作选项"Undo"快捷键。

：编译，下拉菜单"PLC"中操作选项"Compile"快捷键。

：上载，下拉菜单"File"中操作选项"Upload…"快捷键。

：下载，下拉菜单"File"中操作选项"Download…"快捷键。

：升序排列，下拉菜单"View"中操作选项"Sort Ascending"快捷键。

⬆️: 降序排列，下拉菜单"View"中操作选项"Sort Descending"快捷键。

🔍: 缩放，下拉菜单"View"中操作选项"Zoom…"快捷键。

⟨#⟩: 常数输入，常数输入快捷键。

🗐: 数据块显示，下拉菜单"View"中操作选项"View Data Block values"快捷键。

（2）调试工具条

调试（Debug）工具条用于PLC运行控制和动态监控等快捷操作，工具条的显示如图9.1.13所示，快捷按钮的作用如下。

图9.1.13　调试工具条

▶: 运行，下拉菜单"PLC"中操作选项"RUN"快捷键。

■: 停止，下拉菜单"PLC"中操作选项"STOP"快捷键。

🗐: 程序监控，下拉菜单"Debug"中操作选项"Program Status"快捷键。

🗐: 暂停监控，下拉菜单"Debug"中操作选项"Pause Program Status"快捷键。

🗐: 状态表，下拉菜单"Debug"中操作选项"Chart Status"快捷键。

🗐: 数据块状态，下拉菜单"Debug"中操作选项"Data Block Status"快捷键。

👓: 采样，下拉菜单"Debug"中操作选项"Single Read"快捷键。

🖉: 全部写入，下拉菜单"Debug"中操作选项"Write All"快捷键。

（3）浏览工具条

浏览（Navigation）工具条用于输入显示区的快速切换，工具条显示如图9.1.14所示，快捷按钮的作用如下。

🗐: 程序块，下拉菜单"View"中操作选项"Program Block"快捷键。

🗐: 符号表，下拉菜单"View"中操作选项"Symbol Table"快捷键。

图9.1.14　浏览工具条

🗐: 状态表，下拉菜单"View"中操作选项"Status Chart"快捷键。

🗐: 数据块，下拉菜单"View"中操作选项"Data Block"快捷键。

▦: CNC变量，下拉菜单"View"中操作选项"NC Variables"快捷键。

🗐: 交叉表，下拉菜单"View"中操作选项"Cross Reference"快捷键。

🗐: 通信，下拉菜单"View"中操作选项"Communications"快捷键。

（4）指令工具条

指令（Instruction）工具条用于梯形图输入与编辑的快捷操作，工具条显示如图9.1.15所示，快捷按钮的作用如下。

图9.1.15　指令工具条

↘: 插入向下连线。

↗: 插入向上连线。

←: 插入向左连线。

→: 插入向右连线。

⊣⊢: 插入触点。

-( )-: 插入线圈。

☐: 插入功能指令。

插入网络。

删除网络。

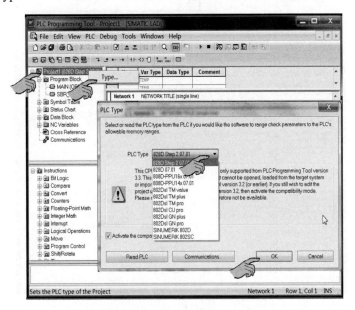 ：符号表显示，下拉菜单"View"中操作选项"Symbol Information Table"的快捷键。

9.2　PLC编程软件设置

9.2.1　编程软件基本设置

（1）PLC型号设置

PLC程序编辑前应首先选择PLC型号（PLC Type）。CNC集成PLC的型号直接按CNC型号及版本选定，操作步骤如下。

① 右键单击PLC编辑器项目目录区的文件名（图9.2.1中的Project1），可弹出操作选项"Type…"。

② 点击"Type…"，可显示图9.2.1所示的PLC型号选择对话框。

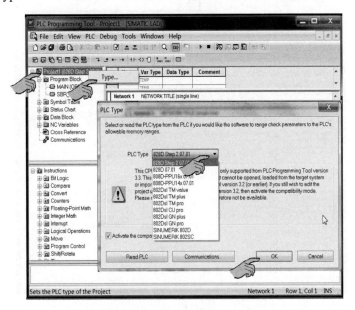

图9.2.1　PLC型号选择对话框

③ 点击输入框"PLC Type"的选择按钮▼，可显示PLC编程软件可应用的CNC型号与规格。

④ 光标选定CNC型号与规格，完成后点击"OK"确认。

在图9.2.1所示的PLC型号选择对话框上，点击"Communications…"（通信）图标，可弹出图9.2.2所示的通信设定对话框，建立编程计算机与CNC的连接（详见9.7节）。

（2）编辑器常规设置

PLC程序编辑器设置对话框可通过点击工具（Tools）下拉菜单的选项（Options…）操作选项打开，设置对话框的显示如图9.2.3所示。

PLC程序编辑器设置包括常规（General）、颜色（Colors）、梯形图编辑（LAD Editing）、梯形图状态（LAD Status）、CNC变量（NC Variables）5项，其内容分别如下；编辑器设置完成后，点击"OK"键确认。

图 9.2.2　PLC 通信设定对话框

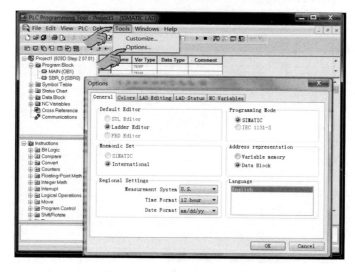

图 9.2.3　PLC 程序编辑器设置

常规（General）设置可通过点击设置对话框的标签 "General" 打开，其显示如图 9.2.4 所示，设置内容如下。

Default Editor：默认编辑器，828D 系统集成 PLC 只能使用梯形图编辑器（LAD Editor），用户不能改变编辑器设置。

Programming Mode：编程模式，828D 系统集成 PLC 只能使用 SIEMENS 指令系统编程模式 SIMATIC，用户不能改变编程模式设置。

Mnemonic Set：助记符设定，828D 系统集成 PLC 只能采用国际标准（International）指令助记符（Mnemonic），用户不能改变编辑器设置。

Address representation：数据存储器地址，可根据需要选择 828D、840Dsl 系统的 PLC 数据块（Data Block）或 808D、802D/C/S 系统的 PLC 变量存储器（Variable memory），两者可自动转换。当编程软件用于 828D 系统集成 PLC 编程时，应选择 "Data Block"，此时，CNC 机床参数 MD14510[n]（PLC 用户数据）、PLC 可保持用户数据等将以数据块 DB4500、DB1400

的形式显示,如 DB4500.DBW0(MD14510[0])、DB1400.DBX0.0 等;如果编程软件用于 808D、802D/C/S 系统集成 PLC 编程,应选择"Variable memory",此时,CNC 机床参数 MD14510[n](PLC 用户数据)、PLC 可保持用户数据等将以 PLC 变量 V4500、V1400 的形式显示,如 V4500 0000(MD14510[0])、V1400 0000.0 等。

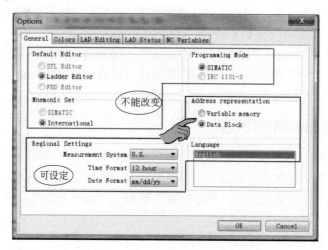

图 9.2.4 PLC 程序编辑器常规设置

Regional Settings:区域设定,可通过输入框的选择按钮▼,选择编程软件的长度单位(Measurement System)、时间格式(Time Format)、日期格式(Date Format)。

Language:显示语言,如果系统显示语言已安装(参见图 9.1.3),可根据要求选择所需要的显示语言。

(3)颜色设置

颜色设置可通过点击设置对话框的标签"Colors"打开,其显示如图 9.2.5 所示,设置内容如下。颜色设置完成后,点击"OK"键确认;如果需要恢复系统默认设定,可点击"Reset All"。

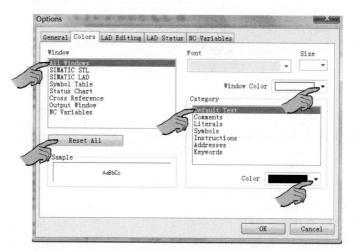

图 9.2.5 PLC 程序编辑器颜色设置

Windows:窗口选择,选择需要设定颜色的输入显示窗口,如"STMATIC LAD"(梯形

图输入显示窗）、"Symbol Table"（符号表输入显示窗）等，选择"All Windows"（所有窗口），可一次性选定所有窗口，使用同一背景色。

Window Color：窗口颜色，设定输入显示窗背景色。

Category：类别，选择需要设定颜色的显示文本，如"Default Text"（系统默认文本、图形）、"Comment"（注释）等。如果需要改变梯形图中的触点、线圈、连接线的显示色，可选定"Default Text"，然后在下述的"Color"栏选定显示色。

Color：颜色，"Category"选定类别的显示色。显示颜色一般不能选择窗口背景颜色（Window Color 设定色），因为当所选类别的显示色设定成与窗口背景颜色"Window Color"一致时，此类文本将无法识别。

9.2.2 梯形图编辑监控设置

（1）梯形图编辑设置

梯形图编辑设置可通过点击设置对话框的标签"LAD Editing"打开，其显示如图 9.2.6 所示，设置内容如下。设置完成后，点击"OK"键确认；如果需要恢复系统默认设定，可点击"Default"。

Scale：比例，设定梯形图的图形比例。

Grid：网格，设定梯形图的编辑元件网格宽（Width）、高（Height）比例。

Preview：预览，可显示当前网格设定的图形形状。

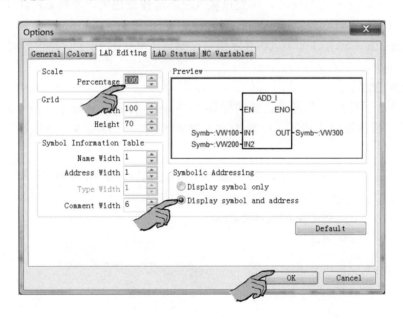

图 9.2.6　梯形图图形符号设置

Symbol Information Table：设定符号表名称、地址、注释栏的宽度比例。

Symbolic Addressing：当视窗（View）下拉菜单中的"Symbolic Addressing"（符号地址）被选择时，选定"Display symbol only"，编程元件仅显示符号地址；选定"Display symbol and address"，编程元件可同时显示符号地址和绝对地址。

（2）梯形图监控设置

梯形图动态监控状态设置可通过点击设置对话框的标签"LAD Status"打开，其显示如图 9.2.7 所示，设置内容如下。

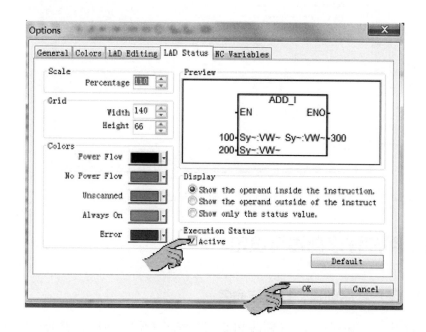

图 9.2.7　梯形图状态设置

Scale：比例，设定梯形图监控时的图形比例。

Grid：网格，设定梯形图监控时的元件网格宽（Width）、高（Height）比例。

Preview：预览，可显示当前网格设定的图形形状。

Colors：颜色，可设定梯形图程序处于不同状态时的显示颜色，其中，"Power Flow"/"No Power Flow"栏用于编程元件、连线接通/断开时的颜色设定；"Unscanned"栏用于未执行（跳过、未调用）梯形图的颜色设定；"Always On"栏用于已启动定时器等元件的颜色设定；"Error"栏用于执行出错指令的颜色设定。

Display：设定操作数显示位置，选择"Show the operand inside the instruction"时，操作数显示在指令框内部；选择"Show the operand outside of the instruction"时，操作数显示在指令框外部；选择"Show only the status value"时，仅显示操作数数值。

编辑设置完成后，勾选"Execution Status"栏的"Active"，点击"OK"，便可生效设定的颜色；如果需要恢复系统默认设定，可点击"Default"。

（3）CNC 变量设置

CNC 变量设置可通过点击设置对话框的标签"NC Variables"打开，其显示如图 9.2.8 所示。在 CNC 变量设置页面上，可选择"Active measuring system"，以选择实际生效的 CNC 变量单位；或者选择"Metric measuring system"，以选择公制单位；或者选择"Inch measuring system"，以选择英制单位。设置完成后，点击"OK"键确认。

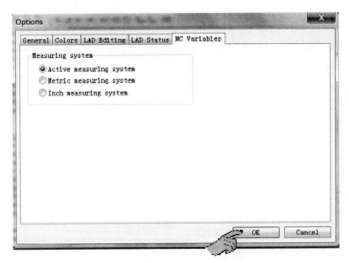

图 9.2.8　CNC 变量设置

9.3　用户程序创建与设定

9.3.1　用户程序创建、打开与命名

利用 PLC 程序编辑器输入一个新的 PLC 用户程序（项目）时，可选择创建和修改 2 种方法。创建时，需要输入 PLC 用户程序的全部文件和数据；修改时，可打开一个已有的 PLC 用户程序，在此基础上，经过编辑，将其另存为新的 PLC 用户程序。

（1）用户程序创建

用户程序创建是 STEP7-Micro/WIN32 默认的操作，操作者只需要打开 PLC 程序编辑器，系统便可显示图 9.3.1 所示的用户程序（项目）创建页面，直接进入新程序的输入、编辑操作。用户程序创建页面也可通过下拉菜单"File"（文件）、"New"（新建）进入。

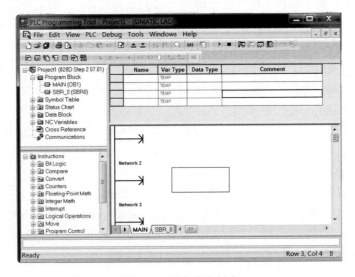

图 9.3.1　用户程序创建

创建用户程序（项目）时，系统将自动选择默认的项目名"Project1"，并在名称后的括号内添加软件版本号，如"（828D Step 2.07.01）"等；项目目录中可自动生成一个名称为 MAIN（OB1）的空白主程序和一个名称为 SBR_0（SBR0）的空白子程序；输入显示区自动显示主程序 MAIN（OB1）的梯形图输入、编辑页面。PLC 用户程序的全部内容输入完成后，可利用后述的程序保存操作，自行定义一个 PLC 用户程序（项目）的名称。有关 PLC 用户程序输入与编辑的操作方法详见后述。

（2）用户程序打开

如果用户程序在已有程序的基础上，经过编辑生成，可在下拉菜单"File"下，选择"Open"（打开）操作，系统便可显示图 9.3.2 所示的用户程序打开对话框，并显示现有的用户程序图标。移动光标到需要打开的用户程序图标上，点击选定后，指定的程序将自动在"文件名"输入框中显示；如果点击"文件名"输入框的选择键▼，当前界面可显示用户程序清单，点击选定用户程序。

用户程序选定后，点击"打开"按钮，便可进入指定程序的编辑页面，在此基础上，可修改主程序及添加（插入）、删除、编辑子程序、符号表、数据块，生成一个新用户程序。程序修改完成后，利用后述的程序保存操作，重新定义一个 PLC 用户程序（项目）名称。

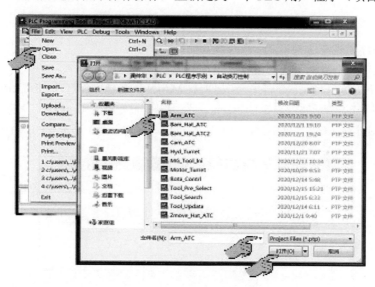

图 9.3.2　用户程序打开

（3）用户程序命名保存

用户程序（项目）的文件名可通过下拉菜单"File"，选择"Save As..."操作选项，在图 9.3.3 所示的保存对话框的"文件名"栏输入。

输入文件名后，点击"保存"，便可将当前用户程序以指定的项目名称保存。但是，主程序名称规定为 MAIN，编号只能为 OB1，用户不可修改；子程序、符号表、数据块的名称与编号可通过重命名、属性设定等操作更改。

9.3.2　程序属性与保护设定

PLC 用户主程序 MAIN（OB1）可添加设计者、程序注释以及保护密码等属性参数，但程序名称 MAIN、编号 OB1 不可修改；PLC 用户子程序（SBR）不仅可添加设计者、注释以

及密码等属性参数，还可进行程序名称、子程序（SBR）编号的定义。

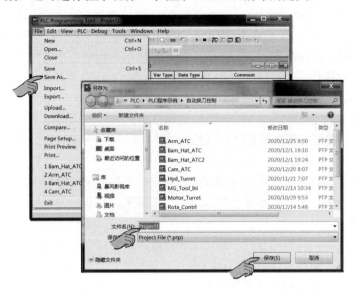

图 9.3.3　用户程序命名保存

（1）主程序属性与保护设定

主程序属性可根据需要，通过以下操作添加。

① 右键单击项目目录区的主程序文件名"MAIN"，选择操作选项"Properties…"（属性），系统可显示图 9.3.4 所示属性设定的"General"（常规）设定框。"General"设定框中的"Name"（程序名称）规定为 MAIN（OB1），"Block Number"（块编号）规定为 0；用户不可修改。

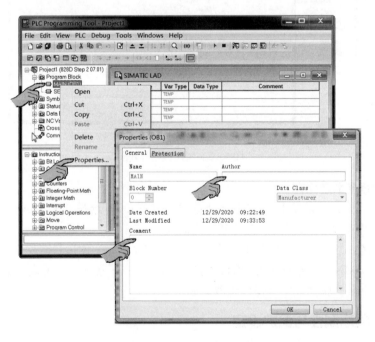

图 9.3.4　主程序属性设定

② 如需要，光标选择"Author"（设计者）输入框，输入程序设计者姓名；光标选择"Comment"（注释）输入框，输入用户程序说明文本；不进行属性设定时，系统默认设计者、程序注释均为空白（无）。

③ 输入完成后点击"OK"键确认。

如果点击属性设定框的"Protection"（保护）标签，可显示图 9.3.5（a）所示的主程序保护密码设定框，继续进行程序保护设定。

④ 在"Password"（密码）栏输入程序保护密码后，在"Verify"（验证）栏再次输入密码。

⑤ 如果所有程序（主程序及全部子程序）共用同一密码，可点击选定"Password Protect All POUs using this password"，完成后点击"OK"键确认。

密码保护生效后，程序将不能显示和编辑，梯形图输入显示区将由图 9.3.5（b）所示的无保护状态，变为图 9.3.5（c）所示的保护状态。

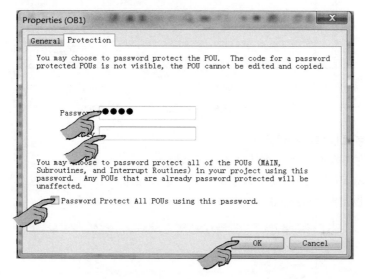

(a) 密码设定

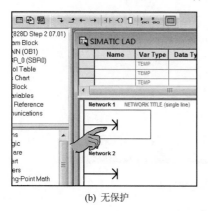

(b) 无保护

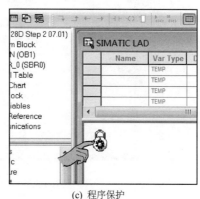

(c) 程序保护

图 9.3.5 程序保护设定

需要显示、编辑密码保护的程序时，可右键单击项目目录区的主程序文件名"MAIN"，选择操作选项"Properties…"，然后，点击属性设定框的"Protection"标签，系统将显示图 9.3.6 所示的密码输入页面。

在密码输入页面的"Password"栏输入正确的程序保护密码后，梯形图输入显示区将由图 9.3.5（c）所示的保护状态，恢复为图 9.3.5（b）所示的无保护状态。

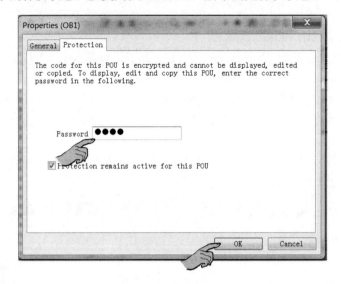

图 9.3.6　程序保护密码输入

（2）子程序属性与保护设定

子程序属性可根据需要，通过以下操作添加。

① 右键单击项目目录区的子程序文件名，选择操作选项"Properties…"，系统可显示图 9.3.7 所示属性设定的"General"设定框。

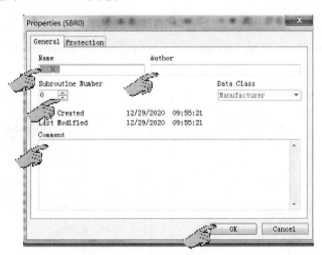

图 9.3.7　子程序属性设定

② 如需要，可用光标选择"Name"输入框，输入子程序名称；选择"Subroutine Number"（子程序号）输入框，输入子程序编号（最大 255）；选择"Author"输入框，输入程序设计者姓名；选择"Comment"输入框，输入子程序说明文本。如不进行属性设定，系统将默认子程序名称、编号分别从 SBR_0（名称）、SBR0（编号）依次自动递增；设计者、程序注释均为空白（无）。

③ 输入完成后点击"OK"键确认。

④ 点击属性设定框的"Protection"标签，可显示子程序保护密码设定框。通过与前述主程序密码设定同样的操作，可进行子程序保护设定。密码保护的子程序同样不能显示和编辑；需要显示、编辑密码保护子程序时，可通过与前述主程序密码输入同样的操作，输入正确的程序保护密码后，解除密码保护。

9.4 用户数据块与符号表编辑

9.4.1 用户数据块创建与编辑

（1）基本说明

CNC 集成 PLC 不但需要对机床的操作、运行和辅助运动进行控制，而且还需要进行数控系统操作、程序运行控制和辅助功能处理，PLC 用户程序包含机床输入/输出、CNC/PLC 接口 2 大类信号，程序较为复杂、信号数量众多，因此，一般需要利用数据块保存 PLC 用户程序数据及程序的执行信息。此外，为了便于程序阅读、理解、监控，PLC 用户程序通常需要编制符号地址表、局部变量表、状态表等支持文件。

通常而言，PLC 用户程序输入与编辑应按数据块、符号表、子程序、主程序、状态表的次序，依次输入与编辑。如果主程序、子程序使用了局部变量，梯形图输入编辑前，通常需要先编制局部变量表，然后进行梯形图程序的输入、编辑、保存等操作。

CNC 集成 PLC 的数据块（Data Block，简称 DB）一般包括 CNC/PLC 内部接口信号数据块、PLC 用户程序数据块、系统预定义数据块 3 大类。在 828D 系统集成 PLC 上，CNC/PLC 内部接口信号数据块的编号为 DB1000～DB6111，PLC 用户程序数据块的编号为 DB9000～DB9063，系统预定义数据块的编号为 DB9900～DB9908，有关数据块的作用、功能及使用方法可参见第 4 章。

CNC/PLC 内部接口信号数据块（DB1000～DB6111）、系统预定义数据块（DB9900～DB9908）的用途、功能、数据存储格式等，已由系统生产厂家定义，PLC 用户程序可进行数据寄存器的读写操作，但不能改变数据存储格式和功能。

PLC 用户程序数据块（简称用户数据块）用来保存 PLC 用户程序数据及程序执行信息，最大可使用 64 个，数据块编号为 DB9000～DB9063。用户数据块的作用、功能及数据块内部的数据存储格式等参数，均可通过数据块编辑操作进行定义，数据块的创建与编辑方法如下。

（2）用户数据块创建与管理

PLC 用户数据块需要通过用户数据块创建操作，建立数据块文件。用户数据块创建及文件管理的操作步骤如下。

① 打开 PLC 用户程序文件（项目），进入 PLC 程序编辑页面。

② 双击项目目录中的"Data Block"（数据块）文件夹，系统可显示图 9.4.1 所示的数据块目录。828D 集成 PLC 的数据块目录包括"User Interface"（CNC/PLC 接口信号）、"User Data Blocks"（用户数据块）2 类。双击子目录"User Interface"，输入显示区可显示 CNC/PLC 接口信号数据块清单；如果用户数据块已创建，双击子目录"User Data Blocks"，可显示当前的用户数据块清单。

③ 需要创建用户数据块时，点击选择子目录"User Data Blocks"，右击鼠标，系统可弹出图 9.4.1 所示的"Insert Data Block"（插入数据块）操作选项。

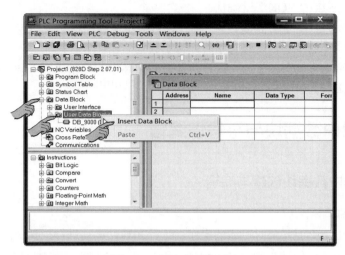

图 9.4.1　用户数据块创建

④ 选择"Insert Data Block"操作，系统可弹出图 9.4.2 所示的数据块属性设定对话框，并进行以下设定。

图 9.4.2　用户数据块属性设定

Name：数据块名称，选中后可输入用户数据块名称（符号名）。

Block Number：数据块编号，选中后可输入用户数据块编号。828D 集成 PLC 允许的用户数据块编号为 DB9000～DB9063。

Author：设计者，选中后可输入程序设计者姓名。

Non-Retain：非断电保持，勾选后数据寄存器内容将在断电时清除。

Comment：注释，选中后可输入数据块说明文本。

不进行属性设定时，系统将默认数据块名称、编号分别从 DB_9000（名称）、DB9000（编号）依次自动递增；设计者、程序注释均为空白（无）。

数据块属性设定完成后，用"OK"键确认。

⑤ 重复步骤③、④，完成全部用户数据块创建。

需要对用户数据块进行剪切、复制、粘贴、删除、重命名等文件管理操作时，可双击打开项目目录中的"Data Block"文件夹，然后，光标选定需要的数据块文件，右击打开图 9.4.3 所示的操作选项，根据需要选择如下操作。

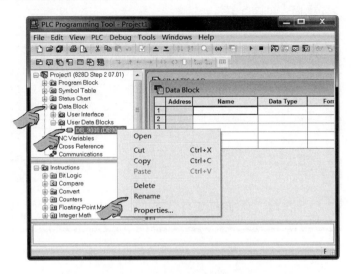

图 9.4.3　用户数据块文件管理

Open（打开）：打开所选数据块，进行数据块编辑等操作。

Cut（剪切）：将所选数据块剪切到粘贴板中，删除原数据块。

Copy（复制）：将所选数据块复制到粘贴板中，保留原数据块。

Paste（粘贴）：将粘贴板中的数据块粘贴到光标选定数据块下方。

Delete（删除）：删除所选数据块。

Rename（重命名）：所选的数据块名称显示框将成为可编辑状态，可直接进行名称输入、修改等编辑操作。

Properties…（属性设定）：显示图 9.4.2 所示的数据块属性设定对话框，对数据块的名称、编号、设计者、注释进行编辑和修改操作。

用户数据块创建完成后，系统便可显示数据块的编辑页面，对用户数据块的数据寄存器格式、数值进行输入和编辑操作。

（3）数据寄存器设定

用户数据块创建完成后，便可按照以下步骤，对用户数据块的数据寄存器格式、数值进行输入和编辑操作。

① 打开 PLC 用户程序文件（项目），进入 PLC 程序编辑页面。

② 双击项目目录中的"Data Block"文件夹，显示数据块目录（见图 9.4.1）。

③ 双击数据块子目录"User Data Blocks"，显示已经创建的用户数据块清单。

④ 双击用户数据块清单中需要输入与编辑的用户数据块（如 DB9000），输入显示区可显示图 9.4.4 所示系统默认的数据寄存器设定页面，并在底部显示用户数据块标签。点击用户数据块标签可切换为其他数据块的数据寄存器设定页面。

数据寄存器设定页面各栏的内容及编辑方法如下。

Address：数据寄存器地址，数据寄存器地址由系统根据数据类型（Data Type）自动按序

分配。例如，当第 1 行的数据类型选择"BOOL"（二进制位）时，数据寄存器地址将由 0.0 （DBX0.0）、0.1（DBX0.1）……依次递增；选择"BYTE"（字节）时，数据寄存器地址将由 0（DBB0）、1（DBB1）……依次递增；选择"WORD"（字）时，数据寄存器地址将由 0（DBW0）、2（DBW2）……依次递增（见图 9.4.5）。

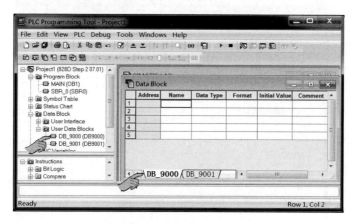

图 9.4.4　数据寄存器设定页面

Name：数据寄存器符号名，可根据需要输入与设定。

Data Type：数据类型，输入区用于数据类型选择。点击▼，可显示图 9.4.5 所示的类型选项。数据寄存器允许的数据类型为"BOOL"（二进制位）、"BYTE"（字节）、"WORD"（字）、"DWORD"（双字）、"INT"（1 字整数）、"DINT"（双字整数）、"REAL"（双字实数）。选定数据类型后，地址栏可由系统自动按序分配。

Format：数据格式，输入区用于数据格式选择；点击▼，可显示图 9.4.6 所示的数据格式选项。BOOL 型数据的格式规定为"Bit"（位）；INT、DINT 型数据的格式规定为"Signed"（带符号）；BYTE、WORD、DWORD 型数据可选择"Unsigned"（无符号十进制正整数）、"Hexadecimal"（十六进制）、"Binary"（二进制）或"ASCII"（ASCII 码）；REAL 型数据可点击▼，选择"Floating Point"（浮点数）、"Hexadecimal""Binary"或"ASCII"。选定数据格式后，系统可自动生成默认的初始值（Initial Value）及当前的实际值（Actual Value）。

图 9.4.5　数据类型选择

Initial Value：初始值，输入区用于数据寄存器初始值设定。系统默认的初始值为 0（OFF），设计人员也可根据实际需要设定其他值。初始值设定完成后，需要在后述的编辑选项中选择"Accept initial values"，生效初始值。

	Address	Name	Data Type	Format	Initial Value	Actual Value	Comment
1	0.0		BOOL	Bit	OFF	OFF	
2	0.1		BOOL	Bit	OFF	OFF	
3	1.0		BYTE	Hexadeci	16#00	16#00	
4	2.0		WORD	ASCII	'$00$00'	'$00$00'	
5	4.0		REAL	Floating Point	0.0	0.0	
6	8.0		INT	Signed	+0	+0	
7	12.0		DINT	Signed	+0	+0	
8	16.0		DWORD	Unsigned	0	0	
9							

Unsigned
Hexadecimal
Binary
ASCII

图 9.4.6　数据格式选项

Actual Value：数据寄存器当前的实际值显示，显示栏可用于程序运行时的状态监控。

Comment：注释，输入区可添加数据寄存器说明文本。

（4）数据寄存器编辑

进行数据寄存器编辑操作时，可用光标选定编辑位置，右击鼠标，系统可显示图 9.4.7 所示的数据寄存器编辑选项，并进行如下编辑操作。

① Cut（剪切）、Copy（复制）、Paste（粘贴）：用于数据寄存器符号名、注释、初始值等输入区的内容剪切、复制、粘贴操作。

② Accept initial values（生效初始值）：用来保存、生效数据寄存器的初始值（Initial Value）设定。

③ Insert（插入）：选定后可显示图 9.4.7（a）所示的操作选项，点击"Row"可增加 1 个数据寄存器输入行，点击"Data Block"可增加 1 个新的数据块。

④ Delete（删除）：选定后可显示图 9.4.7（b）所示的操作选项，点击"Selection"可删除光标选定的数据寄存器输入行，点击"Data Block"可删除当前数据块。

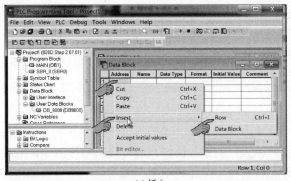

(a) 插入

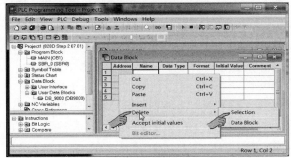

(b) 删除

图 9.4.7　数据寄存器插入与删除

9.4.2 用户符号表创建与编辑

（1）符号表编辑器

符号地址是为了便于阅读、理解梯形图程序而添加的说明文件。使用符号地址后，梯形图程序中的编程元件不但能以存储器地址（Memory address，称为绝对地址）I、Q、M 等形式显示与编辑，还能够直接以文字助记符（Symbol address，称为符号地址）的形式输入、显示与编辑。

符号地址本质上只是对绝对地址附加的文字说明，需要有符号地址表文件支持。符号地址表简称符号表（Symbol table），它对 PLC 用户程序中的所有程序块均有效。

符号表需要通过符号表编辑器（页面）编辑。828D 系统集成 PLC 的符号表编辑器，可通过点击浏览（Navigation）工具条中的符号表快捷按钮打开；或者，点击下拉菜单"View"（视图），选择"Symbol Table"操作选项打开；或者，双击项目目录中的"Symbol Table"文件夹及需编辑的符号表名称打开。

打开符号表编辑器后，PLC 程序编辑器的输入显示区便可显示图 9.4.8 所示的符号表编辑页面。符号表编辑页面的下部为符号表选择标签，作用如下。

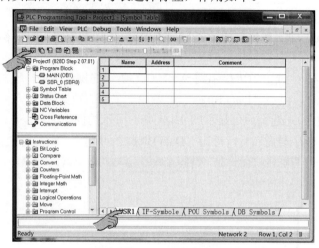

图 9.4.8　符号表编辑器

USR1：用户符号表，系统默认的输入编辑显示页，允许符号表编辑页面编辑。用户符号表不但可进行符号地址的输入、编辑等操作，还可根据实际需要，进行创建、剪切、复制、粘贴、删除、重命名等文件管理操作［见下述"（2）用户符号表文件管理"］。

IF-Symbol：CNC 接口符号表，不能利用符号表编辑页面编辑。接口符号表是由系统根据 CNC（PLC）型号自动生成的接口数据块符号名、数据块编号及注释，用户只能查看，不能修改。

POU Symbol：程序块符号表，不能利用符号表编辑页面编辑。程序块符号表用来显示用户程序的程序块（主程序、子程序）符号名、程序块编号及注释，其内容需要通过前述的程序块属性设定操作编辑、更改。

DB Symbol：用户数据块符号表，不能利用符号表编辑页面编辑。用户数据块符号表用来显示 PLC 用户数据块（DB9000～9063）的名称、编号及注释，其内容需要通过前述的用户数据块创建与管理操作编辑。

（2）用户符号表文件管理

用户符号表是用于 PLC 用户程序的符号地址表，允许编制多个；系统默认的名称为

USR1，数量为 1 个。用户符号表不但可进行符号地址的输入、编辑，还可进行创建、剪切、复制、粘贴、删除、重命名等文件管理操作。

用户符号表的文件管理操作步骤如下。

① 用户符号表创建。需要增加用户符号表时，可右击项目目录中的"Symbol Table"文件夹，并选择图 9.4.9 所示的"Insert Symbol Table"（插入符号表）操作选项，系统便可在默认符号表 USR1 的基础上，增加 1 个默认名称为 USR2 的用户符号表；继续进行插入操作，可继续增加默认名称为 USR3、USR4……的符号表。

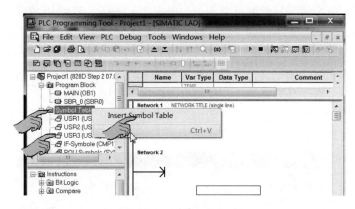

图 9.4.9　用户符号表创建

② 用户符号表管理。需要对已存在的用户符号表进行剪切、复制、粘贴、删除、重命名等操作时，可双击打开项目目录中的"Symbol Table"文件夹，然后，光标选定需要编辑的符号表文件，右击打开图 9.4.10 所示的操作选项，根据需要选择如下操作。

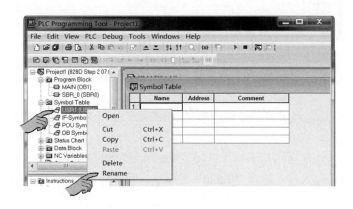

图 9.4.10　用户符号表文件管理

Open（打开）：打开所选符号表，可进行符号地址输入、编辑等操作。

Cut（剪切）：将所选符号表剪切到粘贴板中，删除原符号表。

Copy（复制）：将所选符号表复制到粘贴板中，保留原符号表。

Paste（粘贴）：将粘贴板中的符号表粘贴到光标选定符号表下方。

Delete（删除）：删除所选符号表。

Rename（重命名）：所选符号表的名称显示框将成为可编辑状态，可以直接进行名称输入、修改等编辑操作。

（3）用户符号表编辑

用户符号表可进行符号地址的输入、插入、修改等编辑操作，其操作步骤如下。

① 通过符号表文件管理操作，完成用户符号表的创建。

② 点击浏览（Navigation）工具条中的符号表快捷按钮，或点击下拉菜单"View"（视图），选择"Symbol Table"操作选项，打开符号表编辑器后，点击图 9.4.8 所示符号表编辑页面下部的选择标签，打开需要编辑的符号表；或者，双击项目目录中的"Symbol Table"文件夹及需编辑的符号表名称打开需要编辑的符号表。

③ 在图 9.4.8 所示的符号表编辑页面上，选定"Address"（地址）栏，可输入 PLC 绝对地址，如 I0.0、Q1.1 等；选定"Name"（名称）栏，便可输入符号地址，如 E_Stop_key、C_Start_key 等；如果需要，还可在"Comment"（注释）栏输入文字说明，输入完成后用回车键确认。

符号地址输入错误（如重复、使用非法字符等）时，字符下方将显示波浪下划线，需要修改符号地址。符号表一旦编辑完成，便可立即应用于程序。

④ 在图 9.4.8 所示的符号表编辑页面上，选定输入区后，右击鼠标，可显示图 9.4.11 所示的操作选项，并进行如下操作。

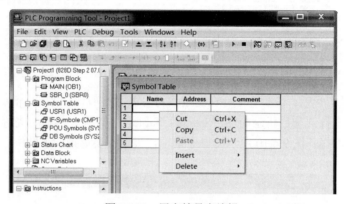

图 9.4.11　用户符号表编辑

Cut（剪切）、Copy（复制）、Paste（粘贴）：用于符号名、注释输入区的内容剪切、复制、粘贴操作。

Insert（插入）：选定后可显示操作选项"Row"，点击选择，可在光标行的上方增加 1 个符号地址输入行。

Delete（删除）：选定后可显示操作选项"Selection""Table"。选择"Selection"，可删除光标选定的符号地址输入行；选择"Table"并确认，可删除当前编辑的符号表。

9.5　程序块与局部变量表编辑

9.5.1　程序块创建与复制

（1）程序块创建

程序块是 PLC 用户程序的主体，828D 集成 PLC 的程序块只有主程序、子程序 2 类。每一个 PLC 用户程序（项目）由 1 个主程序和不超过 256 个子程序组成。主程序名称（Name）规定为 MAIN（OB1），程序块编号（Block Number）规定为 0，用户不可修改；子程序名称、编号、数量可通过前述的属性设定、编辑操作设定和编辑。

由于主程序数量不能改变，因此，创建和管理程序块时，实际上只需要进行子程序的插入、删除等操作。程序块创建方法如下。

① 创建或打开一个需要编辑的 PLC 用户程序（项目），并完成用户数据块、符号表等支持文件编辑。

② 双击项目目录中的"Program Block"（程序块）文件夹，可显示当前项目（PLC 用户程序）的程序块目录。对于新创建的项目，系统默认的程序块目录为图 9.5.1（a）所示的主程序 MAIN（OB1）和子程序 SBR_0（SBR0）。

③ 光标选定"Program Block"文件夹，右击鼠标，可显示图 9.5.1（b）所示的子程序插入操作选项"Insert Subroutine"（子程序插入）。选择操作选项"Insert Subroutine"，程序块将添加 1 个子程序，同时，弹出子程序属性设定框（参见图 9.3.7）。完成子程序名称、编号、注释等参数设定后，所创建的子程序将被添加到当前项目中。

④ 光标选定程序块文件夹中的子程序，右击鼠标，系统可显示图 9.5.1（c）所示的子程序文件管理选项，并进行如下操作。

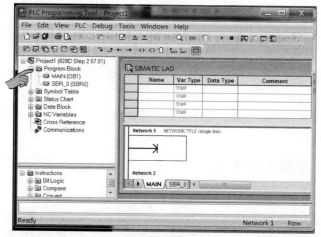

(a) 目录显示

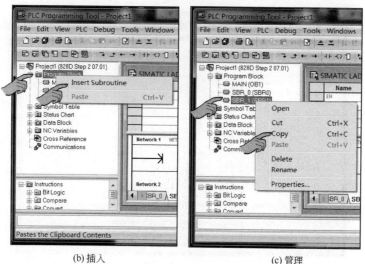

(b) 插入   (c) 管理

图 9.5.1 子程序插入与管理

Open（打开）：打开所选子程序，进行梯形图程序的输入、编辑等操作。

Cut（剪切）：将所选子程序剪切到粘贴板中，删除原子程序。

Copy（复制）：将所选子程序复制到粘贴板中，保留原子程序。

Paste（粘贴）：将粘贴板中的子程序粘贴到光标选定子程序下方。

Delete（删除）：删除所选子程序。

Rename（重命名）：所选子程序的名称显示框将成为可编辑状态，可以直接进行名称输入、修改等编辑操作。

Properties...（属性设定）：显示子程序属性设定对话框，对子程序名称、编号、设计者、注释进行编辑和修改操作。

（2）程序块复制

子程序也可从其他项目复制，经修改后创建，其操作步骤如下。

① 创建或打开一个需要编辑的 PLC 用户程序（项目），并完成用户数据块、符号表等支持文件编辑。

② 打开需要复制的用户程序（项目），双击项目目录中的"Program Block"文件夹，显示被复制项目的程序块目录。

③ 光标选定需要复制的子程序，右击鼠标，在子程序文件管理选项中选择"Copy"，将所选子程序复制到粘贴板中。

④ 打开需要编辑的用户程序（项目），双击项目目录中的"Program Block"文件夹，显示程序块目录。

⑤ 光标选定需要粘贴的位置，右击鼠标，选择操作选项"Paste"，粘贴板中的子程序便可被添加到当前项目中。

9.5.2 局部变量表编辑

（1）变量表编辑要求

当程序使用局部变量编程时，需要编写局部变量表。可在梯形图输入编辑页面中，用鼠标选定图 9.5.2 所示梯形图显示区的上部边框后下拉，打开或扩大局部变量表编辑显示区。

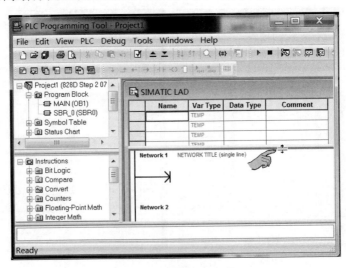

图 9.5.2 局部变量表显示

局部变量表编辑显示区各列的含义及编辑要求如下。

第 1 列：局部变量绝对地址。绝对地址需要在数据格式（Data Type）确定后，由系统自动从 L0.0（或 LB0、LW0、LD0）开始依次分配，用户不能修改。

Name：局部变量名称。局部变量同样可使用符号地址，使用符号地址时，可点击选定"Name"输入框、输入符号地址。

Var Type：变量类型。局部变量类型由系统自动生成，用户不能修改。828D 集成 PLC 的主程序 OB1 不允许其他程序调用，因此，只能使用临时变量，变量类型规定为图 9.5.3（a）所示的 TEMP。子程序 SBR 可由主程序调用，变量类型可为图 9.5.3（b）所示的 IN（输入）、IN_OUT（输入/输出）、OUT（输出）及 TEMP（临时变量）；绝对地址按 IN、IN_OUT、OUT、TEMP 的次序自动排列与分配。

Data Type：数据类型。选定"Data Type"输入框后，点击▼，可显示图 9.5.3 所示的类型选项。局部变量允许的数据类型为"BOOL"（二进制位）、"BYTE"（字节）、"WORD"（字）、"DWORD"（双字）、"INT"（1 字整数）、"DINT"（双字整数）、"REAL"（双字实数）。选定数据类型后，绝对地址即可由系统自动生成。例如，当第 1 行的数据类型选择"BOOL"时，绝对地址将由 L0.0、L0.1……依次递增；选择"BYTE"时，绝对地址将由 LB0、LB1……依次递增；选择"WORD"时，绝对地址将由 LW0、LW2……依次递增。

Comment：注释。如需要，可点击选定输入框，添加局部变量注释。

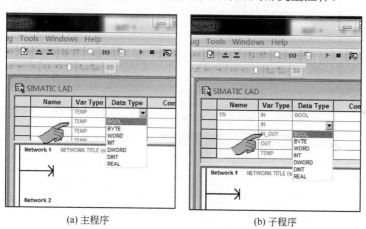

(a) 主程序　　　　　　　　　(b) 子程序

图 9.5.3　变量与数据类型

（2）局部变量表编辑

局部变量表的输入、编辑方法如下。

① 打开需要编辑的用户程序（项目），双击项目目录中的"Program Block"文件夹，显示程序块目录。

② 打开需要编辑的程序块，下拉梯形图显示区的上部边框，打开或扩大局部变量表编辑显示区。

③ 双击变量名称（Name）、注释（Comment）输入框，输入局部变量名称、注释，并用 Enter 键确认。如果局部变量名称输入重复或错误时，输入字符的下方将显示波浪线，此时，需要重新编辑变量名。

④ 双击变量类型（Var Type）、数据类型（Data Type）输入框，选定变量类型、数据类

型，系统可自动生成局部变量绝对地址。

⑤ 需要增加局部变量时，光标选定需要插入的位置（行），右击鼠标，光标选定操作选项中的"Insert"（插入）后，可显示图 9.5.4（a）所示的操作选项，并进行如下操作。

Row：在光标选定行的上方插入一个类型（Var Type）与光标行相同的输入行。

Row Below：在光标选定行的下方插入一个类型（Var Type）与光标行相同的输入行。

Subroutine：插入一个子程序（SBR），程序块可添加 1 个子程序，并弹出子程序属性设定框（参见图 9.3.7）。完成子程序名称、编号、注释等参数设定后，子程序将被添加到当前项目中。

需要删除局部变量时，光标选定需要删除的行，右击鼠标，光标选定操作选项中的"Delete"（删除）后，可显示图 9.5.4（b）所示的操作选项，并进行如下操作。

Selection：删除光标选定区的局部变量。

Subroutine：删除当前编辑的子程序（SBR）。

⑥ 需要对局部变量参数进行编辑时，可双击选定参数输入框，然后右击鼠标，通过操作选项"Cut""Copy""Paste"，对参数输入框的内容进行剪切、复制、粘贴操作。

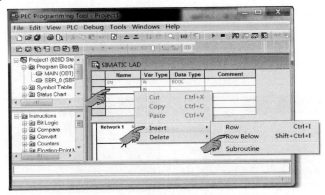

(a) 插入

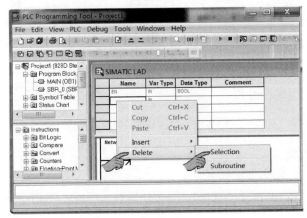

(b) 删除

图 9.5.4　局部变量插入与删除

9.5.3　梯形图程序输入

（1）网络标题和注释输入

网络（Network）是 SIEMENS PLC 程序的基本组成元素，PLC 用户程序的所有程序块都需要以网络为单位进行编译、处理，不能构成网络的指令、编程元件输入都为无效输入。

为了便于程序识读，网络可以添加标题（Title）和注释（Comment），网络标题和注释的输入与编辑方法如下。

① 打开 PLC 用户程序（项目）的程序块（Program Block）文件夹，进入梯形图程序编辑页面。

② 在打开的程序块目录或梯形图程序输入显示区的程序块标签中，选定需要输入或编辑的程序块，进入梯形图程序编辑页面。

③ 光标选定网络标题行，双击打开图 9.5.5 所示的标题和注释编辑页面。

④ 光标选定"Title"输入框，可进行网络标题的输入与编辑操作；光标选定"Comment"输入框，可进行网络注释的输入与编辑操作。

⑤ 标题和注释输入、编辑完成后，点击"OK"键确认或点击"Cancel"键放弃，返回梯形图程序编辑页面。

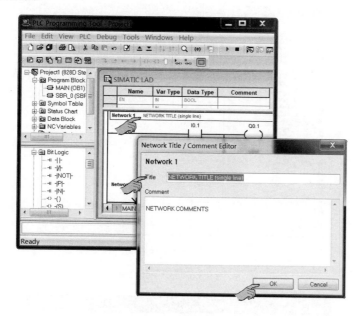

图 9.5.5　网络标题和注释编辑

（2）梯形图输入

梯形图指令（编程元件）的输入操作如下。

① 打开 PLC 用户程序（项目）及程序块（Program Block）文件夹，进入梯形图程序编辑页面后，点击选定梯形图的指令（编程元件）输入位置。

② 如图 9.5.6（a）所示，点击指令（Instruction）工具条的快捷按钮，选定编程元件类型；或者，如图 9.5.6（b）所示，打开指令目录（Instruction Tree）中的指令文件夹（如逻辑指令文件夹 Bit Logic 等），双击选定需要输入的编程元件。指定编程元件便可插入到光标位置。功能指令无直接输入的快捷键，一般需要打开指令文件夹，双击指令代码输入。

③ 指令输入后，将自动显示图 9.5.7 所示的"??.?"或"????"等操作数（编程元件地址）输入提示符，点击选定操作数输入提示符，输入操作数，按 Enter 键。

④ 重复步骤②、③，完成网络的第 1 行指令输入。

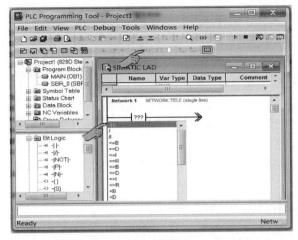

(a) 快捷输入

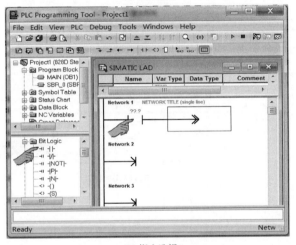

(b) 指令选择

图 9.5.6 梯形图指令输入

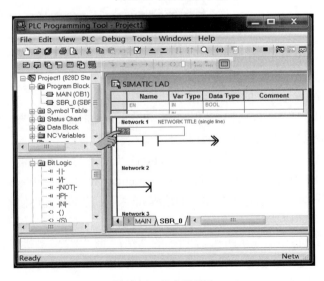

图 9.5.7 操作数输入

⑤ 编辑多行指令网络时，光标选定图 9.5.8 所示需要后端添加向下连接线的编程元件（或空白区），点击指令工具条的"向下连接线"快捷按钮，便可添加 1 个指令输入行。

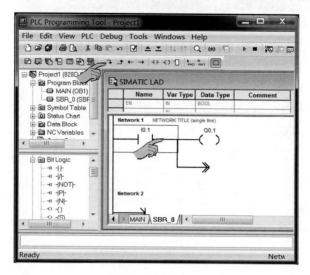

图 9.5.8　指令行添加

（3）网络编辑

梯形图程序需要以网络（Network）为单位添加标题、注释及进行编译，网络的编号与连接母线（主母线）可由 STEP7-Micro/WIN 软件自动生成，但是，主母线不能作为梯形图的垂直连接线使用，图 9.5.9（a）所示的通过主母线连接的指令行不能构成网络。如果需要将相互关联的指令行组合到同一网络中，应通过图 9.5.9（b）所示的状态恒为"1"的触点 SM0.0 和向下连接线，连接指令行。

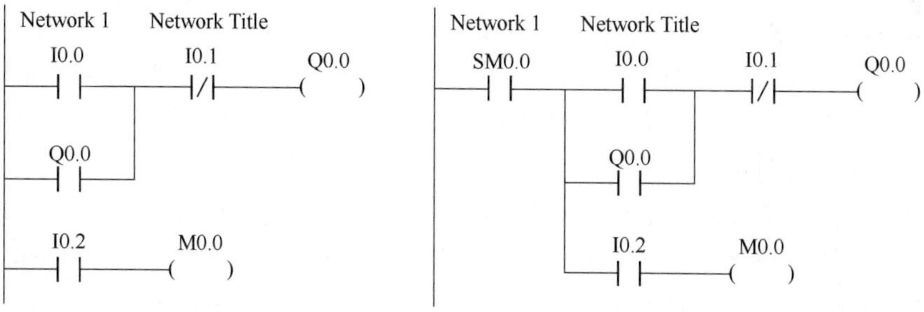

```
Network 1    Network Title              Network 1    Network Title
  I0.0          I0.1         Q0.0          SM0.0      I0.0       I0.1       Q0.0
  ─┤├──────────┤/├────────( )             ─┤├───────┤├─────────┤/├────────( )
  Q0.0                                                 Q0.0
  ─┤├                                               ──┤├
  I0.2         M0.0                                   I0.2       M0.0
  ─┤├─────────( )                                  ──┤├────────( )
        (a) 不能使用                                   (b) 允许使用
```

图 9.5.9　网络编辑要求

梯形图网络编辑的基本操作如下。

① 需要插入编程元件时，可用光标选定插入位置，直接通过编程元件输入操作插入。需要删除编程元件或网络时，可用光标选定编程元件，或者，拖动光标选定整个网络，直接通过 Delete 键删除。

② 需要进行编程元件或网络的剪切、复制、粘贴时，可选定编程元件或拖动光标选定网络，右击鼠标，显示图 9.5.10 所示的编辑操作选项，选择"Cut"（剪切）、"Copy"（复制）、"Paste"（粘贴）等梯形图编辑操作，或者，选择"Rewire…"（修改），进行编程元件地址的

一次性修改操作（见后述）。

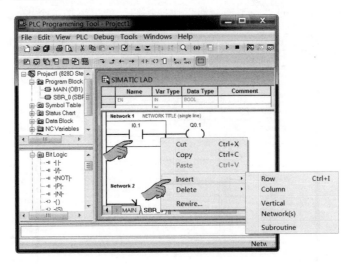

图 9.5.10　梯形图编辑与插入

③ 需要插入空白指令行、连接线、网络或子程序时，可选定操作选项"Insert"（插入），利用图 9.5.10 所示的操作选项，插入以下内容。

Row：指令行，在所选编程元件的后端添加向下连接线，插入 1 个空白指令输入行，其功能与"向下连接线"快捷按钮相同。

Column：水平连线，在所选编程元件的前端添加一段水平连接线，添加 1 个编程元件输入位置。

Vertical：垂直连线，在所选编程元件的后端添加一条垂直连接线，增加一个指令输入行，其作用与指令工具条的"向下连接线"快捷按钮相同。

Network(s)：网络，在所选网络的上方添加一个网络。

Subroutine：子程序，在所选程序块中添加 1 个子程序（SBR）。选定后可弹出子程序属性设定框（参见图 9.3.7），继续进行子程序名称、编号、注释等参数设定。参数设定完成后，子程序将被添加到当前项目中。

Rewire：修改，进行编程元件地址的一次性修改操作（见后述）。

④ 需要删除空白指令行、连接线、网络或子程序时，选择操作选项"Delete"（删除），可进一步显示图 9.5.11 所示的选项，删除光标选择区域（Selection）或水平连线（Column）、垂直连线（Vertical）、网络［Network(s)］、子程序（Subroutine）等。

9.5.4　梯形图程序编辑

（1）程序编辑菜单

梯形图程序的编辑既可通过上述的梯形图输入操作，由梯形图网络、编程元件的插入（Insert）、删除（Delete）或剪切（Cut）、复制（Copy）、粘贴（Paste）完成，也可通过下拉菜单"Edit"（编辑）进行编程元件查找与替换、地址一次性修改等操作。

梯形图程序编辑操作可在打开 PLC 用户程序（项目）及程序块（Program Block）文件夹，进入梯形图程序编辑页面后，点击打开下拉菜单"Edit"选择，程序编辑选项显示如图 9.5.12 所示。

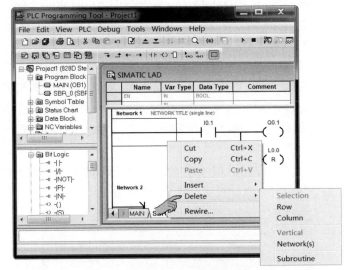

图 9.5.11　梯形图删除

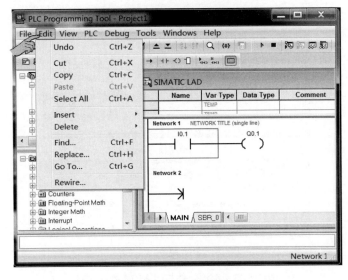

图 9.5.12　梯形图程序编辑

选择程序编辑选项剪切（Cut）、复制（Copy）、粘贴（Paste）、插入（Insert）、删除（Delete），可对光标选定的编辑元件或网络进行对应的操作，功能与前述梯形图形程序输入相同。选择程序选项"Undo"，可撤销最近一次编辑操作；选择"Select All"，梯形图输入显示区的背景色将呈黑色，系统可选定当前编辑程序块的全部网络。

程序编辑选项"Find…"（查找）、"Replace…"（替换）、"Go To…"（跳转）用于指定编程元件与网络的查找、替换；选项"Rewire…"（修改）用于编程元件地址的一次性变更，其操作方法分别如下。

（2）编程元件与网络的查找、替换

程序编辑选项"Find…""Replace…""Go To…"用于指定编程元件与网络的查找、替换，选定任一选项，系统可弹出图 9.5.13 所示的综合设定对话框，通过如下选项标签进行相关操作。

Find：编程元件查找，显示如图 9.5.13（a）所示。在"Find What"输入框中输入编程元件地址或操作数后，点击"Find Next"，光标可定位到第一个指定编程元件上；继续点击"Find Next"，光标可依次定位到后续的指定编程元件上。

Replace：编程元件替换，显示如图 9.5.13（b）所示。在"Find What"输入框中输入需要修改的编程元件地址或操作数，在"Replace With"输入框中输入所需要的新的编程元件地址或操作数后，点击"Replace"可完成第一个编程元件或操作数的修改；继续点击"Find Next""Replace"，可完成后续编程元件或操作数的修改；点击"Replace All"可一次性完成全部编程元件或操作数的修改。

Go To：网络查找，显示如图 9.5.13（c）所示。在"Enter Network Number"输入框中输入网络编号后，点击"Go To"，光标可定位到指定的网络上。

(a) 查找

(b) 替换

(c) 跳转

图 9.5.13 编程元件与网络的查找、替换

（3）编程元件地址替换

同类数控机床的大多数控制要求相同，因此为了提高编程效率，设计 PLC 程序时一般可通过程序块复制、编程元件地址的一次性替换操作，快速完成 PLC 程序编辑。编程元件地址的一次性替换方法如下。

① 利用前述的程序块复制、粘贴等操作，创建 PLC 用户程序。

② 打开 PLC 用户程序（项目）及程序块（Program Block）文件夹，进入梯形图程序编辑页面。

③ 在梯形图输入显示区的任意位置右击鼠标，在图 9.5.14 所示的编辑操作选项中选择"Rewire…"；或者，通过下拉菜单"Edit"，选择"Rewire…"选项，系统可显示图 9.5.14（a）所示的地址替换对话框，进行如下地址替换设定与检查。

Program Blocks：程序块选择，可显示当前项目所包含的程序块目录，点击勾选需要修改的程序块或 All（所有程序块），所选程序块的地址将被一次性替换。

Replacements：替换地址。可在"Old address"栏输入当前程序中需要被替换的原始地址，如 I2.0、QB2、MW60、DB4500.DBW48 等；在"New address"栏输入替换后的新地址，如 I10.0、QB10、MW10、DB2500.DBW10 等。

All accesses within the specified addresses：全部修改，勾选后所有通道的地址都将被替换。

④ 地址替换设定完成后，点击"Rewire"，可在"Rewire Results"显示框显示 9.5.14（b）所示的替换内容、替换程序块以及替换出错等执行结果信息。

⑤ 点击"Finish"，返回梯形图编辑页面。

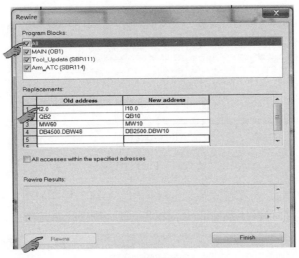

(a) 替换设定

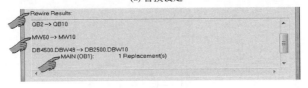

(b) 结果显示

图 9.5.14　地址的一次性替换

9.6　PLC 程序编译与检查

9.6.1　PLC 程序编译与保存

（1）程序编译

PLC 用户程序编辑完成后，需要通过程序编译（Compile）操作，将梯形图程序转换为 CPU 能够识别与处理的机器码，才能下载到 PLC 进行相关处理。PLC 程序编译时，还可对用户程序的语法、指令、编程元件进行全面检查，并输出相应的出错信息。

828D 集成 PLC 的用户程序编译操作如下。

① 打开 PLC 用户程序及程序块文件夹，进入梯形图程序编辑页面。

② 点击打开下拉菜单"PLC"，选择图 9.6.1（a）所示的"Compile"选项，或者，点击

图 9.6.1（b）所示的指令（Instruction）工具条上的快捷按钮"Compile"，系统将执行程序编译操作。

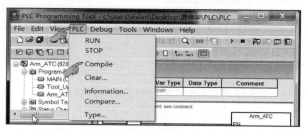

(a) 下拉菜单

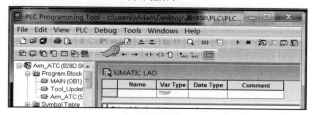

(b) 快捷按钮

图 9.6.1　PLC 程序编译

③ 程序编译完成后，可在信息显示区（输出窗）显示程序如图 9.6.2 所示的编译结果信息。如果 PLC 程序存在错误，系统可显示出错位置、错误代码及错误处数等信息。

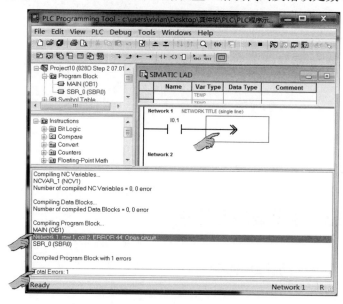

图 9.6.2　PLC 程序编译结果

④ 双击信息显示区的错误指示（见图 9.6.2），光标将直接定位到 PLC 用户程序的出错位置，以便修改程序。

（2）程序保存

PLC 程序编辑完成后，点击图 9.6.3 所示指令工具条上的快捷按钮"Save"（保存），或者，点击打开下拉菜单"File"（文件），选择"Save"（保存）操作选项，当前程序将被保存到系统"Project File"文件夹中。

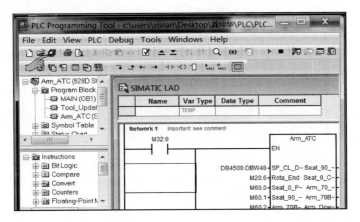

图 9.6.3　PLC 程序保存

如果 PLC 程序需要另存为其他名称的项目文件，可点击打开下拉菜单"File"，选择"Save As…"（另存为）操作选项，然后在图 9.6.4 所示保存对话框的"文件名"栏输入新的项目文件名。

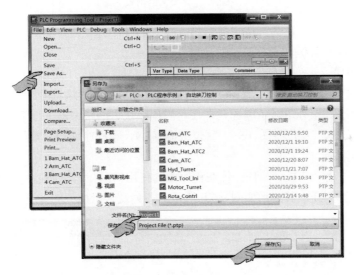

图 9.6.4　PLC 程序另存为

9.6.2　交叉表检查

交叉表可用来检查编程元件在 PLC 用户程序中的使用位置、信号形式、使用情况等编程信息。在编程阶段，通过检查交叉表的信号使用情况，可有效避免程序中出现重复线圈编程等现象。如果数控系统不具备梯形图动态监控功能，且现场又没有 PLC 编程计算机，可利用交叉表、状态表（详见 9.8 节），分析、监控 PLC 用户程序的实际执行情况。交叉表只能在程序编译（Compile）完成后才显示。

交叉表可显示的内容有交叉引用表（Cross References table）、字节使用表（Byte Usage table）、位使用表（Bit Usage table）3 类，显示内容与格式分别如下。

（1）交叉引用表

交叉引用表用于编程元件在 PLC 用户程序中的编程位置、信号形式等基本信息，它可通过交叉表显示区下方的 "Cross Reference" 标签打开，其显示如图9.6.5 所示，各列的含义如下。

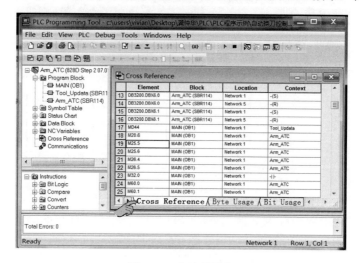

图 9.6.5　交叉引用表

Element：编程元件。该列可依次显示机床输入 I、机床输出 Q、CNC/PLC 接口信号 DB、标志 M、局部变量 L 等编程元件的绝对地址。

Block：程序块。该列可显示使用编程元件的程序块。

Location：位置。该列可显示编程元件在对应程序块中的网络编号。

Context：状态。该列可显示编程元件在对应程序块、网络中的编程形式，如常开触点、常闭触点、输出线圈、置位线圈（S）、复位线圈（R）、子程序调用变量等。

（2）字节使用表

字节使用表可逐字节显示编程元件在程序中的使用情况，它可通过交叉表显示区下方的 "Byte Usage" 标签打开，其显示如图9.6.6 所示，各列及显示标记的含义如下。

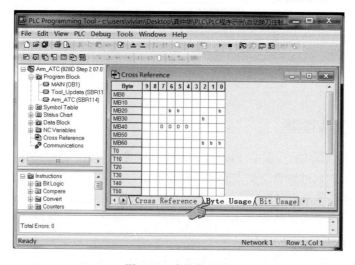

图 9.6.6　字节使用表

列：“Byte”列为编程元件的起始字节，“0～9”列为起始字节及后续 9 字节编程元件的使用表。例如，当起始字节为标志 MB0 时，列 0、1～9 依次为标志 MB0、MB1～MB9 在程序中的使用情况。

标记空白：表示该字节编程元件未在程序中使用，如图 9.6.6 中的 MB0～MB9 等。

标记 b：表示该字节编程元件以二进制位（bit）的形式在程序中编程，如图 9.6.6 中的 MB20、MB25、MB26 等。

标记 B：表示该字节编程元件以字节（Byte）的形式在程序中编程。

标记 W：表示该字节编程元件以字（Word）的形式在程序中编程。

标记 D：表示该字节编程元件以双字（Double word）的形式在程序中编程，如图 9.6.6 中的 MB44、MB45、MB46、MB47。

标记 X：用于定时器 T、计数器 C，表示该字节定时器、计数器已在程序中编程。

（3）位使用表

位使用表可显示编程元件的每一位信号在程序中的使用情况，它可通过交叉表显示区下方的“Bit Usage”标签打开，显示如图 9.6.7 所示，各列及显示标记的含义如下。

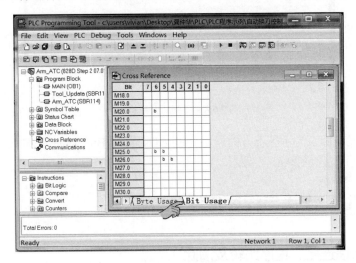

图 9.6.7　位使用表

列：“Bit”列为编程元件的起始位，“0～7”列为起始位及后续 7 位编程元件的使用表。例如，当起始位为标志 M18.0 时，列 0、1～7 依次为标志 M18.0、M18.1～M18.7 在程序中的使用情况。

标记空白：表示该编程元件未在程序中使用，如图 9.6.7 中的 M18.0～M18.7 等。

标记 b：表示该编程元件已在程序中编程，如图 9.6.7 中的 M20.6、M25.6 等。

（4）交叉表检查操作

交叉表检查的操作步骤如下。

① 打开 PLC 用户程序及程序块文件夹，进入梯形图程序编辑页面。

② 点击打开下拉菜单“PLC”，选择“Compile”（编译）选项，或点击指令（Instruction）工具条上的快捷按钮“Compile”，完成 PLC 程序编译。

③ 如图 9.6.8 所示，点击浏览（Navigation）工具条的快捷按钮“Cross References”，或者，点击打开下拉菜单“View”（视图），选择“Cross References”操作选项，可显示图 9.6.5

所示的交叉引用表（Cross References table）。

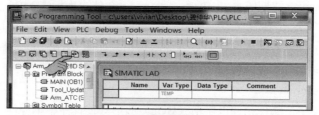

(a) 快捷按钮

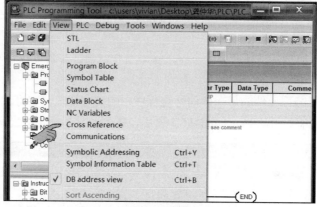

(b) 下拉菜单

图 9.6.8　交叉表检查

④ 点击交叉引用表显示区下方的标签"Byte Usage""Bit Usage"，可切换为字节使用表（图 9.6.6）、位使用表（图 9.6.7）显示。

9.7　PLC 连接与程序传送

9.7.1　通信连接、程序比较及清除

(1) 通信连接与设定

PLC 用户程序的在线调试与监控需要将 PLC 编程计算机与 CNC 连接。计算机与 828D 系统的一般连接方法如图 9.7.1 所示，编程计算机可通过 RJ45 以太网（Ethernet）电缆与 CNC/LCD 单元前端的 Ethernet 接口 X127 连接，接口 X127 的 IP 地址规定为 192.168.215.1。

图 9.7.1　调试计算机与 CNC 连接

网络电缆连接完成后，可按以下步骤完成 PLC 通信设定。

① 点击图 9.7.2 所示的 PLC 编辑器浏览（Navigation）工具条的通信（Communications）快捷按钮，系统可显示通信设定对话框（软件上显示为"通信"的旧称"通讯"）。

图 9.7.2　PLC 通信设定

② 双击通信设定对话框的"地址：0"，可显示图 9.7.3 所示的 PLC 编程计算机通信接口（PG/PC Interface）的访问途径（Access Path）设定页面。

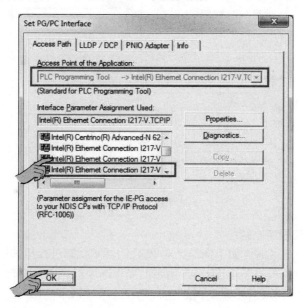

图 9.7.3　计算机接口参数设置

③ 在"Interface Parameter Assignment Used"（接口参数分配）选择框中，点击选定"Intel

（R） Ethernet Connection 1217-V .TCPIP"，选择 Ethernet TCP/IP 连接后，点击"OK"键确认。

④ 如图 9.7.4（a）所示，光标选定"通讯参数"（Communication Parameters）栏的"远程地址"（Remote Address）输入框，输入 CNC（PLC）接口 X127 的 IP 地址"192.168.215.1"。

⑤ 双击远程设备的连接图标，设备图标将成为图 9.7.4（b）所示的 CNC 图标，设备名"828D Step 2"上带有提示边框，代表 PLC 编程计算机与 CNC 间的通信连接已建立。

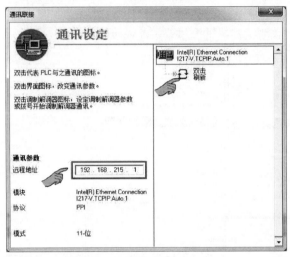

(a) 地址设置

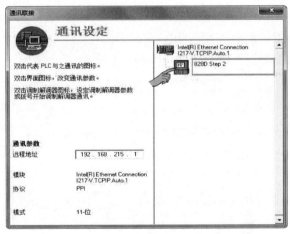

(b) 连接完成

图 9.7.4　PLC 连接

（2）PLC 检查与程序比较

PLC 连接完成后，可通过如下操作，对 PLC 的基本状态进行相关检查。

① 打开下拉菜单"PLC"，在图 9.7.5 所示的操作选项中，点击选择"Information…"（PLC 信息）操作选项，可显示 CNC 集成 PLC 的规格、版本等基本信息。

② 点击选择"Compare…"（比较）操作选项，执行 PLC 编辑器当前选定的 PLC 用户程序（Current project）与 CNC 集成 PLC 现有用户程序（Reference project）的比较操作，检查 PLC 的实际状态。操作者可根据实际需要，继续下述操作。

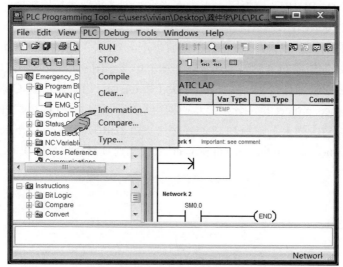

图 9.7.5 PLC 基本检查

③ 如果 PLC 编辑器选定的用户程序（Current project）所设置的 PLC 规格型号和实际 CNC 集成 PLC 不一致，PLC 编辑器将显示图 9.7.6 所示的提示信息，提示操作者重新设置 PLC 规格型号。

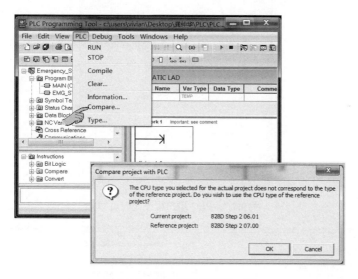

图 9.7.6 PLC 规格型号不一致

如果当前用户程序（Current project）所设置的 PLC 规格型号和实际 PLC 的用户程序（Reference project）兼容，可点击"OK"键确认，将当前用户程序的 PLC 规格型号更改成与实际 PLC 一致，并进一步显示 PLC 用户程序比较页面（见图 9.7.7）。

如果当前用户程序所设置的 PLC 规格型号不能用于实际 PLC，可点击"Cancel"键，退出比较操作后，修改当前用户程序的 PLC 规格型号（参见 9.2 节），重新进行通信连接和通信参数设定操作。

④ 如果当前用户程序所设置的 PLC 规格型号和实际 PLC 一致或兼容，PLC 编辑器可显示图 9.7.7 所示的 PLC 用户程序比较页面，操作者可根据需要，分别在程序块（Blocks）选

择区和数据块（Data Blocks）选择区，点击选择框，勾选需要进行比较的程序块和数据块。点击"Cancel"键可退出比较操作。

⑤ 选定需要进行比较的程序块和数据块后，点击"OK"键，可进行所选内容的比较操作；完成后，PLC 编辑器的信息显示区（输出窗）可显示图 9.7.8 所示的比较结果信息。

对于已下载到 PLC 但内容不一致的程序块（如 OB1），信息显示区（输出窗）的 Current project 栏、Reference project 栏，分别显示当前用户程序、实际 PLC 用户程序的位置、编程元件状态等信息。对于尚未下载到 PLC 的程序块（如 SBR0），Current project 栏将显示"The Block is only contained only in the current project"（仅当前项目有该程序块）。

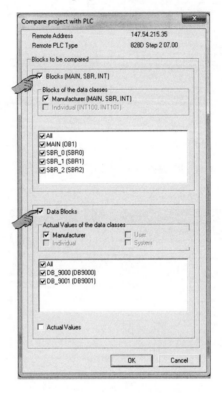

图 9.7.7　PLC 用户程序比较页面

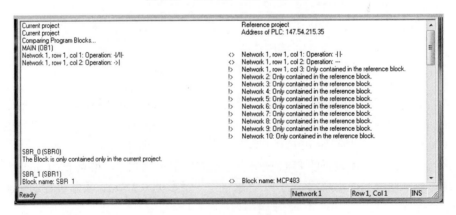

图 9.7.8　用户程序比较结果显示

（3）PLC 程序清除

在 CNC 集成 PLC 发生存储器、用户程序出错等故障，或进行了主板更换、CNC 格式化处理等场合，通常需要进行 PLC 用户程序清除操作，重新安装（下载）PLC 用户程序。PLC 用户程序清除的操作步骤如下，PLC 用户程序下载操作见 9.7.2 节。

① 完成计算机与 CNC 的连接及通信设定操作。

② 打开下拉菜单"PLC"，点击选择"STOP"（停止）操作选项（见图 9.7.9），或者，点击调试（Debug）工具条中的快捷按钮"STOP"，然后，在弹出的对话框中选择"Yes"，将 PLC 置于停止模式。

③ 打开下拉菜单"PLC"，点击选择"Clear…"（清除）操作选项，编辑器可显示图 9.7.9 所示的用户程序清除对话框。

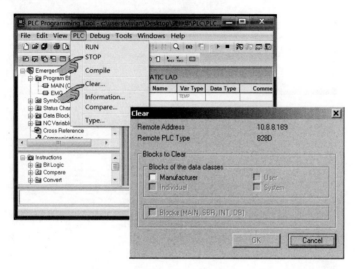

图 9.7.9　用户程序清除

④ 点击勾选"Blocks to Clear"框的"Manufacturer"（用户程序）后，按"OK"键确认，CNC 集成 PLC 中的用户程序（项目）将被全部清除。

9.7.2　程序传送与运行控制

（1）PLC 程序下载

将编程计算机中的 PLC 用户程序写入 CNC（PLC）的操作称为下载（Download），PLC 用户程序下载的操作步骤如下。

① 完成 PLC 连接及通信接口、通信参数设定，使 PLC 编程计算机在线。

② 选择并打开需要下载的 PLC 用户程序（项目）文件，使之成为当前编辑程序。

③ PLC 用户程序下载原则上应在 PLC 停止时进行。对于运行中的 PLC，可点击打开图 9.7.10（a）所示的下拉菜单"PLC"，选择操作选项"STOP"，或者，点击调试（Debug）工具条中的快捷按钮"STOP"，然后，在弹出的对话框中选择"Yes"，将 PLC 置于停止模式。

对于专业维修人员，如果只进行 PLC 用户程序简单、少量修改，且不涉及数据块内容，也可在 PLC 运行的情况下，进行 PLC 用户程序下载操作。在 PLC 运行模式下选择下载操作时，系统将显示图 9.7.11 所示的警示信息，操作者在确认操作安全的前提下，可点击"在 RUN

模式下下载"，下载 PLC 用户程序。

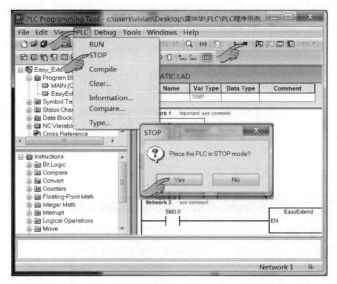

(a) 停止运行

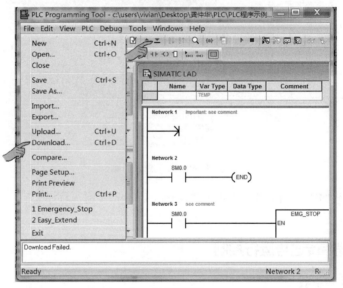

(b) 选择下载

图 9.7.10   PLC 程序下载

图 9.7.11   运行模式下载警示

④ 点击打开图 9.7.10（b）所示的下拉菜单 "File"（文件），选择操作选项 "Download…"（下载），或者，点击标准（Standard）工具条上的快捷按钮 "Download…"，系统可显示图 9.7.12 所示的下载内容选择页面，可进行如下内容的选择。

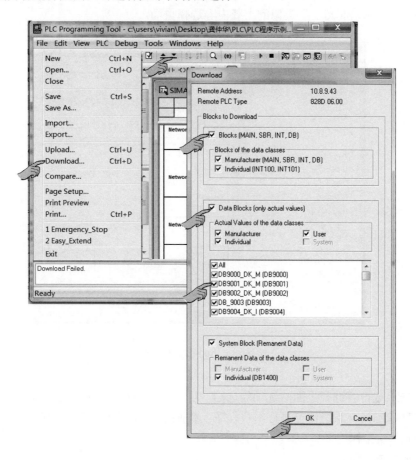

图 9.7.12　PLC 程序下载内容选择

Blocks：系统默认为所有程序块，包括 PLC 用户程序的全部内容（Manufacturer）及系统特殊的中断程序（Individual）。点击选项的勾选框，可去除、添加下载的内容。

Data Blocks：系统默认为所有数据块（仅下载数据寄存器实际值），包括全部用户数据块（Manufacturer）、CNC/PLC 接口数据块（User）、系统特殊数据块（Individual）。点击选项的勾选框，可去除、添加下载的内容，其中，PLC 用户程序数据块（DB9000～DB9063）还可单独勾选。

System Block：断电保持系统数据块，默认为特殊数据块 DB1400。

⑤ 选定下载内容后，点击 "OK" 键确认，系统便可执行用户程序下载操作，将当前打开的 PLC 用户程序写入到 CNC（PLC）中。

（2）PLC 程序上载

将 CNC（PLC）中的 PLC 用户程序读入到编程计算机的操作称为上载（Upload），PLC 用户程序上载的操作步骤如下。

① 完成 PLC 连接及通信接口、通信参数设定，使 PLC 编程计算机在线。

② PLC 用户程序上载可以在 PLC 运行或停止时进行，点击打开图 9.7.13 所示的下拉菜单"File"，选择操作选项"Upload…"（上载），或者，点击标准工具条上的快捷按钮"Upload…"，系统可显示与"Download…"类似的上载内容选择页面。

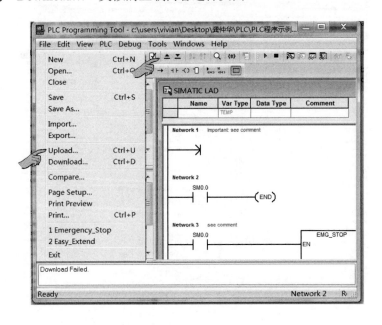

图 9.7.13　PLC 程序上载

③ 点击上载内容选择页面的选项勾选框，可去除、添加上载的内容。上载内容选定后，点击"OK"键确认，系统便可执行用户程序上载操作，将 CNC（PLC）中的 PLC 用户程序读入到编程计算机中。

（3）PLC 运行控制

CNC 集成 PLC 的运行可在 CNC 开机时自动启动，PLC 的停止一般通过 PLC 编程计算机进行。操作者可通过 PLC 编辑器下拉菜单"PLC"中的操作选项"RUN"（运行）/"STOP"（停止），或者，利用调试（Debug）工具条上的快捷操作按钮"RUN"/"STOP"，选择用户程序运行、用户程序停止 2 种基本工作模式。但是，当系统检测到重大错误时，用户程序将强制从 RUN 模式切换为 STOP 模式。

用户程序停止时，编程计算机可直接进行 CNC 集成 PLC 中的程序编辑操作，但不能执行 PLC 用户程序；用户程序运行时，CNC 将循环执行 PLC 用户程序，编程计算机可编辑、监控 PLC 用户程序的实际执行状态。

PLC 运行控制的操作步骤如下。

① 完成 PLC 连接及通信接口、通信参数设定，使 PLC 编程计算机在线。

② 完成 PLC 用户程序下载操作，将 PLC 用户程序写入 CNC 集成 PLC。

③ 点击打开下拉菜单"PLC"，选择操作选项"STOP"（或"RUN"），或者，点击调试工具条中的快捷按钮"STOP"（或"RUN"），可弹出图 9.7.14 所示的对话框，点击选择"Yes"，可将 PLC 置于 STOP（或 RUN）模式。

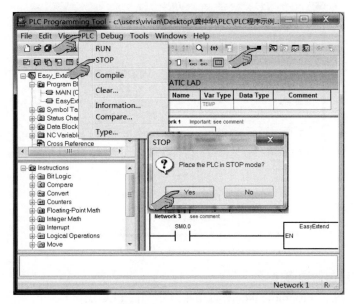

图 9.7.14 PLC 运行控制

9.8 PLC 调试与状态监控

9.8.1 指定次数扫描与梯形图监控

CNC 集成 PLC 的调试操作,可通过下拉菜单"Debug"(调试)进行,PLC 调试操作包括对 PLC 用户程序进行指定次数(1~65535)扫描,以及进行 PLC 程序执行状态的检查、监控等,PLC 调试的操作方法如下。

(1)指定次数扫描

PLC 用户程序的指定次数扫描,可直接规定 PLC 用户程序的循环执行次数(1~65535),达到循环次数时,PLC 将自动停止运行。如果只需要执行一次 PLC 用户程序的扫描,可直接选择"First Scan"(首次扫描)操作,执行首次扫描时,系统标志 SM0.1 的状态为"1"。

指定次数扫描操作必须在 PLC 运行停止模式下进行,其操作步骤如下。

① 完成 PLC 连接及通信接口、通信参数设定,使 PLC 编程计算机在线。

② 完成 PLC 用户程序下载操作,将 PLC 用户程序写入 CNC 集成 PLC。

③ 点击打开下拉菜单"PLC",选择操作选项"STOP",或者,点击调试工具条中的快捷按钮"STOP",并在弹出对话框中选择"Yes",将 PLC 置于 STOP 模式。

④ 如果仅需要执行一次 PLC 程序扫描,可点击打开下拉菜单"Debug",直接选择"First Scan"操作选项,PLC 将执行一次 PLC 用户程序。

⑤ 如果需要执行指定次数的 PLC 程序扫描,可点击打开下拉菜单"Debug",选择"Multiple Scans…"(指定次扫描)操作选项,可显示图 9.8.1 所示的"Execute Scans"(执行扫描)设定框,输入循环次数后,点击"OK"键,便可对 PLC 用户程序进行指定次数的循环扫描。

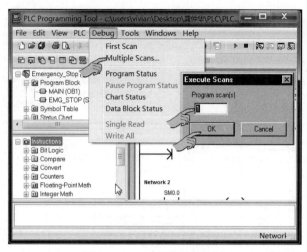

图 9.8.1　PLC 指定次数扫描

（2）梯形图程序监控操作

梯形图程序监控（Program Status）可用来显示当前 PLC 用户程序的实际运行状态，分静态显示和动态显示 2 种。静态显示用于 PLC 循环扫描结束（End-of-scan）、用户程序运行停止时的实际状态显示；动态显示用于 PLC 循环扫描执行（Execution status）、用户程序循环运行时的实际状态显示，动态显示只对 PLC 运行（RUN）模式有效。

梯形图程序监控的基本操作步骤如下。

① 完成 PLC 连接及通信接口、通信参数设定，使 PLC 编程计算机在线。

② 完成 PLC 用户程序下载操作，将 PLC 用户程序写入 CNC 集成 PLC。

③ 如需要，可点击打开下拉菜单"Tools"（工具），选择"Options…"（选项）操作，然后，打开选项设置对话框中的标签"LAD Status"，对梯形图监控显示的颜色进行修改，有关内容可参见 9.2 节。

④ 选定需要进行动态监控的程序块及网络。

⑤ 点击图 9.8.2 所示的下拉菜单"Debug"，选择"Program Status"操作选项，或者，点击调试工具条的"Program Status"快捷按钮，便可显示梯形图监控页面（见下述）。

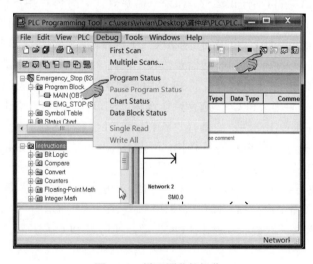

图 9.8.2　梯形图监控操作

⑥ 需要动态监控梯形图程序时，点击打开下拉菜单"PLC"，选择操作选项"RUN"，或者，点击调试工具条中的快捷按钮"RUN"，并在弹出对话框中选择"Yes"，将 PLC 置于 RUN 模式。

⑦ 梯形图程序动态监控时，可点击图 9.8.2 所示的下拉菜单"Debug"，选择"Pause Program Status"（暂停梯形图监控）操作选项，或者，点击调试工具条的"Pause Program Status"快捷按钮，暂停显示刷新，保持当前的监控页面。

（3）梯形图程序监控显示

梯形图监控显示有图 9.8.3 所示的 PLC 循环扫描执行动态显示和 PLC 循环扫描结束静态显示 2 种。

动态梯形图程序监控显示如图 9.8.3（a）所示，被监控的梯形图程序将通过不同的颜色，区分编程元件、连线当前的实际状态。系统默认的颜色设置如下。

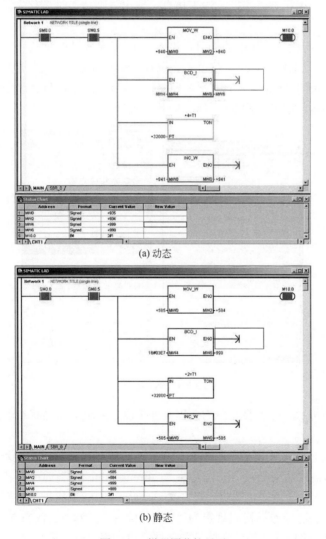

(a) 动态

(b) 静态

图 9.8.3　梯形图监控显示

蓝色：梯形图程序中的触点、线圈、连线、功能指令为接通（Power Flow）状态。

灰色：梯形图程序中的触点、线圈、连线、功能指令为未接通（No Power Flow）状态，或者，所显示的网络是被跳过或未调用的未扫描（Unscanned）网络。

绿色：已启动的定时器等功能指令（Always On）。

红色：程序执行出现错误的指令（Error）。

静态梯形图程序监控显示如图 9.8.3（b）所示，由于 PLC 用户程序的循环扫描已停止，梯形图监控只能显示触点、线圈的当前状态，所有的连线、功能指令均为未扫描（Unscanned）状态（灰色显示）。

9.8.2 状态表、数据块监控与仿真

（1）状态表编辑

状态表（status Chart）可以用表格的形式，对指定编程元件的状态进行监控和输入仿真、输出强制等操作。使用状态表监控、输入仿真、输出强制功能时，首先需要通过以下操作创建状态表。

① 选定需要使用状态表功能的项目，进入 PLC 程序编辑页面。

② 点击打开下拉菜单"View"（视图），选择"Status Chart"操作选项；或者，点击浏览（Navigation）工具条的"Status Chart"快捷按钮；或者，双击项目目录中的"Status Chart"文件夹，使输入显示区切换为图 9.8.4 所示的状态表显示页面。

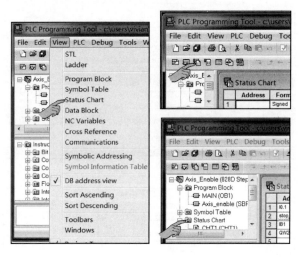

图 9.8.4 状态表显示

③ 如图 9.8.5 所示，将需要监控的编程元件按以下要求输入到状态表的对应栏目中，完成状态表编辑。

Address：地址，输入需要监控的编程元件地址，地址可以为绝对地址或符号地址。

Format：数据格式，用于对应编程元件"Current Value"（当前值）及"New Value"（新值）的数据显示输入、显示格式选择。点击▼，可显示图 9.8.5 所示的数据格式选项。二进制位型编程元件的状态监控数据格式规定为"Bit"（位）；字节型（BYTE）、字型（WORD）、双字型（DWORD）编程元件的状态监控数据格式可选择"Signed"（带符号十进制正整数）、"Unsigned"（无符号十进制正整数）、"Hexadecimal"（十六进制）、"Binary"（二进制）或"ASCII"（ASCII 码）。

Current Value：当前值，程序监控时可显示对应编程元件当前的实际状态（值）。

New Value：新值，需要进行输入仿真、输出强制操作时，可设定对应编程元件的仿真、强制值。

④ 状态表可像符号地址表一样，通过项目目录（Project Tree）中的状态表文件夹"Status Chart"，进行插入、打开、剪切、复制、粘贴、删除、重命名等文件管理操作，有关内容可参见 9.4 节。

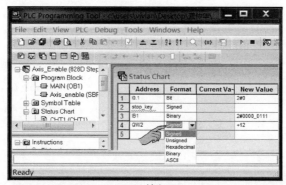

(a) 输入

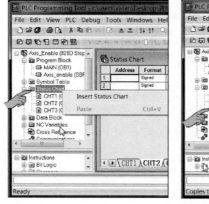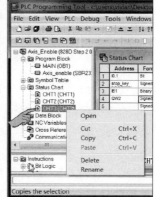

(b) 文件编辑

图 9.8.5　状态表编辑

（2）状态表监控

状态表监控是通过状态表监控指定编程元件实际状态的程序监控方式，其操作步骤如下。

① 完成 PLC 连接及通信接口、通信参数设定，使 PLC 编程计算机在线。

② 完成 PLC 用户程序下载操作，将 PLC 用户程序写入 CNC 集成 PLC。

③ 完成状态表编辑后，点击图 9.8.6（a）所示的下拉菜单"Debug"（调试），选择"Chart Status"操作选项，或者，点击调试工具条的"Status Chart"快捷按钮，选择状态表监控操作。

④ 点击图 9.8.6（b）所示的下拉菜单"Debug"，选择"Single Read"（采样）操作选项，或者，点击调试工具条的"Single Read"快捷按钮，将编程元件的当前状态读入到状态表的"Current Value"栏。

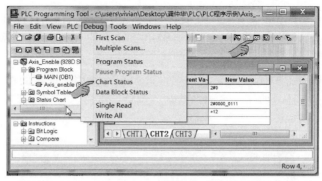

(a) 监控

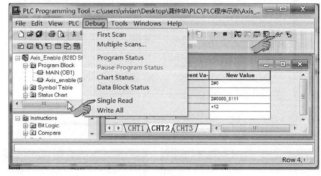

(b) 刷新

图 9.8.6　状态表监控

（3）状态表仿真

状态表仿真是将状态表中所设定的"New Value"，强制写入 PLC 的操作，其操作步骤如下。

① 完成 PLC 连接及通信接口、通信参数设定，使 PLC 编程计算机在线。

② 完成 PLC 用户程序下载操作，将 PLC 用户程序写入 CNC 集成 PLC。

③ 点击打开下拉菜单"PLC"，选择操作选项"STOP"，或者，点击调试工具条中的快捷按钮"STOP"，并在弹出对话框中选择"Yes"，将 PLC 置于 STOP 模式。

④ 完成状态表编辑后，点击打开图 9.8.7 所示的下拉菜单"Debug"，选择"Write All"（信号写出）操作选项，或者，点击调试工具条的"Write All"快捷按钮，将状态表中的"New Value"强制写入 PLC。

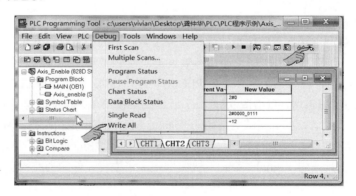

图 9.8.7　状态表仿真

（4）数据块监控与仿真

数据块监控与仿真的操作方法与状态表类似，进行数据块监控、输入仿真、输出强制功能时，同样需要通过数据块编辑操作创建数据块，有关数据块编辑的内容可参见 9.4 节。

数据块监控和仿真的操作步骤如下。

① 完成 PLC 连接及通信接口、通信参数设定，使 PLC 编程计算机在线。

② 完成 PLC 用户程序、数据块编辑，并下载到 CNC 集成 PLC。

③ 点击图 9.8.8 所示的下拉菜单"Debug"，选择"Data Block Status"（数据块状态）操作选项，或者，点击调试工具条的"Data Block Status"快捷按钮，选择数据块状态监控操作。

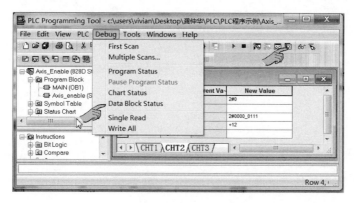

图 9.8.8 数据块监控

④ 将 PLC 置于 STOP 模式后，可点击打开图 9.8.9 所示的下拉菜单"Debug"，选择"Write All"操作选项，或者点击调试工具条的"Write All"快捷按钮，将数据块中的"New Value"强制写入 PLC。

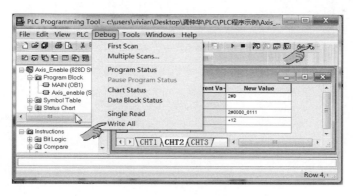

图 9.8.9 数据块仿真